食品理化检验技术

主　编◎蔡宏芳
副主编◎李学飞　张劲宇　周秀英
参　编◎王文光　魏　英　杨旭军

重庆大学出版社

内容提要

本书按照工学结合人才培养模式的要求，以工作过程为导向，以工作任务为载体，将工作过程进行系统化设计。本书共 6 个项目，下设 18 个任务，内容包括食品检验前的准备、食品的物理检验法、食品一般成分的检验、食品营养成分的检验、食品添加剂的检验、食品有毒有害物质的检验。

本书可作为高等职业院校食品质量与安全、食品营养与健康、食品检验检测技术等相关专业学生用书，也可作为食品企业在职人员的培训教材及从事食品企业生产、食品质量监督与检验的技术人员的参考用书。

图书在版编目(CIP)数据

食品理化检验技术 / 蔡宏芳主编. -- 重庆 : 重庆大学出版社, 2024. 9. --(高等职业教育理工类活页式系列教材). -- ISBN 978-7-5689-4848-7

Ⅰ. TS207.3

中国国家版本馆 CIP 数据核字第 20240G42L3 号

食品理化检验技术

主　编　蔡宏芳

副主编　李学飞　张劲宇　周秀英

策划编辑：范　琪

责任编辑：姜　凤　　版式设计：范　琪

责任校对：谢　芳　　责任印制：张　策

*

重庆大学出版社出版发行

出版人：陈晓阳

社址：重庆市沙坪坝区大学城西路 21 号

邮编：401331

电话：(023) 88617190　88617185(中小学)

传真：(023) 88617186　88617166

网址：http://www.cqup.com.cn

邮箱：fxk@cqup.com.cn (营销中心)

全国新华书店经销

重庆正文印务有限公司印刷

*

开本：787mm×1092mm　1/16　印张：19　字数：489 千

2024 年 9 月第 1 版　2024 年 9 月第 1 次印刷

ISBN 978-7-5689-4848-7　定价：69.00 元

前　言
Foreword

食品理化检验技术是高等职业院校食品检测类专业的核心课程，按照《高等职业学校专业教学标准（试行）》，该课程培养学生对食品进行理化品质检验和评价的基本能力，培养学生食品理化检验能力岗位（群）的适应性。本书按照工学结合人才培养模式的要求，以工作过程为导向，以工作任务为载体，将工作过程进行系统化设计。书中内容以满足食品检验职业岗位所需职业能力的培养为核心，结合中高级食品检验工等工种的国家职业技能标准所必需的知识、技能以及农产品质量安全检测技能大赛的相关技能要求，解构了传统的学科体系课程内容，构建了基于工作过程的行动体系课程内容。

本书基于工作岗位需求，引入食品企业典型工作任务，以真实企业检测项目为主线，共6个项目、18个任务，内容包括食品检验前的准备、食品的物理检验法、食品一般成分的检验、食品营养成分的检验、食品添加剂的检验、食品有毒有害物质的检验等。项目与项目之间，任务与任务之间，既相互联系又自成体系，教材融理论教学和实践教学为一体，打破了理论教学和实践教学分离的模式，将食品理化检验需要掌握的知识和技能重组于工作过程与任务中，适合理论与实训一体化教学。

本书对接食品检验工岗位需求，具有时代性、实践性与引领性，以“依国家标准检测，追精益求精之魂”为课程理念；强化高等教育的类型特征，落实立德树人根本任务。

为了突出教学效果，使学生更好地完成训练任务，我们针对学习内容开发了在线开放课程平台，供教学使用。学生可通过智慧职教网站搜索“食品理化检验技术”课程使用慕课资源。

本书由甘肃林业职业技术大学蔡宏芳、李学飞、张劲宇，甘肃农业职业技术学院周秀英，杨凌职业技术学院王文光，白银矿冶职业技术学院魏英等高职院校教师合作编写。具体编写分工如下：项目一、项目二由李学飞编写，项目三由周秀英编写，项目四、项目六由蔡宏芳编写，项目五由张劲宇编写，课外巩固由王文光编写，课外巩固答案由魏英编写。甘肃旭明行建技术检测有限公司杨旭军参与书中子任务选择，引进企业优质项目，优化实训任务。

由于作者水平有限，书中难免存在疏漏和不足之处，恳请读者批评指正。

编　者

2024年5月

前言

目　录
Contents

项目一　检验前的准备 …… 1
任务一　食品标准认知与解读 …… 1
任务二　样品的采集与预处理 …… 8
任务三　标准滴定溶液的制备与标定 …… 23
任务四　数据处理与报告填写 …… 29

项目二　食品的物理检验法 …… 38
任务一　相对密度的测定 …… 38
任务二　折射率的测定 …… 44
任务三　旋光度的测定 …… 52

项目三　食品一般成分的检验 …… 60
任务一　食品中水分的测定 …… 60
任务二　食品中灰分的测定 …… 79
任务三　食品中酸度的测定 …… 96

项目四　食品营养成分的检验 …… 115
任务一　食品中脂肪的测定 …… 115
任务二　食品中糖类物质的测定 …… 133
任务三　食品中蛋白质的测定 …… 158
任务四　食品中维生素的测定 …… 172

项目五　食品添加剂的检验 …… 187
任务一　食品中防腐剂的测定 …… 187
任务二　食品中护色剂的测定 …… 200
任务三　食品中漂白剂的测定 …… 213

项目六　食品有毒有害物质的检验 …… 223
　任务一　食品中有害元素的测定 …… 223
　任务二　食品中农药残留的测定 …… 250
　任务三　食品中兽药残留的测定 …… 275

附录 …… 297

参考文献 …… 298

项目一
检验前的准备

任务一　食品标准认知与解读

【学习目标】

◆知识目标

1. 能说出我国食品标准的分类。
2. 能说出我国食品检验方法的标准。

◆技能目标

1. 会熟练根据任务查阅正确的标准。
2. 能结合标准,正确评价结果。

【知识准备】

微课视频

一、国际食品标准

(一)国际标准

国际标准是指国际标准化组织(International Organization for Standardization,ISO)、国际电工委员会(International Electro Technical Commission,IEC)和国际电信联盟(International Telecommunication Union,ITU)所制定的标准,以及经 ISO 认可并收入《国际标准题内关键词索引》(KWIC Index)之中的标准。各国可以自愿采用国际标准,因为国际标准通常是全球工业界、研究人员、消费者和法规制定部门经验的结晶,包含各国的共同需要,因此采用国际标准是消除技术贸易壁垒的重要基础之一,我们鼓励尽量采用和使用国际标准。

《国际标准题内关键词索引》收录了包括 ISO、IEC 及其他 27 个国际组织所制定的且经 ISO 认可的各类标准,是 ISO 为促进《关贸总协定(GATT)》和《贸易技术壁垒协议(TBT)》的贯彻实施而出版的。1989 年,《国际标准题内关键词索引》(第二版)共收录了 ISO 与 IEC 制定的 800 个标准,以及其他 27 个国际组织的 1 200 多条标准。这些国际组织中与食品质量安全有关的主要有国际标准化组织(ISO)、世界卫生组织(WHO)、食品法典委员会(CAC)、国际制酪业联合会(IDF)、国际辐射防护委员会(ICRP)、国际葡萄与葡萄酒局(TWO)等。其中,CAC 所编写的《食品法典》内容包括食品产品标准、卫生或技术规范、农药残留限量、污染物准则、农药检测、兽药检测、食品添加剂检测等。《食品法典》已成为全球食品消费者、食品生产者、各国食品管理机构和国际食品贸易最重要的基本参照标准。

(二)国外先进标准

国外先进标准一般是指未被 ISO 认可、未在 ISO 网站公布的国际组织制定的标准、区域性组织的标准、发达国家的国家标准、国际上有权威的行业/专业团体标准和企业(公司)标准中的先进标准。例如,万国邮政联盟(UPU)、联合国粮农组织(UN/FAO)等制定的标准,都属于未被 ISO 认可的国际组织制定的标准。

欧洲标准化委员会(CEN)、欧洲电工标准化委员会(CENELEC)、欧洲电信标准学会(ETSI)等制定的标准,属于区域性组织制定的标准。

美国国家标准(ANSI)、德国国家标准(DIN)、英国国家标准(BS)、法国国家标准(NF)、日本工业标准(JIS)、俄罗斯国家标准(GOST)等,属于发达国家的国家标准。

美国试验与材料学会(ASTM)、美国石油学会(API)、美国保险商试验室(UL)、美国机械工程师协会(ASME)、德国电气工程师协会(VDE)、英国石油学会(IP)等组织制定的标准,属于国际上有权威的行业/专业团体标准。

(三)国际 AOAC

国际 AOAC 不属于标准化组织,但它所记载的分析方法在国际上有很高的参考价值。国际 AOAC 是世界性的会员组织,其宗旨在于促进分析方法及相关实验室品质保证的发展及规范化,前身是始创于 1885 年的美国官方农业化学家协会(Association of Official Agricultural Chemists,AOAC)。美国官方农业化学家协会于 1965 年更名为美国官方分析化学家协会,1991 年又更名为 AOAC International,而此处 AOAC 代表的是“分析团体协会”(Association of Analytical Communities)。上海市质量和标准化研究院收藏有全套 29 种资料,其中与食品检测方法密切相关的有《官方分析方法》《食品分析方法》《US EPA 杀虫剂化学分析方法手册》《农用抗生素的化学分析方法》《农业化学制品免疫测定的新前沿》《营养成分微生物分析法》《无机污染物的分析技术》等。

二、我国食品标准

根据《中华人民共和国标准化法》,我国目前将标准分为国家标准、行业标准、地方标准和团体标准、企业标准。国家标准分为强制性标准、推荐性标准,行业标准、地方标准是推荐性标准。

(一)国家标准

1. 强制性国家标准

《中华人民共和国标准化法》规定,对保障人身健康和生命财产安全、国家安全、生态环境安全以及满足经济社会管理基本需要的技术要求,应制定强制性国家标准。

强制性国家标准由国务院批准发布或者授权批准发布,法律、行政法规和国务院决定对强制性标准的制定另有规定的,从其规定。食品安全标准是《中华人民共和国食品安全法》中明确规定的唯一强制性食品标准。

强制性国家标准代号由大写字母“GB”表示。强制性国家标准编号由国家标准代号、标准顺序号和发布年号组成,如图 1-1 所示。

2. 推荐性国家标准

对满足基础通用、与强制性国家标准配套、对各有关行业起引领作用等需要的技术要求,可以制定推荐性国家标准。

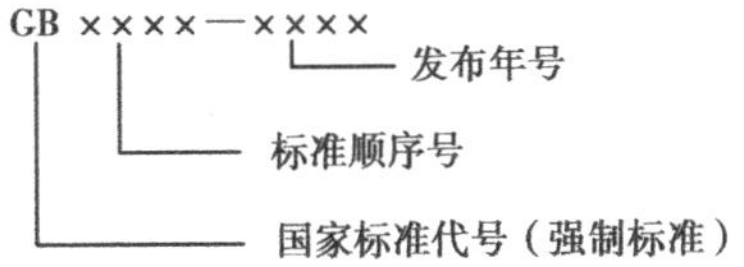

图 1-1　强制性国家标准编号

推荐性国家标准代号由大写字母“GB/T”表示。推荐性国家标准编号由国家标准代号、标准顺序号和发布年号组成，如图 1-2 所示。推荐性国家标准由国务院标准化行政主管部门制定。

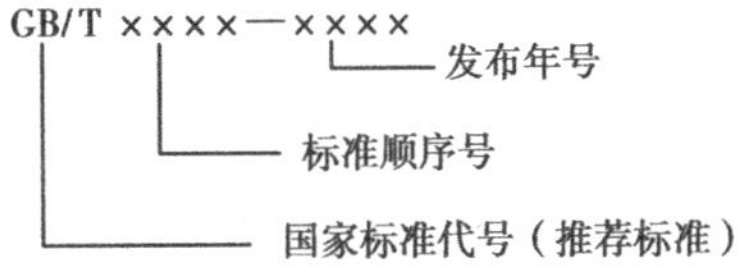

图 1-2　推荐性国家标准编号

（二）行业标准

对没有国家标准、需要在全国某个行业范围内统一技术要求的，可以制定行业标准。行业标准是对国家标准的补充，是专业性、技术性较强的标准。行业标准由国务院有关行政主管部门制定，报国务院标准化行政主管部门备案。行业标准由行业标准归口部门统一管理。行业标准在相应的国家标准实施后，即行废止。

根据标准化法规定，行业标准均为推荐性标准，推荐性行业标准的代号是在行业标准代号后面加“/T”，不同的行业标准具有不同的代号，如 NY/T 表示农业行业标准代号。行业标准编号由行业标准代号、标准顺序号和发布年号组成，如图 1-3 所示。

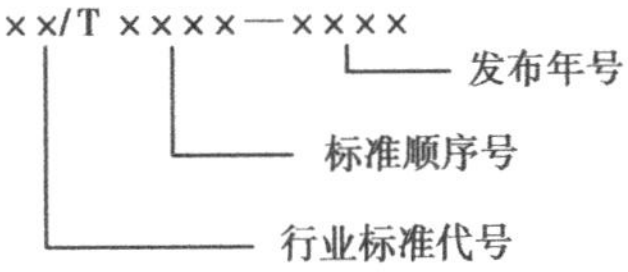

图 1-3　行业标准编号

（三）地方标准

我国地方标准是指在某个省、自治区、直辖市范围内需要统一的标准。没有国家标准和行业标准而又需要在省、自治区、直辖市范围内统一的食品安全、卫生要求，为满足地方自然条件、风俗习惯等特殊技术要求，可以制定地方标准。地方标准只在本行政区域内使用。

地方标准由省、自治区、直辖市人民政府标准化行政主管部门制定；设区的市级人民政府标准化行政主管部门根据本行政区域的特殊需要，经所在地省、自治区、直辖市人民政府标准化行政主管部门批准，可以制定本行政区域的地方标准。地方标准由省、自治区、直辖市人民政府标准化行政主管部门报国务院标准化行政主管部门备案，由国务院标准化行政主管部门通报国务院有关行政主管部门。

对地方特色食品，没有食品安全国家标准的，省、自治区、直辖市人民政府卫生行政部门可以制定并公布食品安全地方标准，报国务院卫生行政部门备案。食品安全国家标准制定后，该地方标准即行废止。

地方标准的编号由地方标准代号、标准顺序号和发布年号组成，地方标准代号为“DB+行政区代码/T”，如图1-4所示；食品安全地方标准代号为“DBS”加上省、自治区、直辖市行政区划代码再加斜线，如图1-5所示。

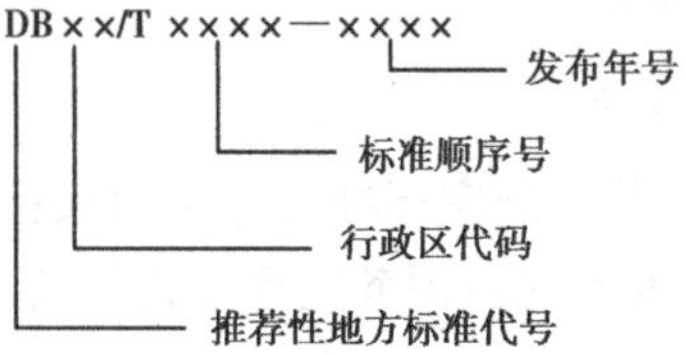

图1-4　推荐性地方标准编号

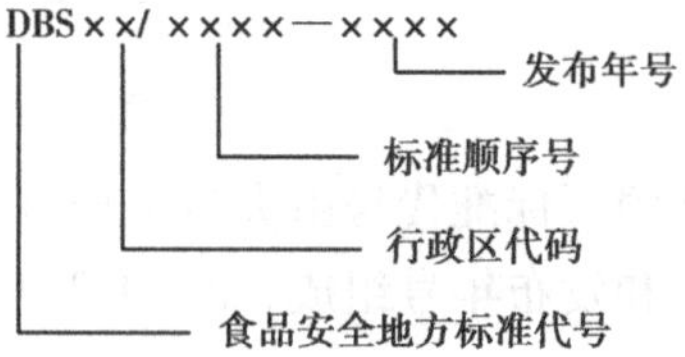

图1-5　食品安全地方标准编号

（四）企业标准

企业可根据需要自行制定企业标准或者与其他企业联合制定企业标准。企业标准的代号用“Q/”加企业代号组成，企业代号可用汉语拼音大写字母或阿拉伯数字或两者兼用组成，一般常见企业代号为大写字母。企业标准编号由企业标准代号、标准顺序号和发布年号组成，如图1-6所示。

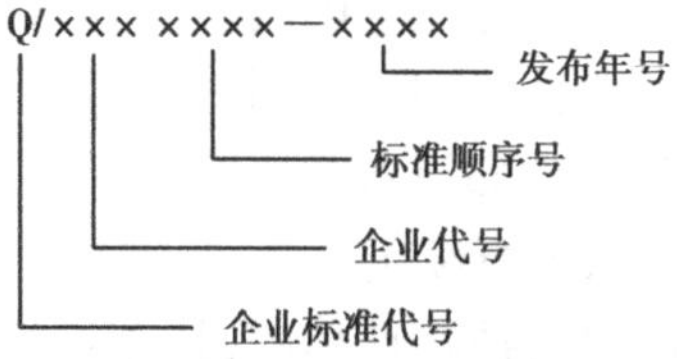

图1-6　企业标准编号

（五）团体标准

国家鼓励学会、协会、商会、联合会、产业技术联盟等社会团体协调相关市场主体共同制定满足市场和创新需要的团体标准，由本团体成员约定采用或者按照本团体的规定供社会自愿采用。

团体标准编号依次由团体标准代号、社会团体代号、团体标准顺序号和发布年号组成。团体标准编号方法如图1-7所示。社会团体代号由社会团体自主拟定，可使用大写拉丁字母或大写拉丁字母与阿拉伯数字的组合。社会团体代号应合法，不得与现有标准代号重复。

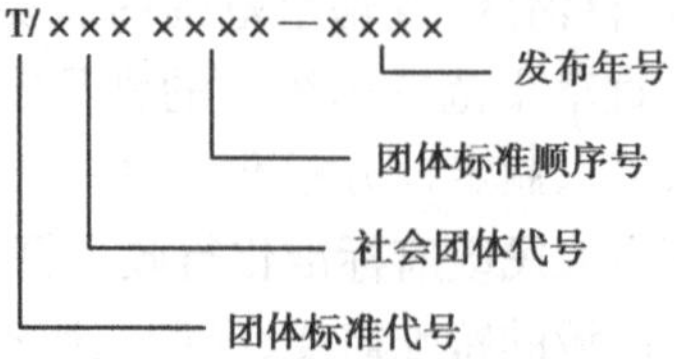

图1-7　团体标准编号

三、食品标准的查询

网络查询是信息查询的巨大进步，也是目前国外食品标准最主要的查询方式。目前，许多网站都可以检索国内外食品标准，我国食品安全国家标准由中华人民共和国国家卫生健康委员会网站公布，供免费查询和使用；大部分食品标准可在食品伙伴网免费查询和下载使用；

登录标准制定发布机构的官网（如国际食品法典委员会、国际标准化组织、美国国家标准学会等）也能够有效地查询到所需标准信息。

四、食品标准主要内容解读

（一）封面

封面给出标示标准的信息，包括标准的名称、英文译名、层次（国家标准为“中华人民共和国国家标准”字样，行业标准为“中华人民共和国××标准”）、标志、编号、国际标准分类号（ICS号）、中国标准文献分类号、备案号（不适用于国家标准）、发布日期、实施日期、发布部门等。如果标准代替了某个或几个标准，封面应给出被代替标准的编号；如果标准与国际文件的一致性程度为等同、修改或非等效，还应按照《标准化工作导则 第2部分：以ISO/IEC标准化文件为基础的标准化文件起草规则》（GB/T 1.2—2020）中的规定在封面上给出一致性程度标识。一致性程度及代号包括等同、修改和非等效。

（二）范围

范围位于标准正文的起始位置。范围应明确界定标准化对象和所涉及的各个方面，由此指明标准或其特定部分的适用界限。必要时，可指出标准不适用的界限。

《食品安全国家标准 食品中水分的测定》（GB 5009.3—2016）标准的范围如下：“本标准规定了食品中水分的测定方法。本标准第一法（直接干燥法）适用于在101～105 ℃下，蔬菜、谷物及其制品、水产品、豆制品、乳制品、肉制品、卤菜制品、粮食（水分含量低于18%）、油料（水分含量低于13%）、淀粉及茶叶类等食品中水分的测定，不适用于水分含量小于0.5 g/100 g的样品。第二法（减压干燥法）适用于高温易分解的样品及水分较多的样品（如糖、味精等食品）中水分的测定，不适用于添加了其他原料的糖果（如奶糖、软糖等食品）中水分的测定，不适用于水分含量小于0.5 g/100 g的样品（糖和味精除外）。第三法（蒸馏法）适用于含水较多又有较多挥发性成分的水果、香辛料及调味品、肉与肉制品等食品中水分的测定，不适用于水分含量小于1 g/100 g的样品。第四法（卡尔·费休法）适用于食品中含微量水分的测定，不适用于含有氧化剂、还原剂、碱性氧化物、氢氧化物、碳酸盐、硼酸等食品中水分的测定。卡尔·费休容量法适用于水分含量大于1.0×10^{-3} g/100 g的样品。”

该范围通过“规定了……的方法”“适用于……”“不适用于……”等对标准的对象以及适用性进行了界定。

（三）规范性引用文件

规范性引用文件列出标准中规范性引用其他文件的文件清单，这些文件经过标准条文的引用后，成为标准应用时必不可少的文件。也就是说，引用文件中的相应条款与标准文本中的规范性要素具有同等效力。如果某些文件在标准中只是被资料性引用，则不放在此部分，而应放在“参考文献”部分。

引用文件有些注日期，有些不注日期。若引用的是完整的文件或标准的某个部分，并且当引用的这个文件或标准的某个部分将来会更新，也能够被接受时，则文件名称后面不注日期。但是当只是引用文件中具体的章或条、附录、图或表时，则在文件后标注日期。注日期引用一般只是部分引用，故在标准中会表示出具体的引用内容。如“……（引用标准）给出了相应的试验方法，……”“……遵守（引用标准）第×章……”或“……应符合（引用标准）表中规定的……”等。

五、食品检验方法标准

食品检验方法标准是食品安全标准体系的一个重要组成部分，是对基础标准和产品标准所规定指标的技术支撑，标准规定了物理化学检验、微生物学检验和毒理学检验规程的内容，标准一般包括检测方法的基本原理、仪器和设备要求、操作步骤、结果判定和报告内容、检验相关的各种资料性附录等。目前已经发布的食品检验标准体系可以分成以下几个类别。

（一）食品理化指标检测标准

食品理化检验的主要标准为 GB 5009 系列标准，标准主要规定食品常规理化指标的检测方法，主要包括食品污染物、食品真菌毒素、食品中食品添加剂含量及食品产品标准中规定的特殊理化指标的检测方法。

（二）婴幼儿食品及乳制品理化指标检验标准

婴幼儿食品及乳制品理化指标检验标准为 GB 5413 系列标准。标准主要规定乳制品及婴幼儿食品中特征理化指标的检测方法，其中，“脂肪”“酸度”等与 GB 5009 系列标准重合的指标已经被整合入 GB 5009 标准系列。

（三）放射性物质及辐照食品检验标准

放射性物质检验方法为 GB 14883 系列标准，标准中规定了食品中放射性物质的检验方法，现行标准共 10 项，辐照食品标准检验方法共 2 项，分别是《食品安全国家标准 辐照食品鉴定 筛选法》（GB 23748—2016）和《食品安全国家标准 含脂类辐照食品鉴定 2-十二烷基环丁酮的气相色谱-质谱分析法》（GB 21926—2016）。

（四）食品接触材料及制品检测标准

食品接触材料及制品检测标准为 GB 31604 系列标准，标准中规定了食品测定材料中，详细食品接触材质和制品中关键理化指标及各类物质化学迁移量的测定方法。

（五）食品微生物指标检验标准

食品微生物指标检验标准为 GB 4789 系列标准，标准中规定了食品微生物限量及指标病菌的检测方法和质量控制相关要求。

（六）食品毒理学指标检验标准

食品毒理学指标检验标准为 GB 15193 系列标准，标准中规定了食品毒理学评价程序，实验室操作规范及具体毒理学指标的检测方法。

（七）食品兽药残留检测标准

由于兽药残留标准的种类繁多，食品安全标准中涉及的兽药残留检测方法正在逐年完善中，目前已经发布的兽残类检测方法标准为 GB 29681—GB 29709 系列标准，共 29 项，但还远远不能满足兽药残留监管的需求。目前主要采用的兽药残留检测方法多为原国家质检总局发布的推荐性国标和农业部门发布的兽药残留检测行业标准。

（八）食品农药残留检测标准

食品农药残留检测标准为 GB 23200 系列标准，目前农药残留标准的修订完善工作已经移交农业管理部门负责，GB 23200 系列标准已经发布了 114 项，基本满足 GB 2763 标准中规定农药品种的检测需求。

【任务实施】

乳粉中水分测定的标准查询

◆任务描述

学生分小组完成以下任务：

1. 查阅乳粉的产品质量标准和水分检验标准，确定待测对象的检测方法。
2. 查阅乳粉的产品质量标准，确定判定结果的依据。

一、工作准备

(1)准备带有完整标签的预包装乳粉。

(2)准备能上网的电脑或手机。

二、实施步骤

(1)下载对应的产品标准，仔细查阅水分检测标准。

(2)下载对应的检测标准，结合产品特性和标准中的方法范围，确定合适的检测方法。

三、任务考核

按照表 1-1 评价学生工作任务的完成情况。

表 1-1　任务考核评价指标

序号	工作任务	评价指标	分值比例/%
1	资源利用	能有效利用网络、图书资源、工作手册等，快速查阅所需的信息	10
2	检测标准的选择	正确选用检测标准	30
3	检测方法的确定	正确选用检测方法	30
4	综合素养	(1)积极主动参与工作，能吃苦耐劳，崇尚劳动光荣 (2)服从安排，顾全大局，积极与小组成员合作，共同完成工作任务 (3)能发现问题、提出问题、分析问题、解决问题和创新问题	30
合计			100

思政小课堂　　课外巩固

任务二　样品的采集与预处理

【学习目标】

◆知识目标

1. 能说出食品样品采集必须遵循的原则。
2. 能说出样品的分类。
3. 能说出样品采集的方法及步骤。
4. 能说出采样时记录的要点。
5. 能解释样品预处理的目的。
6. 能说出样品预处理的方法。
7. 能说出每种样品预处理方法的特点。

◆技能目标

1. 能根据产品种类、特点，选择恰当的方法和工具进行采样。
2. 能完成固体、液体、半固体样品的正确采集、制备和保存。
3. 能正确填写采样记录表。
4. 会根据检测任务选择合适的样品预处理方法。
5. 能根据给定方法完成检测样品的预处理。

【知识准备】

微课视频

一、食品样品的采集

样品的采集简称采样（又称检样、取样、抽样等），是为了进行检验而从大量物料中抽取一定数量具有代表性的样品。在实际工作中，要检验的物料常常量很大，其组成有的很均匀，有的则不均匀；检验时，有的样品需要几克，而有的则只需几毫克。分析结果必须能代表全部样品，因此必须采取具有足够代表性的“平均样品”，并将其制备成分析样品，如果采集的样品不具有代表性，那么即使分析方法再正确，也得不到正确的结论。因此，正确的采样在分析工作中是十分重要的。

（一）样品采集的原则

尽管一系列检验工作非常精密、准确，但是如果采取的样品不足以代表全部物料的组成成分，则其检验结果也将毫无价值，甚至得出错误结论，造成重大经济损失以致误伤人命，酿成大祸。为保证正确采样，应遵循以下原则：

（1）采集的样品要具有代表性，能反映全部被检食品的组成、质量及卫生状况。食品检测中，不同种类的样品，或即使同一种类的样品，也会因品种、产地、成熟期、加工及贮存方法、保藏条件的不同，其成分和含量都会有相当大的变动。此外，即使同一检测对象，各部位之间的组成和含量也会有显著性差异。因此，要保证检测结果的准确、结论的正确，首要条件就是采取的样品必须具有充分的代表性，能够代表全部检验对象及食品整体；否则，无论检测工作做得如何认真、精确，都是毫无意义的，甚至会得出错误的结论。

(2)采样过程中避免成分逸散或引入杂质,应设法保持原有的理化指标。如果检测样品的成分发生逸散(如水分、气味、挥发性酸等)或带入杂质,也会影响检测结果和结论的正确性。

(3)采集的样品要具有典型性,对疑似污染、中毒或掺假的食品,应采集疑有问题的典型样品,而不能用均匀的样品代替。

(4)采样方法要与分析目的保持一致。

(二)样品分类

按照样品采集的过程,依次得到检样、原始样品和平均样品。

1. 检样

组批或货批中所抽取的样品称为检样。检样的多少,按该产品标准中检验规则所规定的抽样方法和数量执行。

2. 原始样品

将许多份检样综合在一起称为原始样品。原始样品的数量是根据受检物品的特点、数量和满足检验的要求而定的。

3. 平均样品

将原始样品按规定的方法经混合平均,均匀地分出一部分,称为平均样品。从平均样品中分出 3 份(每份样品数量一般不少于 0.5 kg,检验掺假的样品,与一般成分分析样品不同,分析项目事先不明确,属于捕捉分析,因此,相对来说,取样数量要多一些),一份用于全部检验项目检验,称作检验样品;一份用于在对检验结果有争议或分歧时做复检,称作复检样品;另一份作为保留样品,需封存保留一段时间(通常 1 个月),以备有争议时再做验证,但易变质食品不做保留。

(三)采样工具

1. 固体采样器

(1)长柄勺　用于散装液体样品的采样,使用较为方便,柄要长,能采到样品深处,工具表面要光滑,便于清洗消毒,选用不锈钢制品较好。

(2)金属探管和金属探子　适用于采集袋装的颗粒或粉末状食品。

①金属探管:为一根金属管子,长 50 ~ 100 cm,直径 1.5 ~ 2.5 cm,一端尖头,另一端为柄,管上有一条开口槽,从尖端直通到柄。采样时,管子槽口向下,插入布袋后将管子槽口向上,粉末状样品便从槽口进入管内,拔出管子,将样品装入采样容器内。

有些样品(如蛋粉、乳粉等),为了避免在采样时受到污染或为了能采集到容器内各平面的代表试样,可使用双层套管采样器。双层套管采样器由内外套筒的两根管子组成,每隔一定的距离,两管上有相互吻合的槽口,将内管转动,可以开闭这些槽口。外管有尖端,以便插入样品袋子至管子的全长。插时将孔关闭,插入后旋转内管,将槽口打开,使样品进入采样管槽内,再旋转内管关闭槽口,将采样管拔出,用小匙自管的上、中、下部收取样品,装入采样容器内。

②金属探子:适用于布袋装颗粒性食品采样,如粮食、白砂糖等。金属探子为一锥形的金属管子,中间凹空,一头尖,便于插入口袋。采样时,将尖端插入口袋,颗粒性样品从中间凹空的地方进入,经管子宽口的一端流出。

(3)采样铲　适用于散装粮食、豆类或袋装的特大颗粒食品(如薯片、花生果、蚕豆等),

可将口袋剪开，用采样铲采样。

(4)长柄匙或半圆形金属管　适用于较小包装的半固体样品的采样。长柄匙由不锈钢制成，表面需光滑，无花纹，易清洁消毒。

半圆形金属管，对大包装的半固体食品采样，要用一根较长的半圆形金属管，长 50 ~ 100 cm，直径 2 ~ 3 cm，一头尖，两边锐利，另一头为柄。采样时，将半圆形金属管插入样品中，旋转采样器，将样品旋切成圆柱形的长条，然后取出采样器，样品随采样器带出，用小匙将样品推出采样器放于样品容器内。

(5)电钻(或手摇钻)及钻头、小斧、凿子　对已冻结的冰蛋，可用已消毒的电钻(或手摇钻)或小斧、凿子取样。

2. 液体采样器

药用移液管、烧杯、勺子，黏度浓的液体用玻璃棒。

3. 样品盛装容器

选用硬质玻璃瓶或聚乙烯制品，如烧杯、广口瓶、具塞锥形瓶、塑料瓶、塑料袋、自封袋；容器不能是新的污染源，容器壁不能吸附检测组分或与待检测组分发生反应。

4. 辅助工具

辅助工具包括手套、剪刀、纸、笔、不干胶标签、酒精棉签、照相机等。常见采样工具如图 1-8 所示。

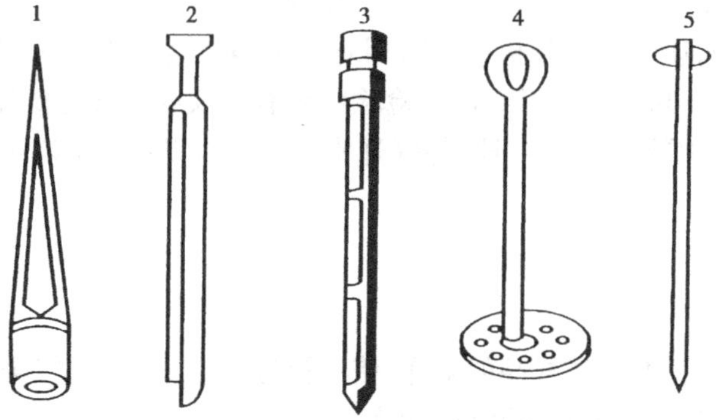

图 1-8　常见采样工具

1—固体脂肪采样器；2—采取谷物、糖类采样器；3—套筒式采样器；4—液体采样搅拌器；5—液体采样器

(四)样品采集的方法

具体采样方法因分析对象的性质而异。样品的采集有随机抽样和代表性取样两种方法。

随机抽样指均衡地、不加选择地从全部产品的各个部分取样。随机不等同于随意，随机要保证所有物料的各个部分被抽到的可能性均等。具体做法如下：

(1)掷骰子。该方法简便易行，适用于生产现场。

(2)用随机表。操作时将取样对象的全体划分成不同编号的部分，用随机数表进行取样。

(3)用计算器、计算机。

(4)用抽奖机。代表性取样是用系统抽样法进行采样，即已经了解样品随空间(位置)和时间而变化的规律，按此规律进行取样，以便采集的样品能代表其相应部分的组成和质量。如分层采样、依生产程序流动定时采样、按批次或件数采样、定期抽取货架上陈列的食品采样等。

随机抽样可以避免人为倾向因素的影响，但在某些情况下，某些难以混匀的食品（如果蔬、面点等），仅用随机抽样是不够的，必须结合代表性取样，从有代表性的各个部分分别取样，才能保证样品的代表性，从而保证检测结果的正确性。具体采样方法视样品的不同而异。

1. 散粒状样品（如粮食、粉状食品）

散粒状样品的采样容器有自动样品收集器、带垂直喷嘴或斜槽的样品收集器、垂直重力低压自动样品收集器等。

对于粮食、砂糖、奶粉等均匀固体物料，应按不同批号分别进行采样，对于同一批号的产品，采样点数可由以下采样公式决定，即

$$S=\sqrt{\frac{N}{2}}$$

式中　N——检测对象的数目（如件、袋、桶等）；

S——采样点数。

然后从样品堆放的不同部位，按照采样点数确定具体采样袋（件、桶、包）数，用双套回转取样管，插入每一个袋子的上、中、下 3 个部位，分别采取部分样品混合在一起。若为散堆状的散料样品，先划分若干等体积层，然后在每层的四角及中心点，也分为上、中、下 3 个部位，用双套回转取样管插入采样，将取得的检样混合在一起，得到原始样品。混合后得到的原始样品，按四分法对角取样，缩减至样品不少于所有检测项目所需样品总和的 2 倍，即得到平均样品。

四分法是将散粒状样品由原始样品制成平均样品的方法，如图 1-9 所示。将原始样品充分混合均匀后，堆积在一张干净平整的纸上，或一块洁净的玻璃板上；用洁净的玻璃棒充分搅拌均匀后堆成一圆锥形，将锥顶压平成一圆台，使圆台厚度约为 3 cm；画"+"字等分成 4 份，取对角 2 份，其余弃去，将剩下 2 份按上述方法再进行混合，四分取其二，重复操作至剩余为所需样品量为止（一般不小于 0.5 kg）。

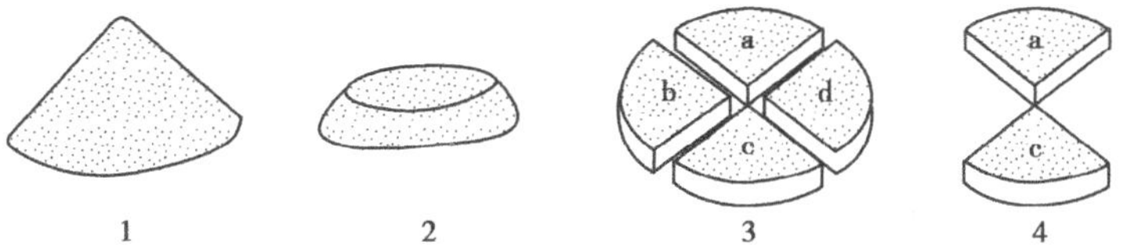

图 1-9　四分法取样图解

2. 液体及半流体样品（如植物油、鲜乳、饮料等）

对桶（罐、缸）装样品，先按采样公式确定采取的桶数，再打开包装，先混合均匀，用虹吸法分上、中、下 3 层各取 500 mL 检样，然后混合分取，缩减所需数量的平均样品。若是大桶或池（散）装样品，可在桶（或池）的四角及中点分上、中、下 3 层进行采样，充分混匀后，分取缩减至所需的量。

3. 不均匀的固体样品（如肉、鱼、果蔬等）

此类食品本身各部位成分极不均匀，应注意样品的代表性。

(1) 肉类　视不同的目的和要求而定，有时从动物不同部位采样，综合后代表该只动物，有时从很多只动物的同一部位采样，混合后来代表某一部位的情况。

(2) 水产品　个体较小的鱼类可随机多个取样，切碎、混合均匀后，分取缩减至所需的量；个体较大的可以在若干个体上切割少量可食部分，切碎后混匀，分取缩减至所需的量。

(3)果蔬　先去皮、核,只留下可食用的部分。体积较小的果蔬,如豆、枣、葡萄等,随机抽取多个整体,切碎混合均匀后,缩减至所需的量;体积较大的果蔬,如番茄、茄子、冬瓜、苹果、西瓜等,按成熟度及个体的大小比例,选取若干个个体,对每个个体单独取样,以消除样品间的差异。取样方法是从每个个体生长轴纵向剖成 4 份或 8 份,取对角线 2 份,再混合缩分,以减少内部差异;体积膨松型的蔬菜,如油菜、菠菜、小白菜等,应由多个包装(捆、筐)分别抽取一定数量,混合后做成平均样品。

4. 小包装食品(如罐头、瓶装饮料、奶粉等)

根据批号连同包装一起,分批取样。除小包装外还有大包装,可按取样公式抽取一定的大包装,再从中抽取小包装,混匀后分取至所需的量。一般同一批号取样件数,250 g 以上的包装不得少于 6 个,250 g 以下的包装不得少于 10 个。

样品分检验用样品和送检样品两种。检验用样品是将较多的送检样品,均匀混合后再取样,直接供分析检测用,取样量由各检测项目所需样品量决定。送检样品的取样量,至少应是全部检验用量的 4 倍。

(五)样品采集步骤

1. 采样工具的准备

根据样品的特性,准备合适的采样工具。

2. 采样前的准备

(1)了解食品的详细情况

①了解该批食品的原料来源、加工方法、运输和贮存条件及销售中各环节的状况。

②审查所有证件,包括运货单、质量检验证明书、兽医卫生检验证明书、商品检验机构或卫生防疫机构的检验报告等。

(2)现场检查整批食品的外部情况　有包装的食品要注意包装的完整性,即有无破损、变形、污痕等;无包装的食品要进行感官检查,即有无异味、杂物、霉变、虫害等。发现包装不良或有污染时,需打开外包装进行检查,如果仍有问题,则需全部打开包装进行感官检查。

3. 采样的步骤

一般分五步,依次如下:

(1)获得检样　由分析的整批物料的各个部分采集的少量物料得到检样。

(2)形成原始样品　许多份检样综合在一起得到原始样品。如果采得的检样互不一致,则不能把它们放在一起做成一份原始样品,而只能把质量相同的检样混在一起,做成若干份原始样品。

(3)得到平均样品　原始样品经过技术处理后,再抽取其中一部分供分析检验用的样品,得到平均样品。

(4)平均样品 3 份　将平均样品平分为 3 份,分别作为检验样品(供分析检测使用)、复验样品(供复验使用)和保留样品(供备用或查用)。

(5)填写采样记录　填写被采样单位名称、样品名称、采样地点、样品的产地、商标、数量、生产日期、批号、采样条件、采样时的包装情况、采样方式、采样数量、要求检验的项目、采样人、采样日期、被采样单位负责人签名等信息。产品质量监督检查抽样单样表见表 1-2。

表 1-2　产品质量监督检查抽样单　　　　编号：

<table>
<tr><td colspan="2">任务来源</td><td></td><td colspan="2">任务编号</td><td colspan="2"></td></tr>
<tr><td colspan="2">任务类别</td><td></td><td colspan="2">抽查批次号</td><td colspan="2"></td></tr>
<tr><td rowspan="3">受检单位</td><td>名称</td><td></td><td colspan="2">法人代表</td><td colspan="2"></td></tr>
<tr><td>通讯地址</td><td></td><td colspan="2">邮编</td><td colspan="2"></td></tr>
<tr><td>联系人</td><td></td><td colspan="2">联系电话</td><td colspan="2"></td></tr>
<tr><td rowspan="12">生产单位</td><td>单位名称</td><td></td><td rowspan="12">经济类型</td><td rowspan="4">内资</td><td>□国有</td><td>□有限责任公司</td></tr>
<tr><td>单位所属地</td><td>市　　县(市、区)</td><td>□集体</td><td>□股份有限公司</td></tr>
<tr><td>单位地址</td><td></td><td>□股份合作</td><td>□私营</td></tr>
<tr><td>邮政编码</td><td></td><td>□联营</td><td>□其他企业</td></tr>
<tr><td>法人代表</td><td></td><td rowspan="3">港澳台</td><td>□合资经营</td><td>□合作经营</td></tr>
<tr><td>联系人</td><td></td><td rowspan="2">□港澳台独资经营</td><td rowspan="2">□港澳台投资股份有限公司</td></tr>
<tr><td>联系电话</td><td>　　　手机</td></tr>
<tr><td>营业执照</td><td></td><td rowspan="3">外资</td><td>□中外合资</td><td>□中外合作</td></tr>
<tr><td>机构代码</td><td></td><td rowspan="2">□外资企业</td><td rowspan="2">□外商投资股份有限公司</td></tr>
<tr><td>企业规模</td><td>□大　□中　□小</td></tr>
<tr><td rowspan="2">质量体系认证</td><td>□通过　□未通过</td><td rowspan="2">个体</td><td rowspan="2">□个体户</td><td rowspan="2">□个人合伙</td></tr>
<tr><td>证书编号</td></tr>
<tr><td rowspan="8">受检产品信息</td><td>监管类别</td><td>□生产许可证　□CCC
□其他</td><td colspan="2">证书编号</td><td colspan="2"></td></tr>
<tr><td>产品名称</td><td></td><td colspan="2">规格型号</td><td colspan="2"></td></tr>
<tr><td>生产日期/批号</td><td>/</td><td colspan="2">商标</td><td colspan="2"></td></tr>
<tr><td>抽样数量</td><td></td><td>其中备样量</td><td></td><td>备样封存地点</td><td></td></tr>
<tr><td>抽样基数/批量</td><td>/</td><td colspan="2">标注执行标准/技术文件</td><td colspan="2"></td></tr>
<tr><td>抽样日期</td><td></td><td colspan="2">产品等级</td><td colspan="2"></td></tr>
<tr><td>抽样地点</td><td></td><td colspan="2">封样状态</td><td colspan="2"></td></tr>
<tr><td>是否为出口产品</td><td>□是　□否</td><td colspan="2">产品是否为合格待销产品</td><td colspan="2">□是　□否</td></tr>
<tr><td colspan="2">所抽产品上年销售额</td><td>万元</td><td colspan="2">销售额数据提供人签字</td><td colspan="2"></td></tr>
<tr><td rowspan="2">抽样单位</td><td>单位名称</td><td></td><td colspan="2">联系人</td><td colspan="2"></td></tr>
<tr><td>单位地址/邮编</td><td></td><td colspan="2">联系电话/传真</td><td colspan="2"></td></tr>
<tr><td colspan="2">备注</td><td colspan="5"></td></tr>
<tr><td colspan="3">受检单位对上述内容无异议
受检单位签名(盖章)：
年　月　日</td><td colspan="2">生产单位对上述内容无异议
生产单位签名(盖章)：
年　月　日</td><td colspan="2">抽样人(签名)：
抽样单位(公章)
年　月　日</td></tr>
</table>

4. 样品的封存与运输

(1)样品的封存　采样完毕整理好现场后,将采好的样品分别盛装在容器或牢固的包装内,由采样人或采样单位在容器盖处或包装上进行签封。每件样品还必须贴上标签,明确标记品名、来源、数量、采样地点、采样人及采样年、月、日等内容。如样品品种较少,应在每件样品上进行编号,其编号应与采样收据和样品送检单的样品名称或编号相符。

(2)样品的运输　不论是将样品送回实验室,还是将样品送到别处去分析,都要考虑和防止样品变质。生鲜样品要冰冻运送,易挥发样品要密封运送,水分较多的样品要装在几层塑料食品袋内封好,干燥的样品可用牛皮纸袋盛装,样品的外包装要结实而不易变形和损坏。此外,运送过程中要注意车辆的清洁,注意车站、码头有无污染源,避免样品被污染。

5. 采样注意事项

样品的采集,除了应注意样品的代表性,还需注意以下规则。

(1)采样应注意抽检样品的生产日期、批号、现场卫生状况、包装和包装容器状况等。

(2)小包装食品送检时应保持原包装的完整性,并附上原包装上的一切商标及说明,供检验人员参考。

(3)盛放样品的容器不得含有待测物质及干扰物质,一切采样工具都应清洁、干燥、无异味,在检验前应防止一切有害物质或干扰物质带入样品。供细菌检验用的样品,应严格遵守无菌操作规程。

(4)采样后应迅速送检验室检验,尽量避免样品在检验前发生变化,使其保持原来的理化状态。检验前不应发生污染、变质、成分逸散、水分变化及酶的影响等。

(5)要认真填写采样记录,包括采样单位、地址、日期、样品批号、采样条件、包装情况、采样数量、现场卫生状况、运输、贮藏条件、外观、检验项目及采样人员等。

二、样品的制备与保存

(一)样品的制备

食品的种类繁多,许多食品各个部位的组成都有差异。为了保证分析结果的正确性,在检验前,必须对分析的样品加以适当制备。样品的制备是指对采集的样品进行分取、粉碎及混匀等过程,目的是保证样品的均匀性,在检测时取任何部分都能代表全部样品的成分。

样品的制备一般将不可食部分先去除,再根据样品的不同状态采用不同的制备方法。在样品的制备过程中,还应注意防止易挥发性成分的逸散和避免样品组成成分及理化性质发生变化,尤其是做微生物检验的样品,必须根据微生物学的要求,严格按照无菌操作规程制备。样品的制备方法因样品的状态不同而异。

(1)液体、浆体或悬浮液体　一般是将样品充分混匀搅拌。常用的搅拌工具有玻璃棒、电动搅拌器、液体采样器。

(2)互不相溶的液体　如油与水的混合物,分离后分别采取。

(3)固体样品　应先粉碎或切分、捣碎、研磨或用其他方法研细、捣匀。常用工具有绞肉机、磨粉机、研钵、高速组织捣碎机等。

(4)罐头　水果罐头在捣碎前须清除果核,肉禽罐头应预先清除骨头,鱼类罐头要将调味品(葱、辣椒等)分出后再捣碎。常用工具有高速组织捣碎机等。

(5)在测定农药残留量时,各种样品制备方法如下:

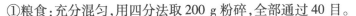

①粮食：充分混匀，用四分法取200 g粉碎，全部通过40目。

②蔬菜和水果：先用水洗去泥沙，然后除去表面附着的水分。根据当地食用习惯，取可食部分沿纵轴剖开，各取1/4，切碎，充分混匀。

③肉类：除去皮和骨，将肥瘦肉混合取样。每份样品在检验农药残留量的同时，应进行粗脂肪含量的测定，以便必要时分别计算农药在脂肪或瘦肉中的残留量。

④蛋类：去壳后全部混匀。

⑤禽类：去毛，开膛去内脏，洗净，除去表面附着的水分。纵剖后将半只去骨的禽肉绞成肉泥状，充分混匀。检验农药残留量的同时，还应进行粗脂肪的测定。

⑥鱼类：每份鱼样至少3条。去鳞、头、尾及内脏，洗净，除去表面附着的水分，纵剖，取每条的一半，去骨刺后全部绞成肉泥状，充分混匀。

（二）样品的保存

采集的样品，为了防止其水分或挥发性成分散失以及其他待测成分含量的变化（如光解、高温分解、发酵等），应在短时间内进行分析。如果不能立即分析，应妥善保存，保存的原则是干燥、低温、避光和密封。

制备好的样品应放在密封洁净的容器内，置于阴暗处保存；易腐败变质的样品应保存在0～5 ℃的冰箱里，保存时间也不宜过长；有些成分，如胡萝卜素、黄曲霉毒素B_1、维生素B_2等容易发生光解，以这些成分作为分析项目的样品必须在避光条件下保存；特殊情况下，样品中可加入适量的不影响分析结果的防腐剂。

某些样品通过冷冻干燥保存。样品在低温下干燥，食品化学和物理结构变化极小，因此食品成分的损失也比较少，可用于肉、鱼、蛋和蔬菜类样品的保存，保存时间可达数月或更长的时间。

此外，样品保存环境要清洁干燥，一般检验后的样品还需保留1个月，以备复查。保留期限从签发报告单算起，易变质食品不予保留。对感官不合格的样品可直接定为不合格产品，不必进行理化检验。最后存放的样品要按日期、批号、编号摆放以便查找。

三、食品样品的预处理

（一）样品预处理的目的与原则

食品成分复杂，既含有如蛋白质、脂肪、碳水化合物、维生素等有机化合物，也含有许多钾、钠、钙、铁、镁等无机元素，这些成分在食品中以复杂的形式结合在一起，当用选定的方法对其中某种成分进行分析时，其他组分的存在常会产生干扰而影响被测组分的正确检出，在分析检测前必须采取相应的措施排除干扰；此外，有些待测组分（如重金属、农药、兽药等有毒有害物质）在食品中的含量极低，有时会因为所选方法的灵敏度不够而难以检出，这种情形下往往需对样品中的相应成分进行浓缩，以满足分析方法的要求。

为了顺利完成检验分析，需对样品进行不同程度的分解、分离、浓缩、提纯处理，这些操作过程统称为样品的预处理。样品预处理的目的是使样品中的被测成分转化为便于测定的状态，消除共存成分在测定过程中的影响和干扰，浓缩富集被测成分。样品预处理时总的原则是消除干扰因素、完整保留并尽可能浓缩被测组分，以获得可靠的分析结果。

根据食品的种类、性质以及不同分析方法的要求，通常需要选择不同的样品预处理方法。

(二)样品预处理方法

1. 溶剂提取法

同一溶剂中,不同的物质有不同的溶解度;同一物质在不同的溶剂中溶解度也不同。利用样品中各组分在特定溶剂中溶解度的差异,使其完全或部分分离,即为溶剂提取法。常用的无机溶剂有水、稀酸、稀碱等,有机溶剂有乙醇、乙醚、氯仿、丙酮、石油醚等,可用于从样品中提取被测物质或除去干扰物质。

溶剂提取法可用于提取固体、液体和半流体,根据提取对象的不同可分为浸提法和溶剂萃取法。

(1)浸提法　用适当的溶剂将固体样品中的某种被测组分浸提出来称为浸提法或液-固萃取法。

①提取剂的选择。提取剂应根据被提取物的性质来选择,对被测组分的溶解度应最大,对杂质的溶解度最小,提取效果遵从相似相溶原则。通常对极性较弱的成分(如有机氯农药)可用极性小的溶剂(如正己烷、石油醚)提取,对极性强的成分(如黄曲霉毒素 B_1)可用极性大的溶剂(如甲醇与水的混合液)提取。所选择的溶剂应稳定性好,沸点适当,一般为 45 ~ 80 ℃,太低易挥发,过高又不易浓缩。

②提取方法。振荡浸渍法:将切碎的样品放入选择好的溶剂系统中,浸渍、振荡一定时间使被测组分被溶剂提取。该方法操作简单但回收率低。捣碎法:将切碎的样品放入捣碎机中,加入溶剂,捣碎一定时间,被测成分被溶剂提取。该方法回收率高,但选择性差,干扰杂质溶出较多。索氏提取法:将一定量的样品放入索氏提取器中,加入溶剂,加热回流一定时间,被测组分被溶剂提取。该方法溶剂用量少,提取完全,回收率高,但操作烦琐,需专用索氏提取器。

(2)溶剂萃取法　用于从溶液中提取某一组分,利用该组分在两种互不相溶的试剂中分配系数的不同,使其从一种溶剂中转移至另一种溶剂中,从而与其他成分分离,达到分离的目的。若被转移的成分是有色化合物,可用有机相直接进行比色测定,即萃取比色法(如双硫腙法测定食品中的铅含量)。

溶剂萃取法设备简单、操作迅速、分离效果好、应用广泛,但是此方法成批试样分析时工作量大,同时,萃取溶剂常易挥发,易燃,且有毒性,操作时应做好安全防护。

①萃取剂的选择。萃取剂与原溶剂不互溶且比重不同。萃取剂与被测组分的溶解度要大于组分在原溶剂中的溶解度,对其他组分的溶解度很小。萃取相经蒸馏可使萃取剂与被测组分分开,有时萃取相整体就是产品。

②萃取方法。萃取常在分液漏斗中进行,一般需萃取 4 ~ 5 次方可分离完全。若萃取剂比水轻,且从水溶液中提取分配系数小或振荡时易乳化的组分时,可采用连续液体萃取器。

在食品分析中,常用提取法分离、浓缩样品。浸提法和萃取法既可以单独使用也可以结合使用。如测定食品中的黄曲霉毒素 B_1,先将固体样品用甲醇-水溶液浸取,黄曲霉毒素 B_1 和色素等杂质一起被提取,再用氯仿萃取甲醇-水溶液,色素等杂质不被氯仿萃取仍留在甲醇-水溶液层,而黄曲霉毒素 B_1 被氯仿萃取,以此分离黄曲霉毒素 B_1。

③超临界萃取。利用超临界流体作为溶剂,用于有选择性地溶解液体或固体混合物中的溶质。超临界流体指的是温度、压力处于临界状态以上的流体。超临界流体具有气体和液体双重性质,它既近似于气体,黏度与气体接近(扩散性好),又近似于液体,密度与液体相近(流动性好),但其扩散系数却比液体大得多,是一种优良的溶剂,能通过分子间的相互作用和

扩散作用将许多物质溶解，对溶质的溶解度大大增加。常用 CO_2 作为超临界流体（临界温度为 31.05 ℃，临界压力为 7.37 MPa），其具有不可燃、无毒、廉价易得、化学稳定性好等特点。

2. 蒸馏法

利用液体混合物中各组分挥发度的不同而将其分离的方法称为蒸馏法。

(1) 常压蒸馏　如果被蒸馏的物质受热后不易发生分解或沸点不太高，可在常压下进行蒸馏。常压蒸馏的装置比较简单，加热方法要根据被蒸馏物质的沸点来确定；如果沸点不高于 90 ℃可用水浴，如果超过 90 ℃，则可改为油浴、沙浴、盐浴或石棉浴；如果被蒸馏物质不易爆炸或燃烧，可用电炉或酒精灯直接用火加热，最好垫以石棉网，使其受热均匀且安全。当被蒸馏物质的沸点高于 150 ℃时，可用空气冷凝管代替冷水冷凝器。常压蒸馏装置如图 1-10 所示。

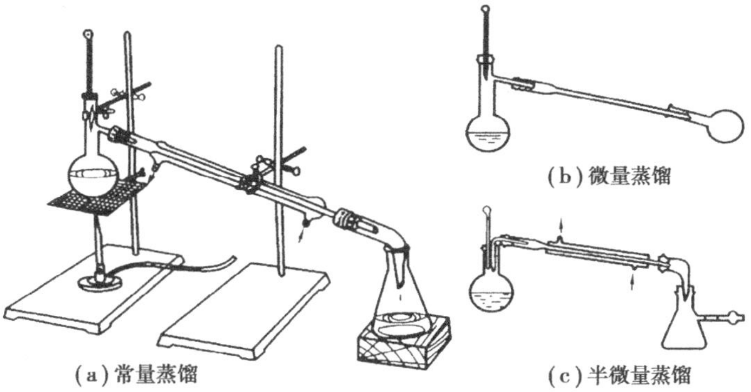

图 1-10　常压蒸馏装置

(2) 减压蒸馏　有很多化合物特别是天然提取物在高温条件下极易分解，因此需降低蒸馏温度，其中最常用的方法就是在低压条件下进行，在实验室中常用水泵来达到减压的目的。减压蒸馏装置如图 1-11 所示。

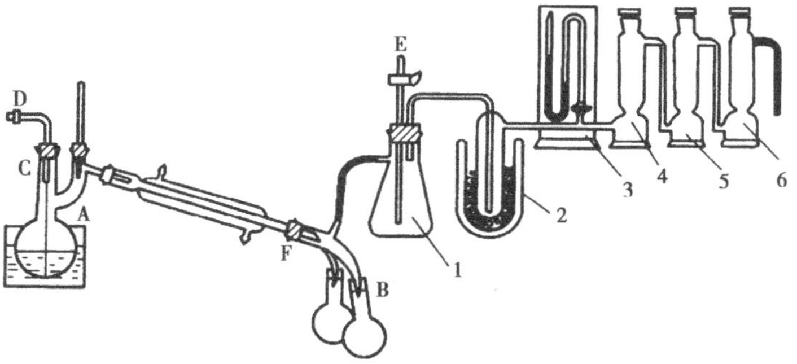

图 1-11　减压蒸馏装置

1—缓冲瓶装置；2—冷却装置；3，4，5，6—净化装置；

A—减压蒸馏瓶；B—接收器；C—毛细管；D—调气夹；E—放气活塞；F—接液

(3) 水蒸气蒸馏　将水蒸气通入含有不溶或微溶于水但有一定挥发性的有机物的混合物中，并使之加热沸腾，使待提纯的有机物在低于 100 ℃的情况下随水蒸气一起被蒸馏出来，从而达到分离提纯的目的。它是分离纯化有机化合物的重要方法之一。水蒸气蒸馏装置如图 1-12 所示。

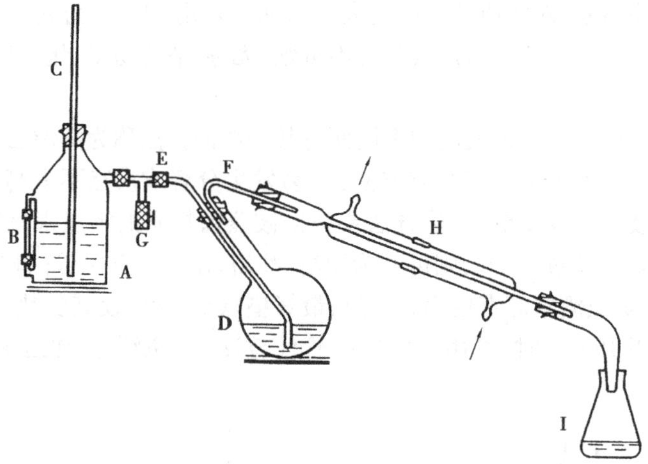

图 1-12 水蒸气蒸馏装置

A—水蒸气发生器;B—玻管;C—安全管;D—长颈圆底烧瓶;E—水蒸气导管;
F—溜出液导管;G—螺旋夹;H—冷凝管;I—接收瓶

(4)蒸馏操作注意事项:

①蒸馏瓶中装入的液体体积最大不超过蒸馏瓶的 2/3,同时加瓷片、玻璃珠等防止爆沸,蒸汽发生瓶中也要装入瓷片或玻璃珠。

②温度计插入高度应适当,以与通入冷凝管的支管在一个水平上或略低一点为宜。温度计的需查温度应在瓶外。

③有机溶剂应选用水浴,并注意安全。

④冷凝管的冷凝水应由低向高逆流。

3. 有机物破坏法

有机物破坏法主要用于食品无机元素的测定。食品中的无机元素,常与蛋白质等有机物质结合,成为难溶、难离解的化合物。要测定这些无机成分的含量,需要在测定前破坏有机结合体,释放出被测组分。通常采用高温或高温加强氧化条件,使有机物质分解,呈气态逸散,且被测组分残留下来。

各类方法又因原料的组成及被测元素的性质不同可有许多不同的操作条件,选择的原则应是:第一,方法简便,使用试剂越少越好;第二,方法耗时越短,有机物破坏越彻底越好;第三,被测元素不受损失,破坏后的溶液容易处理,不影响以后的测定步骤。

(1)干法灰化　又称为灼烧法,是一种用高温灼烧的方式破坏样品中有机物的方法。干法灰化法是将一定量的样品置于坩埚中加热,使其中的有机物脱水、炭化、分解、氧化,再置于高温炉中灼烧灰化,直至残灰为白色或浅灰色为止,所得残渣即为无机成分,可供测定用。适用于除砷、汞、锑、铅等外的金属元素的测定。

干法灰化的优点:此方法基本不加或加入很少的试剂,故空白值低;因灰分体积很小,因而可处理较多的样品,可富集被测组分;有机物分解彻底,操作简单。干法灰化的缺点:所需时间长;温度高易造成易挥发元素(如砷、汞、铅)的损失;坩埚对被测组分有吸留作用,使测定结果和回收率降低。

(2)湿法消化　是向样品中加入硫酸、硝酸等强氧化剂使有机质分解,待测组分转化成无机状态存在于消化液中,供测试用。湿法消化的优点:有机物分解速度快,所需时间短;加热

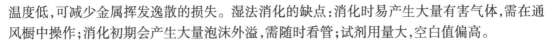

温度低,可减少金属挥发逸散的损失。湿法消化的缺点:消化时易产生大量有害气体,需在通风橱中操作;消化初期会产生大量泡沫外溢,需随时看管;试剂用量大,空白值偏高。

(3)微波消解法　目前已成为测定微量元素最好的消化方法之一,通过微波炉快速加热与密闭容器结合使用,使消解样品的时间大为缩短。与其他消化方法相比,微波消解法具有试剂用量少、空白值低、酸挥发损失少、消化更完全、更易于实现自动化控制等优点。

4. 盐析法

向溶液中加入某一盐类物质,使溶质在原溶剂中的溶解度大大降低,从而从溶液中沉淀出来的方法称为盐析法。例如,在蛋白质溶液中加入大量的盐类,特别是加入重金属盐,可使蛋白质从溶液中沉淀出来。

在进行盐析工作时,应注意溶液中所要加入的物质选择,它不会破坏溶液中所要析出的物质,否则达不到盐析提取的目的。此外,要注意选择适当的盐析条件,如溶液的 pH、温度等。盐析沉淀后,根据溶剂和析出物质的性质和实验要求,选择适当的分离方法,如过滤、离心分离和蒸发等。

5. 化学分离法

化学分离法是处理油脂或含脂肪样品时经常使用的方法。例如,油脂被浓硫酸磺化或者油脂被碱皂化后,油脂由憎水性变成亲水性,油脂中要测定的非极性物质就能较容易地被非极性或弱极性溶剂提取出来。

(1)磺化法　用浓硫酸处理样品,引进典型的极性官能团 SO_3 使脂肪、色素、蜡质等干扰物质变成极性较大、能溶于水和酸的化合物,与那些溶于有机溶剂的待测成分分开。此法主要用于对酸稳定的有机氯农药,不能用于狄氏剂和一般有机磷农药,但个别有机磷农药也可控制在一定酸度的条件下应用。

(2)皂化法　脂肪与碱发生反应,生成易溶于水的羧酸盐和醇,可除去脂肪。此法常用碱为 NaOH 或 KOH,NaOH 直接用水配制,而 KOH 易溶于乙醇溶液。对一些碱稳定的农药(如艾氏剂、狄氏剂)进行净化时,可用皂化法除去混入的脂肪。

(3)沉淀分离法　利用沉淀反应进行分离的方法。在试样中加入适当的沉淀剂,使被测组分沉淀下来,或将干扰组分沉淀除去,从而达到分离的目的。例如,测冷饮中糖精钠含量时,加入碱性硫酸铜,将蛋白质及其他干扰物、杂质沉淀出来,而糖精钠留在试液中,取滤液进行分析。

(4)掩蔽法　利用掩蔽剂与样液中的干扰成分作用,使干扰成分转变为不干扰测定的状态,即被掩蔽起来。运用这种方法,可以不经过分离干扰成分的操作而消除其干扰作用,简化分析步骤,因而在食品分析中应用十分广泛,常用于金属元素的测定。

6. 色层分离法

色层分离法是应用最广的分离方法之一,尤其对一系列有机物质的分析测定,色层分离具有独特的优点。常用的色层分离法有柱层析和薄层层析两种,由于选用的柱填充物和薄层涂布材料不同,因此有各种类型的柱层析分离和薄层层析分离。色层分离的最大特点是不仅分离效果好,而且分离过程往往也就是鉴定的过程。

(1)吸附色谱分离　该法使用的载体为聚酰胺、硅胶、硅藻土、氧化铝等,吸附剂经活化处理后具有一定的吸附能力。样品中的各组分依其吸附能力不同被载体选择性吸附,使其分离。如食品中色素的测定,将样品溶液中的色素经吸附剂吸附(其他杂质不被吸附),经过过滤、洗涤,再用适当的溶剂解吸,达到比较纯净的色素溶液。吸附剂可以直接加入样品中吸附色素，也可将吸附剂装入玻璃管制成吸附柱或涂布成薄层板使用。

（2）分配色谱分析　该法是根据样品中的组分在固定相和流动相中的分配系数不同而进行分离的。

当溶剂渗透在固定相中并进行渗展时，分配组分就在两相中进行反复分配，进而分离。如多糖类样品的纸层析，样品经酸水解处理，中和后制成试液，在滤纸上点样，用苯酚-1%氨水饱和溶液展开，苯胺邻苯二酸显色，于 105 ℃加热数分钟，不同的多糖可呈现出不同色斑。

（3）离子交换色谱分离　这是一种利用离子交换剂与溶液中的离子发生交换反应实现分离的方法。根据被交换离子的电荷分为阳离子交换和阴离子交换。该法可用于从样品溶液中分离待测离子，也可从样品溶液中分离干扰组分。分离操作可将样液与离子交换剂一起混合振荡或将样液缓缓通过事先制备好的离子交换柱，则被测离子与交换剂上的 H^+ 或 OH^- 发生交换，或是被测离子上柱，或是干扰组分上柱，从而将其分离。

（4）凝胶渗透色谱　又称为空间排阻色谱，它是基于物质分子大小形状不同来实现分离的一种色谱技术。通过具有分子筛性质的固定相，使得样品中的大分子先被洗脱下来，小分子后被洗脱下来。凝胶渗透色谱是多农药残留分析中一种常用的有效提纯方法，由于具有自动化程度高、净化效率较好及回收率较高的优点，被广泛用于纯化含类酯的复杂基体组分。

7. 浓缩法

样品提取和分离后，往往需要将大体积溶液中的溶剂减少，提高溶液浓度，使溶液体积达到所需的体积。浓缩过程中很容易造成待测组分损失，尤其是挥发性强、不稳定的微量物质更容易损失，因此，要特别注意。当浓缩至体积很小时，一定要控制浓缩速度不能太快，否则将会造成回收率降低。浓缩回收率要求≥90%。

（1）自然挥发法　将待浓缩的溶液置于室温下，使溶剂自然蒸发。此法浓缩速度慢，但简便。

（2）吹气法　采用吹干燥空气或氮气，使溶剂挥发的浓缩方法。此法浓缩速度较慢，对于易氧化、蒸汽压高的待测物，不能采用吹干燥空气的方法浓缩。

（3）K-D 浓缩器浓缩法　采用 K-D 浓缩装置进行减压蒸馏浓缩的方法。此法简便、待测物不易损失，是较普遍采用的方法。

（4）真空旋转蒸发法　在减压、加温、旋转条件下浓缩溶剂的方法。此法浓缩速度快，待测物不易损失、简便，是最常用的理想浓缩方法之一。

8. 其他预处理技术

（1）加速溶剂萃取　是一种在提高温度（50～200 ℃）和压力（10.3～20.6 MPa）的条件下，用有机溶剂萃取固体或半固体样品的自动化方法。与索氏提取、超声、微波、超临界和经典的分液漏斗振摇等公认的成熟方法相比，加速溶剂萃取的突出优点如下：

①有机溶剂用量少，10 g 样品一般仅需 15 mL 溶剂；

②快速，完成一次萃取全过程的时间一般仅需 15 min；

③基体影响小，对不同基体可用相同的萃取条件；

④萃取效率高，选择性好，现已成熟的溶剂萃取方法都可用加速溶剂萃取法做，且使用方便、安全性好，自动化程度高。

（2）固相萃取　是近年发展起来的一种样品预处理技术，是利用固体吸附剂吸附液体样品中的目标化合物，使样品基体和干扰化合物分离，然后用洗脱剂洗脱，达到分离和富集的目的。与传统的液-液萃取相比，固相萃取有机溶剂用量少，不会产生乳化现象，样品处理简便。

主要用于样品的分离、纯化和浓缩。广泛应用于医药、食品、环保、商检、农药残留等领域。

与传统的液-液萃取相比,固相萃取具有以下优点:

①可以显著减少溶剂的用量,并可以避免使用毒性较强或易燃的溶剂;

②避免液-液萃取中乳化现象的发生,萃取回收率高,重现性好;

③固相萃取简便、快速,一般来说,固相萃取可以同时进行批量样品的提取与富集,大大节约了时间;

④由于可选择的固相萃取填料种类繁多,因此其应用范围较广;

⑤易于实现自动化。

(3)固相微萃取　是在固相萃取法的基础上发展起来的样品前处理方法。首创于1989年,其操作原理与固相萃取近似,但操作方法迥然不同。固相微萃取以熔融石英光导纤维或其他材料为基体支持物,采取“相似相溶”的特点,在其表面涂渍不同性质的高分子固定相薄层,通过直接或顶空方式,对待测物进行提取、富集、进样和解析。克服了以前传统的样品预处理技术的缺陷,它无须溶剂和复杂装置,能直接从液体或气体样品中采集挥发和非挥发性的化合物。

【任务实施】

“蔬菜中农药残留的检测”样品采集

◆任务描述

学生分小组完成以下任务:

1. 查阅蔬菜中农药残留检测的抽样标准。
2. 正确编制采样方案。
3. 正确准备采样用品。
4. 正确采样。
5. 准确填写采样记录。
6. 正确进行样品的封存与运输。

一、工作准备

(1)查阅《蔬菜农药残留检测抽样规范》(NY/T 762—2004),设计蔬菜中农残检测的采样方案,该方案至少应包括采样人员、采样时间、采样地点、所采样品名称、采样量、采样方法、采样程序等。

(2)准备采样所需用品,包括抽样袋、保鲜袋、纸箱、标签纸等抽样工具。并保证这些用具洁净、干燥、无异味,不会对样本造成污染。

二、实施步骤

(1)选择抽样点和抽样时间。

(2)按照方案中的方法进行抽样。

(3)样本封存和运输。

(4)样本缩分。

(5)样本贮存。

三、采样记录

如实填写采样记录表1-3。

表1-3　蔬菜农药残留采样记录表

样品名称	
采样时间	
采样地点	
采样数量	
样品编号	
采样方法	
备注	

采样人签名：　　　　　　　　　　　　　　　　　　　　　　时间：

四、任务考核

按照表1-4评价学生工作任务的完成情况。

表1-4　任务考核评价指标

序号	工作任务	评价指标	分值比例/%
1	制订采样方案	(1)正确选用采样标准 (2)采样方案制订合理规范	10
2	样品采集	(1)正确使用采样工具 (2)正确按要求采样	10
3	样品封存和运输	(1)会正确进行样品的封存 (2)会按要求条件运输样品	10
4	样品缩分	会正确进行样品的封存	10
5	样品贮存	会按要求条件运输样品	10
6	填写采样记录	能准确填写采样记录	10
7	其他操作	(1)工作服整洁、能正确进行标识 (2)操作时间控制在规定时间内 (3)及时收拾、回收玻璃器皿及仪器设备 (4)注意操作文明和操作安全	10
8	综合素养	(1)积极主动地参与工作，能吃苦耐劳，崇尚劳动光荣 (2)服从安排，顾全大局，积极与小组成员合作，共同完成工作任务 (3)能有效利用网络、图书资源、工作手册等快速查阅获取所需信息 (4)能发现问题、提出问题、分析问题、解决问题和创新问题	30
合计			100

思政小课堂　课外巩固　相关标准

任务三　标准滴定溶液的制备与标定

【学习目标】

◆知识目标

1. 能说出化学试剂的常用种类和区别。
2. 能说出实验室用水的规格。
3. 能区分物质的量浓度和滴定度。
4. 能说出标准溶液配制与标定的方法。

◆技能目标

1. 能运用消化技术对样品进行预处理。
2. 能熟练搭建凯氏定氮装置。
3. 能运用滴定技术测定蛋白质中氮的含量。
4. 能根据样品特点选择测定方法。
5. 能真实准确地进行数据记录和分析处理。
6. 能根据检测结果正确评价食品中蛋白质含量是否符合标准。

【知识准备】

思政小课堂

一、基础知识

(一)化学试剂的规格

试剂规格又称为试剂级别或试剂类别,一般按照试剂的实际用途、纯度或杂质含量来划分规格标准。目前,世界各国对化学试剂的分类和分级标准各不相同,国外试剂厂生产的化学试剂的规格趋向于按用途划分,我国对化学试剂的等级一般按纯度划分,食品检测中,常见的试剂分类和用途如下。

1. 优级纯或保证试剂

优级纯的英文名称为 Guaranteed Reagent,简称 GR,以绿色标签作为标志。试剂纯度高,杂质含量低,适用于精密的分析工作和科研工作。

2. 分析纯或分析试剂

分析纯的英文名称为 Analytical Reagent,简称 AR,以红色标签作为标志。试剂纯度较高,杂质含量较低,适用于多数分析工作和科研工作。

3. 化学纯

化学纯的英文名称为 Chemical Pure,简称 CP,以蓝色标签作为标志。纯度较低,适用于日常检验工作和教学实验用试剂。

4. 实验试剂

实验试剂的英文名称为 Laboratory Reagent，简称 LR，以黄色标签作为标志。杂质含量较高，仅适用于一般化学实验及作为辅助试剂。

5. 基准试剂

基准试剂可用作基准物质的试剂，也可称为标准试剂。基准试剂可用来直接配制标准溶液，用来校正或标定其他化学试剂，例如，在配制标准溶液时，用于标定标准溶液用的基准物。

6. 其他

除上述 5 种外，还有许多特殊规格试剂，如色谱纯试剂、光谱纯试剂、电子纯试剂、生化试剂和生物染色剂等。使用者应根据试剂中所含杂质对检测的影响选择合适的试剂进行检测。

（二）实验室用水

根据《分析实验室用水规格和试验方法》（GB/T 6682—2008），分析实验室用水被分为 3 个级别：一级水、二级水和三级水。

1. 一级水

一级水用于有严格要求的分析试验，包括对颗粒有要求的试验。如高效液相色谱分析用水。一级水可用二级水经过石英设备蒸馏或交换混合床处理后，再经 0.2 μm 微孔滤膜过滤制取。

2. 二级水

二级水用于无机衡量分析等试验，如原子吸收光谱分析用水。二级水可用多次蒸馏或离子交换等方法制取。

3. 三级水

三级水用于一般化学分析试验。三级水可用蒸馏或离子交换等方法制取。按照《化学试剂 标准滴定溶液的制备》（GB/T 601—2016）的要求，标准滴定溶液的制备中应符合上述三级水的规格。

（三）标准溶液的浓度

1. 物质的量浓度

物质的量浓度是指单位体积溶液中所含溶质的物质的量。用 c 表示，单位为 mol/L。

$$c=\frac{n}{V}=\frac{m}{M\times V}$$

式中　c——溶液中物质的量浓度，mol/L；

n——溶液中溶质的物质的量，mol；

m——溶液中溶质的质量，g；

M——溶液中溶质的摩尔质量，g/mol；

V——溶液的体积，mL。

使用物质的量浓度时必须指明基本单位，且 c，n，M 的基本单位要一致。

2. 滴定度

滴定度是指每毫升标准溶液相当于待测组分的质量，用 T 表示，单位为 g/mL。

$$T=\frac{m}{V}$$

式中　T——标准溶液相当于待测组分的滴定度，g/mL；

m——待测组分的质量，g；

V——滴定时消耗标准溶液的体积，mL。

在食品检测中，特别是对大批试样进行同一组分检测时，使用滴定度能迅速计算出检测结果。

3. 滴定度与物质的量浓度之间的换算

$$T_{A/B}=\frac{c_B M_A}{1\ 000}, c_B=\frac{T_{A/B}\times 1\ 000}{M_A}$$

式中　$T_{A/B}$——标准溶液 B 相当于 A 的滴定度，g/mL；

c_B——标准溶液 B 的物质的量浓度，mol/L；

M_A——待测组分 A 的摩尔质量，g/mol。

每毫升标准溶液相当于被测物质的克数，以 T_{M_1/M_2} 表示，M_1 为溶液中溶质的分子式，M_2 为被测物质的分子式，单位为 g/mL。

例如，用 $K_2Cr_2O_7$ 容量法测定铁时，若每 10 mL $K_2Cr_2O_7$ 标准溶液可滴定 0.005 000 g 铁，则此 $K_2Cr_2O_7$ 溶液的滴定度是 $T_{K_2Cr_2O_7}=0.005\ 000$ g/mL。若某次滴定用去此标准溶液 22.00 mL，则此试样中 Fe 的质量为

$$V_{K_2Cr_2O_7}\cdot T_{K_2Cr_2O_7}=22.00\times 0.005\ 000=0.110\ 0(g)$$

这种浓度表示法常用生产单位的例行分析，可简化计算。

二、标准滴定溶液的制备与标定

（一）配制方法

标准滴定溶液是具有准确浓度的溶液，用于滴定待测试样。其配制方法有直接法和标定法两种。

1. 直接法

准确称取一定量基准物质，溶解后定量转入容量瓶中，用蒸馏水稀释至刻度。根据称取物质的质量和容量瓶的体积，计算出该溶液的准确浓度。例如，称取 1.471 g 基准 $K_2Cr_2O_7$，用水溶解后，置于 250 mL 容量瓶中，用水稀释至刻度，即得 $K_2Cr_2O_7$ 的物质的量浓度 $c=0.020\ 00$ mol/L，或$[K_2Cr_2O_7]=0.020\ 00$ mol/L。

2. 标定法

有些物质不具备作为基准物质的条件，便不能直接用来配制标准溶液，这时可采用标定法。将该物质先配成一种近似于所需浓度的溶液，然后用基准物质（或已知准确浓度的另一份溶液）来标定它的准确浓度。例如，HCl 试剂易挥发，欲配制浓度 c(HCl) 为 0.1 mol/L 的 HCl 标准溶液时，就不能直接配制，而是先将浓 HCl 配制成浓度大约为 0.1 mol/L 的稀溶液，然后称取一定量的基准物质如无水碳酸钠对其进行标定，或者用已知准确浓度的 NaOH 标准溶液来进行标定，从而求出 HCl 溶液的准确浓度。

在实际工作中，有时选用与被测试样组成相似的“标准试样”来标定标准溶液，以消除共存元素的影响，提高标定的准确度。

（二）标定方式

用基准物质或标准试样来校正所配制标准溶液浓度的过程叫作标定。用基准物质进行标定时，可采用称量法和移液管法两种方式。

1. 称量法

准确称取 n 份基准物质(当用待标定溶液滴定时,每份约需该溶液 25 mL),分别溶于适量水中,用待标定溶液滴定。例如,常用于标定 NaOH 溶液的基准物质是邻苯二甲酸氢钾($KHC_8H_4O_4$)。由于邻苯二甲酸氢钾摩尔质量较大,即 204.2 g/mol,欲标定量浓度 c(NaOH)为 0.1 mol/L 的 NaOH 溶液,可称取 0.75 g 于 105 ~ 110 ℃电烘箱中干燥至恒重的工作基准试剂邻苯二甲酸氢钾,加无二氧化碳的水溶解,加 2 滴定酚酞指示剂(10 g/L),用配制的氢氧化钠溶液滴定至溶液呈粉红色,并保持 30 s。根据所消耗的 NaOH 溶液体积便可算出 NaOH 溶液的准确浓度。

2. 移液管法

准确称取较大一份基准物质,在容量瓶中配成一定体积的溶液,标定前,先用移液管移取 $1/n$ 整分(例如,用 25 mL 移液管从 250 mL 容量瓶中每份移取 1/10),分别用待标定的溶液滴定。

这种方法的优点在于一次称取较多的基准物质,可作几次平行测定,既可节省称量时间,又可降低称量相对误差。值得注意的是,为了保证移液管移取部分的准确度,必须进行容量瓶与移液管的相对校准。

(三)注意事项

标准溶液的浓度准确程度直接影响分析结果的准确度。因此,制备标准溶液在方法、使用仪器、量具和试剂等方面都有严格的要求。国家标准《化学试剂 标准滴定溶液的制备》(GB/T 601—2016)中对上述各个方面的要求作了一般规定,即在制备滴定分析(容量分析)用标准溶液时,应达到下列要求。

(1)配制标准溶液用水,至少应符合《分析实验室用水规格和试验方法》(GB/T 6682—2008)中三级水的规格。

(2)除另有规定外,所用试剂的级别应在分析纯(含分析纯)以上,所用制剂及制品,应按《化学试剂 试验方法中所用制剂及制品的制备》(GB/T 603—2023)的规定制备。

(3)所用分析天平及砝码应定期检定。

(4)所用滴定管、容量瓶及移液管均需定期校正,校正方法按《常用玻璃量器检定规程》(JJG 196—2006)中的规定进行。

(5)制备标准溶液的温度是指 20 ℃时的浓度,在进行标定时,如温度有差异,应按国家标准《化学试剂 标准滴定溶液的制备》(GB/T 601—2016)中的附录 A 进行补正。

(6)标定标准溶液时,平行试验不得少于 8 次,两人各做 4 次平行测定,检测结果再按《化学试剂 标准滴定溶液的制备》(GB/T 601—2016)规定的方法进行数据的取舍后取平均值,浓度值取 4 位有效数字。

(7)凡规定用“标定”和“比较”两种方法测定浓度时,不得略去其中任何一种,浓度值以标定结果为准。

(8)配制浓度等于或低于 0.02 mol/L 的标准溶液时,应于临用前将浓度高的标准溶液用煮沸并冷却了的纯水稀释,必要时重新标定。

(9)碘量法反应时,溶液温度不能过高,一般在 15 ~20 ℃进行。

(10)滴定分析用标准溶液在常温(15 ~25 ℃)下,保存时间一般不得超过 2 个月。

【任务实施】

0.1 mol/L 氢氧化钠标准滴定溶液的配制与标定

◆任务描述

学生分小组完成以下任务：

1. 查阅氢氧化钠标准滴定溶液的配制与标定方法标准，设计氢氧化钠标准滴定溶液的配制与标定方案。

2. 准备氢氧化钠标准滴定溶液的配制与标定所需试剂材料及仪器设备。

3. 正确进行氢氧化钠标准滴定溶液的配制与标定。

4. 正确填写数据记录表。

5. 正确进行氢氧化钠标准滴定溶液浓度的计算。

一、工作准备

（1）查阅标准《化学试剂 标准滴定溶液的制备》（GB/T 601—2016），设计氢氧化钠标准滴定溶液的配制与标定方案。

（2）准备氢氧化钠标准滴定溶液的配制与标定所需试剂材料及仪器设备。

二、实施步骤

1. 配制

称取 110 g 氢氧化钠，溶于 100 mL 无二氧化碳的水中，摇匀，注入聚乙烯容器中，密闭放置至溶液清亮，用塑料管量取上层清液 5.4 mL，用无二氧化碳的水稀释至 1 000 mL，摇匀。

2. 标定

称取 0.75 g 于 105～110 ℃电烘箱中干燥至恒重的工作基准试剂邻苯二甲酸氢钾，加无二氧化碳的水溶解，加 2 滴定酚酞指示剂（10 g/L），用配制的氢氧化钠溶液滴定至溶液呈粉红色，并保持 30 s，同时做空白试验。需两人各做 4 次平行测定，检测结果再按《化学试剂 标准滴定溶液的制备》（GB/T 601—2016）规定的方法进行数据取舍后取平均值。

三、数据记录与处理

将氢氧化钠标准滴定溶液配制与标定的原始数据填入表 1-5 中。

表 1-5　氢氧化钠标准滴定溶液配制与标定的原始数据表

工作任务					工作日期					
工作依据										
工作人员	1(　　)					2(　　)				
邻苯二甲酸氢钾编号	空白	1	2	3	4	空白	1	2	3	4
邻苯二甲酸氢钾质量 m/g										
滴定管初读数/mL										
滴定管终读数/mL										

续表

消耗滴定剂的体积 V/mL										
计算公式										
氢氧化钠标准滴定溶液的浓度 c/($mol \cdot L^{-1}$)										
氢氧化钠标准滴定溶液的浓度平均值/($mol \cdot L^{-1}$)										
标准规定每人四平行标定结果的相对极差										
每人四平行标定结果的相对极差										
标准规定每人八平行标定结果的相对极差										
每人八平行标定结果的相对极差										

四、任务考核

按照表1-6评价学生工作任务的完成情况。

表1-6　任务考核评价指标

序号	工作任务	评价指标	分值比例/%
1	制订方案	(1)正确选用标准及方法 (2)方案制订合理规范	10
2	试样称取	(1)正确使用电子天平进行称重 (2)正确选择称样方法	5
3	试剂配制	(1)会正确选择所需装置 (2)会根据标准正确操作	10
4	标定	(1)会正确使用滴定管 (2)会正确判定滴定终点	20

续表

序号	工作任务	评价指标	分值比例/%
5	数据处理	(1)原始记录和检测及时、规范、整洁 (2)有效数字保留准确 (3)计算准确,测定结果准确,平行性好	15
6	其他操作	(1)工作服整洁、能够正确进行标识 (2)操作时间控制在规定时间内 (3)及时收拾、回收玻璃器皿及仪器设备 (4)注意操作文明和操作安全	10
7	综合素养	(1)积极主动地参与工作,能吃苦耐劳,崇尚劳动光荣 (2)服从安排,顾全大局,积极与小组成员合作,共同完成工作任务 (3)能有效利用网络、图书资源、工作手册等快速查阅获取所需信息 (4)能发现问题、提出问题、分析问题、解决问题、创新问题	30
合计			100

课外巩固　　相关标准

任务四　数据处理与报告填写

【学习目标】

◆知识目标

1. 能说出准确度与精密度的区别和联系。
2. 能说出误差的种类及来源。
3. 能按照有效数字运算规则准确计算。
4. 能说出食品检验原始记录单填写的要求。
5. 能说出食品检验报告单填写的要求。

◆技能目标

1. 会分析误差产生的原因。
2. 会规范记录数据。
3. 会运用 Q-检验法判定可疑数据的取舍。
4. 会正确填写食品检验原始记录单。
5. 会正确填写食品检验报告单。

微课视频

【知识准备】

一、误差分析与数据处理

(一)基本概念

1. 准确度

准确度是指测定值与真实值的接近程度,反映测定结果的可靠性。准确度的高低可用误差或回收率来表示,误差越小或回收率越大则准确度越高。

(1)绝对误差　绝对误差(E_i)是指测定结果(x_i)与真实值(T)之差。

$$E_i = x_i - T$$

误差越小,测量值和真实值越接近,测定结果的准确度越高。若测量值大于真实值;误差为正值;反之,为负值。

(2)相对误差　相对误差(E_r)指绝对误差(E_i)占真实值(T)的百分率。

$$E_r = \frac{E_i}{T} \times 100\%$$

相对误差反映误差在测定结果中的比例,常用百分数(%)等表示。相对误差比绝对误差更能描绘误差相对样品的影响。当两个样品的绝对误差相同时,由于样品含量大小不一样,其相对误差可差若干倍。分析结果的准确度常用相对误差表示。如用分析天平称量两份试样,结果见表1-7。

表1-7　绝对误差与相对误差

试样	实际测量值	真实值	绝对误差	相对误差
1	3.135 6 g	3.135 7 g	0.000 1 g	0.003 2%
2	0.313 6 g	0.313 7 g	0.000 1 g	0.032%

从表1-7中可以看出,绝对误差相同,称样量大时,相对误差小,准确度高。绝对误差不能完全地说明测定的准确度,即它没有与被测物质的质量联系起来。故分析结果的准确度常用相对误差表示,相对误差反映了误差在真实值中所占的比例,用来比较在各种情况下测定结果的准确度比较合理。

(3)回收率　加入标准物质的回收率可按下式计算:

$$P = \frac{x_1 - x_0}{m}$$

式中　P——加入标准物质的回收率;

m——加入标准物质的量;

x_0——未知样品的测定值;

x_1——加标样品的测定值。

2. 精密度

精密度是指多次平行测定结果相互接近的程度,它代表测定方法的稳定性和重现性。精密度的高低用偏差来衡量。

(1)绝对偏差(d_i)　指某一次测量值与平均值的差异。

$$d_i = x_i - \bar{x}$$

(2)相对偏差(d_r)　表示绝对偏差在平均值中所占的百分率。

$$d_r = \frac{d_i}{\bar{x}} \times 100\%$$

(3)平均偏差($\bar{d}$)　各个绝对偏差绝对值的平均值。

$$\bar{d} = \frac{\sum_{i=1}^{n} \left| d_i \right|}{n}$$

(4)相对平均偏差($\bar{d}_r$)　平均偏差在平均值中所占的百分率。

$$\bar{d}_r = \frac{\bar{d}}{\bar{x}} \times 100\%$$

(5)标准偏差(S)　指统计结果在某一个时间段内误差上下波动的幅度。

$$S = \sqrt{\frac{\sum_{i=1}^{n} (x_i - \bar{x})^2}{n - 1}}$$

其中,$n-1$ 为自由度,它说明在 n 次测定中,只有($n-1$)个可变偏差,引入($n-1$),主要是校正以样本平均值代替总体平均值所引起的误差。

(6)相对标准偏差(c_V)　标准偏差占平均值的百分率。

$$c_V = \frac{S}{\bar{x}}$$

由于标准偏差较平均偏差更有统计意义,能说明数据的分散程度,因此通常用标准偏差和变异系数来表示一种分析方法的精密度。

(7)极差(R)与相对极差(R_r)　极差(R)指测量结果中的最大值与最小值之差。相对极差(R_r)指极差在平均值中所占百分率。

$$R = x_{max} - x_{min}$$

$$R_r = \frac{R}{\bar{x}}$$

式中　x_{max}——为一组测定结果中的最大值;

x_{min}——为一组测定结果中的最小值;

$\bar{x}$——多次测定结果的算术平均值。极差也称为全距或范围误差。虽然用极差表示测定数据的精密度不够严密,但因其计算简单,常用于食品检测中。

3.准确度与精密度两者的关系

准确度与精密度是两个不同的概念,它们相互之间有一定的联系,分析结果必须从准确度和精密度两个方面来衡量。精密度是保证准确度的先决条件,只有精密度好,才能得到好的准确度;若精密度差,所测结果不可靠,就失去了衡量准确度的前提。但是,高精密度不一定能保证高的准确度,找出精密但不准确的原因(主要是系统误差的存在),就可以使测定结果既精密又准确。

(二)误差

分析结果与真实值之间的差值称为误差。根据误差产生的原因和性质,将误差分为系统误差、偶然误差和过失误差3类。

1. 系统误差

系统误差又称为可测误差，它是由检验操作过程中某种固定原因造成的、按照某一确定的规律发生的误差。系统误差具有单向性和重现性，其大小是可测定的，一般可以找出原因，设法消除或减少。根据其产生的原因，系统误差主要分为方法误差、仪器误差、操作误差和试剂误差。

（1）方法误差　是由分析方法本身所造成的。如在重量分析中，沉淀的溶解损失或吸附某些杂质而产生的误差；在滴定分析中，反应进行不完全、干扰离子的影响、滴定终点和化学计量点的不符合以及其他副反应的发生等，都会系统地影响测定结果。

（2）仪器误差　主要是仪器本身不够准确或未经校准所引起的。如天平、砝码和量器刻度不够准确等，在使用过程中就会使测定结果产生误差。

（3）操作误差　主要是指在正常操作情况下，由分析工作者掌握操作规程与正确控制条件稍有出入而引起的。例如，使用了缺乏代表性的试样、试样分解不完全或反应的某些条件控制不当等。

（4）试剂误差　是由试剂不纯或蒸馏水中含有微量杂质所引起的。

2. 偶然误差

偶然误差是由某些无法控制和预测的因素随机变化而引起的误差，又称不可测误差或随机误差。其特点是大小正负不固定，无法控制和测定。

偶然误差产生的原因主要有观察者感官灵敏度的限制或技巧不够熟练，实验条件的变化（如实验时温度、压力都不是绝对不变的）等。

偶然误差是实验中无意引入的，无法完全避免，但在相同实验条件下进行多次测量，由于绝对值相同的正、负误差出现的可能性是相等的，所以在无系统误差存在时，取多次测量的算术平均值，就可消除误差，使结果更接近于真实值，且测量的次数越多，也就越接近真实值。因此，在食品分析中不能以任何一次的测定值作为测量的结果，常取多次测量的算术平均值。

3. 过失误差

过失误差是指在操作中犯了某种不应犯的错误而引起的误差，如加错试剂、看错标度、记错读数、溅出分析操作液等错误操作。这类错误应该是完全可以避免的。在数据分析过程中对出现的个别离群的数据，若查明是错误引起的，应弃去此测定数据。分析人员应加强工作的责任心，严格遵守操作规程，做好原始记录，反复核对，这样就能避免这类错误的发生。

4. 控制和消除误差的方法

误差的大小，直接关系到分析结果的精密度和准确度，在检测过程中，应采取有效的措施降低和减少误差的出现。

（1）正确选取样品量　样品量的多少与分析结果的准确度密切相关。在常量分析中，滴定量或质量过多过少都直接影响准确度。在比色分析中，含量与吸光度之间往往只在一定范围内呈线性关系。这就要求测定时读数在此范围内，以提高准确度。通过增减取样量或改变稀释倍数可以达到此目的。

（2）校正仪器和标定溶液　各种计量测试仪器，如实验室电子天平、旋光仪、分光光度计，以及移液管、滴定管、容量瓶等，在精确的分析中必须进行校准，并在计算时采用校正值。各种标准溶液（尤其是容易变化的试剂）应按规定定期进行标定，以保证标准溶液的浓度和质量。

(3)空白试验　在进行样品测定过程的同时,采用完全相同的操作方法和试剂,唯独不加被测定的物质,进行空白试验。在测定值中扣除空白值,就可以抵消试剂中的杂质干扰等因素造成的系统误差。

(4)对照试验　是检查系统误差的有效方法。在进行对照试验时,常常用已知结果的试样与被测试样一起按完全相同的步骤操作,或由不同单位、不同人员进行测定,最后将结果进行比较,这样可以抵消许多不明因素引起的误差。

(5)增加平行测定次数　测定次数越多,则平均值就越接近真实值,偶然误差也可抵消,所以分析结果就越可靠。一般要求每个样品的测定次数不应少于两次,如要更精确地测定,分析次数应更多些。

(6)严格遵守操作规程　分析方法所规定的技术条件要严格遵守。经国家或主管部门规定的分析方法,在未经有关部门同意下,不应随意改动。

(三)数据处理

1. 有效数字

食品分析过程中所测得的一手数据称为原始数据,它要用有效数字表示。有效数字就是实际能测量到的数字,它表示了数字的有效意义和准确程度,通常包括全部准确数字和一位不确定的可疑数字。在检测分析过程中,需注意以下内容。

(1)记录测量数据时,只允许保留一位可疑数字。

(2)有效数字的位数反映了测量的相对误差,不能随意舍去或保留最后一位数字。

(3)数据中的“0”作具体分析,数字中间的“0”,如 2005 中“00”都是有效数字。数字前边的“0”,如 0.012 kg,其中“0.0”都不是有效数字,它们只起定位作用。数字后边的“0”,尤其是小数点后的“0”,如 2.50 中的“0”是有效数字,即 2.50 是三位有效数字。

(4)在所有计算式中,常数、稀释倍数以及乘数等非测量所得数据,视为无限多位有效数字。

(5)pH 等对数值,有效数字位数仅取决于小数部分数字的位数,如 pH = 10.20,应为两位有效数值。

(6)大多数情况下,表示误差时,结果取一位有效数字,最多取两位。

2. 有效数字修约规则

用“四舍六入五成双”的规则舍去过多的数字。即当尾数小于等于 4 时,则舍;尾数大于等于 6 时,则入;尾数等于 5 或 5 后面全是零时,若 5 前面为偶数时则舍,为奇数时则入;当 5 后面还有不是零的任何数时,无论 5 前面是偶是奇皆入。具体如下:

(1)在拟舍弃的数字中,若左边第一个数字小于 5(不包括 5),则舍去,即所拟保留的末位数字不变。如将 14.243 2 修约到保留一位小数,正确修约后为 14.2。

(2)在拟舍弃的数字中,若左边第一个数字大于 5(不包括 5),则进一,即所拟保留的末位数字加一。如将 26.484 3 修约到只保留一位小数,正确修约后为 26.5。

(3)在拟舍弃的数字中,若左边第一位数字等于 5,其右边的数字并非全部为零,则进一,即所拟保留的末位数字加一。如将 1.050 1 修约到只保留一位小数,正确修约后为 1.1。

(4)在拟舍弃的数字中,若左边第一个数字等于 5,其右边的数字皆为零,所拟保留的末位数字若为奇数则进一,若为偶数(包括“0”)则不进。如将 0.350 0 修约到只保留一位小数,正确修约后为 0.4。

(5)所拟舍弃的数字,若为两位以上数字,不得连续进行多次修约,应根据所拟舍弃数字中左边第一个数字的大小，按上述规定一次修约出结果。如将 15.454 6 修约成整数，正确修约后为 15，不得按下法连续修约为 16。

$$15.454\ 6 \rightarrow 15.455 \rightarrow 15.46 \rightarrow 15.5 \rightarrow 16$$

3. 有效数字的运算

（1）加减法计算的结果，其小数点后保留的位数，应与参加运算各数中小数点后位数最少的相同（绝对误差最大），总绝对误差取决于绝对误差大的。

$$0.012\ 1+12.56+7.843\ 2=0.01+12.56+7.84=20.41$$

（2）乘除法计算的结果，其有效数字保留的位数，应与参加运算各数中有效数字位数最少的相同（相对误差最大），总相对误差取决于相对误差大的。

$$(0.014\ 2\times24.43\times305.84)/28.7=(0.014\ 2\times24.4\times306)/28.7=3.69$$

（3）乘方或开方时，结果有效数字位数不变。

（4）对数运算时，对数尾数的位数应与真数有效数字位数相同，如 pH = 4.30，则 $[H^+]$ = 5.0×10^{-5} mol/L。

4. 可疑数字的取舍

在分析得到的数据中，常有个别数据特别大或特别小，偏离其他数值较远，这些数据称为可疑数据。处理可疑数据应慎重，不能为单纯追求分析结果的一致性而随便舍弃。有几种检验方法可用于分析可疑数据，*Q*-检验法是其中常用的一种方法。在 *Q*-检验法中，计算 *Q* 值，并将结果与表格中的数值相比较，如果计算值比表格中的值大，那么该可疑值可被舍弃（90%置信度）。表 1-8 列出了部分舍弃结果所需的 *Q* 值（90%置信度）。

表 1-8　舍弃结果所需的 *Q* 值

测定次数	舍弃 *Q*（90%置信度）	测定次数	舍弃 *Q*（90%置信度）
3	0.94	7	0.51
4	0.76	8	0.47
5	0.64	9	0.44
6	0.56	10	0.41

当测定次数 $n=3\sim10$ 时，根据所要求的置信度（如取 90%）按以下步骤，检验可疑数据是否舍弃。

Q-检验法的具体步骤如下：

（1）将各数值按递增顺序排列 $x_1, x_2, \cdots, x_n$；

（2）求出最大数值与最小数值之差 x_n-x_1；

（3）求出可疑数据与邻近数据之差 x_n-x_{n-1} 或 x_2-x_1；

（4）求出 *Q* 值；

$$Q=\frac{x_n-x_{n-1}}{x_n-x_1} \text{ 或 } Q=\frac{x_2-x_1}{x_n-x_1}$$

（5）根据测定次数 *n* 和要求的置信度（如 90%）查表 1-8 得 $Q_{0.90}$；

（6）比较 *Q* 与 $Q_{0.90}$，若 $Q>Q_{0.90}$ 舍弃可疑值，若 $Q\leqslant Q_{0.90}$ 则保留可疑值。

【例 1-1】　平行测定盐酸浓度（mol/L），结果为 0.101 4，0.102 1，0.101 6，0.101 3。试问 0.102 1 在置信度为 90%时是否应舍去？

解　(1)排序:0.101 3,0.101 4,0.101 6,0.102 1。

(2)$Q=(0.102\ 1-0.101\ 6)/(0.102\ 1-0.101\ 3)=0.63$。

(3)查表1-8,当 $n=4$ 时,$Q_{0.90}=0.76$。

结论,因 $Q<Q_{0.90}$,故0.102 1不应舍去。

二、原始记录与检验报告

(一)原始记录

原始记录是用文字和数字对过程活动的记载,食品检测过程的原始记录是进行食品检测结果分析的重要依据,检测人员应在检测分析过程中如实记录,并妥善保存。

1. 原始性

原始记录应体现检测过程的原始性。观察结果和数据应在产生的当时予以记录,不得事后回忆追记、另行整理记录、誊抄或无关修正,但后续可根据需求再实施具体的计算步骤。

2. 可操作性

原始记录单制定过程中,应充分考虑记录的可操作性。通过使用规范的语言文字、检测依据的规范描述语句、简单易用/尺寸合适的数据表格、给每个检测数据留出足够的填写空间等,保证原始记录的可操作性;可依据检测项目特点,按照检测流程顺序或标准条款顺序安排各检测项目在原始记录中的位置顺序,提升原始记录的可操作性。

3. 真实性

原始记录的数据必须是真实的,数据的表达应真实无误地反应测量仪器的输出,包括数值、有效位数、单位,必要时还需要记录测量仪器的误差。

4. 溯源性

原始记录中应完整记录检测中各种方法条件,应包含足够充分的信息,包括但不限于:测试环境信息、测试条件、使用仪器、仪器设置、每项试验测试日期和人员、审查数据结果的日期和负责人等,以便识别不确定度的影响因素,并确保该检测在尽可能接近原条件的情况下能够重复。整改后合格的试验项目,记录中仍需保留原不合格的原始数据,以及整改的方法。

5. 完整性

原始记录的内容是检测报告的重要来源。为了方便检测报告的生成,原始记录内容应完整地体现检测依据、检测项目、检测方法、检测数据和必要的过程数据。

6. 有效性

实验室应确保使用的原始记录格式为有效的受控版本。

(二)检验报告

检验报告是质量检验的最终产物,其反映的信息和数据,必须客观公正、准确可靠,填写要清晰完整。

一份完整的食品检验结果报告由正本和副本组成。提供给服务对象的正本包括检验报告封皮、检验报告首页、检验报告续页3部分;作为归档留存的副本除具有上述3项外,还包括真实完整的检验原始记录、填写详细的产(商)品抽样单、仪器设备使用情况记录等。

检验报告的内容一般包括送检单位、样品信息(名称、包装、批号、生产日期等)、取样日期、检测日期、检测项目、检测依据、检测结果、报告日期、检验员签字、复核人签字、主管负责人签字、检验单位盖章等。

检验报告单可按规定格式设计，也可按产品特点单独设计，一般可设计成表1-9所示的格式。

表1-9　检验报告单示例

<table>
<tr><td>样品名称</td><td colspan="10"></td></tr>
<tr><td>送检单位</td><td colspan="2"></td><td colspan="2">产品批号</td><td colspan="3"></td><td colspan="2">代表数量</td><td></td></tr>
<tr><td>生产日期</td><td colspan="2"></td><td colspan="2">检验日期</td><td colspan="3"></td><td colspan="2">报告日期</td><td></td></tr>
<tr><td>检测依据</td><td colspan="10"></td></tr>
<tr><td>判定依据</td><td colspan="10"></td></tr>
<tr><td colspan="2">检验项目</td><td colspan="4">单位</td><td colspan="3">检测结果</td><td colspan="2">标准要求</td></tr>
<tr><td colspan="2"></td><td colspan="4"></td><td colspan="3"></td><td colspan="2"></td></tr>
<tr><td>检验结论</td><td colspan="10"></td></tr>
<tr><td>检验员</td><td colspan="3"></td><td colspan="3">复核人</td><td colspan="4"></td></tr>
<tr><td>备注</td><td colspan="10"></td></tr>
</table>

（三）原始记录和检验报告的填写

（1）各栏目应填写齐全，不适用的信息填写"—"。

（2）填写要求：字迹清楚整齐，文字、数字、符号应易于识别，无错别字。

（3）书写信息若发生错误需要更正时，应在错误的文字上，用平行双横划改线"="划改，并在近旁适当位置上（避免与其他信息重叠）填写正确的内容、划改人的签名和划改日期，不得涂改、刮改、擦改，或者用修正液修改。

（4）对要求测试数据的项目，应在"检验结果"栏目中填写实际测量或者统计、计算处理后的数据。

（5）对无量值要求的定性项目，应在"检验结果"栏目中做简要说明。例如，合格的项目，填写"符合""有效""完好"；不合格的项目，应进行简要描述，填写"缺少……标志""……损坏"等。

（6）对不适用的项目，应在"检验结果"栏目中填写"—"。

（7）"结论"栏目中只填写"合格""不合格""复检合格""自检不合格"和"无此项"等单项结论。

【任务实施】

"面粉中水分的测定"数据处理

一、任务描述

某同学对面粉的水分进行次测定，其数值为0.64%、0.63%、0.65%、0.40%、0.68%，请问他报告的测定结果应为多少？

二、实施步骤

1. 从大到小排列数据。
2. 判断可疑值，确定取舍。
3. 计算平均值（注意：若舍弃后应算其余各次检验结果平均值）。
4. 计算偏差、相对标准偏差。

三、结果报告

结合产品标准和计算结果，正确进行结果报告。

四、任务考核

按照表 1-10 评价学生工作任务的完成情况。

表 1-10　任务考核评价指标

序号	工作任务	评价指标	分值比例/%
1	可疑数据的取舍	(1)正确排序 (2)正确计算 (3)正确分析，进行取舍	30
2	计算平均值	正确计算平均值	10
3	精密度分析	正确计算偏差、相对标准偏差等	10
4	结果报告	能正确报告结果	20
5	综合素养	(1)积极主动地参与工作，能吃苦耐劳，崇尚劳动光荣 (2)服从安排，顾全大局，积极与小组成员合作，共同完成工作任务 (3)能有效利用网络、图书资源、工作手册等快速查阅获取所需信息 (4)能发现问题、提出问题、分析问题、解决问题、创新问题	30
合计			100

思政小课堂　　课外巩固　　相关标准

项目二
食品的物理检验法

任务一　相对密度的测定

【学习目标】

◆知识目标

1. 掌握相对密度的概念及相对密度的测定意义。
2. 了解密度计、密度瓶的结构和测定原理、使用方法。

◆技能目标

1. 会解读相对密度测定的国家标准。
2. 学会使用和维护密度瓶和密度计。

微课视频

【知识准备】

根据食品检验工国家职业标准要求，物理检验法是根据食品的相对密度、折光率、旋光度等物理常数与食品的组成及含量之间的关系进行检验的一类方法。物理检验法是食品分析和食品工业生产中常用的检测方法之一。

某些食品的一些物理常数，如密度、相对密度、折射率、旋光度等，与食品的组成及含量之间存在一定的数学关系。可以通过物理常数的测定来间接地检测食品的组成及其含量。

某些食品的一些物理量是食品质量指标的重要组成部分。如罐头的真空度，固体饮料的颗粒度、比体积，面包的比体积，冰激凌的膨胀度，液体的透明度、浊度、黏度，食品的硬度、脆度、粘黏性、恢复性、弹性、凝胶强度、咀嚼度等。可以通过物理检测直接测定。

一、概念

1. 密度

密度是指物质在一定温度下单位体积的质量，以符号 ρ 表示，其单位是 g/mL 或 g/cm^3。

由于物质具有热胀冷缩的性质，密度值会随温度的改变而改变，因此，密度应标示出测定时物质的温度表示为 ρ，如 ρ_{20}。

2. 相对密度

相对密度是指在某一温度下物质的质量与同体积某一温度下水的质量之比，以符号 d 表示，如 $d_{t_2}^{t_1}$，其中，t_1 表示物质的温度，t_2 表示水的温度。

密度和相对密度两者之间的关系可用下式表示：

$$d_{t_2}^{t_1}=\frac{t_1\text{ 温度下物质的密度}}{t_2\text{ 温度下水的密度}}$$

因为水在 4 ℃时的密度为 1 g/cm³，所以物质在某温度下的密度 ρ 和物质在同一温度下对 4 ℃水的相对密度 d 在数值上相等，两者在数值上可以通用。为方便起见，工业上常用 d_4^{20} 表示物质的相对密度，其数值与物质在 20 ℃时的密度 ρ_{20} 相等。

当用密度瓶或密度天平测定液体的相对密度时，以测定溶液对同温度水的相对密度比较方便，通常测定液体在 20 ℃时对水在 20 ℃时的相对密度，以 d_{20}^{20} 表示。d_{20}^{20} 和 d_4^{20} 之间可以用下式换算：

$$d_4^{20} = d_{20}^{20} \times 0.99823$$

式中　0.998 23——水在 20 ℃时的密度，g/cm³。

同理，若要将 $d_4^{t_1}$ 换算为 $d_{t_2}^{t_1}$，可按下式换算：

$$d_4^{t_1} = d_{t_2}^{t_1} \times \rho_{t_2}$$

式中　ρ_{t2}——温度 t_2 时水的密度，g/cm³。表 2-1 列出了不同温度下水的密度。

表 2-1　水的密度和温度的关系

t/℃	密度/(g·mL⁻¹)	t/℃	密度/(g·mL⁻¹)	t/℃	密度/(g·mL⁻¹)	t/℃	密度/(g·mL⁻¹)
0	0.999 868	9	0.999 808	18	0.998 622	27	0.996 539
1	0.999 927	10	0.999 727	19	0.998 432	28	0.996 259
2	0.999 968	11	0.999 623	20	0.998 23	29	0.995 971
3	0.999 992	12	0.999 525	21	0.998 019	30	0.995 673
4	1.000 000	13	0.999 404	22	0.997 797	31	0.995 367
5	0.999 992	14	0.999 271	23	0.997 565	32	0.995 052
6	0.999 968	15	0.999 126	24	0.997 323		
7	0.999 929	16	0.998 97	25	0.997 071		
8	0.999 876	17	0.998 801	26	0.996 81		

二、测定相对密度的意义

相对密度是物质的重要物理常数，各种液态食品均有一定的相对密度，当其成分及浓度发生改变时，其相对密度也随之改变。因此，通过测定液态食品的相对密度，可以检验食品的纯度或浓度。

当液态食品中的水分被完全蒸发，干燥至恒重时，所得到的剩余物称为干物质或固形物。液态食品的相对密度与其固形物含量具有一定的数学关系，因此测定液态食品的相对密度，可求出其固形物含量。

例如，正常牛乳 20 ℃时的相对密度为 1.028 ~ 1.032，掺水时相对密度降低，脱脂时乳的相对密度升高；正常新鲜鸡蛋的相对密度为 1.05 ~ 1.07，可食蛋的相对密度在 1.025 以上，劣质蛋的相对密度在 1.025 以下，所以可借助相对密度的测定判断禽蛋的新鲜度；菜籽油的相对密度为 0.909 0 ~ 0.914 5；花生油的相对密度为 0.911 0 ~ 0.917 5。油脂的相对密度与其脂肪酸的组成有密切关系，不饱和脂肪酸含量越高，脂肪酸不饱和程度越高，脂肪的相对密度越高；游离脂肪酸含量越高，相对密度越低；酸败的油脂其相对密度升高。

在制糖工业中，以溶液的相对密度近似地测定溶液中可溶性固形物含量的方法得到了普遍应用。

此外,需要注意的是,当食品的相对密度异常时,可以肯定食品的质量有问题;当食品的相对密度正常时,并不能肯定食品的质量无问题,必须配合其他理化分析,才能确定食品的质量。

三、液态食品相对密度的测定方法

《食品安全国家标准 食品相对密度的测定》(GB/T 5009.2—2024)规定了液体食品中相对密度的测定方法,有密度瓶法、天平法、比重计法和U形振荡管数字密度计法。下面主要介绍密度瓶法和比重计法。

(一)密度瓶法

1. 测定原理和测量仪器

用具有已知容积的同一密度瓶,在一定温度下分别称取等体积的样品溶液和蒸馏水的质量,两者的质量比即为该样品溶液的相对密度。常用的密度瓶如图2-1所示。

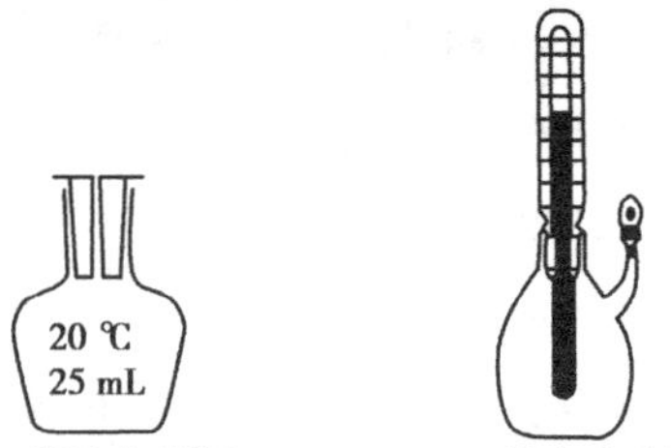

(a)普通密度瓶　(b)精密密度瓶

图2-1　密度瓶

2. 分析步骤

将密度瓶清洗干净,再依次用乙醇、乙醚洗涤数次。烘干并冷却至室温后准确称重,得 m_0。将样品液注满密度瓶并盖上瓶盖,立即浸入(20±1)℃的恒温水浴中,至密度瓶温度计达20 ℃并维持30 min。取出密度瓶,用滤纸吸去溢出侧管的样品液,盖上侧管帽,擦干瓶外壁的水后准确称量,得 m_1。将样品液倾出,洗净密度瓶,注入经煮沸30 min并冷却至20 ℃以下的蒸馏水,按以上操作,测出20 ℃时蒸馏水的质量,得 m_2。

3. 结果计算

样品相对密度按下式计算:

$$d_{20}^{20} = \frac{m_1 - m_0}{m_2 - m_0}$$

$$d_4^{20} = d_{20}^{20} \times 0.998\ 23$$

式中　m_0——空密度瓶质量,g;

m_1——空密度瓶与样品液的质量,g;

m_2——空密度瓶与蒸馏水的质量,g;

0.998 23——20 ℃时水的密度。

计算结果表示到称量天平的精度的有效数位(精确至0.001)。

在重复性条件下获得的两次独立测定结果的绝对差值不得超过算术平均值的5%。

4. 说明及注意事项

(1)本法适用于各种液态食品尤其是样品量较少的食品,对挥发性样品也适用,结果准确,但操作较繁琐。

(2)测定较黏稠样液时,宜使用具有毛细管的密度瓶。

(3)水及样品必须注满密度瓶,并注意瓶内不得有气泡。

(4)不得用手直接接触已达恒温的密度瓶球部,以免液体受热流出。

(5)水浴中的水必须清洁无油污,以防瓶外壁被污染。

(6)天平室温度不得高于 20 ℃,以免液体膨胀流出。

(二)密度计(比重计)法

1. 密度计的类型

密度计是根据阿基米德原理制成的,其种类繁多,但结构和形式基本相同,都是由玻璃外壳制成的。头部呈球形或圆锥形,内灌有铅珠、汞及其他重金属,中部是膨胀空腔,尾部细长,内附有刻度标记,其刻度的刻制是利用各种不同密度的液体进行标定的,从而制成不同标度的密度计。密度计法测定液体的相对密度最简便、快捷,但准确度比密度瓶法低。常用的密度计如图 2-2 所示。

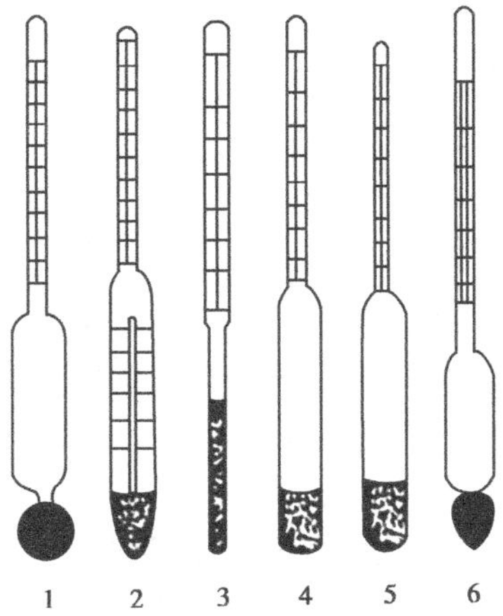

图 2-2　密度计

1,2—糖锤度密度计;3,4—波美密度计;

5—酒精计;6—乳稠计

(1)糖锤度密度计　专用于测定糖液浓度,它用纯蔗糖溶液的质量分数来标定刻度,以符号 Bx 表示。其刻度方法是以 20 ℃为标准温度,在蒸馏水中为 0 °Bx,在 1% 蔗糖溶液中为 1 °Bx,即 100 g 糖液中含蔗糖 1 g,以此类推。糖锤度密度计的刻度范围有 0 ~ 6 °Bx,5 ~ 11 °Bx,10 ~ 16 °Bx,15 ~ 21 °Bx,20 ~ 26 °Bx 等。

若测定温度不为标准温度 20 ℃,须根据观测糖锤度温度浓度换算表(见附录一)进行校正。当温度低于标准温度时,糖液体积减小,使相对密度增大即锤度升高,故应减去相应的温度校正值;反之,则应加上相应的温度校正值。

例如,15 ℃时的观测锤度为 20.00 °Bx,查附录一得校正值 0.28,则校正锤度为(20.00-0.28)°Bx=19.72 °Bx。

又如,25 ℃时的观测锤度为 20.00 °Bx,查附录一得校正值 0.32,则校正锤度为(20.00+0.32)° Bx=20.32 °Bx。

(2)波美密度计　以波美度(简写为 Bé)来表示液体的浓度,适用于某一测定范围的一类比重计。其刻度方法以 20 ℃为标准,在蒸馏水中为 0 °Bé,在 15% 的食盐溶液中为 15 °Bé,在纯硫酸(相对密度为 1.842 7)中,其刻度为 66 Bé。波美密度计有轻表和重表两种,分别用于测定相对密度小于 1 和相对密度大于 1 的溶液。

波美度与相对密度的关系如下:

相对密度小于 1 时：波美度 $=\frac{145}{d_{20}^{20}}-145$

相对密度大于 1 时：波美度 $=145-\frac{145}{d_{20}^{20}}$

(3)酒精计　用于测量酒精浓度。其刻度用已知浓度的酒精溶液来标定，以 20 ℃时在蒸馏水中为 0，在 1% 的酒精溶液中为 1，即 100 mL 酒精中含乙醇 1 mL，故从酒精计上可直接读取酒精溶液的体积分数。

若测定温度不在 20 ℃，需根据酒精计温度浓度换算表(见附录二)换算为 20 ℃酒精的实际浓度。

例如，25.5 ℃时直接读数为 96.5%，查附录二，20 ℃时实际含量为 95.35%。

(4)乳稠计　用于测定牛乳的相对密度。其上刻有 15～45 的刻度，以度(°)表示，测量相对密度的范围为 1.015～1.045。其刻度值表示的是相对密度减去 1.000 后再乘以 1 000，例如，刻度值为 30，则相当于相对密度 1 030。乳稠计通常有两种：一种按 20 ℃/4 ℃标定，另一种按 15 ℃/15 ℃标定，两者的关系为

$$d_{15}^{15}=d_{4}^{20}+0.002$$

例如，正常牛乳的相对密度 $d_{4}^{20}=1.030$，则 $d_{15}^{15}=1.032$。

使用乳稠计时，若测定温度不是标准温度，需将读数校正为标准温度下的读数。对于 20 ℃/4 ℃乳稠计，在 10～25 ℃温度每变化 1 ℃相对密度值相差 0.000 2，即相当于乳稠计读数的 0.2°。故当乳温高于标准温度 20 ℃时，则每高 1 ℃需加 0.2°；反之，当乳温高于标准温度 20 ℃时，则每低 1 ℃需减 0.2°。

例如，16 ℃时 20°/4°乳稠计读数为 31°，换算为 20 ℃应为

$$31-(20-16)\times 0.2=31-0.8=30.2$$

即

$$=1.030\ 2$$

$$=1.030\ 2+0.002=1.032\ 2$$

又如，25 ℃时 20°/4°乳稠计读数为 29.8°，换算为 20 ℃应为

$$29.8+(25-20)\times 0.2=29.8+1.0=30.8$$

即

$$=1.030\ 8$$

$$=1.030\ 8+0.002=1.032\ 8$$

若用 15 ℃/15 ℃乳稠计，其温度校正可查乳稠计读数变为 15 ℃时的度数换算表(见附录三)。

2. 密度计的使用方法

先用少量样液润洗适当容量的量筒内壁(常用 250 mL 量筒)，然后沿量筒内壁缓缓注入样液，注意避免产生泡沫。将密度计洗净并用滤纸拭干，慢慢垂直插入样液中，待其稳定悬浮于样液中后，再将其稍微按下，使其自然上升直至静止、无气泡冒出时，从水平位置读出标示刻度，同时用温度计测量样液的温度。

3. 说明及注意事项

(1)本法操作简便、迅速，但准确性较差，需要样液多，且不适用于极易挥发的样品。

(2)测定前应根据样品大概的密度范围选择量程合适的密度计。

(3)往量筒中注入样液时应缓慢注入，防止产生气泡而影响读数的准确性。

(4)测定时量筒须置于水平桌面上，注意不使密度计触及量筒筒壁及筒底。

(5)读数时视线保持水平,并以观察样液的弯月面下缘最低点为准,当液体颜色较深,不易看清弯月面下缘时,则以观察弯月面两侧高点为准。

(6)测定时若样液温度不是标准温度,应进行温度校正。

【任务实施】

生乳相对密度的测定

◆任务描述

生乳是从符合国家有关要求的健康奶畜乳房中挤出的无任何成分改变的常乳。产犊后7天的初乳、应用抗生素期间和休药期间的乳汁、变质乳不应用作生乳。

通过查阅现行国家标准《食品安全国家标准 食品相对密度的测定》(GB 5009.2—2024)和《食品安全国家标准 生乳》(GB 19301—2010),制定检验流程并实施评样品的相对度是否符合要求。

一、工作准备

(1)查阅现行国家标准《食品安全国家标准 食品相对密度的规定》(GB 5009.2—2024)和《食品安全国家标准 生乳》(GB 19301—2010)。

(2)制定标验流程,准备生乳相对密度的测定所需试剂材料及仪器设备。

二、分析结果

$$d_4^{20} = \frac{X}{1\ 000} + 1.000$$

式中　d_4^{20}——样品相对密度;

X——乳稠计读数。

使用乳稠计时,若温度不是标准温度,应将标准校正为标准温度下的读数。

在重复条件下获得两次独立测定结果的绝对差值不得超过算术平均值的5%。

三、数据记录及处理

如实填写数据记录表2-2。

表2-2　生乳相对密度的测定数据记录

<table>
<tr><td rowspan="3">基本信息</td><td>样品名称</td><td colspan="2"></td><td colspan="2">样品编号</td><td></td></tr>
<tr><td>检测项目</td><td colspan="2"></td><td colspan="2">检测日期</td><td></td></tr>
<tr><td>检测依据</td><td colspan="2"></td><td colspan="2">检测方法</td><td></td></tr>
<tr><td rowspan="4">检测数据</td><td>样品编号</td><td>1</td><td colspan="2">2</td><td>3</td><td>平均值</td></tr>
<tr><td>实测样品读数/(°)</td><td></td><td colspan="2"></td><td></td><td></td></tr>
<tr><td>测量时试样的温度 T/℃</td><td></td><td colspan="2"></td><td></td><td></td></tr>
<tr><td>校正</td><td></td><td colspan="2"></td><td></td><td></td></tr>
<tr><td>结果计算</td><td colspan="6">(计算公式)</td></tr>
<tr><td>结果讨论</td><td colspan="6">乳的相对密度为____________(依据标准判断是否符合要求)</td></tr>
</table>

四、技术提示

(1)量筒的选取要根据乳稠计的长度确定。

(2)量筒应放在水平台面上。

(3)向量筒内倒入生乳时要防止产生气泡。将乳稠计放入量筒中要静置 2 ~ 3 min,待稳定后,再读取生乳液面上的刻度。

(4)放入乳稠计时应缓慢、轻放,切记使乳稠计碰及量筒底,也不要让乳稠计因下沉过快,而将上部蘸湿太多。

(5)生乳温度不是 20 ℃时要校正。在 10 ~ 25 ℃,当乳温高于 20 ℃时,每升高 1 ℃,要在读数上加 0.2°;当乳温低于 20 ℃时,每降低 1 ℃,应减去 0.2°。

思政小课堂　　课外巩固　　相关标准

任务二　折射率的测定

【学习目标】

◆知识目标

1. 了解折光现象、折光率的概念及折光率测定的意义。
2. 熟悉阿贝折光仪的构造及使用方法。

◆技能目标

1. 学会使用阿贝折光仪并会维护保养。
2. 能正确测定食品的折光率。

微课视频

【知识准备】

通过测量物质的折射率(折光率)来鉴别物质组成,确定物质的纯度、浓度及判断物质的品质的分析方法称为折光法。在食品分析中,折光法主要用于油脂、乳品的分析和果汁、饮料中可溶性固形物含量的测定。

一、光折射与折射率

光线从一种介质(如空气)射到另一种介质(如水)时,除了一部分光线返回第一介质,另一部分进入第二介质并改变它的传播方向,这种现象称为光的折射,如图 2-3 所示。

根据光的折射定律,入射角的正弦与折射角的正弦之比,恒等于光在两种介质中的传播速度之比,即

$$\frac{\sin \alpha_1}{\sin \alpha_2} = \frac{v_1}{v_2}$$

式中　v_1——光在第一介质中的传播速度,m/s;

v_2——光在第二介质中的传播速度,m/s。

光在真空中的传播速度 c 和在介质中的传播速度之比,称为介质的绝对折射率,以 n 表示,即

$$n=\frac{c}{v}$$

显然 $n_1=\frac{c}{v_1}$,$n_2=\frac{c}{v_2}$,n_1 和 n_2 分别为第一介质和第二介质的绝对折射率。所以折射定律可表示为

$$\frac{\sin\ \alpha_1}{\sin\ \alpha_2}=\frac{v_1}{v_2}=\frac{n_2}{n_1}$$

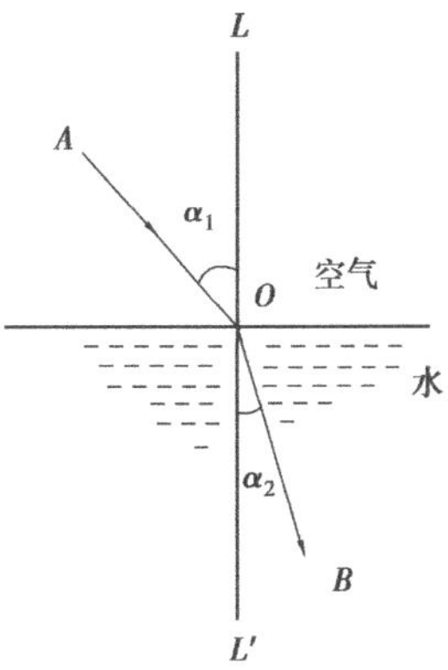

图 2-3　折射现象

折光率是物质的特征常数之一,每种均匀液体物质都有其固定的折光率。折光率的大小取决于入射光的波长、介质的温度和溶液的浓度。

二、测定折射率的意义

对于同一物质溶液来说,由于其折光率的大小与其浓度成正比。因此,通过测定物质的折光率可以鉴别食品的组成,确定食品的纯度、浓度及判断其品质。

①蔗糖溶液的折光率随浓度增大而增大,饮料、糖水罐头等食品通过测定折光率可确定其糖度。

②油脂由多种脂肪酸构成,每种脂肪酸均有特定的折光率。含碳原子数目相同时不饱和脂肪酸的折光率比饱和脂肪酸的折光率大;不饱和脂肪酸随分子量增大,折光率也增大,酸度高的油脂折光率较低。因此,测定折光率可以鉴别油脂的成分组成和品质。

③牛乳乳清折光率的正常范围为 1.341 99～1.342 75,当含有牛乳乳清的食品因掺杂水分、浓度改变或品种改变等原因而引起食品的品质发生变化时,折光率也常常会发生变化。所以测定折光率可以初步判断该类食品是否正常,比如牛乳掺水后其乳清折光率降低,故测定牛乳乳清的折光率可以了解乳糖的含量,判断牛乳是否掺水。

④对于番茄酱、果酱等食品,也可通过测定折光率的方法测得可溶性固形物含量,通过查表获得其总固形物的含量来反映食品品质。

三、常用的折光仪

折光仪是利用进光棱镜和折射棱镜夹着薄薄的一层样液,经过光的折射后,测出样液的折射率而得到样液浓度的一种仪器。食品工业中最常用的是阿贝折光仪和手提折光仪。

(一)阿贝折光仪

1. 原理

阿贝折光仪的结构如图 2-4 所示,其光学系统由观测系统和读数系统两部分组成。

(1)观测系统　光线由反光镜反射,经进光棱镜、折射棱镜及其间的样液薄层折射后射出,再经色散补偿器消除由折射棱镜及被测样品所产生的色散,然后由物镜将明暗分界线成像于分划板上,经目镜放大后成像于观测者眼中。

(2)读数系统　光线由小反光镜反射,经毛玻璃射到刻度盘上,再经转向棱镜及物镜将刻度成像于分划板上,通过目镜放大后成像于观测者眼中。

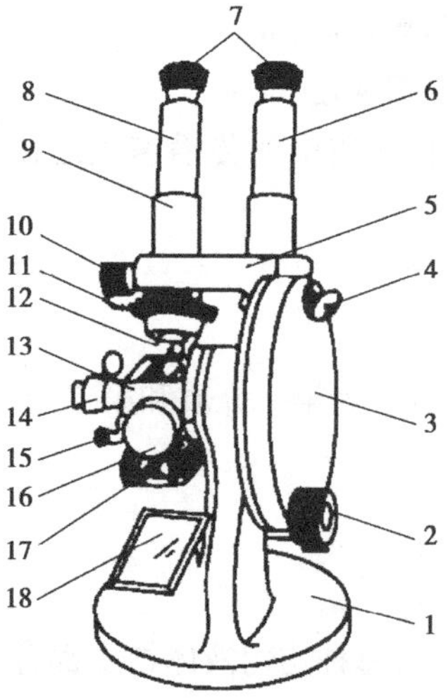

图 2-4　阿贝折光仪的结构

1—底座;2—棱镜调节旋钮;3—圆盘组(内有刻度板);4—小反光镜;5—支架;
6—读数镜筒;7—目镜;8—观察镜筒;9—分界线调节螺丝;10—消色调节旋钮;
11—色散刻度尺;12—棱镜锁紧扳手;13—棱镜组;14—温度计插座;15—恒温器接头;
16—保护罩;17—主轴;18—反光镜

2. 阿贝折光仪的使用

(1)校正方法是将折射棱镜的抛光面加 1 ~ 2 滴溴代萘再贴上标准试样的抛光面,当读数视场指示于标准试样上的值时,观察望远镜内明暗分界线是否在十字线中间,若有偏差,则用螺丝刀轻微旋转调节螺钉,使分界线像位移至十字线中心。校正完毕,在以后的测定过程中不允许随意再动此部位。

阿贝折光仪对于低刻度值部分可在一定温度下用蒸馏水校准,蒸馏水的折射率见表 2-3。

对于高刻度值部分通常是用特制的具有一定折射率的标准玻璃块来校准。

表 2-3　蒸馏水在 10 ~ 30 ℃时的折射率

温度/℃	蒸馏水折射率	温度/℃	蒸馏水折射率
10	1.333 71	21	1.332 90
11	1.333 63	22	1.332 81
12	1.333 59	23	1.332 72
13	1.333 53	24	1.332 63
14	1.333 46	25	1.332 53
15	1.333 39	26	1.332 42
16	1.333 32	27	1.332 31
17	1.333 24	28	1.332 20
18	1.333 16	29	1.332 08
19	1.333 07	30	1.331 96
20	1.332 99		

（2）将折射棱镜表面擦干，用滴管滴样液 1 ~ 2 滴于进光棱镜的磨砂面上，将进光棱镜闭合，调整反射镜，使光线射入棱镜中。

（3）旋转棱镜旋钮，使视野形成明、暗两个部分。

（4）旋转补偿器旋钮，使视野中除黑、白两色外，无其他颜色。

（5）转动棱镜旋钮，使明暗分界线在十字线交叉点上，由读数镜筒内读取读数。

3. 说明

（1）每次测量后必须用洁净的软布揩拭棱镜表面，油类需用乙醇、乙醚或苯等轻轻揩拭干净。

（2）对颜色深的样品宜用反射光进行测定，以减少误差。可调整反光镜，使无光线从进光棱镜射入，同时揭开折射棱镜的旁盖，使光线由折射棱镜的侧孔射入。

（3）折射率通常规定在 20 ℃时测定，若测定温度不足 20 ℃，应按实际的测定温度进行校正。

例如，在 30 ℃时测定某糖浆固形物含量为 15%，由附表 7 查得 30 ℃的校正值为 0.78，则固形物准确含量应为 15% +0.78% =15.78%。

若室温在 10 ℃以下或 30 ℃以上时，一般不宜进行换算，须在棱镜周围通过恒温水流，使试样达到规定温度后再测定。

（二）手提折光仪

1. 原理

手提折光仪主要由棱镜 P、盖板 D 组成，其结构如图 2-5 所示，使用时打开棱镜盖板 D，用擦镜纸仔细将折光棱镜 P 擦净，取一滴蒸馏水置于棱镜 P 上调节零点，用擦镜纸擦净。再取一滴待测糖液置于棱镜 P 上，将溶液均匀布于棱镜表面，合上盖板 D，将光窗对准光源，调节目镜视度圈 OR，使视场内分划线清晰可见，视场中明暗分界线相应读数即为溶液糖量的百分数。该仪器操作简单，便于携带，常用于生产现场检验。

2. 测定范围

手提折光仪的测定范围通常为 0 ~ 90%，分为左右两边刻度，左刻度的刻度范围为 50% ~ 90%，右刻度的刻度范围为 0 ~ 50%，其刻度标准温度为 20 ℃，若测量时在非标准温度下，则需进行温度校正。

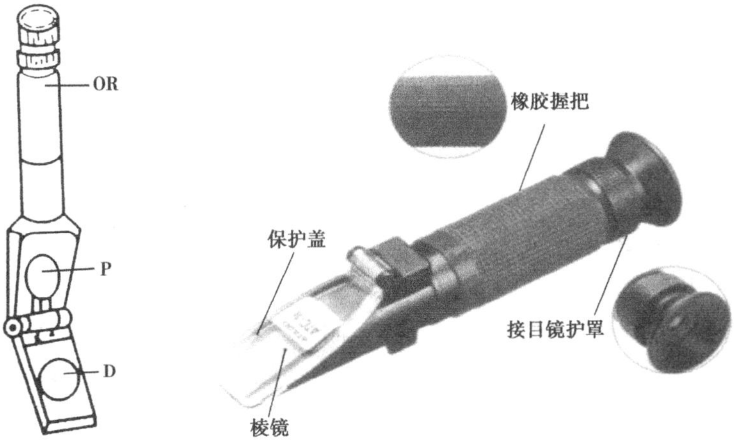

图 2-5　手提折光仪

修正的情况分为以下两种：

(1)仪器在20 ℃调零而在其他温度下进行测量时,应进行校正。校正方法:温度高于20 ℃时,加上相应校正值,即为糖液的准确浓度数值;温度低于20 ℃时,减去相应校正值,即为糖液的准确浓度数值。

(2)仪器在测定温度下调零则不需要校正。操作方法:测试纯蒸馏水的折光率,看视场中的明暗分界线是否对正刻线0。若偏离,则可用小螺丝刀旋动校正螺钉,使分界线正确指示0处,然后对糖液进行测定,读取的数值即为正确数值。

(三)WAY-2S 数字阿贝折光仪

WAY-2S 数字阿贝折光仪能自动校正温度对蔗糖溶液质量分数值的影响,并可显示样品的温度。

1. 原理

数字阿贝折光仪测定透明或半透明物质的折射率的原理是基于测定临界角,由目视望远镜部件和色散校正部件组成的观察部件来瞄准明暗两部分的分界线,也就是瞄准临界角的位置,并由角度一数字转换部件将角度置换成数字量,输入微机系统进行数据处理,而后数字显示被测样品的折射率锤度。

2. 仪器结构

WAY-2S 数字阿贝折光仪如图2-6所示。

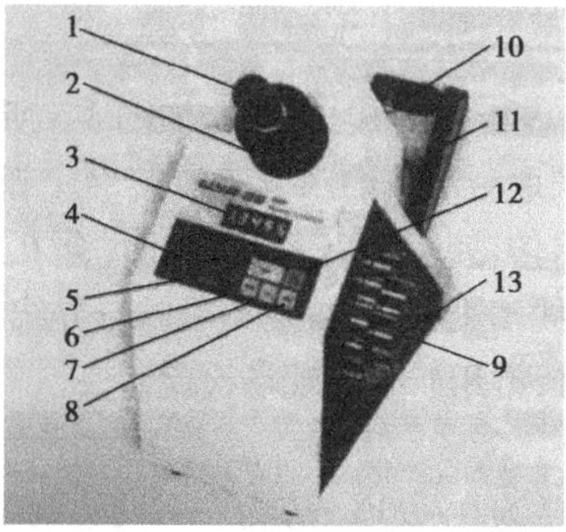

图2-6　WAY-2S 数字阿贝折光仪

1—目镜;2—色散手轮;3—显示窗;4—“POWER”电源开关;
5—“READ”读数显示键;6—“BX-TC”经温度修正锤度显示键;
7—“n_D”折射率显示键;8—“BX”未经温度修正锤度显示键;
9—调节手轮;10—聚光照明部件;11—折射棱镜部件;
12—“TEMP”温度显示键;13—RS232 接口

3. 使用方法

(1)连接折光仪与恒温水浴,调节所需的温度,同时检查保温套的温度计是否精确。待一切就绪后,打开直角棱镜,用丝绢或擦镜纸蘸少量乙醇、乙醚或丙酮轻轻擦洗上下镜面,不可来回擦,只可单向擦。待晾干后方可使用。

(2)阿贝折光仪温度应控制在±0.1 ℃的范围内。恒温达到所需的温度后,将待测样品的液体2～3滴均匀地置于磨砂面棱镜上,滴加样品时应注意切勿使滴管尖端直接接触镜面,以防造成刻痕。关紧棱镜,调好反光镜使光线射入。滴加液体过少或分布不均匀,就看不清楚。对于易挥发液体,应以敏捷熟练的动作测其折光率。

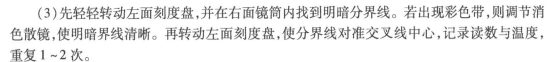

(3)先轻轻转动左面刻度盘,并在右面镜筒内找到明暗分界线。若出现彩色带,则调节消色散镜,使明暗界线清晰。再转动左面刻度盘,使分界线对准交叉线中心,记录读数与温度,重复1~2次。

(4)测完后,应立即用上法擦洗上下镜面,晾干后再关闭。在测定样品前,应对折光仪进行校正。通常先测纯水的折光率,再将重复两次所得纯水的平均折光率与其标准值相比。校正值一般很小,若数值太大,整个仪器应重新校正。

若需测量在不同温度时的折射率,将温度计旋入温度计座中,接上恒温器的通水管,把恒温器的温度调节到所需的测量温度,接通循环水,待温度稳定10 min后即可测量。如果温度不是标准温度,可根据下列公式计算标准温度下的折光率:

$$n_{\mathrm{D}}^{20} = n_{\mathrm{D}}^{2} - \alpha(t - 20)$$

式中　t——测定时的温度,℃;

α——校正系数;

D——钠光灯D线波长(589.3 nm)。

折光仪又称折射仪,是利用光线测试液体浓度的仪器,用来测定折射率、双折率、光性,折射率是物质的重要物理常数之一。许多纯物质都具有一定的折射率,如果物质中含有杂质则折射率将发生变化,出现偏差,杂质越多,偏差越大。

4.具体测定步骤

(1)测定前按说明书校正折光仪。

(2)分开折光仪两面棱镜,用脱脂棉蘸乙醚或乙醇擦净。

(3)用末端熔圆之玻璃棒蘸取试液2~3滴,滴于折光仪棱镜面中央(注意勿使玻璃棒触及镜面)。

(4)迅速闭合棱镜,静置1 min,使试液均匀无气泡,并充满视野。

(5)对准光源,通过目镜观察接物镜。调节指示规,将视野分成明、暗两部,再旋转微调螺旋,使明暗界限清晰,并使其分界线恰好在接物镜的十字交叉点上。读取目镜视野中的百分数或折光率,并记录棱镜镜温度。

(6)如目镜读数标尺刻度为百分数,即为可溶性固形物的百分含量;如目镜读数标尺为折光率,可换算为可溶性固形物的百分含量。

将上述百分含量按表2-4换算为20 ℃时可溶性固形物的百分含量。

【任务实施】

饮料中可溶性固形物的测定

◆任务描述

可溶性固形物是指液体或流体食品中所有溶解于水的化合物的总称,主要指水溶性糖类物质或其他可溶性物质。

饮料中可溶性固形物含量与折光率在一定条件下成正比,所以常通过测定饮料的折光率来求得饮料中可溶性固形物的含量。

通过查阅《饮料通用分析方法》(GB/T 12143—2008)和折光仪的使用说明书,制订检验流程并实施,最终给出样品中可溶性固形物的含量。

一、实施流程

试液制备→仪器安装→校正→取 2 ~ 3 滴试液滴于棱镜表面的中央→盖上盖板，静置 1 min→目镜观察，读数→记录棱镜温度→仪器清洗。

二、实施步骤

1. 试液的制备

①透明液体制品：将试样充分混匀，直接测定。

②半黏稠制品（果浆、菜浆类）：将试样充分混匀，用四层纱布挤出滤液，弃去最初几滴，收集滤液供测试用。

③含悬浮物制品（含果粒的果汁类饮料）：将待测样品置于组织捣碎机中捣碎，用四层纱布挤出滤液，弃去最初几滴，收集滤液供测试用。

2. 测定步骤

具体测定步骤按折光仪说明书操作。

三、分析结果

如目镜读数标尺刻度为百分数，即为可溶性固形物含量（%）；如目镜读数为折光率，则需换算为可溶性固形物含量（%）。

将上述百分含量按表 2-4 换算为 20 ℃时可溶性固形物含量（%）。

同一样品两次测定值之差，不应大于 0.5%。取两次测定的算术平均值作为结果，精确到小数点后一位。

表 2-4　20 ℃可溶性固形物含量对温度的校正表

温度/℃	固形物含量/%														
	0	5	10	15	20	25	30	35	40	45	50	55	60	65	70
	应减去校正值														
10	0.50	0.54	0.58	0.61	0.64	0.66	0.68	0.70	0.72	0.73	0.74	0.75	0.76	0.78	0.79
11	0.46	0.49	0.53	0.55	0.58	0.60	0.62	0.64	0.65	0.66	0.67	0.68	0.69	0.70	0.71
12	0.42	0.45	0.48	0.50	0.52	0.54	0.56	0.57	0.58	0.59	0.60	0.61	0.61	0.63	0.63
13	0.37	0.40	0.42	0.44	0.46	0.48	0.49	0.50	0.51	0.52	0.53	0.54	0.54	0.55	0.55
14	0.33	0.35	0.37	0.39	0.40	0.41	0.42	0.43	0.44	0.45	0.45	0.46	0.46	0.47	0.48
15	0.27	0.29	0.31	0.33	0.34	0.34	0.35	0.36	0.37	0.37	0.38	0.39	0.39	0.40	0.40
16	0.22	0.24	0.25	0.26	0.27	0.28	0.28	0.29	0.30	0.30	0.30	0.31	0.31	0.32	0.32
17	0.17	0.18	0.19	0.20	0.21	0.21	0.21	0.22	0.22	0.23	0.23	0.23	0.23	0.24	0.24
18	0.12	0.13	0.13	0.14	0.14	0.14	0.14	0.15	0.15	0.15	0.15	0.16	0.16	0.16	0.16
19	0.06	0.06	0.06	0.07	0.07	0.07	0.07	0.08	0.08	0.08	0.08	0.08	0.08	0.08	0.08

续表

温度/℃	固形物含量/%														
	0	5	10	15	20	25	30	35	40	45	50	55	60	65	70
	应加入校正值														
21	0.06	0.07	0.07	0.07	0.07	0.08	0.08	0.08	0.08	0.08	0.08	0.08	0.08	0.08	0.08
22	0.13	0.13	0.14	0.14	0.15	0.15	0.15	0.15	0.15	0.16	0.16	0.16	0.16	0.16	0.16
23	0.19	0.20	0.21	0.22	0.22	0.23	0.23	0.23	0.23	0.24	0.24	0.24	0.24	0.24	0.24
24	0.26	0.27	0.28	0.29	0.30	0.30	0.31	0.31	0.31	0.31	0.31	0.32	0.32	0.32	0.32
25	0.33	0.35	0.36	0.37	0.38	0.38	0.39	0.40	0.40	0.40	0.40	0.40	0.40	0.40	0.40
26	0.40	0.42	0.43	0.44	0.45	0.46	0.47	0.48	0.48	0.48	0.48	0.48	0.48	0.48	0.48
27	0.48	0.50	0.52	0.53	0.54	0.55	0.55	0.56	0.56	0.56	0.56	0.56	0.56	0.56	0.56

四、数据记录与处理

填写数据记录表2-5。

表2-5　饮料中可溶性固形物的测定数据记录

基本信息	样品名称			样品编号	
	检测项目			检测日期	
	检测依据			检测方法	
检测数据	样品编号	1	2	3	平均值
	可溶性固形物读数/%				
	20 ℃可溶性固形物读数/%				
结果讨论	与包装上标明的可溶性固形物含量比较，判断是否一致				

五、技术提示

①本方法适用于透明液体、半黏稠、含悬浮物的饮料制品。

②折光仪上的刻度是在标准温度20 ℃下刻制的，如测定温度不是20 ℃，应对测定结果进行温度校正。当测定温度高于20 ℃时，应加上校正值；当测定温度低于20 ℃时，则减去校正值。

③对颜色较深的样品宜用反射光进行测定，以减少误差。其方法是调整反光镜，使光线从折光棱镜的侧孔进入。

④仪器使用完毕后，应做好清洁工作，并放入储有干燥剂的箱内。仪器应放在干燥、空气流通的室内，防止光学零件受潮发霉。

思政小课堂　课外巩固　相关标准

任务三　旋光度的测定

【学习目标】

◆知识目标

1. 掌握旋光仪的构造及使用方法。
2. 了解旋光度的概念及测定意义、结构和测定原理。

◆技能目标

1. 学会使用旋光仪并会维护保养。
2. 能正确测定旋光度。

微课视频

【知识准备】

用旋光仪测量旋光性物质的旋光度以确定其含量的分析方法称为旋光法。在食品分析中,旋光法主要用于糖品、味精、氨基酸的分析以及谷类食品中淀粉的测定,其准确性和重现性均较好。

旋光度和比旋光度是旋光性物质的主要物理性质。通过旋光度和比旋光度的测定,可以检查光学活性化合物的纯度,也可以定量分析有关化合物溶液的浓度。

一、偏振光的产生

光是一种电磁波,光波的振动方向与其前进方向垂直。自然光有无数个与光的前进方向相垂直的振动面。若光线前进的方向指向我们,则与之互相垂直的光波振动平面可表示为如图2-7(a)所示,图中箭头表示光波振动的方向。只有一个与光的前进方向互相垂直的光波振动面,如图2-7(b)所示。这种只在一个平面上振动的光称为偏振光。而当自然光通过尼可尔棱镜时,只有与尼可尔棱镜的光轴平行的一个光波振动面,这种光称为偏振光。偏振光的振动平面称为偏振面(图2-7)。

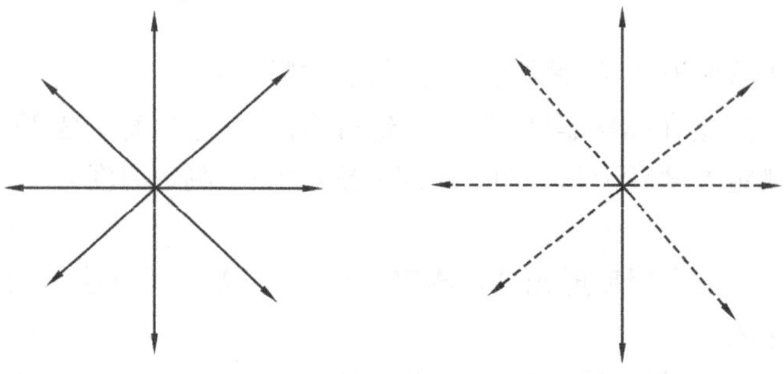

(a)自然光　　(b)偏振光(虚线部分)

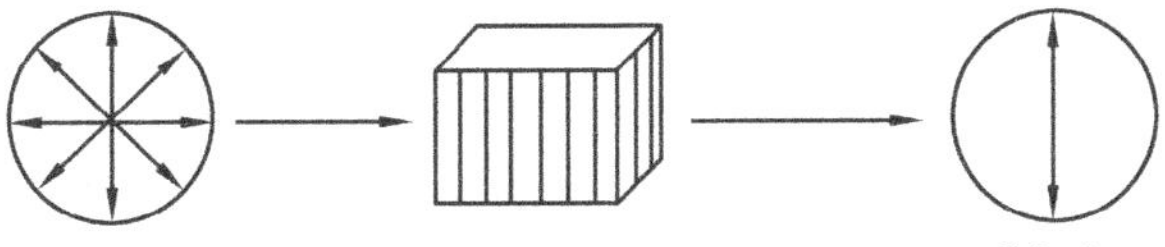

图 2-7　自然光通过尼可尔棱镜后产生偏振光

二、光学活性物质、旋光度与比旋光度

能把偏振光的偏振面旋转一定角度的物质称为光学活性物质。这类物质的特点是分子结构中含有不对称的碳原子。许多食品成分具有光学活性，如单糖、低聚糖、淀粉以及大多数氨基酸等。其中能把偏振光的偏振面向右旋转的称为右旋（用“+”表示）物质，反之称为左旋（用“-”表示）物质。

偏振光通过旋光性物质的溶液时，其振动平面所旋转的角度称为该物质溶液的旋光度，以 α 表示。旋光度的大小与光源的波长，旋光性物质的种类、浓度、温度及液层的厚度有关。对于特定的光学活性物质，在波长和温度一定的情况下，其旋光度 α 与溶液的浓度 c 和液层的厚度 L 成正比，即

$$\alpha = KcL$$

当旋光性物质的浓度为 1 g/mL，液层厚度为 1 dm 时，所测得的旋光度称为比旋光度。以 $[\alpha]$ 表示。由上式可知

$$[\alpha]_\lambda^t = K \times 1 \times 1 = K$$

即

$$[\alpha]_\lambda^t = \frac{\alpha}{Kc} \text{或} c = \frac{\alpha}{[\alpha]_\lambda^t K}$$

式中　$[\alpha]_\lambda^t$——比旋光度，度或（°）；

t——温度，℃；

λ——光源波长，nm；

α——旋光度，度或（°）；

L——液层厚度或旋光管长度，dm；

c——溶液浓度，g/mL。

比旋光度与光的波长及测定温度有关。通常规定用钠光 D 线（波长为 589.3 nm）在 20 ℃时测定，因此，比旋光度用 $[\alpha]_D^{20}$ 表示。当溶液温度不足 20 ℃时，需加以校正。

主要糖类的比旋光度见表 2-6。

表 2-6　糖类的比旋光度

糖类	$[\alpha]_D^{20}$	糖类	$[\alpha]_D^{20}$	糖类	$[\alpha]_D^{20}$	糖类	$[\alpha]_D^{20}$
葡萄糖	+52.3°	转化糖	-20.0°	乳糖	+53.3°	糊精	+194.8°
果糖	-92.5°	蔗糖	+66.5°	麦芽糖	+138.5°	淀粉	+196.4°

三、变旋光作用

具有光学活性的还原糖类（如葡萄糖、果糖、乳糖、麦芽糖等），在溶解后，其旋光度起初迅

速变化，然后逐渐变得缓慢，最后达到定值，这种现象称为变旋光作用。这是由于糖存在两种异构体，即 α 型和 β 型，它们的比旋光度不同。这两种环形结构及中间的开链结构在构成一个平衡体系的过程中，即显示变旋光作用。在用旋光法测定含有还原性糖类（如蜂蜜和商品葡萄糖）时，为了得到恒定的旋光度，应把配制样品溶液放置过夜再进行读数；若需立即测定，可将中性溶液（pH=7）加热至沸后再稀释定容；若溶液已经稀释定容，则可加入碳酸钠干粉直至石蕊试纸检测刚显碱性。在碱性溶液中变旋光作用很快，迅速达到平衡。为了解变旋光作用是否完成，应每隔 15 ~30 min 进行一次旋光度读数，直至读数恒定为止。但须注意，微碱性溶液中果糖易分解，故不可放置过久，温度也不可太高。

四、旋光仪的结构和工作原理

1. 普通旋光仪

（1）普通旋光仪的构造　普通旋光仪的构造和光学系统如图 2-8 和图 2-9 所示。

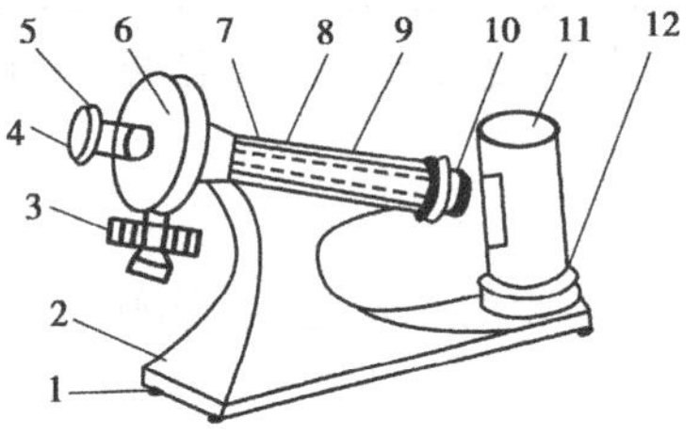

图 2-8　普通旋光仪的构造

1—底座；2—电源开关；3—度盘转动旋钮；4—放大镜座；5—视度调节螺旋；6—度盘游表；7—镜筒；8—镜筒盖；9—镜盖手柄；10—镜盖连接圆；11—灯罩；12—灯座

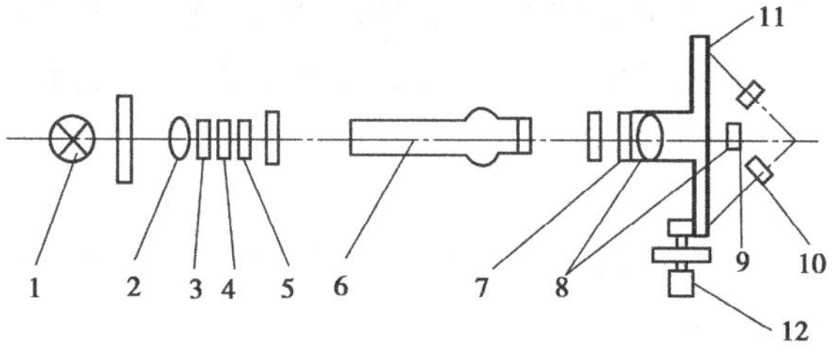

图 2-9　普通旋光仪的光学系统

1—钠光源；2—聚光镜；3—滤光片；4—起偏镜；5—半阴片；6—旋光测定管；7—检偏镜；8—物镜、目镜组；9—聚焦手轮；10—放大镜；11—读数盘；12—测量手轮

光学系统：光线从钠光源射出，通过聚光镜、滤光片经起偏镜成为偏振光，在半阴片处产生三分视场，当通过含有旋光性物质的旋光测定管时，偏振光发生旋转，光线经检偏镜及物镜、目镜组，通过聚焦手轮可清晰观察到视场的 3 种情况（图 2-10）。转动测量手轮及检偏镜，只有在零点时视场中 3 个部分亮度一致。

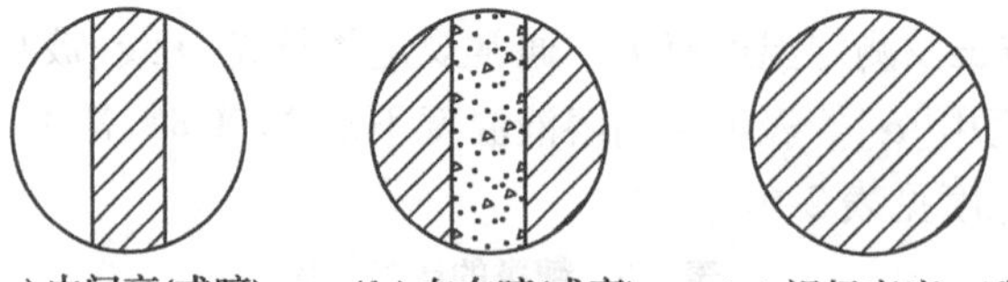

(a) 中间亮(或暗)　(b) 左右暗(或亮)　(c) 视场亮度一致

图 2-10　旋光仪三分视场变化图

测定时，将被测液放入旋光管后，由于溶液具有旋光性，使偏振光旋转一个角度，零点视场便发生了变化，这时转动测量手轮及检偏镜至一定角度，能再次出现亮度一致的视场，这个转角就是溶液的旋光度，其读数可通过读数放大镜从读数盘中读出，如图 2-11 所示。

（2）使用方法

①打开电源开关，预热 5 min，待钠光灯正常发光后即可使用。

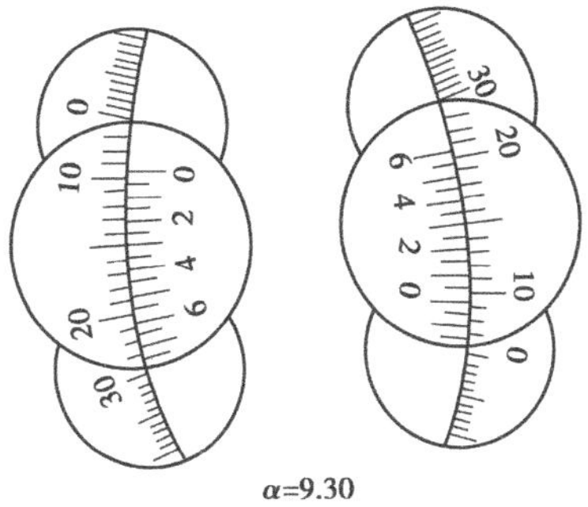

图 2-11　旋光仪刻度盘读数示意图

②检查仪器零点三分视场亮度是否一致。若不一致，说明有零点误差，应在测量读数中加上或减去偏差值，或放松度盘盖背后的 4 颗螺丝，微微转动度盘校正。

③选取长度适宜的测定管，注满待测样液，将气泡赶入凸部位，拭干管外残留溶液，放入镜筒中部空腔内，闭合镜筒盖。

④转动度盘、检偏镜至三分视场亮度一致的位置，从度盘游标中读数（正值为右旋，负值为左旋），读数准确度达±0.01。

2. 自动旋光仪

(1) 自动旋光仪的构造及工作原理　各种类型的自动旋光仪均采用光电检测器和晶体管自动读数等装置，具有精确度高、无人为误差、读数方便等优点。图 2-12 所示为 WZZ-2 型自动旋光仪的工作原理图。

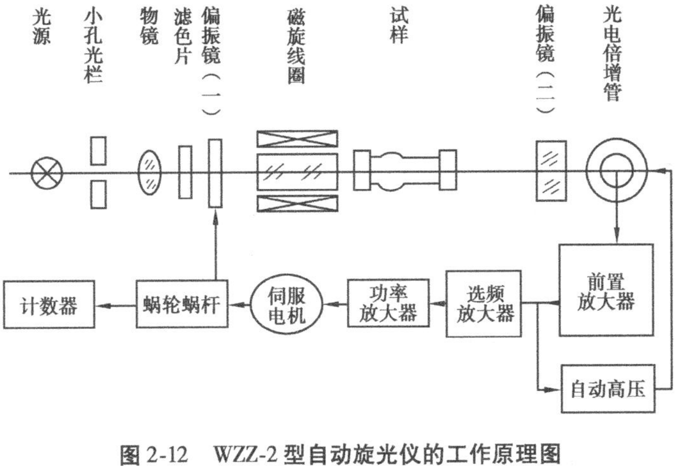

图 2-12　WZZ-2 型自动旋光仪的工作原理图

仪器采用 20 W 钠光灯作光源，由小孔光栏和物镜组成一个简单的点光源平行光管，平行光经起偏器→偏振镜（一）变为平面偏振光，其振动平面为 00，为偏振镜（一）的偏振轴，如图 2-13（a）所示，当偏振光经过有法拉第效应的磁旋线圈时，其振动平面产生 50 Hz 的 β 角往复摆动，如图 2-13（b）所示，光线经过检偏器——偏振镜（二）投射到光电倍增管上，产生交变的光电信号。

起偏器与检偏器正交时［即 OOLPP，PP 为偏振镜（二）的偏振轴］，作为仪器零点。此时，偏振光的振动平面因磁旋光效应产生 β 角摆动，故经过检偏器后，光波振幅不等于零，因而在光电倍增管上产生微弱的电流。在此情况下，若在光路中放入旋光质，旋光质把偏振光振动平面旋转了 α 角，经检偏器后的光波振幅较大，在光电倍增管上产生的光电信号也较强，如图

2-13(c)所示,光电信号经前置选频功率放大器放大后,使伺服电机转动,通过蜗轮蜗杆把起偏器反向转动 α 角,使仪器又回到零点状态,如图 2-13(d)所示。起偏器旋转的角度即为旋光质的旋光度,可在读数器中直接显示出来。

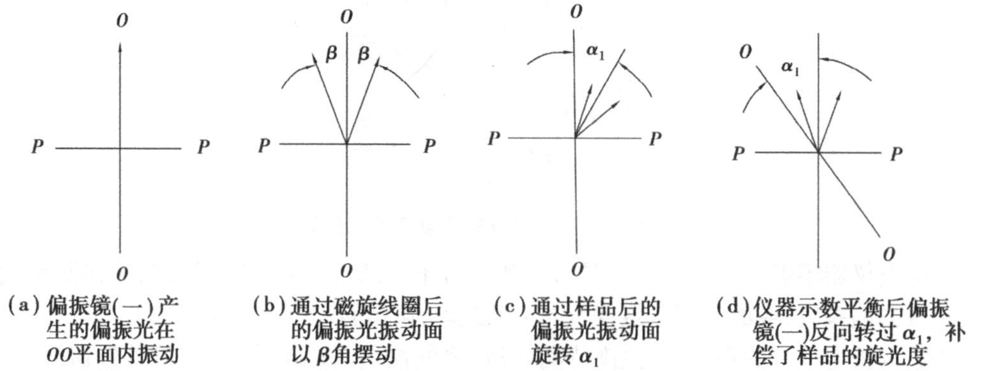
O
P
P
O
(a)偏振镜(一)产生的偏振光在OO平面内振动
O
β
β
P
P
O
(b)通过磁旋线圈后的偏振光振动面以β角摆动
O
α1
P
P
O
(c)通过样品后的偏振光振动面旋转α1
O
α1
P
P
O
(d)仪器示数平衡后偏振镜(一)反向转过α1,补偿了样品的旋光度

图 2-13　自动旋光仪中光的变化情况

(2)WZZ-2S 型自动旋光仪(图 2-14)

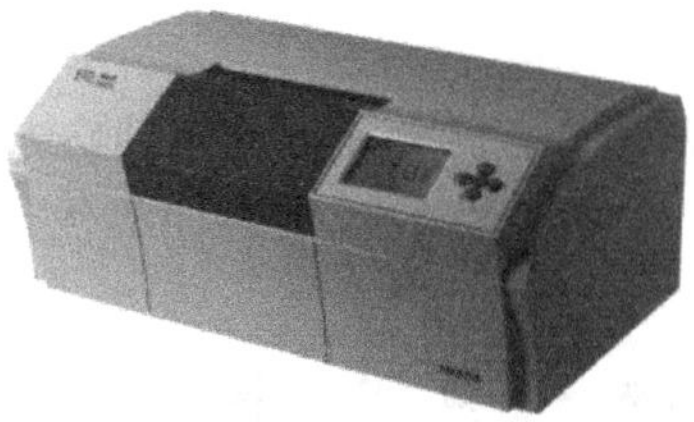

图 2-14　WZZ-2S 型自动旋光仪

①光源:发光二极管。

②主要配件:两根 2 dm 的旋光管、1 根 1 dm 的旋光管和相关配件。

③操作:使用时先接通电源,打开仪器开关,预热 5 min。

在已准备好的试管中注入蒸馏水或待测试样的溶液放入仪器试样室的试样槽中,按下"清零"键,使其显示为零。

接下来进行测试,除去空白溶剂,注入待测样品(注:试管内腔应用少量被测试样冲洗 3~5 次)将试管放入试样槽,仪器的伺服系统动作,液晶屏显示所测的旋光度值,此时液晶屏显示"1"。

按"复测"键一次,液晶屏显示"2",表示显示的是第二次测量结果,再按"复测"键,液晶屏显示"3",表示显示的是第三次测量结果。按"123"键,可切换显示各次的测定结果。按"平均"键显示平均值。液晶屏显示"平均"。记录数据,操作完成,清洗仪器。

【任务实施】

味精纯度的测定

◆任务描述

味精中谷氨酸钠含量是味精行业的一个重要指标,其含量的高低直接决定味精的好坏。谷氨酸钠分子结构中有不对称原子,具有光学活性,因此用旋光仪测定其溶液旋光度,便可换算出谷氨酸钠的含量。

一、实施流程

接通电源→预热→校正仪器→测定。

二、实施步骤

1. 仪器校准

①接通旋光仪电源，开启开关预热 5 min。

②于 20 cm 的旋光管中加入空白溶液，将盖旋好，不能带入气泡，如有小气泡将其赶入突出部位，擦干外壁。

③将旋光管放入旋光仪内，罩上盖子，按测定的显示数据，重复测定记录 3 次。

④仪器完成校正。

2. 味精的测定

①将旋光管中的空白溶液倾出，用少量样品溶液润洗旋光管 3 次后，注满样品溶液。重复 1 中②③操作。

②清洁整理。

三、分析结果

当温度为 t 时，旋光物质的比旋光度为

$$[\alpha]_{样}^{t} = \frac{\alpha \times 100}{L \times C}$$

式中　α——测得旋光度，(°)；

L——旋光管长度，dm；

C——100 mL 样品溶液中含旋光物质的质量，g。

因测定时，溶液中为 L-谷氨酸，故需将味精样品的质量 m_1 换算成 L-谷氨酸的质量 m_2：

$$m_2 = m_1 \times \frac{147.13}{187.13}$$

式中　147.13——L-谷氨酸的相对分子质量；

187.13——味精的相对分子质量（含 1 分子结晶水的 L-谷氨酸钠盐）。

纯 L-谷氨酸 20 ℃时比旋光度为+32°，校正为 t 时比旋光度为

$$[\alpha]_{纯}^{t} = 32 + 0.06(20 - t)$$

$$味精纯度(\%) = \frac{[\alpha]_{样}^{t}}{[\alpha]_{纯}^{t}} \times 100\%$$

$$= \frac{\alpha \times 100}{32 + 0.6(20 - t) \times L \times m \times \frac{147.13}{187.13}} \times 100\%$$

$$= \frac{\alpha \times 100}{25.16 + 0.047(20 - t) \times L \times m} \times 100\%$$

式中　t——测量时的温度，℃；

L——旋光管长度，dm；

m——味精样品质量，g。

四、数据记录与处理

填写数据记录表2-7和表2-8。

表2-7 仪器校正数据

<table>
<tr><td>测定次数</td><td colspan="2">1</td><td colspan="2">2</td><td colspan="2">3</td></tr>
<tr><td rowspan="2">读数</td><td></td><td></td><td></td><td></td><td></td><td></td></tr>
<tr><td colspan="2"></td><td colspan="2"></td><td colspan="2"></td></tr>
<tr><td>零点值</td><td colspan="2"></td><td colspan="2"></td><td colspan="2"></td></tr>
</table>

表2-8 味精纯度的测定数据

<table>
<tr><td>测定次数</td><td colspan="2">1</td><td colspan="2">2</td><td colspan="2">3</td></tr>
<tr><td rowspan="2">读数</td><td></td><td></td><td></td><td></td><td></td><td></td></tr>
<tr><td colspan="2"></td><td colspan="2"></td><td colspan="2"></td></tr>
<tr><td>测定值</td><td colspan="6"></td></tr>
<tr><td>校正后</td><td colspan="6"></td></tr>
<tr><td>味精纯度</td><td colspan="6"></td></tr>
<tr><td>实验结论</td><td colspan="6">×××公司生产的×××牌味精________(合格或不合格)</td></tr>
</table>

五、技术提示

L-谷氨酸旋光度$[\alpha]_D^{20}$(以干基计)31.5°~32.5°,氯不超过0.020%,铵盐不超过0.020%,铁不超过10×10^{-6},重金属不超过10×10^{-6},砷盐不超过1×10^{-6},其他氨基酸不得检出,干燥失重不超过0.20%,灼烧残渣不超过0.10%,含量99.0%~100.5%,pH值3.0~3.5。此方法可用于味精掺伪的检查。味精掺伪物主要有食盐、淀粉、小苏打、石膏、硫酸镁、硫酸钠或其他无机盐类。

味精中谷氨酸钠、食盐、水分的总和大约应为100%,参见表2-9。如相差过大,可怀疑掺伪。食盐和谷氨酸钠在不同规格的味精中有固定的含量,当氯化钠超过限量或谷氨酸钠含量不足时,都可视为掺伪。

表2-9 味精纯度表

<table>
<tr><td rowspan="3">项目</td><td colspan="5">规格</td></tr>
<tr><td colspan="2">99%味精</td><td rowspan="2">95%
味精</td><td rowspan="2">90%
味精</td><td rowspan="2">80%
味精</td></tr>
<tr><td>晶体</td><td>粉末</td></tr>
<tr><td>谷氨酸钠含量/%</td><td>≥99</td><td>≥99</td><td>≥95</td><td>≥90</td><td>>80</td></tr>
<tr><td>水分/%</td><td>≤0.2</td><td>≤0.3</td><td>0.5</td><td>≤0.7</td><td>≤1.0</td></tr>
<tr><td>氯化钠含量(以Cl计)/%</td><td>≤0.15</td><td>≤0.5</td><td>≤5.0</td><td>≤10</td><td>≤20</td></tr>
<tr><td>透光率/%</td><td>≥95</td><td>≥90</td><td>≥85</td><td>≥80</td><td>≥70</td></tr>
</table>

续表

项目	规格				
	99%味精		95%味精	90%味精	80%味精
	晶体	粉末			
外观	白色有光泽晶体	白色粉末	白色粉状或混盐晶体	白色粉状或混盐晶体	白色粉状或混盐晶体
砷含量/($mg \cdot kg^{-1}$)	≤0.5	≤0.5	≤0.5	≤0.5	≤0.5
铅含量/($mg \cdot kg^{-1}$)	≤1.0	≤1.0	≤1.0	≤1.0	≤1.0
铁含量/($mg \cdot kg^{-1}$)	≤5	≤5	≤10	≤10	≤10
锌含量/($mg \cdot kg^{-1}$)	≤5	≤5	≤5	≤5	≤5

思政小课堂　　课外巩固　　相关标准

项目三

食品一般成分的检验

任务一　食品中水分的测定

【学习目标】

◆知识目标

1. 能说出果蔬、粮食、乳粉、糕点等至少4类产品中水分的含量。
2. 能解释测定水分的原理。
3. 能写出测定水分的流程。
4. 能区别直接干燥法、减压干燥法、蒸馏法及卡尔·费休法适用范围的差异。
5. 能解释含脂肪或含糖高的样品须采用减压干燥法测定水分的理由。

◆技能目标

1. 会熟练并正确使用干燥箱、干燥器、分析天平。
2. 会进行样品干燥、冷却、恒重等水分测定基本操作。
3. 会根据样品的特性选择测定方法。
4. 能准确进行数据记录与处理，并正确评价食品中水分含量是否符合标准。

【知识准备】

微课视频

一、概述

（一）食品中水分的测定意义

水是维持植物和人类生理功能必不可少的物质之一。控制食品中的水分含量，对于保持食品的感官性状、维持食品中其他组分的平衡关系、保证食品的稳定性十分重要。各种食品水分的含量差别很大。例如，鲜果为70%～93%、鲜菜为80%～97%、鱼类为67%～81%、鸡蛋为67%～74%、乳类为87%～89%、猪肉为43%～59%，即使是干食品，也含有少量水分，如面粉为12%～14%、饼干为2.5%～4.5%。例如，新鲜面包的水分含量若低于28%～30%，其外观形态干瘪，失去光泽；水果糖的水分含量一般控制在3.0%左右，过低则会出现反砂甚至反潮现象；乳粉的水分含量控制在2.5%～3.0%，可控制微生物的生长繁殖，延长保质期。湿度在产品保藏中是一个质量因素，并且可以直接影响一些产品质量的稳定性。

水分是食品中的重要组成成分之一，水分含量是食品中的一项重要质量指标，尤其是干制品粮食类的决定性指标，国家标准对一些典型产品的水分含量作了专门的规定，见表3-1。

表 3-1　典型食品中水分含量的规定

国标	品名	水分/(g·100 g^{-1})
GB 1352—2023	大豆	≤13.0
GB 1350—2009	稻谷	≤13.5
GB 1351—2023	小麦	≤12.5
GB 1353—2018	玉米	≤14.0
GB/T 1354—2018	粳米	≤15.5
GB/T 20981—2021	面包(软式、调理)	≤50
GB 19644—2024	乳粉和调制乳粉	≤5.0
GB 7096—2014	香菇干制品	≤13

(1)水分含量是产品的一个质量因素。在果酱和果冻中,为防止糖结晶需将水分控制在一定范围内;水果糖的水分含量一般控制在3.0%以下,但过低会出现返砂甚至返潮现象;新鲜面包的水分含量若低于28%～30%,则其外形干瘪、失去光泽。为了能使产品达到相应的标准,有必要通过水分检测来更好地控制水分含量。

(2)水分含量是食品保藏中的一个关键因素,可以直接影响一些产品质量的稳定性,如脱水蔬菜和水果、乳粉、鸡蛋粉、脱水马铃薯、香料、香精等。这就需要通过检测水分来调节控制食品中的水分含量。全脂乳粉的水分含量须控制在2.5%～3.0%,这种条件不利于微生物的生长,以延长保质期。

(3)食品营养价值的计量值要求列出水分含量。每种合格食品,在其营养成分表中水分含量都规定了一定的范围,如饼干2.5%～4.5%,蛋类73%～75%,乳类8%～89%,面粉12%～14%等。

(4)水分含量数据可用于表示样品在同一计量基础上其他分析的测定结果(如干基)。

此外,各种生产原料中水分含量的高低,对于它们的品质和保存、成本核算、提高工厂的经济效益等均具有重大意义。因此,食品中水分含量的测定被认为是食品分析的重要检验项目之一。

(二)水在食品中的存在形式

1. 水的分类

(1)自由水　根据水在食品中所处的状态不同以及与非水组分结合强弱的不同,可将食品中的水分为以下3类:

自由水又称为游离水,是以溶液状态存在的水分,保持着水分的物理性质,在被截留的区域内可以自由流动。也就是说,100 ℃时水要沸腾,0 ℃以下要结冰,并且易汽化。自由水在低温下容易结冰,可以作为胶体的分散剂和盐的溶剂。游离水是食品的主要分散剂,可以溶解糖、氨基酸、蛋白质、无机盐等,可用简单的热力方法除掉。同时,一些能使食品品质发生质变的反应以及微生物活动可在这部分水中进行。在高水分含量的食品中,自由水的含量可以达到总含水量的90%以上。

自由水又可细分为3类:不可移动水或滞化水、毛细管水和自由流动水。滞化水是指被组织中的显微和亚显微结构与膜所阻留住的水;毛细管水是指在生物组织的细胞间隙和制成食品的结构组织中通过毛细管力所系留的水；自由流动水主要指动物的血浆、淋巴和尿液以及植物导管和细胞内液泡等内部的水。

(2)亲和水　存在于细胞壁或原生质中，是强极性基团单分子外的几个水分子层所包含的水，以及与非水组分中的弱极性基团及氢键结合的水。它向外蒸发的能力较弱，与自由水相比，蒸发时需要吸收较多的能量。

(3)结合水　又称为束缚水，是在食品中与其他成分以配价键结合在一起形成胶体状态的水，是食品中与非水组分结合最牢固的水，如葡萄糖、麦芽糖、乳糖的结晶水以及蛋白质、淀粉、纤维素、果胶物质中的羧基、氨基、羟基和巯基等通过氢键结合的水。结合水的冰点为 −40 ℃。它与非水组分之间配位键的结合能力比亲和水中的分子与物质分子间的引力大得多，很难用蒸发的方法分离出去。结合水在食品内部不能作为溶剂，压榨时不能使结合水与其组织细胞分离。值得注意的是，因为结合水不具有水的特性，所以要除掉这部分水是非常困难的。

2. 水分活度和水分含量

单纯的水分含量并不是表示食品稳定性的可靠指标。有相同含水量的食品却有不同的腐败变质现象。这是水与食品中的其他成分结合的方式不同而造成的。水与食品中其他成分紧密结合可减少微生物生长及化学反应所导致的分解变质。用水分活度 A_w 指示食品的腐败变质比用水分含量指示要更好。而且，它还是一个感官评定的重要质量指标，如坚硬还是柔软、松脆或是发黏等其他感官性质。

水分含量是指食品中水的总含量，即一定量食品中水的质量分数；水分活度值表示食品中水分存在的状态，即反映水分与食品成分的结合程度或游离程度。结合程度越高，则水分活度值越低；结合程度越低，则水分活度值越高。相对湿度指的却是食品周围的空气状态。

3. 水分除去过程中食品成分的变化

在干燥法测定食品中的水分含量时，样品中水分的挥发量与分析的时间和温度有关，当时间持续太久、温度太高时，食品中其他成分的分解就会变得明显起来。因此许多食品水分分析的方法是在一定的时间和温度这两个条件之间寻找一个平衡点以控制样品的分解。主要存在的问题仍在于水分挥发这个物理过程中必须分离所有的水分，同时又不能有其他成分因分解而释放出水分。例如，碳水化合物在 100 ℃时通过下列反应式分解：

$$C_6H_{12}O_6 \longrightarrow 6C+6H_2O$$

碳水化合物分解产生的水不是所要测定的水分，当然，食品其他成分有些化学反应(如蔗糖的水解)反而要利用食品中的水分，这同样也会使其测得的水分含量偏低。另外，还有一个相对不太严重的问题，即挥发组分损失的问题，但也会因此产生误差，例如，醋酸、丙酸、丁酸和酒精、酯和醛等。烘箱干燥法中样品质量的改变，被假设为水分的损失，但同时也可能会由于不饱和脂肪酸被氧化或其他一些成分被氧化所造成的质量增加。一般而言，蛋白质发生分解所需的温度低于淀粉和纤维素分解所需的温度。

(三)食品中水分的测定方法

食品中水分的测定方法有多种，可以总结为两大类：直接测定法和间接测定法。利用水分本身的物理性质和化学性质去掉样品中的水分，再对其进行定量的方法称为直接测定法，如烘干法、化学干燥法、蒸馏法和卡尔·费休法；而利用食品的密度、折射率、电导率、介电常数等物理性质测定水分的方法称为间接测定法，间接测定法不需要除去样品中的水分。《食品安全国家标准 食品中水分的测定》(GB 5009.3—2016)规定第一法为直接干燥法，第二法为减压干燥法，第三法为蒸馏法，第四法为卡尔·费休法。

(四)分析天平的使用

食品成分含量检验一般都需要经过称样、样品前处理、检测、数据分析等程序。而检验第一关往往就需要用电子天平进行称样。如果称样不准确，后面测定过程再准确仍会存在较大误差。

1. 电子天平的组成

电子天平主要包括天平外壳、天平门、称量台、水平仪、水平调节螺丝、显示屏和功能键等。电子天平的组成如图 3-1 所示。

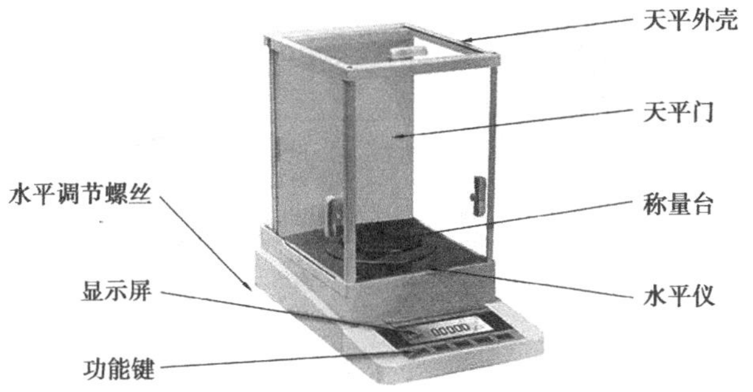

图 3-1　电子天平的组成

2. 电子天平的操作步骤

(1)调节水平　电子天平需处于水平状态，如果不水平，称量就会有误差，导致结果不准确。因此，在天平开机前，应当观察天平水平仪内的气泡是否位于圆环的中央，如果气泡不在中央，表示天平不水平，需要通过天平的水平调节螺丝进行调节，将气泡调到水平仪中心，使天平处于水平状态。

(2)开机　开启天平，等待仪器自检，当显示屏显示为 0.000 0 g 时，自检过程结束，预热 30 min 后可进行称量。如果显示的不是 0.000 0 g，可按下“调零”键。

(3)称重　打开天平侧门，将被称物小心放在称量台中央，关闭天平门，这时可见显示屏上的数字在不断变化，等待数字不再变动后，即可读数。打开天平门，将被称物取出，关闭天平门。

如用容器盛装被测物进行称量，则需要进行去皮操作。具体操作为：打开天平侧门，将空容器放在天平称量台中央，显示其重量值，单击去皮键进行去皮，显示值恢复到 0.000 0 g，向空容器中加入所要称量的试样进行称量，显示值即为试样的重量，待数字稳定后读取称量结果。取出被称物，并进行清零。

(4)关机　称量完毕，按开关键，关断显示器，并如实填写天平使用记录。

3. 电子天平使用注意事项

为延长电子天平使用寿命，需注意以下几点：

①将天平置于稳定的工作台上避免振动、气流及阳光照射。

②不可轻易移动电子天平，否则需重新进行校准。

③称量易挥发和具有腐蚀性的物品时，要盛放在密闭的容器中，以免腐蚀和损坏电子天平。

④经常保持天平内部清洁，必要时用软毛刷或绸布抹净或用无水乙醇擦净。

⑤经常对电子天平进行自校或定期外校,保证其处于最佳状态。

⑥如果电子天平出现故障,应及时检修,不可带病工作。

⑦操作天平不可过载使用,以免损坏天平。

(五)恒温干燥箱的使用

恒温干燥箱是水分测定等检验项目必备的干燥设备。根据干燥物质的不同,可分为电热鼓风干燥箱和真空干燥箱两大类,如图 3-2、图 3-3 所示。

图 3-2　电热鼓风干燥箱

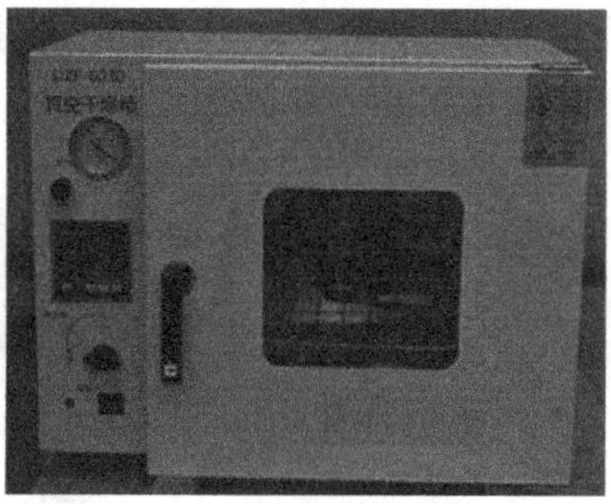

图 3-3　真空干燥箱

1. 恒温干燥箱的组成及工作原理

恒温干燥箱主要由外壳体、内室、多层载物托板、箱门、恒温系统等组成。电热恒温干燥箱主要是利用热能的传导和对流作用,恒温干燥箱里的电热丝发出的热能,提高了箱内空气温度,样品内水分受热汽化不断向外扩散到热空气中,直至达到样品恒重,样品内水分全部扩散完成。

2. 恒温干燥箱的操作步骤

恒温干燥箱的操作步骤主要包括(以 DHG 系列电热恒温干燥箱为例,见图 3-4)以下内容。

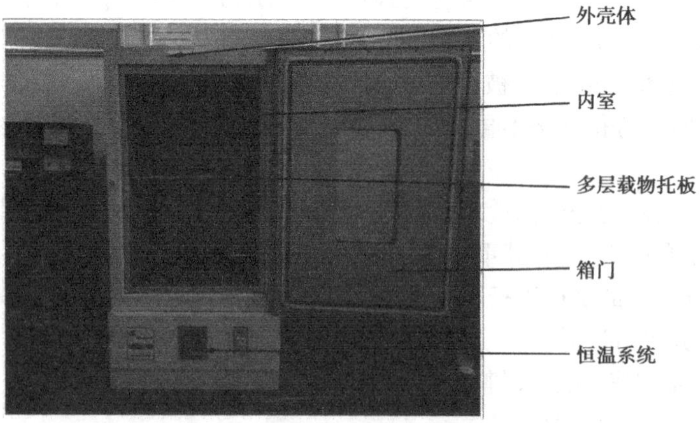

图 3-4　DHG 系列电热恒温干燥箱

①将被干燥的物品放入工作室内,关好箱门后再接通电源。

②打开电源开关,按“SET”功能键,上排显示 SP,按上下键使下排显示为所需的设定温度。在正常情况下,不需要设定时间。再按“SET”功能键,回到标准模式,此时,上排窗口显示箱内的测量温度,下排窗口显示设定的温度。

③当达到设定温度后,开始计时。根据需要选择干燥时间,干燥结束后,关闭电源开关,

取出样品。

3. 恒温干燥箱使用注意事项

在使用电热恒温干燥箱的过程中必须时刻注意操作安全，确保规范操作，需注意以下几点：

①干燥箱外壳必须有效接地，以保证使用安全。

②干燥箱无防爆装置，不得放入易燃易爆的物品。

③箱内不可放置易腐蚀性物品，避免损坏箱内元器件。

④干燥箱应放置在具有良好通风条件的室内，在其周围不可放置易燃易爆物品。

⑤箱内物品放置切勿过挤，必须留出空间，以利于热空气循环。

⑥当使用温度较高时，关机后应先将箱门打开，降低箱内温度，然后再取出样品。

（六）干燥器的正确使用

1. 干燥器的作用

干燥器是具有磨口盖子的密闭厚壁玻璃器皿，常用以保存坩埚、称量瓶、试样等物。在磨口边缘涂一薄层凡士林，使之能与盖子密合。

2. 干燥器的使用注意事项

①干燥器中带孔的圆板将干燥器分为上、下两室，上室装干燥的物体，下室装干燥剂。干燥剂不宜过多，约占下室的一半即可。一般用变色硅胶作干燥剂。干燥器如图 3-5 所示。

图 3-5　干燥器

图 3-6　搬移干燥器方法

图 3-7　打开干燥器方法

②搬移干燥器时，要用双手拿着，用大拇指紧紧按住盖子。搬移干燥器的方法如图 3-6 所示。

③打开干燥器时，不能往上掀盖，应用左手按住干燥器，右手小心地将盖子稍微推开，等冷空气徐徐进入后，才能完全推开，盖子必须仰放在桌子上。打开干燥器的方法如图 3-7 所示。

④不可将太热的物体放入干燥器中。

⑤有时将太热的物体放入干燥器中后，空气受热膨胀会把盖子顶起来，为了防止盖子被打翻，应用手按住，不时把盖子稍微推开（不到 1 s），以放出热空气。

⑥干燥器内一般用硅胶作为干燥剂，硅胶吸潮后会使干燥效能降低，硅胶若吸附油脂等后，去湿力也会大大降低。变色硅胶干燥时为蓝色，受潮后会减低效能，蓝色减退或变红，需及时换出再生。再生方法为置 135 ℃左右，烘 2 ~ 3 h。

二、食品中水分的测定——直接干燥法

（一）测定原理

利用食品中水分的物理性质，在101.3 kPa（1个大气压）、温度101～105 ℃下采用挥发方法测定样品中干燥减失的重量，包括吸湿水、部分结晶水和该条件下能挥发的物质，再通过干燥前后的称量数值计算出水分的含量。

（二）试剂和材料

除非另有说明，本方法所用试剂均为分析纯，水为《分析实验用水规格和试验方法》（GB/T 6682—2008）规定的三级水。

①氢氧化钠（NaOH）。

②盐酸（HCl）。

③海砂。

④盐酸溶液（6 mol/L）：量取50 mL盐酸，加水稀释至100 mL。

⑤氢氧化钠溶液（6 mol/L）：称取24 g氢氧化钠，加水溶解并稀释至100 mL。

⑥海砂：取用水洗去泥土的海砂、河砂、石英砂或类似物，先用盐酸溶液（6 mol/L）煮沸0.5 h，用水洗至中性，再用氢氧化钠溶液（6 mol/L）煮沸0.5 h，用水洗至中性，经105 ℃干燥备用。

（三）仪器和设备

①扁形铝制或玻璃制称量瓶。

②电热恒温干燥箱。

③干燥器：内附有效干燥剂。

④天平：感量为0.1 mg。

（四）分析步骤

1. 固体试样

取洁净铝制或玻璃制的扁形称量瓶，置于101～105 ℃干燥箱中，瓶盖斜支于瓶边，加热1.0 h，取出盖好，置干燥器内冷却0.5 h，称量，并重复干燥至前后两次质量差不超过2 mg，即为恒重。将混合均匀的试样迅速磨细至颗粒小于2 mm，不易研磨的样品应尽可能切碎，称取2～10 g试样（精确至0.000 1 g），放入此称量瓶中，试样厚度不超过5 mm，如为疏松试样，厚度不超过10 mm，加盖，精密称量后，置于101～105 ℃干燥箱中，瓶盖斜支于瓶边，干燥2～4 h后，盖好取出，放入干燥器内冷却0.5 h后称量。然后再放入101～105 ℃干燥箱中干燥1 h左右，取出，放入干燥器内冷却0.5 h后再称量。并重复以上操作至前后两次质量差不超过2 mg，即为恒重。

注意：两次恒重值在最后计算中，取质量较小的一次称量值。

固态样品所含水分在安全水分以上时，实验条件下粉碎，过筛等处理会使产品水分含量发生损失应采用二步干燥法。

安全水分：一般水分含量在14%以下时称为安全水分，即在实验室条件下进行粉碎，过筛等处理，水分含量一般不会发生变化。

二步干燥法：对于水分含量在14%以上的样品，如面包之类的谷类食品，先将样品称出总质量后，切成厚为2～3 mm的薄片，在自然条件下风干15～20 h，使其与大气湿度大致平衡，然后再次称量，并将样品粉碎、过筛、混匀，放于称量瓶中以烘箱干燥法测定水分。

2. 半固体或液体试样

取洁净的称量瓶，内加 10 g 海砂（实验过程中可根据需要适当增加海砂的质量）及一根小玻棒，置于 101 ~ 105 ℃干燥箱中，干燥 1.0 h 后取出，放入干燥器内冷却 0.5 h 后称量，并重复干燥至恒重。然后称取 5 ~ 10 g 试样（精确至 0.000 1 g），置于称量瓶中，用小玻棒搅匀放在沸水浴上蒸干，并随时搅拌，擦去瓶底的水滴，置于 101 ~ 105 ℃干燥箱中干燥 4 h 后盖好取出，放入干燥器内冷却 0.5 h 后称量。再放入 101 ~ 105 ℃干燥箱中干燥 1 h 左右，取出，放入干燥器内冷却 0.5 h 后再称量。并重复以上操作至前后两次质量差不超过 2 mg，即为恒重。

（五）分析结果

试样中水分的含量按下式计算：

$$X = \frac{m_1 - m_2}{m_1 - m_0} \times 100\%$$

式中　X——试样中水分的含量，g/100 g；

m_1——称量瓶（加海砂、玻棒）和试样的质量，g；

m_2——称量瓶（加海砂、玻棒）和试样干燥后的质量，g；

m_0——称量瓶（加海砂、玻棒）的质量，g；

100——单位换算系数。

水分含量≥1 g/100 g 时，计算结果保留 3 位有效数字；水分含量<1 g/100 g 时，计算结果保留两位有效数字。

（六）说明及注意事项

1. 说明

本法是《食品安全国家标准 食品中水分的测定》（GB 5009.3—2016）中的第一法，适用于在 101 ~ 105 ℃下，蔬菜、谷物及其制品、水产品、豆制品、乳制品、肉制品、卤菜制品、粮食（水分含量低于 18%）、油料（水分含量低于 13%）、淀粉及茶叶类等食品中水分的测定，不适用于水分含量小于 0.5 g/100 g 的样品。

2. 注意事项

直接干燥法测定水分时，样品应满足以下条件：

①水分是样品中唯一的挥发物质。因为食品中挥发组分的损失会造成测量误差，如乙酸、丙酸、丁酸、醇、酯和醛等。

②水分可以较彻底地被去除。如果食品中含有较多的胶态物质，就很难通过直接干燥法来排除水分。

③在加热过程中，样品中的其他组分由于发生化学反应而引起的质量变化可以忽略不计。在分析过程中，样品中的水分含量与干燥温度和持续的时间有关，但当干燥时间持续太久、温度太高时，食品中其他组分就会发生分解。水分检测存在的主要问题仍在于如何蒸发要去除的水，同时又不能因为其他成分分解所释放的水分而使得结果偏高；同样，食品中有的成分的化学反应（如蔗糖的水解）却要利用食品中的水分，这会使其测得的水分含量偏低。

3. 直接干燥法测定条件的选择

（1）称量瓶的选择

用于水分测定的称量瓶有各种不同的形状，从材料看，有玻璃称量瓶和铝制称量瓶两种，如图 3-8、图 3-9 所示。玻璃称量瓶能够耐酸碱,不受样品性质的限制;而铝制称量瓶质量轻,导热性强,但对酸性食品不大适宜,常用于减压干燥法或原粮水分的测定。选择称量皿的大小要合适,一般样品平铺开后厚度不高于称量皿 1/3 的高度。

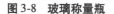

图 3-8　玻璃称量瓶

图 3-9　铝制称量瓶

称量瓶的预处理:用烘箱进行干燥处理,在 100 ℃的烘箱中进行重复干燥,以使其达到恒重(两次称量质量差不超过 2 mg)。将称量皿放入烘箱内,盖子应打开,并斜放在旁边,取出时先盖好盖子,用纸条取,放入干燥器内,冷却后称重。干燥后的称量皿应存放在干燥器中。

称量瓶的盖子对防止样品因逸散而造成的损失有着重要意义,在蒸发水分时,盖子需斜靠在一边,这样可避免加热时样品溢出而造成的损失。如果使用的是一次性的称量皿,可选择使用玻璃纤维做的盖子。这种盖子既可防止液体的飞溅,同时又不阻碍表面的透气,能有效提高水分蒸发的效果。

(2)称样量

样品的称取量一般以其干燥后的残留质量保持在 1.5 ~3 g 为宜。对于水分含量较低的固体试样,称样量一般控制在 2 ~10 g;而对于水分含量较高的半固体或液体试样,称样量一般控制在 5 ~10 g。

4. 直接干燥法测定水分误差的因素

(1)称量瓶和干燥后样品未进行恒重

在使用直接干燥法时,没有一个直观的指标表征水分是否蒸发干净,只能依靠是否达到恒重来判断;直接干燥法的最低检出限量为 0.002 g,当取样量为 2 g 时,方法检出限为 0.10 g/100 g,方法相对误差≤5%。由于直接干燥法不能完全排出食品中的结合水,因此它不可能测定出食品中的真实水分。

(2)加热引起的化学反应

在加热过程中,一般物质可能会发生化学反应,从而导致测定结果产生误差。

①果糖含量较高的样品,在高温(>70 ℃)下长时间加热,样品中的果糖会发生氧化分解作用而导致明显误差。故宜采用减压干燥法测定水分含量。

②含有较多氨基酸、蛋白质及羰基化合物的样品,长时间加热则会发生羰氨反应析出水分而导致误差,宜采用其他方法测定水分含量。

③含有微量的芳香油、醇、有机酸等挥发性物质的样品。直接干燥法的设备和操作都比较简单,但是时间较长,包含了所有在 100 ℃下失去的挥发物的质量,导致误差,可采用蒸馏法测定水分含量。

④在干燥过程中,一些食品原料可能易形成硬皮或结块,从而造成不稳定或错误的水分

测量结果。为了避免这个情况，可以使用清洁干燥的海砂和样品一起搅拌均匀，再将样品加热干燥直至恒重。加入海砂的作用有两个：一是防止表面硬皮的形成；二是可以使样品分散，减少样品水分蒸发的障碍。

5. 注意事项

①在测定过程中，称量瓶从烘箱中取出后，应迅速放入干燥器中进行冷却，否则，不易达到恒重。水分测定恒重的标准一般指前后两次称量之差≤±2 mg，干燥恒量值为最后一次的称量数值。

②称量瓶在使用前需要进行预处理操作，在移动称量瓶时不能用手直接接触盖身，应使用滤纸条或手套，因为指纹也会对称量的结果产生影响。

③干燥器内一般采用硅胶作为干燥剂，当其颜色由蓝色减退或变成红色时，应及时更换，于 135 ℃条件下烘干 2 ~ 3 h 后再重新使用；硅胶若吸附油脂后，也会大大降低除湿能力。

④在称量过程中，干燥前、后应使用同一台天平称量，以减少称量误差。

⑤因无直观指标表征，看是否达到恒重来判断水分是否蒸发完全。

【知识拓展】

一、食品中水分的测定——减压干燥法

(一)测定原理

利用食品中水分的物理性质，在达到 40 ~ 53 kPa 压力后加热至(60±5)℃，采用减压烘干方法去除试样中的水分，再通过烘干前后的称量数值计算出水分的含量。

(二)仪器和设备

在用减压干燥法测定水分含量时，为了除去烘干过程中样品挥发出来的水分，以及避免干燥后期，烘箱恢复常压时空气中的水分进入烘箱，影响测定的准确度。整套仪器设备除必须有一个真空烘箱(带真空泵)外，还需设置一套安全缓冲设施，连接几个干燥瓶和一个安全瓶，整个设备流程如图 3-10 所示。

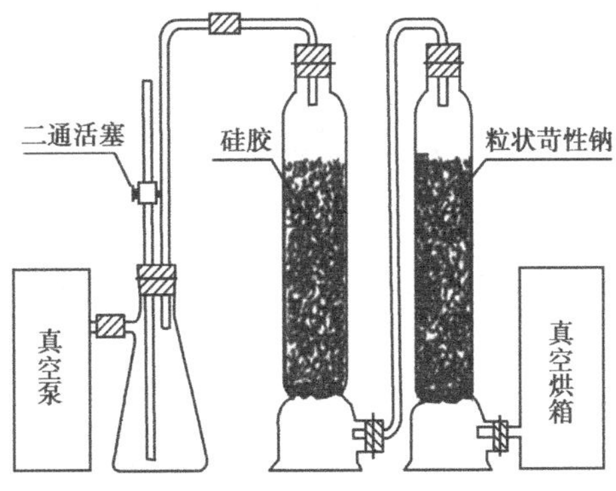

图 3-10　真空干燥工作流程图

(1)扁形铝制或玻璃制称量瓶。

(2)真空干燥箱：烘干样品。

(3)干燥器：内装硅胶起吸收水分的作用，内装苛性钠起吸收酸性气体的作用。

(4)安全瓶：调节烘箱内外气压平衡起缓冲作用，防止固体颗粒吸入真空泵。

(5)天平：感量为 0.1 mg。

(6)真空泵：抽气用，降低烘箱内压力。

(三)分析步骤

1. 试样制备

直接称取粉末和结晶试样；较大块硬糖经研钵粉碎，混匀备用。

2. 测定

取已恒重的称量瓶称取 2 ~ 10 g(精确至 0.000 1 g)试样,放入真空干燥箱内,将真空干燥箱连接真空泵,抽出真空干燥箱内空气(所需压力一般为 40 ~ 53 kPa),并同时加热至所需温度(60±5)℃。关闭真空泵上的活塞,停止抽气,使真空干燥箱内保持一定的温度和压力,经 4 h 后,打开活塞,使空气经干燥装置缓缓通入至真空干燥箱内,待压力恢复正常后再打开。取出称量瓶,放入干燥器中 0.5 h 后称量,并重复以上操作至前后两次质量差不超过 2 mg,即为恒重。

(四)分析结果

同直接干燥法。

(五)说明及注意事项

(1)本法是《食品安全国家标准 食品中水分的测定》(GB 5009.3—2016)中的第二法,适用于高温易分解的样品及水分较多的样品(如糖、味精等食品)中水分的测定,不适用于添加了其他原料的糖果(如奶糖、软糖等食品)中水分的测定,不适用于水分含量小于 0.5 g/100 g 的样品(糖和味精除外)。

(2)真空干燥箱内各部位温度要均匀一致,若干燥时间短时,更应严格控制。

(3)减压干燥时,自干燥箱内部压力降至规定真空度时计算干燥时间。

(4)真空条件下热量传导不是很好,因此称量瓶应直接置放在金属架上以确保良好的热传导。

(5)在真空干燥箱内放硅胶,可吸收从样品中蒸发的水分,降低环境的水蒸气分压,能加快干燥速度,使样品中的水分蒸发更彻底。

(6)一般用铝制的称量瓶,因为导热性比较强,但对酸性样品不适宜。

二、食品中水分的测定——蒸馏法

(一)测定原理

利用食品中水分的物理化学性质,使用水分测定器将食品中的水分与甲苯或二甲苯共同蒸出,根据接收的水的体积计算出试样中水分的含量。

(二)试剂和材料

除非另有说明,本方法所用试剂均为分析纯,水为《分析实验用水规格和试验方法》(GB/T 6682—2008)规定的三级水。

(1)甲苯(C_7H_8)或二甲苯(C_8H_{10})。

(2)甲苯或二甲苯制备:取甲苯或二甲苯,先以水饱和后,分去水层,进行蒸馏,收集馏出液备用。

(三)仪器和设备

1. 水分测定器

水分接收管容量 5 mL,最小刻度值 0.1 mL,容量误差小于 0.1 mL,如图 3-11 所示(带可调电热套)。

2. 天平

感量为 0.1 mg。

(四)分析步骤

准确称取适量试样,应使最终蒸出的水在 2 ~ 5 mL,但最小取样量不得超过蒸馏瓶的 2/3,放入 250 mL 蒸馏瓶中,加入新蒸馏的甲苯(或二甲苯)75 mL,连接冷凝管与水分接收管,从冷凝管顶端注入甲苯,装满水分接收管。同时做甲苯(或二甲苯)的试剂空白。

加热慢慢蒸馏,使馏出液为 2 滴/s,待大部分水分蒸出后,加速蒸馏约 4 滴/s,当水分全部蒸出后,接收管内的水分体积不再增加时,从冷凝管顶端加入甲苯冲洗。如冷凝管壁附有水滴,可用附有小橡皮头的铜丝擦拭,再蒸馏片刻至接收管上部及冷凝管壁无水滴附着,接收管水平面保持 10 min 不变为蒸馏终点,读取接收管水层的容积。

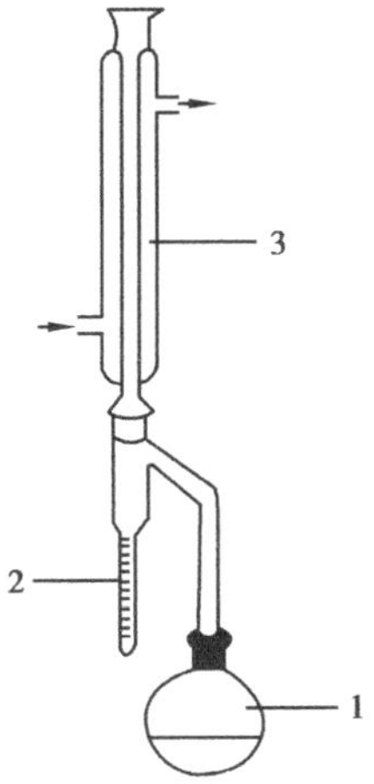

图 3-11　水分测定器

1—250 mL 蒸馏瓶;2—水分接受管(有刻度);3—冷凝管

(五)分析结果

试样中水分的含量,按下式进行计算:

$$X = \frac{V - V_0}{m} \times 100$$

式中　X——试样中水分的含量,mL/100 g(或按水在 20 ℃的相对密度 0.998,20 g/mL 计算质量);

V——接收管内水的体积,mL;

V_0——做试剂空白时,接收管内水的体积,mL;

m——试样的质量,g;

100——单位换算系数。

以重复性条件下获得的两次独立测定结果的算术平均值表示,结果保留三位有效数字。

(六)说明及注意事项

1. 说明

本法是《食品安全国家标准 食品中水分的测定》(GB 5009.3—2016)中的第三法,适用于含水较多又有较多挥发性成分的水果、香辛料及调味品、肉与肉制品等食品中水分的测定,不适用于水分含量小于 1 g/100 g 的样品。

蒸馏法测量的误差因素有很多,主要有以下几个方面:

(1)样品中水分没有完全蒸发出来。

(2)水分附集在冷凝管和连接管内壁。

(3)水分溶解在有机溶剂中。

(4)生成乳浊液。

(5)馏出水溶性的成分。

2. 注意事项

(1)在加热时,一般要使用石棉网,如果样品含糖量高,用油浴加热较好。

(2)样品为粉状或半流体时,先将瓶底铺满干净的海砂,再加样品及甲苯。

(3)所用甲苯必须无水,也可将甲苯经过氯化钙或无水硫酸钠吸水,过滤蒸馏,弃去最初馏液,收集澄清透明溶液即为无水甲苯。

(4)添加少量戊醇、异丁醇以防止出现乳浊液。

(5)本法对谷类、干果、油类和香料等样品的检验结果较为准确。特别是香料,蒸馏法是其唯一的、公认的水分检验方法。

(6)蒸馏法是以蒸馏收集到的水量为准,避免了挥发性物质减少的质量以及脂肪氧化对水分测定造成的误差。

三、食品中水分的测定——卡尔·费休法

(一)测定原理

根据碘能与水和二氧化硫发生化学反应,在有吡啶和甲醇共存时,1 mol 碘只与 1 mol 水作用,反应式如下:

$$C_5H_5N \cdot I_2+C_5H_5N \cdot SO_2+C_5H_5N+H_2O+CH_3OH \longrightarrow 2C_5H_5N \cdot HI+C_5H_6N[SO_4CH_3]$$

卡尔·费休水分测定法又分为库仑法和容量法。其中,容量法测定的碘是作为滴定剂加入的,滴定剂中碘的浓度是已知的,根据消耗滴定剂的体积,计算消耗碘的量,从而计量出被测物质水的含量。

(二)试剂和材料

(1)卡尔·费休试剂。

(2)无水甲醇(CH_3OH):优级纯。

(三)仪器和设备

(1)卡尔·费休水分测定仪。

(2)天平:感量为 0.1 mg。

(四)分析步骤

1. 卡尔·费休试剂的标定(容量法)

在反应瓶中加一定体积(浸没铂电极)的甲醇,在搅拌下用卡尔·费休试剂滴定至终点。加入 10 mg 水(精确至 0.000 1 g),滴定至终点并记录卡尔·费休试剂的用量 V。卡尔·费休试剂的滴定度按下式计算:

$$T=\frac{m}{V}$$

式中 T——卡尔·费休试剂的滴定度,mg/mL;

m——水的质量,mg;

V——滴定水消耗的卡尔·费休试剂的用量,mL。

2. 试样前处理

可粉碎的固体试样要尽量粉碎,使之均匀。不易粉碎的试样可切碎。

3. 试样中水分的测定

于反应瓶中加一定体积的甲醇或卡尔·费休测定仪中规定的溶剂浸没铂电极,在搅拌下用卡尔·费休试剂滴定至终点。迅速将易溶于甲醇或卡尔·费休测定仪中规定的溶剂的试样直接加入滴定杯中;对于不易溶解的试样,应采用对滴定杯进行加热或加入已测定水分的其他溶剂辅助溶解后用卡尔·费休试剂滴定至终点。建议采用容量法测定试样中的含水量应大于 100 μg。对于滴定时,平衡时间较长且引起漂移的试样,需要扣除其漂移量。

4. 漂移量的测定

在滴定杯中加入与测定样品一致的溶剂,并滴定至终点,放置不少于 10 min 后再滴定至终点,两次滴定之间的单位时间内的体积变化即为漂移量 D。

（五）分析结果

固体试样中水分的含量计算式:

$$X = \frac{(V_2 - D \times t) \times T}{m}$$

液体试样中水分的含量计算式:

$$X = \frac{(V_1 - D \times t) \times T}{V_2 \rho} \times 100$$

式中　X——试样中水分的含量,g/100 g;

V_1——滴定样品时卡尔·费休试剂体积,mL;

D——漂移量,mL/min;

t——滴定时所消耗的时间,min;

T——卡尔·费休试剂的滴定度,g/mL;

m——样品质量,g;

100——单位换算系数;

V_2——液体样品的体积,mL;

ρ——液体样品的密度,g/mL。

水分含量≥1 g/100 g 时,计算结果保留三位有效数字;水分含量<1 g/100 g 时,计算结果保留两位有效数字。

精密度:在重复性条件下获得的两次独立测定结果的绝对差值不得超过算术平均值的 10%。

（六）说明及注意事项

(1)本法是《食品安全国家标准 食品中水分的测定》(GB 5009.3—2016)中的第四法,适用于食品中含微量水分的测定,不适用于含有氧化剂、还原剂、碱性氧化物、氢氧化物、碳酸盐、硼酸等食品中水分的测定。卡尔·费休容量法适用于水分含量大于 1.0×10^{-3} g/100 g 的样品。

(2)卡尔·费休法是测定食品中微量水分的方法,如果食品中含有氧化剂、还原剂、碱性氧化物、氢氧化物、碳酸盐、硼酸等,都会与卡尔·费休试剂所含组分起反应,干扰测定。

(3)使用卡尔·费休法时,若要水分萃取完全,样品的颗粒大小非常重要。通常样品细度约为40目，宜用粉碎机处理，不要用研磨机以防水分损失，在粉碎样品中还要保证其含水量的均匀性。

(4)含有强还原性的物料(如抗坏血酸)会与卡尔·费休试剂产生反应，使水分含量测定值偏高；羰基化合物则与甲醇发生缩醛反应生成水，从而使水分含量测定值偏高，而且这个反应也会使终点消失；不饱和脂肪酸和碘的反应也会使水分含量测定值偏高。

(5)样品溶剂无水甲醇及无水吡啶应该要加入无水硫酸钠保存。适合加入无水硫酸钠保存。

(6)滴定法中所用的玻璃器皿都必须充分干燥，外界的空气也不允许进入反应室中。

四、几种水分检测方法的比较

1. 原理上的差异

烘箱干燥法是将样品中的水分除去，利用测得的剩余固体的质量计算水分含量。非水挥发性物质在干燥过程中也有挥发，但与挥发掉的水相比很小，常忽略不计。蒸馏法也采用将水分从固体物质中分离的方法，然而水分含量是直接通过测定体积来定量的。卡尔·费休滴定法则基于样品中水分发生化学反应的原理，水分的多少可由滴定液的用量反映出来。

2. 样品性质的差异

烘箱干燥法会使某些食品的成分在高温下发生化学变化生成水，或者利用水及其他组分，从而影响水分含量的测定。在较低温度下进行真空干燥可能就可以克服上述问题的发生。蒸馏技术能最大限度地减少一些微量成分的挥发和分解。对于水分含量非常低或高糖、高脂食品，常常采用卡尔·费休滴定法。

3. 适用范围的差异

烘箱干燥法是干燥各种食品产物的法定方法。在干燥法中，微波干燥、红外干燥最为快捷，直接干燥、化学干燥和真空干燥所需的时间更长一些。

【任务实施】

子任务一　乳粉中水分的测定(直接干燥法)

◆任务描述

学生分小组完成以下任务：

1. 查阅乳粉的产品质量标准和水分测定的检验标准，设计水分的测定检测方案。
2. 准备直接干燥法测定水分所需的试剂材料及仪器设备。
3. 正确对样品进行预处理。
4. 正确进行样品中水分含量的测定。
5. 结果记录及分析处理。
6. 依据《食品安全国家标准 乳粉和调制乳粉》(GB 19644—2024)，判定样品中水分含量是否合格。
7. 出具检验报告。

一、工作准备

(1)查阅乳粉产品质量标准《食品安全国家标准 乳粉和调制乳粉》(GB 19644—2024)和检验标准《食品安全国家标准 食品中水分的测定》(GB 5009.3—2016)，设计直接干燥法测定乳粉中水分含量方案。

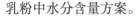

(2)准备水分的测定所需试剂材料及仪器设备。

二、实施步骤

1. 称量瓶恒重

取洁净玻璃制的扁形称量瓶，置于 101～105 ℃干燥箱中，瓶盖斜支于瓶边，加热 1.0 h，取出盖好，置干燥器内冷却 0.5 h，称量，并重复干燥至前后两次质量差不超过 2 mg，即为恒重。

2. 样品称重

称取 5 g 混合均匀的乳粉试样(精确至 0.000 1 g)，放入恒重后的称量瓶中，试样厚度不超过 5 mm，加盖。

3. 样品干燥

精密称量后，将盛放乳粉试样的称量瓶置于 101～105 ℃干燥箱中，瓶盖斜支于瓶边，干燥 2～4 h。

4. 样品冷却

将干燥 2～4 h 后的盛放乳粉试样的称量瓶，盖好取出，放入干燥器内冷却 0.5 h。

5. 样品恒重

将冷却后的试样进行称量。然后再放入 101～105 ℃干燥箱中干燥 1 h 左右，取出，放入干燥器内冷却 0.5 h 后再称量。并重复以上操作至前后两次质量差不超过 2 mg，即为恒重。

三、数据记录与处理

将乳粉中水分的测定原始数据填入表 3-2 中，并填写检验报告单，见表 3-3。

表 3-2　乳粉中水分的测定原始记录表

<table>
<tr><td>工作任务</td><td colspan="2"></td><td colspan="2">样品名称</td><td colspan="2"></td></tr>
<tr><td>接样日期</td><td colspan="2"></td><td colspan="2">检验日期</td><td colspan="2"></td></tr>
<tr><td>检验依据</td><td colspan="6"></td></tr>
<tr><td>称量瓶标记</td><td colspan="3">第一份</td><td colspan="3">第二份</td></tr>
<tr><td>称量瓶干燥时间</td><td colspan="3"></td><td colspan="3"></td></tr>
<tr><td>称量瓶重 m_0/g</td><td colspan="3"></td><td colspan="3"></td></tr>
<tr><td>干燥温度</td><td colspan="6"></td></tr>
<tr><td>称量瓶+干燥前试样质量 m_1/g</td><td colspan="3"></td><td colspan="3"></td></tr>
<tr><td>试样干燥时间</td><td></td><td></td><td></td><td></td><td></td><td></td></tr>
<tr><td>称量瓶+干燥后试样质量 m_2/g</td><td></td><td></td><td></td><td></td><td></td><td></td></tr>
<tr><td>计算公式</td><td colspan="6"></td></tr>
<tr><td>水分/($g \cdot 100\ g^{-1}$)</td><td colspan="3"></td><td colspan="3"></td></tr>
<tr><td>平均值/($g \cdot 100\ g^{-1}$)</td><td colspan="6"></td></tr>
<tr><td>标准规定分析结果的精密度</td><td colspan="6"></td></tr>
<tr><td>本次实验分析结果的精密度</td><td colspan="6"></td></tr>
</table>

表 3-3　乳粉中水分的测定检验报告单

样品名称					
产品批号		样品数量		代表数量	
生产日期		检验日期		报告日期	
检测依据					
判定依据					
检验项目		单位	检测结果	乳粉中水分含量标准要求	
检验结论					
检验员		复核人			
备注					

四、任务考核

按照表 3-4 评价学生工作任务的完成情况。

表 3-4　任务考核评价指标

序号	工作任务	评价指标	分值比例/%
1	检测方案制定	(1)正确选用检测标准及检测方法 (2)检测方案制订合理规范	10
2	试样称取	(1)正确使用电子天平进行称重 (2)正确选择和使用称量瓶	5
3	样品干燥	(1)会设置恒温干燥箱温度和时间,会正确使用恒温干燥箱 (2)称量瓶正确放置于干燥箱	10
4	冷却	(1)正确搬放干燥器及正确打开和关闭干燥器盖 (2)正确判定干燥器中硅胶的有效性	10
5	恒重	(1)正确对称量瓶进行恒重 (2)正确对样品进行恒重	15
6	数据处理	(1)原始记录及检测及时、规范、整洁 (2)有效数字保留准确 (3)计算准确,测定结果准确,平行性好	20
7	其他操作	(1)工作服整洁,能够正确进行标识 (2)操作时间控制在规定时间内 (3)及时收拾、回收玻璃器皿及仪器设备 (4)注意操作文明和操作安全	10

续表

序号	工作任务	评价指标	分值比例/%
8	综合素养	(1)积极主动地参与工作,能吃苦耐劳,崇尚劳动光荣 (2)服从安排,顾全大局,积极与小组成员合作,共同完成工作任务 (3)能有效利用网络、图书资源、工作手册等快速查阅获取所需信息 (4)能发现问题、提出问题、分析问题、解决问题、创新问题	20
合计			100

子任务二 面包中水分的测定(直接干燥法)

◆任务描述

学生分小组完成以下任务:

1. 查阅面包的产品质量标准和水分测定的检验标准,设计水分的测定检测方案。

2. 准备直接干燥法测定水分所需的试剂材料及仪器设备。

3. 正确对样品进行预处理。

4. 正确进行样品中水分含量的测定。

5. 结果记录及分析处理。

6. 依据《食品安全国家标准 糕点、面包》(GB 7099—2015)判定样品中水分含量是否合格。

7. 出具检验报告。

一、工作准备

(1)查阅面包产品质量标准和检验标准《食品安全国家标准 食品中水分的测定》(GB 5009.3—2016),设计直接干燥法测定面包中水分含量方案。

(2)准备水分测定所需试剂的材料及仪器设备。

二、实施步骤

1. 称量瓶恒重

取洁净铝制或玻璃制的扁形称量瓶两个,置95~105 ℃干燥箱中,瓶盖斜支于瓶边,加热0.5~1.0 h,取出盖好,置于干燥器内冷却0.5 h,称量,并重复干燥至前后两次质量差不超过2 mg,即为恒重。记录称量瓶质量m_0(精确至0.000 1 g)。

2. 样品称重

称取2.00~10.0 g两份样品,将整个面包迅速切细或磨细至颗粒小于2 mm,混匀,放入这两个称量瓶中,样品厚度约5 mm,加盖。记录(称量瓶质量+试样质量)m_1。

3. 样品干燥

精密称量后,至95~105 ℃干燥箱中,瓶盖斜支于瓶边,干燥2~4 h后。

4. 样品冷却

将干燥2~4 h后的盛放试样的称量瓶,盖好取出,放入干燥器内冷却0.5 h。记录(干燥后称量瓶质量+试样质量)m_2(精确至0.000 1 g)。

5.样品恒重

先将冷却后的试样进行称量。再放入95～105 ℃干燥箱中干燥1 h左右，取出，放干燥器内冷却0.5 h后再称量。至前后两次称量差不超过2 mg，即为恒量。

三、数据记录与处理

将面包中水分的测定原始数据填入表3-5中，并填写检验报告单，见表3-6。

表3-5 面包中水分的测定原始记录表

工作任务			样品名称			
接样日期			检验日期			
检验依据						
称量瓶标记	第一份			第二份		
称量瓶干燥时间						
称量瓶重 m_0/g						
干燥温度						
称量瓶+干燥前试样质量 m_1/g						
试样干燥时间						
称量瓶+干燥后试样质量 m_2/g						
计算公式						
水分/($g \cdot 100\ g^{-1}$)						
平均值/($g \cdot 100\ g^{-1}$)						
标准规定分析结果的精密度						
本次实验分析结果的精密度						

表3-6 面包中水分的测定检验报告单

样品名称					
产品批号		样品数量		代表数量	
生产日期		检验日期		报告日期	
检测依据					
判定依据					
检验项目		单位	检测结果	面包中水分含量标准要求	
检验结论					
检验员		复核人			
备注					

四、任务考核

按照表 3-7 评价学生工作任务的完成情况。

表 3-7　任务考核评价指标

序号	工作任务	评价指标	分值比例/%
1	制订检测方案	(1)正确选用检测标准及检测方法 (2)检测方案制订合理规范	10
2	试样称取	(1)正确使用电子天平进行称重 (2)正确选择和使用称量瓶	5
3	样品干燥	(1)会设置恒温干燥箱温度和时间,会正确使用恒温干燥箱 (2)称量瓶正确放置于干燥箱	10
4	冷却	(1)正确搬放干燥器及正确打开和关闭干燥器盖 (2)正确判定干燥器中硅胶的有效性	10
5	恒重	(1)正确对称量瓶进行恒重 (2)正确对样品进行恒重	15
6	数据处理	(1)原始记录及检测及时、规范、整洁 (2)有效数字保留准确 (3)计算准确,测定结果准确,平行性好	20
7	其他操作	(1)工作服整洁、能够正确进行标识 (2)操作时间控制在规定时间内 (3)及时收拾清洁、回收玻璃器皿及仪器设备 (4)注意操作文明和操作安全	10
8	综合素养	(1)积极主动地参与工作,能吃苦耐劳,崇尚劳动光荣 (2)服从安排,顾全大局,积极与小组成员合作,共同完成工作任务 (3)能有效利用网络、图书资源、工作手册等快速查阅获取所需信息 (4)能发现问题、提出问题、分析问题、解决问题、创新问题	20
合计			100

思政小课堂　　课外巩固　　相关标准

任务二　食品中灰分的测定

【学习目标】

◆知识目标

1. 能说出小麦粉、小麦、大米等食品中灰分的含量。

2. 能说出灰化、炭化、总灰分、水溶性灰分、水不溶性灰分、酸不溶性灰分的基本概念。
3. 能解释灰分测定的原理。
4. 知道高温灼烧法操作过程及注意事项。

◆技能目标

1. 会熟练并正确使用高温炉、干燥器、分析天平。
2. 会正确处理坩埚。
3. 会正确进行样品炭化、灰化等基本操作。
4. 会根据样品的特性选择测定条件。
5. 能准确进行数据记录与处理，并正确评价食品中灰分含量是否符合标准。

【知识准备】

微课视频

一、概述

(一)灰分的概念及分类

食品经高温灼烧时，有机成分挥发散失，绝大多数无机成分(主要以无机盐和氧化物形式)残留下来，这些残留物称为灰分。

食品的灰分除粗灰分(即总灰分)外，按其溶解性可分为水溶性灰分、水不溶性灰分和酸不溶性灰分，如图 3-12 所示。水溶性灰分反映的是可溶性的钾、钠、钙、镁等的氧化物和盐类的含量；水不溶性灰分反映的是污染的泥沙和铁、铝等氧化物及碱土金属的碱式磷酸盐的含量；酸不溶性灰分反映的是污染的泥沙和食品中原来存在的微量氧化硅的含量。

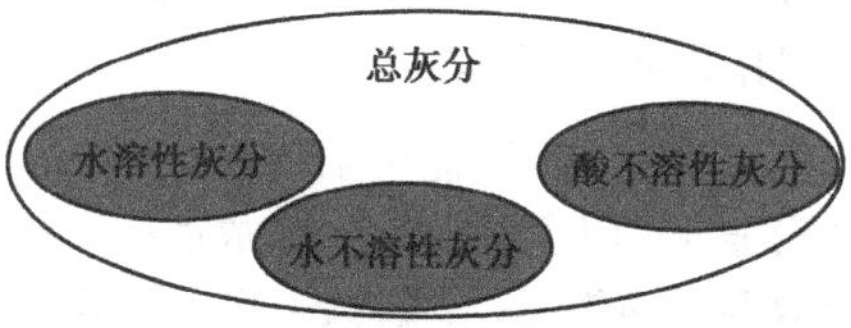

图 3-12　灰分的分类

食品在高温灼烧时，某些易挥发元素，如氯、碘、铅等会挥发散失，磷、硫等也能以含氧酸的形式挥发散失，使部分无机成分减少；同时某些金属氧化物会吸收有机物分解产生的二氧化碳而形成碳酸盐，使无机成分增多，因此食品的灰分与食品中原来存在的无机成分在数量和组成上并不完全相同，灰分并不能准确地表示食品中原有无机成分的总量。严格来说，应把灼烧后的残留物称为粗灰分。

(二)食品中灰分的测定意义

灰分是标示食品中无机成分总量的一项指标。灰分含量是干制品粮食类的决定性指标，国家标准对一些典型产品的灰分含量作了专门的规定，见表 3-8。

表 3-8　典型食品灰分含量的规定

国标	品名	总灰分/%
GB/T 1355—2021	小麦粉	精制粉≤0.70； 标准粉≤1.10；普通粉≤1.60
GB/T 14456.1—2017	绿茶	≤7.5

续表

国标	品名	总灰分/%
GB/T 10463—2008	玉米粉	≤3.0

1. 评判食品品质

(1)食品中的灰分含量是评判食品营养价值的一项重要指标,灰分含量代表食品中总的矿物质含量,如黄豆是营养价值较高的食物,除富含蛋白质外,还含有较丰富的钙、磷、钾及微量的铜、铁、锌等,其灰分含量高达5.0 g/100 g。故测定灰分的总含量,在评价食品品质方面有其重要意义。

(2)生产果胶、明胶之类的胶质品时,灰分是这些制品的胶冻性能标志,水溶性灰分可以反映果酱果冻等制品中的果汁含量。

2. 评判食品加工精度

在面粉加工中,常以总灰分含量评定面粉等级,富强粉为0.3% ~0.5%;标准粉为0.6% ~0.9%。加工精度越细,总灰分含量越小,这是由于小麦麸皮中灰分的含量比胚乳的高20倍左右。

3. 判断食品受污染的程度

某种食品的灰分常在一定范围内,如果灰分含量超过了正常范围,说明食品生产中使用了不符合卫生标准要求的原料或食品添加剂,或食品在加工、贮运过程中受到了污染。因此,测定灰分可以判断食品受污染的程度。

(三)食品中灰分的测定方法

食品中灰分的测定方法主要有直接灰化法、硫酸灰化法和乙酸镁灰化法3种。

直接灰化法广泛应用于各类食品中灰分的测定;硫酸灰化法适用于糖类制品,测定结果以硫酸灰分表示;乙酸镁灰化法适用于含磷较多,在灼烧过程中容易形成熔融无机物而导致灰化不完全的样品,如谷类食品。依据《食品安全国家标准 食品中灰分的测定》(GB 5009.4—2016),食品中灰分的测定方法主要有食品中总灰分的测定、食品中水溶性灰分和水不溶性灰分的测定及食品中酸不溶性灰分的测定。食品中水溶性灰分和水不溶性灰分的测定是在总灰分测定的基础上,用热水提取总灰分,经无灰滤纸过滤、灼烧、称量残留物,测得水不溶性灰分,由总灰分和水不溶性灰分的质量之差计算水溶性灰分。食品中酸不溶性灰分的测定是利用盐酸溶液处理总灰分,过滤、灼烧、称量残留物,即得酸不溶性灰分。

(四)马弗炉的使用

马弗炉又称为电阻炉,是一种高温热处理设备,其升温快、热损失小,能长期稳定地提供高温,因此被广泛应用于合金钢制品、各种金属机件正火、淬火、退火、烧结、灰化等热处理中。

马弗炉依据外观形状可分为箱式炉、管式炉和坩埚炉3种类型,如图3-13—图3-15所示。

1. 马弗炉的组成及工作原理

箱式马弗炉主要由炉体外壳、保温材料、炉膛、热电偶、加热元件、控制器、温控仪表等组成,如图3-16所示。炉膛采用碳化硅烧结成型或高铝砖砌成。炉膛与炉体之间砌筑轻质砖和充填保温材料。

图 3-13　箱式马弗炉

图 3-14　管式马弗炉

图 3-15　高坩埚马弗炉

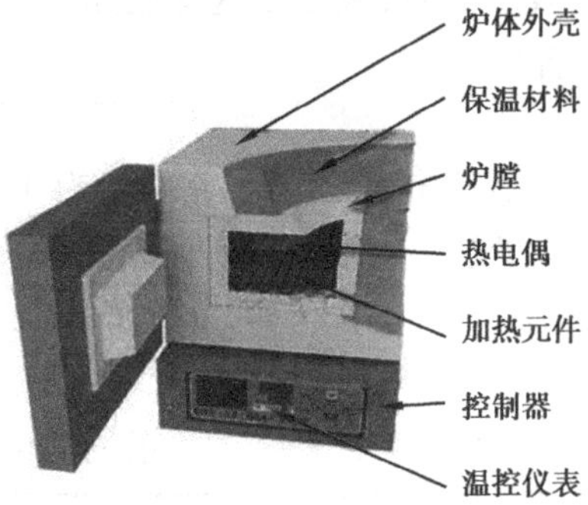

图 3-16　箱式马弗炉的组成

马弗炉的工作原理基于能量守恒定律,即以电为热源,通过电热元件将电能转化为热能。当马弗炉正常工作时,施加电压和电流在加热元件上,加热元件在工作室内产生大量热量,工作室内的保温材料吸收、散发少部分热量并隔绝大部分热量,从而使工作室内的温度逐渐上升,达到对加热材料预设的温度。

2. 马弗炉的操作步骤(以 SX 系列箱式马弗炉为例)

(1)打开炉门,放入盛有样品的坩埚,关闭炉门。

(2)开启控制台电源开关,指示灯亮,将数字仪表上的“设定实测”开关拨向“设定”位置,调节所需温度值,然后再将“设定实测”开关拨向“实测”位置,数字显示炉内实际温度值,此时,数字表绿灯亮,炉内已经加热。

(3)随着炉膛温度上升,当炉内温度达到设定温度值时,数字表红灯亮,炉内已断电降温,达到自动恒温的目的。电炉的升温、定温分别以温度指示仪的红绿灯指示,绿灯表示升温,红灯表示定温。

(4)达到需要的灼烧时间后,切断电源。微开炉门,待炉膛温度降至 200 ℃左右后,用长柄坩埚钳取出灼烧物品,关闭炉门。

3. 马弗炉使用注意事项

在使用马弗炉的过程中必须时刻注意操作安全,确保规范操作,应注意以下几点:

(1)当马弗炉第一次使用或长期停用后再次使用时,必须进行烘炉干燥。对于 1 000 ℃以内的马弗炉,烘炉的时间应为室温至 200 ℃ 4 h,200～600 ℃ 4 h。

(2)使用时,炉温最高不得超过额定温度,以免烧毁电热元件。

(3)含有高水分的被加热样品应预先烘干,当马弗炉尚未冷却时,禁止向炉内灌注各种液体。

(4)马弗炉和控制器必须在相对湿度不超过85%,没有导电尘埃及爆炸性气体或腐蚀性气体的场所工作。

(5)马弗炉控制器应限于在环境温度0~50 ℃使用。

二、食品中总灰分的测定

(一)测定原理

食品经灼烧后所残留的无机物质称为灰分。将食品经炭化后置于(550±25)℃高温炉内灼烧,食品中的水分及挥发物质以气态放出,有机物中的碳、氢、氮被氧化分解,以二氧化碳、氮的氧化物及水等形式逸出,无机物质以硫酸盐、磷酸盐、碳酸盐、氯化物等无机盐和金属氧化物的形式残留下来,称量灼烧后的残留物质量即可计算出样品中灰分的含量。

(二)试剂和材料

除非另有说明,本方法所用试剂均为分析纯,水为《分析实验室用水规格和试验方法》(GB/T 6682—2008)规定的三级水。

①乙酸镁[$(CH_3COO)_2Mg \cdot 4H_2O$]。

②浓盐酸(HCl)。

③乙酸镁溶液(80 g/L):称取8.0 g乙酸镁加水溶解并定容至100 mL,混匀。

④乙酸镁溶液(240 g/L):称取24.0 g乙酸镁加水溶解并定容至100 mL,混匀。

⑤10%盐酸溶液:量取24 mL分析纯浓盐酸用蒸馏水稀释至100 mL。

(三)仪器和设备

①高温炉:最高使用温度≥950 ℃。

②分析天平:感量分别为0.1 mg、1 mg、0.1 g。

③石英坩埚或瓷坩埚。

④干燥器(内有干燥剂)。

⑤电热板。

⑥恒温水浴锅:控温精度±2 ℃。

(四)分析步骤

1.坩埚预处理

(1)含磷量较高的食品和其他食品　取大小适宜的石英坩埚或瓷坩埚置高温炉中,在(550±25)℃下灼烧30 min,冷却至200 ℃左右,取出,放入干燥器中冷却30 min,准确称量。重复灼烧至前后两次称量相差不超过0.5 mg为恒重。

(2)淀粉类食品　先用沸腾的稀盐酸洗涤,再用大量自来水洗涤,最后用蒸馏水冲洗。将洗净的坩埚置于高温炉内,在(900±25)℃下灼烧30 min,并在干燥器内冷却至室温,称重,精确至0.000 1 g。

2.称样

(1)含磷量较高的食品和其他食品:

①灰分大于或等于10 g/100 g的试样称取2~3 g(精确至0.000 1 g)。

②灰分小于或等于10 g/100 g的试样称取3~10 g(精确至0.000 1 g)。

③对于灰分含量更低的样品可适当增加称样量。

(2)淀粉类食品

迅速称取样品2～10 g(马铃薯淀粉、小麦淀粉和大米淀粉至少称5 g,玉米淀粉和木薯淀粉称10 g),精确至0.000 1 g。将样品均匀地分布在坩埚内,不要压紧。

3.测定

(1)含磷量较高的食品和其他食品　含磷量较高的豆类及其制品、肉禽及其制品、蛋及其制品、水产及其制品、乳及其乳制品。

①称取试样后,加入1.00 mL乙酸镁溶液(240 g/L)或3.00 mL乙酸镁溶液(80 g/L),使试样完全润湿。放置10 min后,在水浴上将水分蒸干,在电热板上以小火加热使试样充分炭化至无烟,然后置于高温炉中,在(550±25)℃灼烧4 h。冷却至200 ℃左右,取出,放入干燥器中冷却30 min,称量前如发现灼烧残渣有炭粒时,应向试样中滴入少许水湿润,使结块松散,蒸干水分再次灼烧至无炭粒即表示灰化完全,方可称量。重复灼烧至前后两次称量相差不超过0.5 mg为恒重。

②吸取3份1.00 mL乙酸镁溶液(240 g/L)或3.00 mL乙酸镁溶液(80 g/L),做3次试剂空白试验。当3次试验结果的标准偏差小于0.003 g时,取算术平均值作为空白值。若标准偏差大于或等于0.003 g时,应重新做空白值试验。

(2)淀粉类食品　将坩埚置于高温炉口或电热板上,半盖坩埚盖,小心加热使样品在通气情况下完全炭化至无烟,即刻将坩埚放入高温炉内,将温度升高至(900±25)℃,保持此温度直至剩余的碳全部消失为止,一般1 h可灰化完毕,冷却至200 ℃左右,取出,放入干燥器中冷却30 min,称量前如发现灼烧残渣有炭粒时,应向试样中滴入少许水湿润,使结块松散,蒸干水分再次灼烧至无炭粒即表示灰化完全,方可称量。重复灼烧至前后两次称量相差不超过0.5 mg为恒重。

(3)其他食品　液体和半固体试样应先在沸水浴上蒸干。固体或蒸干后的试样,先在电热板上以小火加热使试样充分炭化至无烟,然后置于高温炉中,在(550±25)℃灼烧4 h。冷却至200 ℃左右,取出,放入干燥器中冷却30 min,称量前如发现灼烧残渣有炭粒时,应向试样中滴入少许水湿润,使结块松散,蒸干水分再次灼烧至无炭粒即表示灰化完全,方可称量。重复灼烧至前后两次称量相差不超过0.5 mg为恒重。

(五)分析结果

1.以试样质量计

①试样中灰分的含量,加了乙酸镁溶液的试样,按下式计算:

$$X_1 = \frac{m_1 - m_2 - m_0}{m_3 - m_2} \times 100$$

式中　X_1——加了乙酸镁溶液的试样中灰分的含量,g/100 g;

m_1——坩埚和灰分的质量,g;

m_2——坩埚的质量,g;

m_0——氧化镁(乙酸镁灼烧后生成物)的质量,g;

m_3——坩埚和试样的质量,g;

100——单位换算系数。

②试样中灰分的含量,未加乙酸镁溶液的试样,按下式计算:

$$X_2 = \frac{m_1 - m_2}{m_3 - m_2} \times 100$$

式中　X_2——未加乙酸镁溶液的试样中灰分的含量,g/100 g;

m_1——坩埚和灰分的质量,g;

m_2——坩埚的质量,g;

m_3——坩埚和试样的质量,g;

100——单位换算系数。

2. 以干物质计

①加了乙酸镁溶液的试样,按下式计算:

$$X_1 = \frac{m_1 - m_2 - m_0}{(m_3 - m_2) \times \omega} \times 100$$

式中　X_1——加了乙酸镁溶液的试样中灰分的含量,g/100 g;

m_1——坩埚和灰分的质量,g;

m_2——坩埚的质量,g;

m_0——氧化镁(乙酸镁灼烧后生成物)的质量,g;

m_3——坩埚和试样的质量,g;

ω——试样干物质含量(质量分数),%;

100——单位换算系数。

②未加乙酸镁溶液的试样,按下式计算:

$$X_2 = \frac{m_1 - m_2}{(m_3 - m_2) \times \omega} \times 100$$

式中　X_2——未加乙酸镁溶液的试样中灰分的含量,g/100 g;

m_1——坩埚和灰分的质量,g;

m_2——坩埚的质量,g;

m_3——坩埚和试样的质量,g;

ω——试样干物质含量(质量分数),%;

100——单位换算系数。

试样中灰分含量≥10 g/100 g时,保留三位有效数字;试样中灰分含量<10 g/100 g时,保留两位有效数字。

精密度:在重复性条件下获得的两次独立测定结果的绝对差值不得超过算术平均值的5%。

(六)说明及注意事项

1. 适用范围

本法是《食品安全国家标准 食品中灰分的测定》(GB 5009.4—2016)中的第一法,适用于食品中灰分的测定(淀粉类灰分的方法适用于灰分质量分数不大于2%的淀粉和变性淀粉)。

2. 灰分测定条件的选择

(1)灰化容器　灰分测定所用坩埚主要有瓷坩埚、铂坩埚、石英坩埚等,其中,最常用的是瓷坩埚。瓷坩埚具有耐高温(1 200 ℃)、耐酸、价格低廉等优点,但耐碱性差;当灰化碱性食品时(如水果、蔬菜、豆类时),瓷坩埚内壁的釉层会部分溶解,反复多次使用后,往往难以保持恒重;另外,当温度骤变时,易发生破裂,因此要注意使用。石英坩埚具有高纯度、耐温性强、尺寸大、精度高、保温性好、节约能源、质量稳定等优点,但不能和HF接触,高温时,极易和苛性碱及碱金属的碳酸盐作用;另外,石英质脆,易破,价格也较昂贵,一般较少使用。铂坩埚具有耐高温(1 773 ℃),能抗碱金属碳酸盐及氟化氢的腐蚀,导热性能好、吸湿性小等优点,但价格昂贵,故使用时应特别注意其性能和使用规则;另外,使用不当时会腐蚀和发脆。

(2)取样量　根据试样的种类和性状来决定。对于含磷量较高的食品和其他食品,灰分大于或等10 g/100 g的试样称取2~3 g(精确至0.000 1 g);灰分小于或等于10 g/100 g的试样称取3~10 g(精确至0.000 1 g)。对于淀粉类食品,称取2~10 g(马铃薯淀粉、小麦淀粉以及大米淀粉至少称5 g,玉米淀粉和木薯淀粉称10 g),精确至0.000 1 g。

(3)灰化温度　根据食品中无机成分的组成、性质及含量决定灰化温度,一般为(550±25)℃,淀粉类食品可达900 ℃。灰化温度过高,将引起钾、钠、氯等元素的挥发损失,而且磷酸盐、硅酸盐类也会熔融,将碳粒包藏起来,使碳粒无法氧化;灰化温度过低,则灰化速度慢,时间长,不易灰化完全,也不利于除去过剩的碱(碱性食品)吸收的二氧化碳。

(4)灰化时间　一般以灼烧至灰分呈白色或浅灰色,无碳粒存在并达到恒重为止。灰化达到恒重的时间因样品不同而有所差异,一般需2~5 h。对有些样品,即使灰化完全,残灰也不一定呈白色或浅灰色。如铁含量高的食品,残灰呈褐色,锰、铜含量高的食品,残灰呈蓝绿色。有时即使灰的表面呈白色,内部仍残留有碳块,因此应根据样品的组成、性状注意观察残灰的颜色,正确判断灰化程度。

3. 样品灰化前进行炭化的目的

(1)防止在灼烧时,试样中的水分急剧蒸发使试样飞扬。

(2)防止糖、蛋白质、淀粉在高温下发泡膨胀而溢出坩埚。

(3)不经炭化而直接灰化,碳粒易被包住,灰化不完全。

4. 加速灰化的方法

对于难以灰化的样品,可用下述方法加速灰化。

(1)加水溶解　样品经初步灼烧后,取出冷却,从灰化容器边缘慢慢加入(不可直接洒在残灰上,以防残灰飞扬)少量无离子水,使水溶性盐类溶解,被包住的碳粒暴露出来,在水浴上蒸发至干涸,置于120~130 ℃烘箱中充分干燥,再灼烧到恒重。

(2)添加硝酸、双氧水等氧化剂　这些物质经灼烧后完全消失不至于增加残灰的重量。样品经初步灼烧后,加入上述物质如硝酸(1∶1)或双氧水,蒸干后再灼烧到恒重,利用他们的氧化作用来加速碳粒灰化。

(3)添加碳酸铵等疏松剂　加入10%碳酸铵等疏松剂,在灼烧时分解为气体逸出,使灰分呈现出松散状态,促进未灰化的碳粒灰化。

(4)加入醋酸镁,硝酸镁等助灰化剂　谷物及其制品中,磷酸一般过剩于阳离子,随着灰化进行,磷酸将以磷酸二氢钾的形式存在,容易形成在比较低的温度下熔融的无机物,因而包住未灰化的碳造成供氧不足,难以完全灰化。因此,采用添加灰化辅助剂,如醋酸镁或硝酸镁等,使灰化容易进行。这些镁盐随着灰化进行而分解,与过剩的磷酸结合,残灰不熔融,呈白色松散状态,避免碳粒被包裹,可大大缩短灰化时间。此法应做空白实验以校正加入的镁盐灼烧后分解产生 MgO 的量。

5. 注意事项:

①样品炭化时要注意热源强度,防止产生大量泡沫溢出坩埚,对特别容易膨胀的试样,可先于试样中加数滴辛醇或纯植物油,再进行炭化。

②把坩埚放入高温炉或从炉中取出时,要在炉口停留片刻,使坩埚预热或冷却,防止因温度剧变而使坩埚破裂。

③灼烧后的坩埚应冷却到 200 ℃以下再移入干燥器中，否则因热的对流作用，易造成残灰飞散，且冷却速度慢，冷却后干燥器内形成较大真空，盖子不易打开。

④从干燥器内取出坩埚时，因内部形成真空，开盖恢复常压后，应注意使空气缓缓流入，以防残灰飞散。

⑤灰化后得到的残渣，可留作 Ca，P，Fe 等成分的分析。

⑥用过的坩埚经初步洗刷后，可用粗盐酸或废盐酸浸泡 10～20 min，再用水冲刷洗净。

【知识拓展】

一、食品中水溶性灰分和水不溶性灰分的测定

（一）测定原理

用热水提取总灰分，经无灰滤纸过滤、灼烧、称量残留物，测得水不溶性灰分，由总灰分和水不溶性灰分的质量之差计算水溶性灰分。

（二）试剂和材料

除非另有说明，本方法所用水为《分析实验用水规格和试验方法》（GB/T 6682—2008）规定的三级水。

（三）仪器和设备

（1）高温炉：最高温度≥950 ℃。

（2）分析天平：感量分别为 0.1 mg、1 mg、0.1 g。

（3）石英坩埚或瓷坩埚。

（4）干燥器（内有干燥剂）。

（5）无灰滤纸。

（6）漏斗。

（7）表面皿：直径 6 cm。

（8）烧杯（高型）：容量 100 mL。

（9）恒温水浴锅：控温精度±2 ℃。

（四）分析步骤

1. 坩埚预处理

方法同“食品中总灰分的测定中的坩埚预处理步骤”。

2. 称样

方法同“食品中总灰分的测定中的称样步骤”。

3. 总灰分的制备

方法同“食品中总灰分的测定中的测定步骤”。

4. 测定

用约 25 mL 热蒸馏水分次将总灰分从坩埚中洗入 100 mL 烧杯中，盖上表面皿，用小火加热至微沸，防止溶液溅出。趁热用无灰滤纸过滤，并用热蒸馏水分次洗涤杯中残渣，直至滤液和洗涤体积约达 150 mL 为止，将滤纸连同残渣移入原坩埚内，放在沸水浴锅上小心地蒸去水分，然后将坩埚烘干并移入高温炉内，以（550±25）℃灼烧至无炭粒（一般需 1 h）。待炉温降至 200 ℃时，放入干燥器内，冷却至室温，称重（准确至 0.000 1 g）。再放入高温炉内，以（550±

25)℃灼烧 30 min,如前冷却并称重。如此重复操作,直至连续两次称重之差不超过 0.5 mg 为止,记下最低质量。

（五）分析结果

1. 以试样质量计

（1）水不溶性灰分的含量,按下式计算:

$$X_1 = \frac{m_1 - m_2}{m_3 - m_2} \times 100$$

式中 X_1——水不溶性灰分的含量,g/100 g;

m_1——坩埚和水不溶性灰分的质量,g;

m_2——坩埚的质量,g;

m_3——坩埚和试样的质量,g;

100——单位换算系数。

（2）水溶性灰分的含量,按下式计算:

$$X_2 = \frac{m_4 - m_5}{m_0} \times 100$$

式中 X_2——水溶性灰分的质量,g/100 g;

m_0——试样的质量,g;

m_4——总灰分的质量,g;

m_5——水不溶性灰分的质量,g;

100——单位换算系数。

2. 以干物质计

（1）水不溶性灰分的含量,按下式计算:

$$X_1 = \frac{m_1 - m_2}{(m_3 - m_2) \times \omega} \times 100$$

式中 X_1——水不溶性灰分的含量,g/100 g;

m_1——坩埚和水不溶性灰分的质量,g;

m_2——坩埚的质量,g;

m_3——坩埚和试样的质量,g;

ω——试样干物质的含量(质量分数),%;

100——单位换算系数。

（2）水溶性灰分的含量,按下式计算:

$$X_2 = \frac{m_4 - m_5}{m_0 \times \omega} \times 100$$

式中 X_2——水溶性灰分的质量,g/100 g;

m_0——试样的质量,g;

m_4——总灰分的质量,g;

m_5——水不溶性灰分的质量,g;

ω——试样干物质的含量(质量分数),%;

100——单位换算系数。

试样中灰分含量≥10 g/100 g 时,保留三位有效数字;试样中灰分含量<10 g/100 g 时,保

留两位有效数字。

精密度:在重复性条件下获得的两次独立测定结果的绝对差值不得超过算术平均值的5%。

二、食品中酸不溶性灰分的测定

(一)测定原理

用盐酸溶液处理总灰分,过滤、灼烧、称量残留物。

(二)试剂和材料

除非另有说明,本方法所用试剂均为分析纯,水为《分析实验用水规格和试验方法》(GB/T 6682—2008)规定的三级水。

(1)浓盐酸(HCl)。

(2)10%盐酸溶液:24 mL分析纯浓盐酸用蒸馏水稀释至100 mL。

(三)仪器和设备

(1)高温炉:最高温度≥950 ℃。

(2)分析天平:感量分别为0.1 mg、1 mg、0.1 g。

(3)石英坩埚或瓷坩埚。

(4)干燥器(内有干燥剂)。

(5)无灰滤纸。

(6)漏斗。

(7)表面皿:直径6 cm。

(8)烧杯(高型):容量100 mL。

(9)恒温水浴锅:控温精度±2 ℃。

(四)分析步骤

1. 坩埚预处理

方法同“食品中总灰分的测定中的坩埚预处理步骤”。

2. 称样

方法同“食品中总灰分的测定中的称样步骤”。

3. 总灰分的制备

方法同“食品中总灰分的测定中的测定步骤”。

4. 测定

用25 mL 10%盐酸溶液将总灰分分次洗入100 mL烧杯中,盖上表面皿,在沸水浴上小心加热,至溶液由浑浊变为透明时,继续加热5 min,趁热用无灰滤纸过滤,用沸蒸馏水少量反复洗涤烧杯和滤纸上的残留物,直至中性(约150 mL)。将滤纸连同残渣移入原坩埚内,在沸水浴上小心蒸去水分,移入高温炉内,以(550±25)℃灼烧至无炭粒(一般需1 h)。待炉温降至200 ℃时,取出坩埚,放入干燥器内,冷却至室温,称重(准确至0.000 1 g)。再放入高温炉内,以(550±25)℃灼烧30 min,如前冷却并称重。如此重复操作,直至连续两次称重之差不超过0.5 mg为止,记下最低质量。

(五)分析结果

(1)以试样质量计,酸不溶性灰分的含量,按下式计算:

$$X_1 = \frac{m_1 - m_2}{m_3 - m_2} \times 100$$

式中　X_1——酸不溶性灰分的含量,g/100 g;

m_1——坩埚和酸不溶性灰分的质量,g;

m_2——坩埚的质量,g;

m_3——坩埚和试样的质量,g;

100——单位换算系数。

(2)以干物质计,酸不溶性灰分的含量,按下式计算:

$$X_1 = \frac{m_1 - m_2}{(m_3 - m_2) \times \omega} \times 100$$

式中　X_1——酸不溶性灰分的含量,g/100 g;

m_1——坩埚和酸不溶性灰分的质量,g;

m_2——坩埚的质量,g;

m_3——坩埚和试样的质量,g;

ω——试样干物质的含量(质量分数),%;

100——单位换算系数。

试样中灰分含量≥10 g/100 g时,保留三位有效数字;试样中灰分含量<10 g/100 g时,保留两位有效数字。

精密度:在重复性条件下获得的两次独立测定结果的绝对差值不得超过算术平均值的5%。

【任务实施】

子任务一　小麦粉中总灰分的测定

◆任务描述

学生分小组完成以下任务:

1. 查阅小麦粉的产品质量标准和灰分测定的检验标准,设计灰分的测定检测方案。
2. 准备小麦粉中总灰分的测定所需试剂材料及仪器设备。
3. 正确对样品进行预处理。
4. 正确进行样品中总灰分含量的测定。
5. 结果记录及分析处理。
6. 依据《小麦粉》(GB/T 1355—2021),判定样品中总灰分含量是否合格。
7. 出具检验报告。

一、工作准备

(1)查阅小麦粉产品质量标准《小麦粉》(GB/T 1355—2021)和检验标准《食品安全国家标准 食品中灰分的测定》(GB 5009.4—2016),设计测定小麦粉中总灰分含量方案。

(2)准备总灰分的测定所需试剂材料及仪器设备。

二、实施步骤

1. 坩埚预处理

坩埚用10%盐酸溶液煮沸1～2 h，洗净，晾干，用$FeCl_3$与蓝墨水的混合液在坩埚外壁及盖上编号，(900±25)℃下灼烧0.5 h，移至炉口冷却至200 ℃左右，移入干燥器中，冷却30 min，准确称重，重复灼烧至前后两次称量相差不超过±0.5 mg为恒重。

2. 样品称重

准确称取5 g的面粉，精确至0.000 1 g。将样品均匀分布在已恒重的坩埚内，不要压紧。

3. 样品炭化

将盛有样品的坩埚置于电热板上，半盖坩埚盖，小心加热使样品在通气情况下完全炭化至无烟。

4. 样品灰化

将炭化后的坩埚和样品，即刻放入高温炉内，将温度升高至(900±25)℃，灼烧至无碳粒(一般1 h可灰化完毕)。

5. 样品冷却

待炉温降至200 ℃左右，取出坩埚，放入干燥器内，冷却至室温。

6. 样品恒重

冷却后进行称重，记录第一次灰化后坩埚与样品的质量。再将坩埚和样品移入高温炉内，重复灼烧至前后两次称量相差不超过0.5 mg为恒重。

三、数据记录与处理

将小麦粉中总灰分的测定原始数据填入表3-9中，并填写检验报告单，见表3-10。

表3-9　小麦粉中总灰分的测定原始记录表

工作任务			样品名称			
接样日期			检验日期			
检验依据						
瓷坩埚标记						
瓷坩埚灰化时间						
瓷坩埚重 m_2/g						
高温灼烧温度						
样品质量 m/g						
坩埚+试样质量 m_3/g						
样品灰化时间						
坩埚+灰分质量 m_1/g						
计算公式						
总灰分/(g·100 g^{-1})						
总灰分平均值/(g·100 g^{-1})						
标准规定分析结果的精密度						
本次实验分析结果的精密度						

表 3-10　小麦粉中总灰分的测定检验报告单

样品名称					
产品批号		样品数量		代表数量	
生产日期		检验日期		报告日期	
检测依据					
判定依据					
检验项目	单位	检测结果	总灰分含量标准要求		
检验结论					
检验员		复核人			
备注					

四、任务考核

按照表 3-11 评价学生工作任务的完成情况。

表 3-11　任务考核评价指标

序号	工作任务	评价指标	分值比例/%
1	制订检测方案	(1)正确选用检测标准及检测方法 (2)检测方案合理规范	10
2	试样称取	(1)正确使用电子天平进行称重 (2)正确选择和使用坩埚	5
3	样品炭化	会正确使用电热板进行炭化	5
4	样品灰化	(1)会设置高温炉温度和时间,会正确使用高温炉 (2)将坩埚正确放置于高温炉内	10
5	冷却	(1)正确搬放干燥器及正确打开和关闭干燥器盖 (2)正确判定干燥器中硅胶的有效性	5
6	恒重	(1)正确对坩埚进行恒重 (2)正确对样品进行恒重	15
7	数据处理	(1)原始记录及时、规范、整洁 (2)有效数字保留准确 (3)计算准确,测定结果准确,平行性好	20
8	其他操作	(1)工作服整洁、能正确进行标识 (2)操作时间控制在规定时间内 (3)及时收拾、回收玻璃器皿及仪器设备 (4)注意操作文明和操作安全	10

续表

序号	工作任务	评价指标	分值比例/%
9	综合素养	(1)积极主动地参与工作,能吃苦耐劳,崇尚劳动光荣 (2)服从安排,顾全大局,积极与小组成员合作,共同完成工作任务 (3)能有效利用网络、图书资源、工作手册等快速查阅获取所需信息 (4)能发现问题、提出问题、分析问题、解决问题、创新问题	20
合计			100

子任务二　乳粉中灰分含量的测定

◆任务描述

学生分小组完成以下任务:

1.查阅乳粉的产品质量标准和灰分测定的检验标准,设计灰分的测定检测方案。

2.准备乳粉中总灰分的测定所需试剂材料及仪器设备。

3.正确对样品进行预处理。

4.正确进行样品中总灰分含量的测定。

5.结果记录及分析处理。

6.依据《食品安全国家标准 乳粉和调制乳粉》(GB 19644—2024),判定样品中灰分含量是否合格。

7.出具检验报告。

一、工作准备

(1)查阅乳粉产品质量标准《食品安全国家标准 乳粉和调制乳粉》(GB 19644—2024)和检验标准《食品安全国家标准 食品中灰分的测定》(GB 5009.4—2016),设计测定小麦粉中总灰分的含量方案。

(2)准备灰分的测定所需试剂材料及仪器设备。

二、实施步骤

1.瓷坩埚的准备

将瓷坩埚用(1+4)煮1~2 h,洗净晾干后,用0.5%氯化铁与蓝黑墨水的混合溶液在坩埚外壁及盖上编号,置于550 ℃马弗炉中灼烧1 h,先移至炉口稍冷,再移至干燥器中冷却至室温(30 min),准确称重。最后再至高温炉中灼烧0.5 h,冷却干燥后称重,恒重后,此为空坩埚重量。

2.测定

①准确称取约为2 g乳粉置于事先恒重的瓷坩埚中,准确加入3.0 mL乙酸镁乙醇溶液,使样品湿润,于水浴上蒸发过剩的乙醇。

②将坩埚移放至电炉上,坩埚盖斜倚在坩埚口,进行炭化,注意控制火候,避免样品着火燃烧,气流带走样品碳粒。

③炭化至无烟后,移入550 ℃高温炉炉口处,稍待片刻,再将其慢慢移入炉腔内,坩埚盖

仍倚在坩埚口，关闭炉口，灼烧约 2 h，将坩埚移至炉口，冷却至红热退去，移入干燥器中冷却至室温，30 min 后称重，灰分应呈白色或浅灰色。

④再将坩埚移至高温炉中灼烧 30 min，取出冷却、干燥称重，如此重复操作直至恒重（前后两次称重相差不超过 0.5 mg 为恒重）。

⑤同时做一空白实验，另取一已知准确质量的坩埚，准确加入 3.0 mL 乙酸镁乙醇溶液，在水浴上蒸干，电炉上炭化，再移入 550 ℃高炉中灼烧至恒重。计算 3.0 mL 乙酸镁乙醇溶液带来的灰份质量。

三、数据记录与处理

将乳粉中总灰分的测定原始数据填入表 3-12 中，并填写检验报告单，见表 3-13。

表 3-12　乳粉中总灰分的测定原始记录表

工作任务			样品名称			
接样日期			检验日期			
检验依据						
瓷坩埚标记						
瓷坩埚灰化时间						
瓷坩埚重 m_2/g						
高温灼烧温度						
样品质量 m/g						
坩埚+试样质量 m_3/g						
样品灰化时间						
坩埚+灰分质量 m_1/g						
空白实验灰分质量/g						
计算公式						
总灰分/(g · 100 g^{-1})						
总灰分平均值/(g · 100 g^{-1})						
标准规定分析结果的精密度						
本次实验分析结果的精密度						

表 3-13　乳粉中总灰分的测定检验报告单

样品名称					
产品批号		样品数量		代表数量	
生产日期		检验日期		报告日期	
检测依据					
判定依据					

续表

检验项目	单位	检测结果	总灰分含量标准要求
检验结论			
检验员		复核人	
备注			

四、任务考核

按照表 3-14 评价学生工作任务的完成情况。

表 3-14　任务考核评价指标

序号	工作任务	评价指标	分值比例/%
1	制订检测方案	(1)正确选用检测标准及检测方法 (2)检测方案合理规范	10
2	试样称取	(1)正确使用电子天平进行称重 (2)正确选择和使用坩埚	5
3	样品炭化	会正确使用电热板进行炭化	5
4	样品灰化	(1)会设置高温炉温度和时间,会正确使用高温炉 (2)将坩埚正确放置于高温炉内	10
5	冷却	(1)正确搬放干燥器及正确打开和关闭干燥器盖 (2)正确判定干燥器中硅胶的有效性	5
6	恒重	(1)正确对坩埚进行恒重 (2)正确对样品进行恒重	15
7	数据处理	(1)原始记录及时、规范、整洁 (2)有效数字保留准确 (3)计算准确,测定结果准确,平行性好	20
8	其他操作	(1)工作服整洁,能正确进行标识 (2)操作时间控制在规定时间内 (3)及时收拾、回收玻璃器皿及仪器设备 (4)注意操作文明和操作安全	10
9	综合素养	(1)积极主动地参与工作,能吃苦耐劳,崇尚劳动光荣 (2)服从安排,顾全大局,积极与小组成员合作,共同完成工作任务 (3)能有效利用网络、图书资源、工作手册等快速查阅获取所需信息 (4)能发现问题、提出问题、分析问题、解决问题、创新问题	20
合计			100

思政小课堂　课外巩固　相关标准

任务三　食品中酸度的测定

【学习目标】

◆知识目标

1. 能说出食品中常见的酸性物质及其存在形式。
2. 能解释总酸度测定的原理。
3. 能概述总酸度和有效酸度测定的基本流程。
4. 能概述总酸度、有效酸度和挥发酸度的联系与差别。
5. 能记住复合电极 pH 计的使用方法。
6. 能记住挥发酸度测定原理及基本流程。

◆技能目标

1. 能熟练并正确使用复合电极 pH 计。
2. 能熟练进行酸碱滴定操作。
3. 能查阅并下载样品相关标准。
4. 会根据样品的特性选择测定的正确方法。
5. 能准确进行数据记录与处理,并正确评价样品是否符合标准。

【知识准备】

微课视频

一、概述

(一)食品中的酸性物质

食品中酸的种类繁多,可分为有机酸和无机酸两种,但主要是有机酸,而无机酸含量很少。通常有机酸部分呈游离状态,部分呈酸式盐状态存在于食品中,而无机酸呈中性盐化合态存在于食品中。

常见的有机酸有柠檬酸、苹果酸、酒石酸、草酸、琥珀酸、乳酸及醋酸等。这些酸有的是食品固有的,如果蔬及制品中的有机酸;有的是在生产、加工、贮藏过程中产生的,如酸奶、食醋中的有机酸。有机酸在食品中的分布是极不均衡的,果蔬中所含有机酸种类繁多,酿造食品(如酱油、果酒、食醋)中也含多种有机酸。

在同一个样品中,往往几种有机酸同时存在。但在分析有机酸含量时,是以主要有机酸为计算标准。通常柑橘类及其制品以柠檬酸计算,仁果、核果类用果实酸计算,酒类、调味品用乙酸计算。

(二)酸度的概念及分类

食品的酸度可分为总酸度、有效酸度和挥发酸度。

1. 总酸度

总酸度是指食品中所有酸性成分的总量。包括未离解的酸的浓度和已离解的酸的浓度，其大小可借标准碱溶液滴定来测定，并以样品中主要代表酸的百分含量表示，总酸度也称可滴定酸度。总酸度以食品中主要的有机酸含量表示。

2. 有效酸度

有效酸度是指被测溶液中 H^+ 的浓度（准确地说应该是活度），所反映的是已离解的那部分酸的浓度，常用 pH 值表示。其大小可通过酸度计或 pH 试纸来测定。

3. 挥发酸度

挥发酸度是指食品中易挥发的有机酸，如甲酸、醋酸及丁酸等低碳链的直链脂肪酸，它们含碳少，易挥发，有强烈刺激味。其大小可通过蒸馏法分离，再通过标准碱溶液滴定来测定。一种食品的挥发酸含量是一定的，挥发酸的含量是某些食品的一项质量控制指标。

（三）酸度测定的意义

食品中的酸不仅作为酸味成分，而且在食品的加工、贮运及品质管理等方面被认为是重要的分析内容，国家标准对一些典型食品的酸度含量作了专门的规定，见表 3-15。

表 3-15　典型食品中酸度含量的规定

国标	品名	酸度要求
GB/T 18963—2012	浓缩苹果汁（清汁）	总酸（以苹果酸计）≥0.70 g/100 mL
GB 19645—2010	巴氏杀菌乳	酸度 12～18 °T
GB/T 4927—2008	啤酒（浓色啤酒、黑色啤酒）	总酸≤4.0 mL/100 mL
GB 2719—2018	食醋	总酸（以乙酸计）≥3.5 g/100 mL

测定食品中的酸度具有十分重要的意义：

①通过测定酸度，可以鉴定某些食品的质量。挥发酸含量的高低，是衡量水果发酵制品质量好坏的一项重要技术指标，如果醋酸含量在 0.1% 以上时，则说明制品已经腐败；牛乳及其制品、番茄制品、啤酒、饮料类食品当总酸含量高时，说明这些制品已酸败；在油脂工业中，通过测定游离脂肪酸的含量，可以鉴别油脂的品质和精炼程度；对鲜肉中有效酸度的测定，可以判断肉的品质。如新鲜肉的 pH 值为 5.7～6.2，若 pH 值>6.7 则说明肉已变质。

②食品的 pH 值对其稳定性和色泽有一定的影响，降低 pH 值可抑制酶的活性和微生物的生长。当 pH 值<2.5 时，一般除霉菌外，大部分微生物的生长都受到抑制；在水果加工过程中，降低介质的 pH 值可以抑制水果的酶促褐变，从而保持水果的本色。pH 值也是果蔬罐头杀菌条件的重要依据。

③通过测定果蔬中糖和酸的含量，可以判断果蔬的成熟度，确定加工产品的配方，并可通过调整糖酸比获得风味极佳的产品。有机酸在果蔬中的含量，因其成熟度及生长条件不同而异，一般随着成熟度的提高，有机酸含量下降，而糖含量增加，糖酸比增大。故测定酸度可判断某些果蔬的成熟度，对于确定果蔬收获期及加工工艺条件有指导意义。

（四）食品中酸度测定的方法

依据《食品安全国家标准 食品酸度的测定》（GB 5009.239—2016），食品总酸度的测定方法主要有酚酞指示剂法（第一法）、pH 计法（第二法）和电位滴定仪法（第三法）。

常用的测定溶液有效酸度的方法有比色法和电位法(pH 计法)两种。

比色法是利用不同的酸碱指示剂来显示 pH 值,它具有简便、经济、快速等优点,但结果不太准确,只能粗略地估计各类样液的 pH 值。比色法分为试纸法、标准管比色法。电位法适用于各类饮料、果蔬及其制品,以及肉、蛋类食品中 pH 值的测定,测定值可准确到 0.01pH 单位,故有准确度高、操作简便、不受试样本身颜色的影响等优点,在食品检验中得到广泛应用。

挥发酸的测定可以用直接法或间接法。直接法是用水蒸气蒸馏后或溶剂萃取将挥发酸分离出来,再用标准碱滴定;间接法则是先将挥发酸蒸馏除去,滴定残留的不挥发酸,然后从总酸中减去不挥发酸,即可求得挥发酸含量。直接法操作方便,并不受样品成分的影响,比较常用,适用于挥发酸含量比较高的样品。若蒸馏液有所损失或被污染,或样品中挥发酸含量较低时,应选用间接法。

(五)pH 计的使用

1. pH 计的构造及工作原理

pH 计也称为酸度计,是测定溶液 pH 值最常用的仪器之一。pH 计是以电位测定法来测量溶液的 pH 值,因此 pH 计的工作方式,除了能测量溶液的 pH 值,还可以测量电池的电动势。pH 值则是氢离子浓度的对数负数。

pH 计的主要测量部件是玻璃电极和参比电极,玻璃电极对 pH 敏感,而参比电极的电位稳定。将 pH 计的这两个电极一起放入同一溶液中,就构成了一个原电池,而这个原电池的电位就是玻璃电极和参比电极电位的代数和,即 $E_{电池}=E_{参比}+E_{玻璃}$。如果温度恒定,这个电池的电位随待测溶液的 pH 变化而变化。由于测量 pH 计中的电池产生的电位是困难的,因其电动势非常小,且电路的阻抗又非常大(1 ~100 MΩ),因此必须把信号放大。电流计的功能就是将原电池的电位放大若干倍,放大的信号通过电表显示。因此通常 pH 计由玻璃电极、参比电极和电流计构成。目前,应用比较广的 pH 计是将玻璃电极(指示电极)和银-氯化银电极(参比电极)装在两个同心的玻璃管中,构成一体化的电极系统,称为复合电极,如图 3-17 所示。

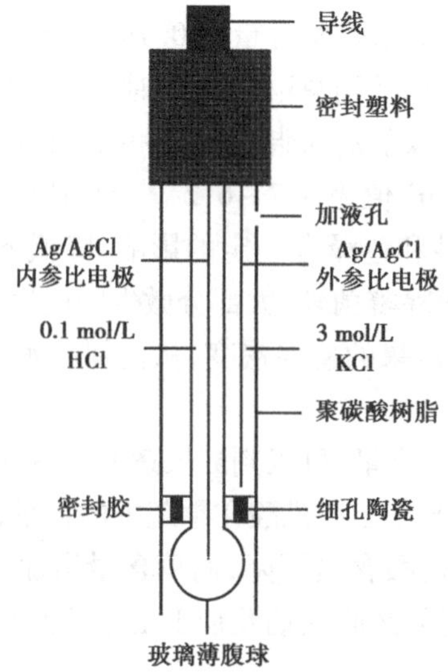

图 3-17　复合电极的结构示意图

pH 计的参比电极电位稳定,那么在温度保持稳定的情况下,溶液和电极所组成的原电池

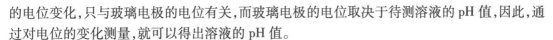

的电位变化，只与玻璃电极的电位有关，而玻璃电极的电位取决于待测溶液的 pH 值，因此，通过对电位的变化测量，就可以得出溶液的 pH 值。

2. pH 计的使用方法

(1)仪器安装与开启：

①接通电源，按下 pH 键，指示灯亮，预热 10 min。

②调节零点调节器，使电计的指示电表指针指在 pH 处(上刻度)。

③把电极上端的胶帽装在电极夹内，把电极插头插入电极插口内，并用插口上的小螺丝固定。

(2)仪器的校正　仪器在使用前，即测未知溶液前，先要标定。

具体方法如下：

①标定前先拿着电极甩几下，赶走留在电极里的空气和气泡。

②一般采用二点标定，6.86 pH 作为第一点，4.00 pH 或 9.18 pH 作为第二点。

③标定过程中尽可能让电位或 pH 值稳定后再按确认键。

④一般电极性能较好时，标定后的斜率在 98% 以上，性能略微下降时应为 95%。低于 90% 时建议更换电极。一般情况下，pH 计仪器在连续使用时，每天要标定一次；一般在 24 h 内仪器不需再标定。

(3)样液 pH 的测定　先用蒸馏水冲洗电极和烧杯，再用样液洗涤电极和烧杯，最后将电极浸入样液中、轻轻摇动烧杯，使溶液均匀。调节温度补偿器至被测溶液温度。待读数稳定后按下读数按钮，读取样液 pH 值。测量完毕后，将电极和烧杯清洗干净，并妥善保管。

3. pH 计使用的注意事项

(1)使用前要拉下 pH 计电极上端的橡皮套使其露出上端小孔。

(2)测量时，电极的引入导线应保持静止，否则会引起测量不稳定。

(3)电极切忌浸泡在蒸馏水中。pH 计所使用的电极若为新电极或长期未使用过的电极，则在使用前必须用蒸馏水进行数小时的浸泡，这样 pH 计电极的不对称电位可以被降低到稳定水平，从而降低电极的内阻。

(4)pH 计在进行 pH 值测量时，要保证电极的球泡完全进入被测量介质内，这样才能获得更加准确的测量结果。

(5)pH 计使用时，要去除参比电极电解液加液口的橡皮塞，这样参比电解液就能够在重力的作用下持续向被测量溶液渗透，避免造成读数上的漂移。

4. 复合电极的维护与保养

(1)pH 电极若是新的或长期未使用，使用前必须在蒸馏水中浸泡，浸泡时间一般为 24 h 以上即可。因为 pH 球泡是一种特殊的玻璃膜，在玻璃膜表面有一层很薄的水合凝胶层，它只有在充分浸泡后才能在膜表面形成稳定的 H^+ 层，才能与溶液中的 H^+ 具有稳定的良好响应。若浸泡不充分，则测量时响应值会不稳定、漂移。如急用，无法进行上述处理时，可把 pH 电极浸泡在 0.1 mol/L 盐酸溶液中 1 h，再用蒸馏水冲洗干净，即可使用。

(2)复合电极不用时，可充分浸泡 3 mol/L 氯化钾溶液中。切忌用洗涤液或其他吸水性试剂浸洗。

(3)使用前，检查玻璃电极前端的球泡。正常情况下，电极应透明而无裂纹；球泡内要充满溶液，不能有气泡存在。

(4)测量浓度较大的溶液时，尽量缩短测量时间，用后仔细清洗，防止被测液黏附在电极上而污染电极。

(5)电极不能用于强酸、强碱或其他腐蚀性溶液 pH 值的测定。

(6)复合电极的外参比补充液为 3 mol/L 氯化钾溶液，补充液可以从电极上端小孔加入。复合电极不使用时，拉上橡皮套，防止补充液干涸。

(7)电极经长期使用后，如发现斜率略有降低，则可把电极下端浸泡在 4% HF(氢氟酸)中 3 ~5 s，用蒸馏水洗净、然后浸泡在 0.1 mol/L 盐酸溶液中，使之复新。

二、食品酸度的测定——酚酞指示剂法

(一)原理

试样经过处理后，以酚酞作为指示剂，用 0.100 0 mol/L 氢氧化钠标准溶液滴定至中性，消耗氢氧化钠溶液的体积数，经计算确定试样的酸度。

(二)试剂和材料

除非另有说明，本方法所用试剂均为分析纯，水为《分析实验用水规格和试验方法》(GB/T 6682—2008)规定的三级水。

(1)氢氧化钠(NaOH)。

(2)七水硫酸钴($CoSO_4 \cdot 7H_2O$)。

(3)酚酞。

(4)95% 乙醇。

(5)乙醚。

(6)氮气：纯度为 98%。

(7)三氯甲烷($CHCl_3$)。

(8)氢氧化钠标准溶液(0.100 0 mol/L)：称取 0.75 g 于 105 ~110 ℃电烘箱中干燥至恒重的工作基准试剂邻苯二甲酸氢钾，加 50 mL 无二氧化碳的水溶解，加 2 滴酚酞指示液(10 g/L)，用配制好的氢氧化钠溶液滴定至溶液呈粉红色，并保持 30 s。同时做空白试验。

注意：把二氧化碳限制在洗涤瓶或者干燥管，避免滴管中 NaOH 因吸收 CO_2 而影响其浓度。可通过盛有 10% 氢氧化钠溶液洗涤瓶连接的装有氢氧化钠溶液的滴定管，或者通过连接装有新鲜氢氧化钠或氧化钙的滴定管末尾而形成一个封闭的体系，避免此溶液吸收二氧化碳。

(9)参比溶液：将 3 g $CoSO_4 \cdot 7H_2O$ 溶解于水中，并定容至 100 mL。

(10)酚酞指示液：称取 0.5 g 酚酞溶于 75 mL 体积分数为 95% 的乙醇中，并加入 20 mL 水，然后滴加氢氧化钠溶液至微粉色，再加入水定容至 100 mL。

(11)中性乙醇-乙醚混合液：取等体积的乙醇、乙醚混合后加 3 滴酚酞指示液，以氢氧化钠溶液(0.1 mol/L)滴至微红色。

(12)不含二氧化碳的蒸馏水：将水煮沸 15 min，逐出二氧化碳，冷却，密闭。

(三)仪器和设备

(1)分析天平：感量为 0.001 g。

(2)碱式滴定管：容量 10 mL，最小刻度 0.05 mL。

(3)碱式滴定管：容量 25 mL，最小刻度 0.1 mL。

(4)水浴锅。

(5)锥形瓶:100、150、250 mL。

(6)具塞磨口锥形瓶:250 mL。

(7)粉碎机:可使粉碎的样品95%以上通过CQ16筛[相当于孔径0.425 mm(40目)],粉碎样品时磨膛不应发热。

(8)振荡器:往返式,振荡频率为100次/min。

(9)中速定性滤纸。

(10)移液管:10、20 mL。

(11)量筒:50、250 mL。

(12)玻璃漏斗和漏斗架。

(四)分析步骤

1.乳粉

(1)试样制备　将样品全部移入约两倍于样品体积的洁净干燥容器中(带密封盖),立即盖紧容器,反复旋转振荡,使样品彻底混合。在此操作过程中,应尽量避免样品暴露在空气中。

(2)测定　称取4 g样品(精确至0.01 g)于250 mL锥形瓶中。用量筒量取96 mL约20 ℃的水,使样品复溶,搅拌,然后静置20 min。

向一只装有96 mL约20 ℃的水的锥形瓶中加入2.0 mL参比溶液,轻轻转动,使之混合,得到标准参比颜色。如果要测定多个相似的产品,则此参比溶液可用于整个测定过程,但时间不得超过2 h。

向另一只装有样品溶液的锥形瓶中加入2.0 mL酚酞指示液,轻轻转动,使之混合。用25 mL碱式滴定管向该锥形瓶中滴加氢氧化钠溶液,边滴加边转动烧瓶,直到颜色与参比溶液的颜色相似,且5 s内不消退,整个滴定过程应在45 s内完成。滴定过程中,向锥形瓶中吹氮气,防止溶液吸收空气中的二氧化碳。记录所用氢氧化钠溶液的毫升数(V_1),精确至0.05 mL。

(3)空白滴定　用96 mL水做空白实验,读取所消耗氢氧化钠标准溶液的毫升数(V_0),空白所消耗的氢氧化钠的体积应不小于零,否则应重新制备和使用符合要求的蒸馏水。

2.乳及其他乳制品

(1)制备参比溶液　向装有等体积相应溶液的锥形瓶中加入2.0 mL参比溶液,轻轻转动,使之混合,得到标准参比颜色。如果要测定多个相似的产品,则此参比溶液可用于整个测定过程,但时间不得超过2 h。

(2)巴氏杀菌乳、灭菌乳、生乳、发酵乳　称取10 g(精确至0.001 g)已混匀的试样,置于150 mL锥形瓶中,加20 mL新煮沸冷却至室温的水,混匀,加入2.0 mL酚酞指示液,混匀后用氢氧化钠标准溶液滴定,边滴加边转动烧瓶,直到颜色与参比溶液的颜色相似,且5 s内不消退,整个滴定过程应在45 s内完成。滴定过程中,向锥形瓶中吹氮气,防止溶液吸收空气中的二氧化碳。记录消耗的氢氧化钠标准滴定溶液毫升数(V_2)。

(3)奶油　称取10 g(精确至0.001 g)已混匀的试样,置于250 mL锥形瓶中,加30 mL中性乙醇-乙醚混合液,混匀,加入2.0 mL酚酞指示液,混匀后用氢氧化钠标准溶液滴定,边滴加边转动烧瓶,直到颜色与参比溶液的颜色相似,且5 s内不消退,整个滴定过程应在45 s内完成。滴定过程中,向锥形瓶中吹氮气,防止溶液吸收空气中的二氧化碳。记录消耗的氢氧化钠标准滴定溶液毫升数(V_2)。

(4)炼乳　称取10 g(精确至0.001 g)已混匀的试样,置于250 mL锥形瓶中,加60 mL新煮沸冷却至室温的水溶解，混匀，加入 2.0 mL 酚酞指示液，混匀后用氢氧化钠标准溶液滴定，边滴加边转动烧瓶，直到颜色与参比溶液的颜色相似，且 5 s 内不消退，整个滴定过程应在 45 s 内完成。滴定过程中，向锥形瓶中吹氮气，防止溶液吸收空气中的二氧化碳。记录消耗的氢氧化钠标准滴定溶液毫升数（V_2）。

（5）干酪素　称取 5 g（精确至 0.001 g）经研磨混匀的试样于锥形瓶中，加入 50 mL 水，于室温下（18～20 ℃）放置 4～5 h，或在水浴锅中加热到 45 ℃并在此温度下保持 30 min，再加 50 mL 水，混匀后，通过干燥的滤纸过滤。

吸取滤液 50 mL 于锥形瓶中，加入 2.0 mL 酚酞指示液，混匀后用氢氧化钠标准溶液滴定，边滴加边转动烧瓶，直到颜色与参比溶液的颜色相似，且 5 s 内不消退，整个滴定过程应在 45 s 内完成。滴定过程中，向锥形瓶中吹氮气，防止溶液吸收空气中的二氧化碳。记录消耗的氢氧化钠标准滴定溶液毫升数（V_3）。

（6）空白滴定　用等体积的水做空白实验，读取耗用氢氧化钠标准溶液的毫升数（V_0），适用于（2）、（4）、（5）；用 30 mL 中性乙醇-乙醚混合液做空白实验，读取耗用氢氧化钠标准溶液的毫升数（V_0），适用于（3）。空白所消耗的氢氧化钠的体积应不小于零，否则应重新制备和使用符合要求的蒸馏水或中性乙醇-乙醚混合液。

3. 淀粉及其衍生物

（1）样品预处理　样品应充分混匀。

（2）称样　称取样品 10 g（精确至 0.1 g），移入 250 mL 锥形瓶内，加入 100 mL 水，振荡并混合均匀。

（3）滴定　向一只装有 100 mL 约 20 ℃的水的锥形瓶中加入 2.0 mL 参比溶液，轻轻转动，使之混合，得到标准参比颜色。如果要测定多个相似的产品，则此参比溶液可用于整个测定过程，但时间不得超过 2 h。向装有样品的锥形瓶中加入 2～3 滴酚酞指示剂，混匀后用氢氧化钠标准溶液滴定，边滴加边转动烧瓶，直到颜色与参比溶液的颜色相似，且 5 s 内不消退，整个滴定过程应在 45 s 内完成。滴定过程中，向锥形瓶中吹氮气，防止溶液吸收空气中的二氧化碳。读取耗用氢氧化钠标准溶液的毫升数（V_4）。

（4）空白滴定　用 100 mL 水做空白实验，读取耗用氢氧化钠标准溶液的毫升数（V_0）。空白所消耗的氢氧化钠的体积应不小于零，否则应重新制备和使用符合要求的蒸馏水。

4. 粮食及制品

（1）试样制备　取混合均匀的样品 80～100 g，用粉碎机粉碎，粉碎细度要求 95% 以上通过 CQ16 筛［孔径 0.425 mm（40 目）］，粉碎后的全部筛分样品充分混合，装入磨口瓶中，制备好的样品应立即测定。

（2）测定　称取试样 15 g，置入 250 mL 具塞磨口锥形瓶，加水 150 mL（V_{51}）先加少量水与试样混成稀糊状，再全部加入，滴入三氯甲烷 5 滴，加塞后摇匀，在室温下放置提取 2 h，每隔 15 min 摇动 1 次（或置于振荡器上振荡 70 min），浸提完毕后静置数分钟用中速定性滤纸过滤，用移液管吸取滤液 10 mL（V_{52}），注入 100 mL 锥形瓶中，再加水 20 mL 和酚酞指示剂 3 滴，混匀后用氢氧化钠标准溶液滴定，边滴加边转动烧瓶，直到颜色与参比溶液的颜色相似，且 5 s 内不消退，整个滴定过程应在 45 s 内完成。滴定过程中，向锥形瓶中吹氮气，防止溶液吸收空气中的二氧化碳。记下所消耗的氢氧化钠标准溶液毫升数（V_5）。

（3）空白滴定　用 30 mL 水做空白试验，记下所消耗的氢氧化钠标准溶液毫升数（V_0）。

注意：三氯甲烷有毒，操作时应在通风良好的通风橱内进行。

（五）分析结果表述

乳粉试样中的酸度数值以(°T)表示，按式(3-1)计算：

$$X_1 = \frac{c_1 \times (V_1 - V_0) \times 12}{m_1 \times (1 - \omega) \times 0.1} \tag{3-1}$$

式中　X_1——试样的酸度，°T[以100 g样品所消耗的0.1 mol/L氢氧化钠毫升数计，mL/100 g]；

c_1——氢氧化钠标准溶液的浓度，mol/L；

V_1——滴定时所消耗氢氧化钠标准溶液的体积，mL；

V_0——空白实验所消耗氢氧化钠标准溶液的体积，mL；

12——12 g乳粉相当于100 mL复原乳（脱脂乳粉应为9，脱脂乳清粉应为7）；

m_1——称取样品的质量，g；

ω——试样中水分的质量分数，g/100 g；

$1-\omega$——试样中乳粉的质量分数，g/100 g；

0.1——酸度理论定义氢氧化钠的物质的量浓度，mol/L。

以重复性条件下获得的两次独立测定结果的算术平均值表示，结果保留三位有效数字。

注意：如果以乳酸含量表示样品的酸度，那么样品的乳酸含量(g/100 g)= T×0.009。T为样品的滴定酸度（0.009为乳酸的换算系数，即1 mL 0.1 mol/L的氢氧化钠标准溶液相当于0.009 g乳酸）。

巴氏杀菌乳、灭菌乳、生乳、发酵乳、奶油和炼乳试样中的酸度数值以(°T)表示，按式(3-2)计算：

$$X_2 = \frac{c_2 \times (V_2 - V_0) \times 100}{m_2 \times 0.1} \tag{3-2}$$

式中　X_2——试样的酸度，°T[以100 g样品所消耗的0.1 mol/L氢氧化钠毫升数计，mL/100 g]；

c_2——氢氧化钠标准溶液的物质的量浓度，mol/L；

V_2——滴定时所消耗的氢氧化钠标准溶液的体积，mL；

V_0——空白实验所消耗的氢氧化钠标准溶液的体积，mL；

100——100 g试样；

m_2——试样的质量，g；

0.1——酸度理论定义氢氧化钠的物质的量浓度，mol/L。

以重复性条件下获得的两次独立测定结果的算术平均值表示，结果保留三位有效数字。

干酪素试样中的酸度数值以(°T)表示，按式(3-3)计算：

$$X_3 = \frac{c_3 \times (V_3 - V_0) \times 100 \times 2}{m_3 \times 0.1} \tag{3-3}$$

式中　X_3——试样的酸度，°T[以100 g样品所消耗的0.1 mol/L氢氧化钠毫升数计，mL/100 g]；

c_3——氢氧化钠标准溶液的物质的量浓度，mol/L；

V_3——滴定时所消耗的氢氧化钠标准溶液的体积，mL；

V_0——空白实验所消耗的氢氧化钠标准溶液的体积，mL；

100——100 g试样；

2——试样的稀释倍数；

m_3——试样的质量，g；

0.1——酸度理论定义氢氧化钠的物质的量浓度，mol/L。

以重复性条件下获得的两次独立测定结果的算术平均值表示，结果保留三位有效数字。

淀粉及其衍生物试样中的酸度数值以（°T）表示，按式（3-4）计算：

$$X_4 = \frac{c_4 \times (V_4 - V_0) \times 10}{m_4 \times 0.1000} \tag{3-4}$$

式中 X_4——试样的酸度，°T[以 100 g 样品所消耗的 0.1 mol/L 氢氧化钠毫升数计，mL/100 g]；

c_4——氢氧化钠标准溶液的物质的量浓度，mol/L；

V_4——滴定时所消耗的氢氧化钠标准溶液的体积，mL；

V_0——空白实验所消耗的氢氧化钠标准溶液的体积，mL；

10——10 g 试样；

m_4——试样的质量，g；

0.100 0——酸度理论定义氢氧化钠的物质的量浓度，mol/L。

以重复性条件下获得的两次独立测定结果的算术平均值表示，结果保留三位有效数字。

粮食及制品试样中的酸度数值以（°T）表示，按式（3-5）计算：

$$X_5 = (V_5 - V_0) \times \frac{V_{51}}{V_{52}} \times \frac{c_5}{0.1000} \times \frac{10}{m_5} \tag{3-5}$$

式中 X_5——试样的酸度，°T[以 100 g 样品所消耗的 0.1 mol/L 氢氧化钠毫升数计，mL/100 g]；

c_5——氢氧化钠标准溶液的物质的量浓度，mol/L；

V_0——空白实验所消耗氢氧化钠标准溶液的体积，mL；

V_{51}——浸提试样的水体积，mL；

V_{52}——用于滴定的试样滤液体积，mL；

10——10 g 试样；

m_5——试样的质量，g；

0.100 0——酸度理论定义氢氧化钠的物质的量浓度，mol/L。

以重复性条件下获得的两次独立测定结果的算术平均值表示，结果保留三位有效数字。

精密度：在重复性条件下获得的两次独立测定结果的绝对差值不得超过算术平均值的 10%。

（六）说明及注意事项

①本法是《食品安全国家标准 食品酸度的测定》（GB 5009.239—2016）中的第一法，适用于生乳及乳制品、淀粉及其衍生物、粮食及制品酸度的测定。

②食品中的有机酸均为弱酸，用强碱（NaOH）滴定其含量时，滴定突跃不明显，其滴定终点偏碱，pH 值一般为 8.2 左右，所以可选用酚酞作为指示剂。

③对于颜色较深的食品，因它使终点颜色变化不明显，遇此情况，可通过加入同体积无 CO_2 蒸馏水、用活性炭脱色等方法处理后再滴定。若样液颜色过深或浑浊，则宜用电位滴定法。

【知识拓展】

一、食品酸度的测定——pH 计法

（一）原理

中和试样溶液至 pH 为 8.30 时所消耗的 0.100 0 mol/L 氢氧化钠体积，经计算确定其酸度。

（二）试剂和材料

除非另有说明，本方法所用试剂均为分析纯，水为《分析实验用水规格和试验方法》（GB/T 6682—2008）规定的三级水。

①氢氧化钠标准溶液：同酚酞指示剂法。

②氮气：纯度为98%。

③不含二氧化碳的蒸馏水：同酚酞指示剂法。

（三）仪器和设备

①分析天平：感量为0.001 g。

②碱式滴定管：分刻度0.1 mL，可准确至0.05 mL。或者自动滴定管满足同样的使用要求。

注意：可以进行手工滴定，也可以使用自动电位滴定仪。

③pH计：带玻璃电极和适当的参比电极。

④磁力搅拌器。

⑤高速搅拌器，如均质器。

⑥恒温水浴锅。

（四）分析步骤

1. 试样制备

将样品全部移入约两倍于样品体积的洁净干燥容器中（带密封盖），立即盖紧容器，反复旋转振荡，使样品彻底混合。在此操作过程中，应尽量避免样品暴露在空气中。

2. 测定

称取4 g样品（精确至0.01 g）于250 mL锥形瓶中。用量筒量取96 mL约20 ℃的水，使样品复溶，搅拌，然后静置20 min。用滴定管向锥形瓶中滴加氢氧化钠标准溶液，直到pH稳定在8.30±0.01处4～5 s。滴定过程中，始终用磁力搅拌器进行搅拌，同时向锥形瓶中吹氮气，防止溶液吸收空气中的二氧化碳。整个滴定过程应在1 min内完成。记录所用氢氧化钠溶液的毫升数（V_6），精确至0.05 mL，代入式（3-6）计算。

3. 空白滴定

用100 mL蒸馏水做空白实验，读取所消耗的氢氧化钠标准溶液的毫升数（V_0）。

注意：空白所消耗的氢氧化钠的体积应不小于零，否则应重新制备和使用符合要求的蒸馏水。

（五）分析结果的表述

乳粉试样中的酸度数值以（°T）表示，按式（3-6）计算：

$$X_6 = \frac{c_6 \times (V_6 - V_0) \times 12}{m_6 \times (1 - \omega) \times 0.1} \tag{3-6}$$

式中　X_6——试样的酸度，°T；

c_6——氢氧化钠标准溶液的浓度，mol/L；

V_6——滴定时所消耗的氢氧化钠标准溶液的体积，mL；

V_0——空白实验所消耗的氢氧化钠标准溶液的体积，mL；

12——12 g乳粉相当于100 mL复原乳（脱脂乳粉应为9，脱脂乳清粉应为7）；

m_6——称取样品的质量,g;

ω——试样中水分的质量分数,g/100 g;

$1-\omega$——试样中乳粉的质量分数,g/100 g;

0.1——酸度理论定义氢氧化钠的物质的量浓度,mol/L。

以重复性条件下获得的两次独立测定结果的算术平均值表示,结果保留三位有效数字。

注意:如果以乳酸含量表示样品的酸度,那么样品的乳酸含量(g/100 g)= $T\times0.009$。T 为样品的滴定酸度(0.009 为乳酸的换算系数,即 1 mL 0.1 mol/L 的氢氧化钠标准溶液相当于 0.009 g 的乳酸)。

精密度:在重复性条件下获得的两次独立测定结果的绝对差值不得超过算术平均值的10%。

(六)说明及注意事项

本法是《食品安全国家标准 食品酸度的测定》(GB 5009.239—2016)中的第二法,适用于乳粉酸度的测定。

二、食品酸度的测定——电位滴定仪法

1. 原理

中和试样溶液至 pH 为 8.30 所消耗的 0.100 0 mol/L 氢氧化钠体积,经计算确定其酸度。

2. 试剂和材料

除非另有说明,本方法所用试剂均为分析纯,水为《分析实验用水规格和试验方法》(GB/T 6682—2008)规定的三级水。

①氢氧化钠标准溶液:同酚酞指示剂法。

②氮气:纯度为98%。

③中性乙醇-乙醚混合液:同酚酞指示剂法。

④不含二氧化碳的蒸馏水:同酚酞指示剂法。

3. 仪器和设备

①分析天平:感量为0.001 g。

②电位滴定仪。

③碱式滴定管:分刻度0.1 mL。

④水浴锅。

4. 分析步骤

(1)巴氏杀菌乳、灭菌乳、生乳、发酵乳　称取10 g(精确至0.001 g)已混匀的试样,置于150 mL锥形瓶中,加 20 mL 新煮沸冷却至室温的水,混匀,用氢氧化钠标准溶液电位滴定至 pH 8.3 为终点。滴定过程中,向锥形瓶中吹氮气,防止溶液吸收空气中的二氧化碳。记录消耗的氢氧化钠标准滴定溶液毫升数(V_7)。

(2)奶油　称取 10 g(精确至 0.001 g)已混匀的试样,置于250 mL 锥形瓶中,加 30 mL 中性乙醇-乙醚混合液,混匀,用氢氧化钠标准溶液电位滴定至 pH 8.3 为终点。滴定过程中,向锥形瓶中吹氮气,防止溶液吸收空气中的二氧化碳。记录消耗的氢氧化钠标准滴定溶液毫升数(V_7)。

(3)炼乳　称取 10 g(精确至 0.001 g)已混匀的试样,置于250 mL 锥形瓶中,加60 mL 新煮沸冷却至室温的水溶解,混匀,用氢氧化钠标准溶液电位滴定至 pH 8.3 为终点。滴定过程

中，向锥形瓶中吹氮气，防止溶液吸收空气中的二氧化碳。记录消耗的氢氧化钠标准滴定溶液毫升数（V_7）。

（4）干酪素　称取 5 g（精确至 0.001 g）经研磨混匀的试样于锥形瓶中，加入 50 mL 水，于室温下（18 ~ 20 ℃）放置 4 ~ 5 h，或在水浴锅中加热到 45 ℃并在此温度下保持 30 min，再加 50 mL 水，混匀后，通过干燥的滤纸过滤。吸取滤液 50 mL 于锥形瓶中，用氢氧化钠标准溶液电位滴定至 pH 8.3 为终点。滴定过程中，向锥形瓶中吹氮气，防止溶液吸收空气中的二氧化碳。记录消耗的氢氧化钠标准滴定溶液毫升数（V_8）。

（5）空白滴定　用相应体积的蒸馏水做空白实验，读取耗用氢氧化钠标准溶液的毫升数（V_0）[适用于（1）、（3）、（4）]。用 30 mL 中性乙醇-乙醚混合液做空白实验，读取耗用氢氧化钠标准溶液的毫升数（V_0）[适用于（2）]。

注意：空白所消耗的氢氧化钠的体积应不小于零，否则应重新制备和使用符合要求的蒸馏水或中性乙醇-乙醚混合液。

5. 分析结果

巴氏杀菌乳、灭菌乳、生乳、发酵乳、奶油和炼乳试样中的酸度数值以（°T）表示，按式（3-7）计算：

$$X_7 = \frac{c_7 \times (V_7 - V_0) \times 100}{m_7 \times 0.1} \tag{3-7}$$

式中　X_7——试样的酸度，°T；

c_7——氢氧化钠标准溶液的物质的量浓度，mol/L；

V_7——滴定时所消耗的氢氧化钠标准溶液的体积，mL；

V_0——空白实验所消耗的氢氧化钠标准溶液的体积，mL；

100——100 g 试样；

m_7——试样的质量，g；

0.1——酸度理论定义氢氧化钠的物质的量浓度，mol/L。

以重复性条件下获得的两次独立测定结果的算术平均值表示，结果保留三位有效数字。

干酪素试样中的酸度数值以（°T）表示，按式（3-8）计算：

$$X_8 = \frac{c_8 \times (V_8 - V_0) \times 100 \times 2}{m_8 \times 0.1} \tag{3-8}$$

式中　X_8——试样的酸度，°T；

c_8——氢氧化钠标准溶液的物质的量浓度，mol/L；

V_8——滴定时所消耗的氢氧化钠标准溶液的体积，mL；

V_0——空白实验所消耗的氢氧化钠标准溶液的体积，mL；

100——100 g 试样；

2——试样的稀释倍数；

m_8——试样的质量，g；

0.1——酸度理论定义的氢氧化钠物质的量浓度，mol/L。

以重复性条件下获得的两次独立测定结果的算术平均值表示，结果保留三位有效数字。

精密度：在重复性条件下获得的两次独立测定结果的绝对差值不得超过算术平均值的 10%。

6. 说明及注意事项

本法是《食品安全国家标准 食品酸度的测定》(GB 5009.239—2016)中的第三法,适用于乳及其他乳制品中酸度的测定。

三、食品中挥发性酸度测定——水蒸气蒸馏法

1. 原理

样品经适当处理,加入适量的磷酸使结合态的挥发酸游离出来,用水蒸气蒸馏分离出总挥发酸,经冷凝收集,以酚酞作为指示剂,用标准碱液滴定馏分至终点,根据标准碱消耗量计算出样品中挥发酸的含量。其反应式为:

$$RCOOH+NaOH \longrightarrow RCOONa+H_2O$$

2. 试剂与材料

①酚酞指示液(10 g/L):同酚酞指示剂法。

②氢氧化钠标准溶液 $c(NaOH)=0.1$ mol/L:同酚酞指示剂法。

③磷酸溶液(100 g/L):称取 10.0 g 磷酸,用无 CO_2 蒸馏水溶解并稀释至 100 mL。

3. 仪器与设备

水蒸气蒸馏装置,如图 3-18 所示。

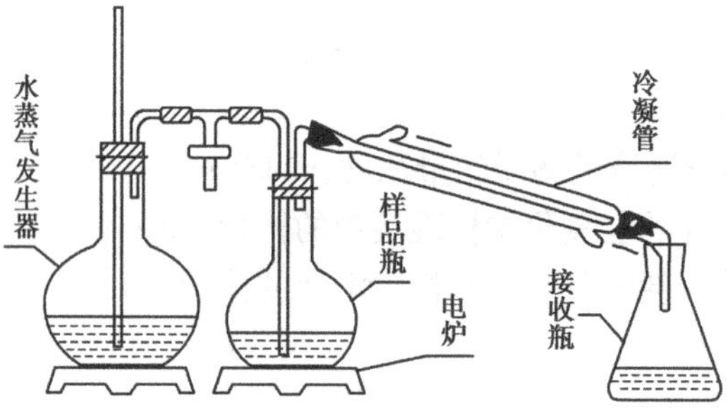

图 3-18 水蒸气蒸馏装置

4. 分析步骤

(1)样品处理 一般果蔬及饮料可直接取样测定;对含 CO_2 的饮料或发酵酒类,须将称取的样品除去 CO_2 后再测定(除 CO_2 方法外:取 80 ~ 100 mL(g)样品于锥形瓶中,在真空条件下搅拌 2 ~ 4 min);对固体样品可加入适量水后,用组织捣碎机捣成浆状,加水定容后取样。

(2)测定 准确称取经上述处理的样品 25 mL,置于蒸馏瓶中,加入 25 mL 无 CO_2 蒸馏水和 10 g/L 的磷酸溶液 1 mL,连接水蒸气装置,加热蒸馏,至馏出液达 300 mL 为止。将馏出液加热至 60 ~ 65 ℃,加入 3 滴酚酞指示剂,用 0.1 mol/L NaOH 标准溶液滴定至微红色 30 s 不褪色即为终点。用相同的条件做空白试验。

5. 分析结果

食品中总挥发酸通常以醋酸的质量百分数表示,其计算式为:

$$X\% = [(V_1 - V_2) \times C \times 0.06] \times 100/m$$

式中 X——挥发酸含量(以醋酸计),g/100 g(或 g/100 L);

C——氢氧化钠标准溶液的浓度,mol/L;

V_1——滴定样液消耗氢氧化钠标准溶液的体积,mL;

V_2——滴定空白消耗氢氧化钠标准溶液的体积,mL;

m——样品的质量(或体积),g 或 mL;

0.06——换算为乙酸的系数,即 1 mmol NaOH 相当于醋酸的克数。

6. 说明及注意事项

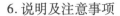

①适用范围：本方法适用于各类饮料、果蔬及其制品、发酵制品、酒等样品中挥发酸含量的测定。

②滴定前将馏出液加热至60～65 ℃，能加速反应速度，缩短滴定时间，减少溶液与空气的接触，提高测定精度。

③整个蒸馏过程中，要保持蒸馏瓶内液面恒定，不然会影响测定结果，另外蒸馏装置密封要好，防止挥发酸泄漏，切不可漏气。

④采用直接蒸馏法蒸馏挥发酸比较困难：因为挥发酸与水构成有一定百分比的混溶体，并有固定的沸点。在一定的沸点下，蒸汽中的酸与留在溶液中的酸之间有一个平衡关系（蒸发系数 x），在整个平衡时间内 x 不变，故一般不用直接蒸馏方式。而用水蒸气蒸馏时，挥发酸与水蒸气是和水蒸气分压成比例地从溶液中一起蒸馏出来，因而加速了挥发酸的蒸馏速度。

⑤在蒸馏前应先将水蒸气发生器中的水煮沸10 min，或在其中加入2滴酚酞指示剂并加NaOH至呈浅红色，以排除其中的CO_2。

⑥溶液中总挥发酸包括游离态的与结合态的。因为结合态挥发酸又不容易挥发出来，所以要加少许磷酸，使结合态挥发酸挥发出来。

⑦若样品中含SO_2还要排除它对测定的干扰，在已用标准碱液滴定过的馏出液中加入5 mL 25% H_2SO_4 酸化，以淀粉溶液作指示剂，用0.02 mol/L I_2 滴定至蓝色，10 s不褪为终点，并从计算结果中扣除此滴定量（以醋酸计）。

【任务实施】

子任务一　牛乳酸度的测定（滴定法）

◆任务描述

学生分小组完成以下任务：

1. 查阅牛乳的产品质量标准和酸度测定的检验标准，设计酚酞指示剂法测定牛乳酸度方案。
2. 准备测定所需的试剂材料及仪器设备。
3. 正确对样品进行预处理。
4. 正确进行样品酸度测定。
5. 结果记录及分析处理。
6. 依据《食品安全国家标准 生乳》（GB 19301—2010），判定样品酸度是否合格。
7. 出具检验报告。

一、工作准备

（1）查阅牛乳产品质量标准《食品安全国家标准 生乳》（GB 19301—2010）和检验标准《食品安全国家标准 食品酸度的测定》（GB 5009.239—2016），设计牛乳酸度的测定方案。

（2）准备测定所需的试剂材料及仪器设备。

二、实施步骤

1. 标定（0.1 mol/L氢氧化钠标准滴定溶液）

称取0.75 g于105～110 ℃电烘箱中干燥至恒重的工作基准试剂邻苯二甲酸氢钾，加

50 mL 无二氧化碳的水溶解，加 2 滴酚酞指示液（10 g/L），用配制好的氢氧化钠溶液滴定至溶液呈粉红色，并保持 30 s。同时做空白试验。计算出氢氧化钠标准滴定溶液的浓度。

2. 参比溶液制备

取 1 只 150 mL 锥形瓶，称取 10 g（精确至 0.001 g）已混匀的试样，置于锥形瓶中。加入 20 mL 新煮沸冷却至室温的水（无二氧化碳蒸馏水），混匀。再加入 2.0 mL 硫酸钴参比溶液，混匀，得到标准参比溶液。

3. 样品测定

另取 2 只 150 mL 锥形瓶，分别称取 10 g（精确至 0.001 g）已混匀的试样，置于锥形瓶中。加入 20 mL 新煮沸冷却至室温的水（无二氧化碳蒸馏水），混匀。再分别加入 2.0 mL 酚酞指示液，混匀后用氢氧化钠标准溶液滴定至微红色（与参比溶液的颜色相似），并在 5 s 内不褪色，记录消耗的氢氧化钠标准滴定溶液毫升数。

4. 空白试验

另取 1 只 150 mL 锥形瓶，加入 20 mL 新煮沸冷却至室温的水（无二氧化碳蒸馏水），再加入 2.0 mL 酚酞指示液，混匀后用氢氧化钠标准溶液滴定至微红色（与参比溶液的颜色相似），并在 5 s 内不褪色，记录消耗的氢氧化钠标准滴定溶液毫升数。

三、数据记录与处理

将生乳酸度测定的原始数据填入表 3-16 中，并填写检验报告单，见表 3-17。

表 3-16　生乳酸度测定原始记录表

<table>
<tr><td colspan="2">工作任务</td><td colspan="2"></td><td colspan="2">样品名称</td><td colspan="2"></td></tr>
<tr><td colspan="2">接样日期</td><td colspan="2"></td><td colspan="2">检验日期</td><td colspan="2"></td></tr>
<tr><td colspan="2">检验依据</td><td colspan="6"></td></tr>
<tr><td colspan="2">样品质量 m/g</td><td colspan="3">第一份</td><td colspan="3">第二份</td></tr>
<tr><td rowspan="3">样品消耗 NaOH 体积</td><td>$V_{初}$/mL</td><td colspan="3"></td><td colspan="3"></td></tr>
<tr><td>$V_{终}$/mL</td><td colspan="3"></td><td colspan="3"></td></tr>
<tr><td>V_1/mL</td><td colspan="3"></td><td colspan="3"></td></tr>
<tr><td colspan="2">样品空白消耗 NaOH 体积 V_0/mL</td><td colspan="6"></td></tr>
<tr><td colspan="2">计算公式</td><td colspan="6"></td></tr>
<tr><td colspan="2">邻苯二甲酸氢钾的质量/g</td><td></td><td colspan="2"></td><td colspan="2"></td><td></td></tr>
<tr><td colspan="2">标定消耗 NaOH 体积/mL</td><td></td><td colspan="2"></td><td colspan="2"></td><td></td></tr>
<tr><td colspan="2">计算公式</td><td colspan="6"></td></tr>
<tr><td colspan="2">NaOH 标准溶液的浓度 /($mol \cdot L^{-1}$)</td><td></td><td colspan="2"></td><td colspan="2"></td><td></td></tr>
<tr><td colspan="2">NaOH 标准溶液的浓度平均值/($mol \cdot L^{-1}$)</td><td colspan="6"></td></tr>
<tr><td colspan="2">酸度/(°T)</td><td colspan="3"></td><td colspan="3"></td></tr>
</table>

续表

酸度平均值/(°T)	
标准规定分析结果的精密度	
本次实验分析结果的精密度	

表 3-17　生乳酸度测定的检验报告单

样品名称					
产品批号		样品数量		代表数量	
生产日期		检验日期		报告日期	
检测依据					
判定依据					
检验项目		单位	检测结果	牛乳酸度标准要求	
检验结论					
检验员		复核人			
备注					

四、任务考核

按照表 3-18 评价学生工作任务的完成情况。

表 3-18　任务考核评价指标

序号	工作任务	评价指标	分值比例/%
1	制订检测方案	(1)正确选用检测标准及检测方法 (2)检测方案制订合理规范	20
2	试样称取及参比溶液制备	(1)正确使用电子天平进行液体和固体样品的称重 (2)能正确制备参比溶液	10
3	样品滴定	(1)能正确使用滴定管 (2)能正确读数	15
4	空白滴定	能正确制作空白样品	10
5	数据处理	(1)原始记录及时、规范、整洁 (2)有效数字保留准确 (3)计算准确,测定结果准确,平行性好	15
6	其他操作	(1)工作服整洁、能够正确进行标识 (2)操作时间控制在规定时间内 (3)注意操作文明 (4)注意操作安全	10

续表

序号	工作任务	评价指标	分值比例/%
7	综合素养	(1)积极主动地参与工作,能吃苦耐劳,崇尚劳动光荣 (2)服从安排,顾全大局,积极与小组成员合作,共同完成工作任务 (3)能有效利用网络、图书资源、工作手册等快速查阅获取所需信息 (4)能发现问题、提出问题、分析问题、解决问题、创新问题	20
合计			100

子任务二　果汁饮料中有效酸度(pH)的测定

◆任务描述

学生分小组完成以下任务:

1. 查阅果汁饮料的产品质量标准和酸度测定的检验标准,设计测定方案。
2. 准备测定所需的试剂材料及仪器设备。
3. 正确对样品进行预处理。
4. 正确进行样品酸度测定。
5. 结果记录及分析处理。
6. 依据《食品安全国家标准 饮料》(GB 7101—2022),判定样品酸度是否合格。
7. 出具检验报告。

一、工作准备

(1)查阅果汁饮料产品质量标准《食品安全国家标准 饮料》(GB 7101—2022)和检验标准《食品安全国家标准 食品 pH 值的测定》(GB 5009.237—2016),设计测定方案。

(2)准备测定所需的试剂材料及仪器设备。

二、实施步骤

1. 试样制备

固相和液相分开的制品取混匀的液相部分备用。

2. pH 计校正

①玻璃电极预先在蒸馏水中浸泡 24 h 以上,使电极活化。

②用标准缓冲溶液洗涤两次烧杯和电极,然后将适量标准缓冲溶液注入烧杯内,将电极浸入溶液中,使玻璃电极上的玻璃珠及参比电极的毛细管浸入溶液,小心缓慢地摇动烧杯。

③根据样液温度调节酸度计温度补偿旋钮,使温度补偿器旋钮尖头指示样品溶液之温度。

④根据缓冲溶液选择“pH”范围。

⑤将电极接头同仪器相连(甘汞电极接入接线柱,玻璃电极接入插孔内)。

⑥调节“选择”调节器使指针在 pH 位置。将“斜率”旋钮旋至最大。

⑦将复合电极插入 pH 值为 6.86 缓冲液中,3 ~ 5 min 后,调节电位调节器,使显示缓冲溶液的 pH 值为 6.86。

⑧将电极取出，用蒸馏水冲洗电极，用滤纸吸干水珠，插入另一缓冲液中，调节“斜率”旋钮，使出现的数值为4.01。重复调节。校正后切勿再旋动定位调节器。

用两个已知精确pH的缓冲溶液（尽可能地接近待测溶液的pH值），在测定温度下用磁力搅拌器搅拌的同时校正pH计。若pH计不带温度补偿系统，应保证缓冲溶液的温度在(20±2)℃范围内。

3. 样品测定

取一定量能够浸没或埋置电极的试样，将电极插入试样中，将pH计的温度补偿系统调至试样温度。若pH计不带温度补偿系统，应保证待测试样的温度在(20±2)℃范围内。采用适合于所用pH计的步骤进行测定，读数显示稳定后，直接读数，准确至0.01。

4. 电极的清洗

用水冲洗并按生产商的要求保存电极。

三、数据记录与处理

将果汁饮料pH值测定的原始数据填入表3-19，并填写检验报告单，见表3-20。

表3-19　果汁饮料有效酸度（pH值）的测定原始记录表

<table>
<tr><td>工作任务</td><td></td><td colspan="2">样品名称</td><td></td></tr>
<tr><td>接样日期</td><td></td><td colspan="2">检验日期</td><td></td></tr>
<tr><td>检验依据</td><td colspan="4"></td></tr>
<tr><td>pH计型号及编号</td><td colspan="4"></td></tr>
<tr><td>校正液温度/℃</td><td colspan="4"></td></tr>
<tr><td>校正液pH值</td><td colspan="2">①</td><td colspan="2">②</td></tr>
<tr><td>校正后pH计斜率/%</td><td colspan="4"></td></tr>
<tr><td>样品液体积/mL</td><td colspan="2">第一份</td><td colspan="2">第二份</td></tr>
<tr><td>样品液温度/℃</td><td colspan="4"></td></tr>
<tr><td>样品pH值读数</td><td colspan="2"></td><td colspan="2"></td></tr>
<tr><td>pH平均值</td><td colspan="4"></td></tr>
<tr><td>标准规定分析结果的精密度</td><td colspan="4"></td></tr>
<tr><td>本次实验分析结果的精密度</td><td colspan="4"></td></tr>
</table>

表3-20　果汁饮料有效酸度（pH值）的测定检验报告单

<table>
<tr><td>样品名称</td><td colspan="5"></td></tr>
<tr><td>产品批号</td><td></td><td>样品数量</td><td></td><td>代表数量</td><td></td></tr>
<tr><td>生产日期</td><td></td><td>检验日期</td><td></td><td>报告日期</td><td></td></tr>
<tr><td>检测依据</td><td colspan="5"></td></tr>
<tr><td>判定依据</td><td colspan="5"></td></tr>
</table>

续表

检验项目	单位	检测结果	果汁饮料 pH 值标准要求
检验结论			
检验员		复核人	
备注			

四、任务考核

按照表 3-21 评价学生工作任务的完成情况。

表 3-21　任务考核评价指标

序号	工作任务	评价指标	分值比例/%
1	制订检测方案	(1)正确选用检测标准及检测方法 (2)检测方案制订合理规范	20
2	试样的制备	能根据样品选择合适的过滤装置进行过滤操作	10
3	pH 计的校正	(1)能正确选用校正标准溶液 (2)能正确使用 pH 计进行校正	15
4	样品的测定	能正确使用 pH 计进行样品测定	10
5	数据处理	(1)原始记录及时、规范、整洁 (2)有效数字保留准确 (3)计算准确,测定结果准确,平行性好	15
6	其他操作	(1)工作服整洁、能正确进行标识 (2)操作时间控制在规定时间内 (3)注意操作文明 (4)注意操作安全	10
7	综合素养	(1)积极主动地参与工作,能吃苦耐劳,崇尚劳动光荣 (2)服从安排,顾全大局,积极与小组成员合作,共同完成工作任务 (3)能有效利用网络、图书资源、工作手册等快速查阅获取所需信息 (4)能发现问题、提出问题、分析问题、解决问题、创新问题	20
合计			100

思政小课堂　　课外巩固　　相关标准

项目四
食品营养成分的检验

任务一 食品中脂肪的测定

【学习目标】

◆知识目标

1. 能了解索氏抽提法测定脂肪的原理。
2. 能掌握索氏抽提法测定脂肪的操作流程和注意事项。
3. 能了解碱水解法测定脂肪的原理。
4. 能掌握碱水解法测定脂肪的操作流程和注意事项。
5. 能区分索氏抽提法、碱水解法、酸水解法等测定食品中脂肪含量的适用范围。

◆技能目标

1. 会熟练并正确使用恒温水浴锅、离心机、索氏提取器等。
2. 会进行样品干燥、冷却、脂肪抽提、恒重脂肪测定的基本操作。
3. 会根据样品的特性选择适当的处理方法。
4. 能准确进行数据记录与处理,并正确评价食品中脂肪含量是否符合标准。

【知识准备】

微课视频

一、概述

(一)食品中脂肪测定的意义

脂肪是食品中的重要营养成分之一,在人体中起着重要的生理作用。脂肪是生物体内能量储存的最好形式,是人体热量的主要来源,每克脂肪可以提供的能量比碳水化合物和蛋白质高一倍以上,是热量最高的营养素。脂肪可以为人体提供必需的脂肪酸,如亚油酸、亚麻酸等。脂肪是脂溶性维生素的载体,可以促进人体脂溶性维生素的吸收。脂肪或类脂可以与人体内的蛋白质结合,形成脂蛋白,如血浆脂蛋白,在调节人体生理功能和完成体内生化反应方面都发挥着重要作用。

在食品加工过程中,原料、半成品、成品的脂肪含量对产品的风味、组织结构、品质、外观、口感等都有直接的影响。蔬菜本身的脂肪含量较低,在生产蔬菜罐头时,添加适量的脂肪可以改善产品的风味;对于面包类焙烤食品,脂肪含量特别是卵磷脂组分;对于面包心的柔软度、面包的体积及其结构都有影响。在含脂肪的食品中,其含量都有一定的规定,见表4-1。

表 4-1 典型食品中脂肪含量的规定

国家标准	品名	脂肪含量/($g \cdot 100\ g^{-1}$)
GB 25190—2010	灭菌乳	≥3.1
GB/T 19855—2023	广式蛋黄月饼	≤30.0
GB/T 13213—2017	午餐肉罐头	优级品≤24.0,合格品≤26.0
GB/T 20712—2022	火腿肠	≤16.0
GB/T 23968—2022	肉松	≤15.0
GB 19644—2024	牛乳粉	≥26.0

测定食品的脂肪含量,可以用来评价食品的品质,衡量食品的营养价值,而且对实行工艺监督,生产过程的质量管理,研究食品的储藏方式是否恰当等方面都有重要的意义。

(二)常见食品中的脂肪含量

脂类物质主要包括脂肪(甘油三酸酯)和类脂(脂肪酸、磷脂、糖脂、甾醇、固醇等),大多数动物原料食品和部分植物原料(果实、种子、果仁等)食品中都含有天然脂肪或类脂化合物,但各种食品中含量不同,植物性和动物性原料中脂肪含量较高,水果蔬菜中脂肪含量较低。常见食物中的脂肪含量(g/100 g)见表 4-2。

表 4-2 常见食物中的脂肪含量

食物名称	脂肪含量/($g \cdot 100\ g^{-1}$)	食物名称	脂肪含量/($g \cdot 100\ g^{-1}$)
猪肉(肥)	90.3	香蕉	0.8
花生仁	39.2	牛乳	>3
核桃	66.6	全脂乳粉	25~30
青菜	0.2	牛肉	10.7

注:表 3-17 中脂肪含量是指用乙醚提取的脂肪总量。

(三)食品中脂肪的测定方法

脂肪不溶于水,易溶于有机溶剂。测定脂肪含量大多采用低沸点有机溶剂萃取的方法。常用的溶剂有乙醚、石油醚等。食品中脂肪有的以游离态形式存在,如动物性脂肪及植物性油脂;食品中也有结合态的脂肪,如天然存在的磷脂、糖脂、脂蛋白及某些加工品(如焙烤食品及麦乳精等)中的脂肪,与蛋白质或碳水化合物形成结合态,因此不同种类的食品,由于其脂肪含量和存在形式不同,测定脂肪的方法也就不同。

乙醚溶解脂肪的能力强,应用最多。沸点低(34.6 ℃),易燃,且可含约 2% 的水分,但含水乙醚会同时抽出糖分等非脂成分,所以使用时,必须采用无水乙醚作提取剂,同时也要求样品无水分。石油醚的沸点比乙醚高,溶解脂肪的能力比乙醚弱,吸收水分比乙醚少,允许样品含微量的水分。但石油醚溶解脂肪的能力比乙醚弱,因二者各有特点,故常常混合使用。如索氏提取法,无水乙醚和石油醚混合使用,索氏抽提法是公认的经典方法,也是我国粮油分析首选的标准方法。乙醚和石油醚这两种溶液只能直接提取游离的脂肪,对于结合态脂肪,必须预先用酸或碱破坏脂肪和非脂成分的结合后才能提取。

依据《食品安全国家标准 食品中脂肪的测定》(GB 5009.6—2016),食品中脂肪的测定方法主要有索氏抽提法(第一法)、酸水解法(第二法)、碱水解法(第三法)和盖勃法(第四法),其中索氏抽提法和酸水解法适用于水果、蔬菜及其制品、粮食及粮食制品、肉及肉制品、蛋及蛋制品、水产及其制品、焙烤食品、糖果等食品中游离态脂肪含量的测定。碱水解法和盖勃法适用于乳及乳制品、婴幼儿配方食品中脂肪的测定。

(四)恒温水浴锅的使用

恒温水浴锅是试验中常见的用作蒸发和恒温加热用途的设备。常见的恒温水浴锅有1、2、4、6和8孔等不同规格,如图4-1所示为两孔恒温水浴锅。每孔最大直径为120 mm,孔上有4个圈1个盖。水浴锅一般都采用水槽式结构,表面有电源开关,调温旋钮和指示灯。水浴锅左下侧有放水阀门。水浴锅恒温范围为37~100 ℃。

图4-1 恒温水浴锅(2孔)

1. 恒温水浴锅的操作步骤

①关闭放水阀,将水浴锅中注入清水(建议使用纯水)至适当水位,一般不超过水浴锅容量的2/3。

②将电源插头插入插座中,并提前检查好电线、插座等是否正常。

③调节温度调节按(旋)钮至所需温度。

④开启电源开关,红灯亮表示恒温水浴锅已通电加热,若红灯未亮,可尝试提高设定温度并观察电源开关是否显示红色,若仍不亮,应检查是否存在短路或其他问题。

⑤试验工作结束后,关闭电源开关,切断设备电源,并放净水槽内的水。

2. 恒温水浴锅的使用注意事项

①恒温水浴锅使用时,必须先加水后通电,严禁干烧。

②恒温水浴锅使用时,必须有可靠的接地以确保使用安全。

③恒温水浴锅中水位低于电热管时,不准通电使用,以免电热管爆裂损坏;水位也不可过高,以免水溢入电器箱损坏元件;使用时应随时注意水箱是否有渗漏现象。

④定期检查各接点螺丝是否有松动,若有松动应拧紧加固,保持各电气接点接触良好。

(五)离心机的使用

离心机是实验室常见的分离仪器,广泛用于生物医学、石油化工、农业、食品卫生等领域。离心分离主要利用离心机高速旋转时产生的离心力,将沉淀物甩到试管底部与溶液分开。按照转速不同,离心机可分为低速离心机和高速离心机,试验者可根据分离相特性及试验要求选择合适转速的离心机,如碱水解法测食品中脂肪含量使用的离心机转速要求为500~600 r/min,如图4-2所示。

无论是低速离心机还是高速离心机,都具有一定的转速,因此离心机使用起来看似简单,但是一旦发生故障,或操作失误,不仅可能会对设备造成损伤,还可能会对试验者造成伤害。

图 4-2　离心机

因此,需要对设备进行正确使用及维护。

1. 离心机的操作步骤

①离心机使用前,检查离心机是否放置平稳,并检查离心机内部放置离心管的位置是否有松动或老化。

②打开离心机门盖,将需要离心的试管放入转子体内,离心管必须成偶数对称放入(离心管试液应称量加入)。

③关上门盖,用手检查门盖是否关紧,注意一定要使门盖锁紧。

④插上电源插座,按下电源开关。

⑤设置转速、温度、时间等。

⑥如不需要定时停机,可直接按停止键进行手动停机。当转子停转后,打开门盖取出离心管。

⑦操作完毕,关断电源开关,离心机断电。

2. 离心机使用注意事项

①对称放置离心管。如管为单数不对称时,应再加一管相同质量的水调整对称。

②开动离心机时应逐渐加速,当发现声音不正常时,要停机检查,排除故障(如离心管不对称,质量不等,离心机位置不水平或螺丝松动等)后再工作。

③关闭离心机时直至自动停止,不要用手强制停止。

④封闭式的离心机在工作时要盖好盖子。

二、食品中脂肪的测定——索氏抽提法

(一)测定原理

脂肪易溶于有机溶剂。利用相似相溶的原理,将试样直接用无水乙醚或石油醚等有机溶剂对样品中的脂肪进行溶解、抽提后,再蒸发除去有机溶剂,干燥得到游离态脂肪的含量。

(二)试剂和材料

除非另有说明,本方法所用试剂均为分析纯,水为《分析实验用水规格和试验方法》(GB/T 6682—2008)规定的三级水。

①无水乙醚($C_4H_{10}O$)。

②石油醚(C_nH_{2n+2}):石油醚沸程为 30 ~ 60 ℃。

③石英砂。

④脱脂棉。

(三)仪器和设备

①索氏抽提器,如图 4-3 所示。

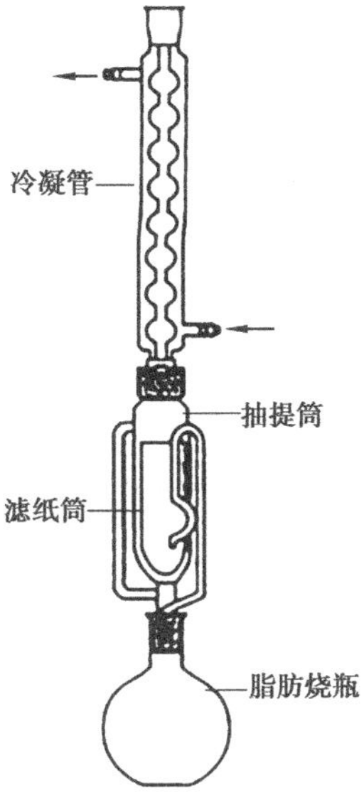

图 4-3　索氏抽提器

②恒温水浴锅。

③分析天平:感量 0.001 g 和 0.000 1 g。

④电热鼓风干燥箱。

⑤干燥器:内装有效干燥剂,如硅胶。

⑥滤纸筒。

⑦蒸发皿。

(四)分析步骤

1. 试样准备

①固体试样:称取充分混匀后的试样 2 ~ 5 g,准确至 0.001 g,全部移入滤纸筒内。

②液体或半固体试样:称取混匀后的试样 5 ~ 10 g,准确至 0.001 g,置于蒸发皿中,加入约 20 g 石英砂,于沸水浴上蒸干后,在电热鼓风干燥箱中于(100±5)℃干燥 30 min 后,取出,研细,全部移入滤纸筒内。蒸发皿及粘有试样的玻璃棒,均用沾有乙醚的脱脂棉擦净,并将棉花放入滤纸筒内。

2. 抽提

将滤纸筒放入索氏抽提器的抽提筒内,连接已干燥至恒重的接收瓶,由抽提器冷凝管上端加入无水乙醚或石油醚至瓶内容积的 2/3 处,于水浴上加热,使无水乙醚或石油醚不断回流抽提(每小时 6 ~ 8 次),一般抽提 6 ~ 10 h。提取结束时,用磨砂玻璃棒接取 1 滴提取液,磨砂玻璃棒上无油斑表明提取完毕。

3. 称量

取下接收瓶,回收无水乙醚或石油醚,待接收瓶内溶剂剩余 1 ~ 2 mL 时在水浴上蒸干,再于(100±5)℃干燥 1 h,放干燥器内冷却 0.5 h 后称量。重复以上操作直至恒重(直至两次称量的差不超过 2 mg)。

（五）分析结果

试样中脂肪的含量按下式计算：

$$X = \frac{m_1 - m_0}{m_2} \times 100$$

式中 X——试样中脂肪的含量，g/100 g；

m_1——恒重后接收瓶和脂肪的含量，g；

m_0——接收瓶的质量，g；

m_2——试样的质量，g；

100——单位换算系数。

计算结果表示到小数点后一位。

精密度：在重复性条件下获得的两次独立测定结果的绝对差值不得超过算术平均值的10%。

（六）说明及注意事项

①本方法为《食品安全国家标准 食品中脂肪的测定》（GB 5009.6—2016）中的第一法，适用于水果、蔬菜及其制品、粮食及粮食制品、肉及肉制品、蛋及蛋制品、水产及其制品、焙烤食品、糖果等食品中游离态脂肪含量的测定，且脂肪含量较高、含结合态脂肪较少、能烘干磨细、不易吸潮结块的样品。

②索氏抽提法测得的脂肪为粗脂肪。这是由于使用的无水乙醚或石油醚等有机溶剂只能提取样品中的游离脂肪，而结合态脂肪测不出来；另外，由于食品中含有磷脂、甾醇、蜡状物、糖脂等类脂物质，也可被有机溶剂溶解，因此索氏抽提法测得的脂肪为粗脂肪。

③样品应满足的条件。

a. 测定用试样、抽提器等组成的抽提部分使用前要进行脱水处理（一般在80～105 ℃鼓风干燥箱中烘干4 h，烘干时要避免过热），这是由于若抽提部分有水，会使试样中的水溶性物质溶出，导致测定结果偏高，且抽提溶剂易被水饱和（尤其是乙醚，可饱和约2%的水），从而影响抽提效率；另外，若试样中有水，抽提溶剂不易渗入试样内部，不易将脂肪抽提干净。

b. 试样颗粒大小要适宜，固体试样颗粒不宜过大，过大会造成脂肪不易抽提干净，一般需要在研钵中提前研碎。

④注意事项。

a. 试样在滤纸筒的高度不能超过虹吸管，否则上部脂肪不能被完全抽提而造成误差。

b. 脂肪烧瓶在烘箱中干燥时，瓶口侧放，以利于空气流通。而且先不要关上烘箱门，与90 ℃以下鼓风干燥10～20 min，驱尽残余溶剂后再将烘箱门关紧，升至所需温度。

c. 抽提剂乙醚是易燃、易爆物质，应注意通风且不能有火源。

d. 提取时水浴温度不可过高，以每分钟从冷凝管滴下80滴左右，每小时回流6～12次为宜，提取过程应注意防火。

e. 在抽提时，冷凝管上端最好连接一支氯化钙干燥管，如无此装置可塞一团干燥的脱脂棉球。这样，可防止空气中水分进入，也可避免乙醚在空气中挥发。

f. 乙醚若放置时间过长，会产生过氧化物。过氧化物不稳定，当蒸馏或干燥时会发生爆炸，故使用前应严格检查，并除去过氧化物。

g.提取后，脂肪烧瓶烘干过程中，可能会因反复加热而使脂肪因氧化而增重，若质量增加，则以增重前的质量为恒重。

三、食品中脂肪的测定——碱水解法

（一）测定原理

乳类脂肪虽然也属于游离脂肪，但它是以脂肪球状态分散于乳浆中形成乳浊液的，脂肪球被乳中酪蛋白钙盐包裹，所以不能直接被乙醚、石油醚提取，需先用氨水和乙醇处理，氨水使酪蛋白钙盐变成可溶解的盐，乙醇使溶解于氨水的蛋白质沉淀析出。然后再用无水乙醚和石油醚抽提样品的碱（氨水）水解液，通过蒸馏或蒸发去除溶剂，测定溶于溶剂中的抽提物的质量。

（二）试剂和材料

除非另有说明，本方法所用试剂均为分析纯，水为《分析实验用水规格和试验方法》（GB/T 6682—2008）规定的三级水。

①淀粉酶：酶活力≥1.5 U/mg。

②氨水（$NH_3 \cdot H_2O$）：质量分数约25%。

注：可使用比此浓度更高的氨水。

③乙醇（C_2H_5OH）：体积分数至少为95%。

④无水乙醚（$C_4H_{10}O$）。

⑤石油醚（C_nH_{2n+2}）：沸程为30～60 ℃。

⑥刚果红（$C_{32}H_{22}N_6Na_2O_6S_2$）。

⑦盐酸（HCl）。

⑧碘（I_2）。

⑨混合溶剂：等体积混合乙醚和石油醚，现用现配。

⑩碘溶液（0.1 mol/L）：称取碘12.7 g和碘化钾25 g，于水中溶解并定容至1 L。

⑪刚果红溶液：将1 g刚果红溶于水中，稀释至100 mL。

注意：可选择性地使用。刚果红溶液可使溶剂和水相界面清晰，也可使用其他能使水相染色而不影响测定结果的溶液。

⑫盐酸溶液（6 mol/L）：量取50 mL盐酸缓慢倒入40 mL水中，定容至100 mL，混匀。

（三）仪器和设备

①分析天平：感量为0.000 1 g。

②离心机：可用于放置抽脂瓶或管，转速为500～600 r/min，可在抽脂瓶外端产生80～90 g的重力场。

③电热鼓风干燥箱。

④恒温水浴锅。

⑤干燥器：内装有效干燥剂，如硅胶。

⑥抽脂瓶：应带有软木塞或其他不影响溶剂使用的瓶塞（如硅胶或聚四氟乙烯）。软木塞应先浸泡于乙醚中，后放入60 ℃或60 ℃以上的水中保持至少15 min，冷却后使用。不用时需浸泡在水中，浸泡用水需每天更换1次。

(四)分析步骤

1. 试样碱水解

(1)巴氏杀菌乳、灭菌乳、生乳、发酵乳、调制乳　称取充分混匀试样10 g(精确至0.000 1 g)于抽脂瓶中。加入2.0 mL氨水,充分混合后立即将抽脂瓶放入(65±5)℃的水浴中,加热15~20 min,不时取出振荡。取出后,冷却至室温。静置30 s。

(2)乳粉和婴幼儿食品　称取混匀后的试样,高脂乳粉、全脂乳粉、全脂加糖乳粉和婴幼儿食品约1 g(精确至0.000 1 g),脱脂乳粉、乳清粉、酪乳粉约1.5 g(精确至0.000 1 g),其余操作同(1)。

①不含淀粉样品,加入10 mL(65±5)℃的水,将试样洗入抽脂瓶的小球,充分混合,直到试样完全分散,放入流动水中冷却。

②含淀粉样品。将试样放入抽脂瓶中,加入约0.1 g的淀粉酶,混合均匀后,加入8~10 mL 45 ℃的水,注意液面不要太高。隔10 min摇混1次。为检验淀粉是否水解完全可加入2滴约0.1 mol/L的碘溶液,如无蓝色出现说明水解完全,否则将抽脂瓶重新置于水浴中,直至无蓝色产生。抽脂瓶冷却至室温。其余操作同(1)。

(3)炼乳　脱脂炼乳、全脂炼乳和部分脱脂炼乳称取3~5 g、高脂炼乳称取约1.5 g(精确至0.000 1 g),用10 mL水,分次洗入抽脂瓶小球中,充分混合均匀。其余操作同(1)。

(4)奶油、稀奶油　先将奶油试样放入温水浴中溶解并混合均匀后,称取试样约0.5 g(精确至0.000 1 g),稀奶油称取约1 g于抽脂瓶中,加入8~10 mL约45 ℃的水。再加2 mL氨水充分混匀。其余操作同(1)。

(5)干酪　称取约2 g研碎的试样(精确至0.000 1 g)于抽脂瓶中,加10 mL 6 mol/L盐酸,混匀,盖上瓶塞,于沸水中加热20~30 min,取出冷却至室温,静置30 s。

2. 抽提

(1)加入10 mL乙醇,缓和但彻底地进行混合,避免液体太接近瓶颈。如果需要,可加入2滴刚果红溶液。

(2)加入25 mL乙醚,塞上瓶塞,将抽脂瓶保持在水平位置,小球的延伸部分朝上夹到摇混器上,按约每小时100次振荡1 min,也可采用手动振摇方式。但均应注意避免形成持久乳化液。抽脂瓶冷却后小心地打开塞子,用少量的混合溶剂冲洗塞子和瓶颈,使冲洗液流入抽脂瓶。

(3)加入25 mL石油醚,塞上重新润湿的塞子,按(2)所述,轻轻振荡30 s。

(4)将加塞的抽脂瓶放入离心机中,在500~600 r/min下离心5 min,否则将抽脂瓶静置至少30 min,直到上层液澄清,并明显与水相分离。

(5)小心地打开瓶塞,用少量的混合溶剂冲洗塞子和瓶颈内壁,使冲洗液流入抽脂瓶。

如果两相界面低于小球与瓶身相接处,则沿瓶壁边缘慢慢加入水,使液面高于小球和瓶身相接处[图4-4(a)],以便于倾倒。

(6)将上层液尽可能地倒入已准备好的加入沸石的脂肪收集瓶中,避免倒出水层[图3-21(b)]。

(7)用少量混合溶剂冲洗瓶颈外部,把冲洗液收集在脂肪收集瓶中。应防止溶剂溅到抽脂瓶的外面。

(8)向抽脂瓶中加入5 mL乙醇,用乙醇冲洗瓶颈内壁,按2.1所述进行混合。重复(2)—(7)步操作,用15 mL无水乙醚和15 mL石油醚,进行第二次抽提。

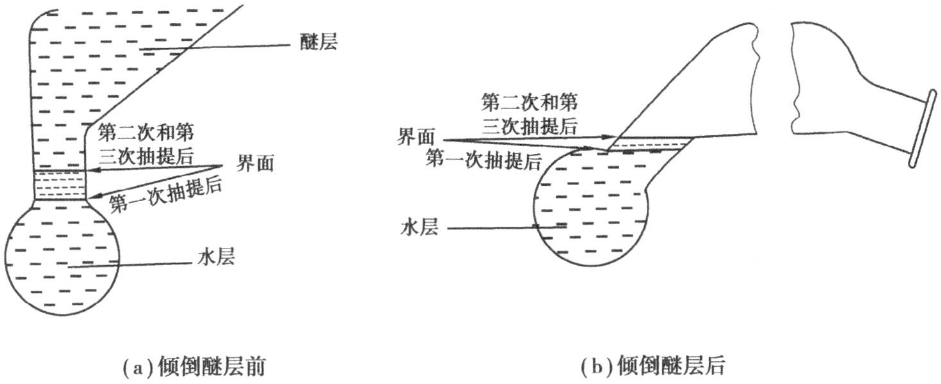

图4-4　操作示意图

(9)重复(2)—(7)步操作,用15 mL无水乙醚和15 mL石油醚,进行第三次抽提。

(10)空白试验与样品检验同时进行,采用10 mL水代替试样,使用相同步骤和相同试剂。

3. 称量

合并所有提取液,既可采用蒸馏的方法除去脂肪收集瓶中的溶剂,也可于沸水浴上蒸发至干来除掉溶剂。蒸馏前用少量混合溶剂冲洗瓶颈内部。将脂肪收集瓶放入(100±5)℃的烘箱中干燥1 h,取出后置于干燥器内冷却0.5 h后称量。重复以上操作直至恒重(直至两次称量的差不超过2 mg)。

(五)分析结果

试样中脂肪的含量按下式计算:

$$X=\frac{(m_1-m_2)-(m_3-m_4)}{m}\times 100$$

式中　X——试样中脂肪的含量,g/100 g;

m_1——恒重后脂肪收集瓶和脂肪的质量,g;

m_2——脂肪收集瓶的质量,g;

m_3——空白试验中恒重后脂肪收集瓶和抽提物的质量,g;

m_4——空白试验中脂肪收集瓶的质量,g;

m——样品的质量,g;

100——单位换算系数。

计算结果保留三位有效数字。

精密度:当样品中脂肪含量≥15%时,两次独立测定结果之差≤0.3 g/100 g;当样品中脂肪含量为5%~15%时,两次独立测定结果之差≤0.2 g/100 g;当样品中脂肪含量≤5%时,两次独立测定结果之差≤0.1 g/100 g。

(六)说明及注意事项

1. 说明

本方法为《食品安全国家标准 食品中脂肪的测定》(GB 5009.6—2016)中的第三法,适用于乳及乳制品、婴幼儿配方食品中脂肪的测定。

2. 注意事项

①乙醚回收后,剩下的乙醚必须在水浴上彻底挥发干净,否则放入烘箱中有爆炸的危险。

乙醚在使用过程中,室内应保持良好的通风状态,仪器周围不能有明火,以防空气中有乙醚蒸汽而引起着火或爆炸。

②本实验所用的乙醚(或石油醚)要求无水、无醇、无过氧化物,挥发残渣含量低。

③乙醚若放置时间过长,会产生过氧化物。过氧化物不稳定,当蒸馏或干燥时会发生爆炸,故使用前应严格检查,并除去过氧化物。

【知识拓展】

一、食品中脂肪的测定——酸水解法

(一)测定原理

食品中的结合态脂肪必须用强酸使其游离出来,游离出的脂肪易溶于有机溶剂。试样经盐酸水解后用无水乙醚或石油醚提取,除去溶剂即得游离态和结合态脂肪酸的总含量。

(二)试剂和材料

除非另有说明,本方法所用试剂均为分析纯,水为《分析实验用水规格和试验方法》(GB/T 6682—2008)规定的三级水。

①盐酸(HCl)。

②乙醇(C_2H_5OH)。

③无水乙醚($C_4H_{10}O$)。

④石油醚(C_nH_{2n+2}):沸程为 30 ~60 ℃。

⑤碘(I_2)。

⑥碘化钾(KI)。

⑦盐酸溶液(2 mol/L):量取 50 mL 盐酸,加入 250 mL 水中,混匀。

⑧碘液(0.05 mol/L):称取 6.5 g 碘和 25 g 碘化钾于少量水中溶解,稀释至 1 L。

⑨蓝色石蕊试纸。

⑩脱脂棉。

⑪滤纸:中速。

(三)仪器和设备

①恒温水浴锅。

②电热板:满足 200 ℃高温。

③锥形瓶。

④分析天平:感量为 0.1 g 和 0.001 g。

⑤电热鼓风干燥箱。

(四)分析步骤

1. 试样酸水解

(1)肉制品

称取混匀后的试样 3 ~5 g,准确至 0.001 g,置于锥形瓶(250 mL)中,加入 50 mL 2 mol/L 盐酸溶液和数粒玻璃细珠,盖上表面皿,于电热板上加热至微沸,保持 1 h,每 10 min 旋转摇动 1 次。取下锥形瓶,加入 150 mL 热水,混匀,过滤。锥形瓶和表面皿用热水洗净,热水一并过滤。沉淀用热水洗至中性(用蓝色石蕊试纸检验,中性时试纸不变色)。将沉淀和滤纸置于大

表面皿上，于(100±5)℃干燥箱内干燥 1 h，冷却。

(2)淀粉

根据总脂肪含量的估计值，称取混匀后的试样 25～50 g，准确至 0.1 g，倒入烧杯并加入 100 mL 水。将 100 mL 盐酸缓慢加入 200 mL 水中，并将该溶液在电热板上煮沸后加入样品液中，加热此混合液至沸腾并维持 5 min，停止加热后，取几滴混合液于试管中，待冷却后加入 1 滴碘液，若无蓝色出现，可进行下一步操作。若出现蓝色，应继续煮沸混合液，并用上述方法不断地进行检查，直至确定混合液中不含淀粉为止，再进行下一步操作。

将盛有混合液的烧杯置于水浴锅(70～80 ℃)中 30 min，不停地搅拌，以确保温度均匀，使脂肪析出。用滤纸过滤冷却后的混合液，并用干滤纸片取出黏附于烧杯内壁的脂肪。为确保定量的准确性，应将冲洗烧杯的水进行过滤。在室温下用水冲洗沉淀和干滤纸片，直至滤液用蓝色石蕊试纸检验不变色。将含有沉淀的滤纸和干滤纸片折叠后，放置于大表面皿上，在(100±5)℃的电热恒温干燥箱内干燥 1 h。

(3)其他食品

①固体试样：称取 2～5 g，准确至 0.001 g，置于 50 mL 试管内，加入 8 mL 水，混匀后再加 10 mL 盐酸。将试管放入 70～80 ℃水浴中，每隔 5～10 min 以玻璃棒搅拌 1 次，至试样消化完全为止，一般 40～50 min。

②液体试样：称取约 10 g，准确至 0.001 g，置于 50 mL 试管内，加 10 mL 盐酸。其余操作同①。

2. 抽提

(1)肉制品、淀粉　将干燥后的试样装入滤纸筒内，其余抽提步骤同索氏抽提法。

(2)其他食品　取出试管，加入 10 mL 乙醇，混合。冷却后将混合物移入 100 mL 具塞量筒中，以 25 mL 无水乙醚分数次洗试管，一并倒入量筒中。待无水乙醚全部倒入量筒后，加塞振摇 1 min，小心开塞，放出气体，再塞好，静置 12 min，小心开塞，并用乙醚冲洗塞及量筒口附着的脂肪。静置 10～20 min，待上部液体清晰，吸出上清液于已恒重的锥形瓶内，再加 5 mL 无水乙醚于具塞量筒内，振摇，静置后，仍将上层乙醚吸出，放入原锥形瓶内。

3. 称量

同索氏抽提法。

(五)分析结果

同索氏抽提法。

(六)说明及注意事项

①本方法为《食品安全国家标准 食品中脂肪的测定》(GB 5009.6—2016)中的第二法，适用于水果、蔬菜及其制品、粮食及粮食制品、肉及肉制品、蛋及蛋制品、水产及其制品、焙烤食品、糖果等食品中游离态脂肪及结合态脂肪总量的测定。

②样品经加热、加酸水解，破坏蛋白质及纤维组织，使结合脂肪游离后，再用乙醚提取。

③水解时应防止大量水分损失，使酸浓度升高。

④乙醇可使一切能溶于乙醇的物质留在溶液内。

⑤用乙醚提取脂肪时，由于乙醇可溶于乙醚，所以需要加入石油醚，以降低乙醇在乙醚中的溶解度，使乙醇溶解物残留在水层，使分层清晰。

⑥挥干溶剂后，残留物中若有黑色焦油状杂质，是分解物与水一同混入所致，会使测定值

增大,造成误差,可用等量的乙醚及石油醚溶解后过滤,再次进行挥干溶剂的操作。

⑦加入乙醇的目的是使蛋白质和多糖沉淀,从而降低表面张力,促进脂肪球聚合,使碳水化合物、有机酸等溶解。

⑧测定的样品须充分磨细,液体样品须充分混合均匀,以便消化完全至无块状炭粒,否则结合性脂肪不能完全游离,致使结果偏低,同时用有机溶剂提取时也往往易乳化。

二、食品中脂肪的测定——盖勃法

(一)测定原理

在乳中加入硫酸破坏乳胶质性和覆盖在脂肪球上的蛋白质外膜,离心分离脂肪后测量其体积。

(二)试剂和材料

除非另有说明,本方法所用的试剂均为分析纯,水为《分析实验用水规格和试验方法》(GB/T 6682—2008)规定的三级水。

①硫酸(H_2SO_4)。

②异戊醇($C_5H_{12}O$)。

(三)仪器和设备

①乳脂离心机。

②盖勃氏乳脂计:最小刻度值为0.1%,如图4-5所示。

③10.75 mL单标乳吸管。

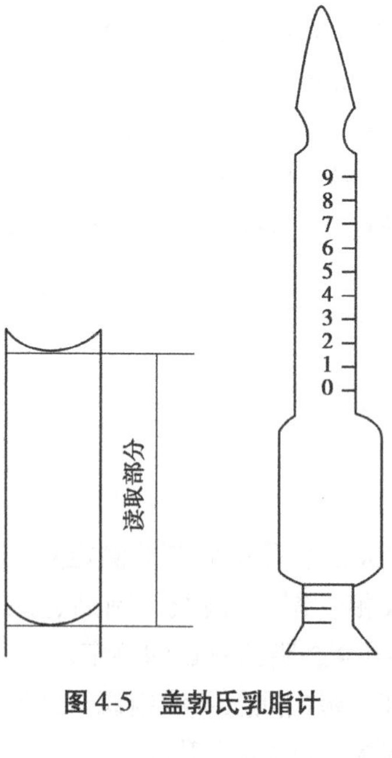

图4-5　盖勃氏乳脂计

(四)分析步骤

于盖勃氏乳脂计中先加入10 mL硫酸,再沿着管壁小心准确地加入10.75 mL试样,使试样与硫酸不混合,然后加1 mL异戊醇,塞上橡皮塞,使瓶口向下,同时用布包裹以防冲出,用力振摇使其呈均匀的棕色液体,静置数分钟(瓶口向下),置65~70 ℃水浴中5 min,取出后置

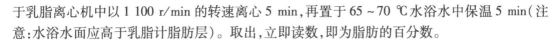

于乳脂离心机中以 1 100 r/min 的转速离心 5 min，再置于 65 ~ 70 ℃水浴水中保温 5 min（注意：水浴水面应高于乳脂计脂肪层）。取出，立即读数，即为脂肪的百分数。

（五）分析结果

精密度：在重复性条件下获得的两次独立测定结果的绝对差值不得超过算术平均值的 5%。

（六）说明及注意事项

①本方法为《食品安全国家标准 食品中脂肪的测定》（GB 5009.6—2016）中的第四法，适用于乳及乳制品、婴幼儿配方食品中脂肪的测定。

②硫酸的浓度要严格遵守规定的要求，如过浓会使乳炭化呈黑色溶液而影响读数；过稀则不能使酪蛋白完全溶解，会使测定值偏低或使脂肪层混浊。

③硫酸除可破坏脂肪球膜，使脂肪游离出来外，还可增加液体相对密度，使脂肪容易浮出。

④盖勃法中所用异戊醇的作用是促使脂肪析出，并能降低脂肪球的表面张力，以利于形成连续的脂肪层。

⑤加热（65 ~ 70 ℃水浴中）和离心的目的是促使脂肪离析。注意水浴时水面应高于乳脂计的脂肪层。

⑥硫酸的浓度和用量必须严格按照规定执行，沿瓶壁缓慢加入，回旋摇动，使其充分混合，否则易使脂肪层产生黑色块粒。

【任务实施】

子任务一　肉松中粗脂肪的测定（索氏抽提法）

◆任务描述

学生分小组完成以下任务：

1. 查阅肉松的产品质量标准和脂肪测定的检验标准，设计肉松中粗脂肪的测定检测方案。
2. 准备索氏抽提法测定脂肪所需的试剂材料及仪器设备。
3. 正确对样品进行预处理。
4. 正确进行样品中脂肪含量的测定。
5. 结果记录及分析处理。
6. 依据《肉松质量通则》（GB/T 23968—2022），判定样品中脂肪含量是否合格。
7. 出具检验报告。

一、工作准备

（1）查阅肉松产品质量标准《肉松质量通则》（GB/T 23968—2022）和检验标准《食品安全国家标准 食品中脂肪的测定》（GB 5009.6—2016），设计索氏抽提法测定肉松中脂肪含量的方案。

（2）准备测定脂肪含量所需的试剂材料及仪器设备。

二、实施步骤

1. 接收瓶恒重

取洁净的接收瓶，置于 101 ~ 105 ℃干燥箱中，加热 1 h，取出，置干燥器内冷却 0.5 h，称量，并重复干燥至前后两次质量差不超过 2 mg，即为恒重。

2. 样品称样

称取充分混匀后的试样 2 ~ 5 g，准确至 0.001 g，全部移入滤纸筒内。

3. 搭建装置

将已干燥至恒重接收瓶放入水浴锅内，接收瓶上端连接抽提筒，并将盛有样品的滤纸筒放入抽提筒内，抽提筒上端连接上冷凝管。

4. 抽提

由抽提器冷凝管上端加入无水乙醚或石油醚至瓶内容积的 2/3 处，用少量脱脂棉塞入冷凝管上口。于水浴上加热，使无水乙醚或石油醚不断回流抽提（每小时 6 ~ 8 次），一般抽提 6 ~ 10 h。

5. 终点判断

用磨砂玻璃棒接取 1 滴提取液，磨砂玻璃棒上无油斑表明提取完毕。

6. 回收

取下接收瓶，回收无水乙醚或石油醚，待接收瓶内溶剂剩余 1 ~ 2 mL 时在水浴上蒸干。

7. 恒重称量

将接收瓶于（100±5）℃干燥 1 h，放干燥器内冷却 0.5 h 后称量。重复以上操作直至恒重（直至两次称量的差不超过 2 mg）。

三、数据记录与处理

将肉松中粗脂肪的测定原始数据填入表 4-3 中，并填写检验报告单，见表 4-4。

表 4-3　肉松中粗脂肪的测定原始记录表

工作任务			样品名称			
接样日期			检验日期			
检验依据						
接收瓶标记						
接收瓶干燥时间/h						
接收瓶重 m_0/g						
干燥温度/℃						
样品质量 m_2/g						
样品干燥时间/h						
接收瓶和脂肪的质量 m_1/g						
计算公式						
脂肪含量/（$g \cdot 100\ g^{-1}$）						

续表

脂肪含量平均值/(g · 100 g^{-1})	
标准规定分析结果的精密度	
本次实验分析结果的精密度	

表 4-4　肉松中脂肪的测定检验报告单

样品名称					
产品批号		样品数量		代表数量	
生产日期		检验日期		报告日期	
检测依据					
判定依据					
检验项目		单位	检测结果	肉松中脂肪含量标准要求	
检验结论					
检验员			复核人		
备注					

四、任务考核

按照表 4-5 评价学生工作任务的完成情况。

表 4-5　任务考核评价指标

序号	工作任务	评价指标	分值比例/%
1	制订检测方案	(1)正确选用检测标准及检测方法 (2)检测方案制订合理规范	10
2	接收瓶恒重及样品称重	(1)正确使用电子天平进行称重 (2)正确使用恒温干燥箱干燥	5
3	搭建装置	(1)正确搭建索氏抽提装置 (2)正确制作滤纸筒或滤纸包	10
4	抽提	(1)正确使用水浴锅进行水浴加热 (2)正确加入乙醚或石油醚提取剂 (3)正确进行虹吸操作,控制回流速度	10
5	终点判断及回收	(1)正确判断抽提是否完全 (2)正确进行乙醚或石油醚回收	10
6	恒重称量	(1)正确对样品和收集瓶进行恒重 (2)正确搬放干燥器及正确打开和关闭干燥器盖	10

续表

序号	工作任务	评价指标	分值比例/%
7	数据处理	(1)原始记录及检测及时、规范、整洁 (2)有效数字保留准确 (3)计算准确,测定结果准确,平行性好	15
8	其他操作	(1)工作服整洁、能正确进行标识 (2)操作时间控制在规定时间内 (3)及时收拾、回收玻璃器皿及仪器设备 (4)注意操作文明和操作安全	10
9	综合素养	(1)积极主动地参与工作,能吃苦耐劳,崇尚劳动光荣,技能宝贵 (2)服从安排,顾全大局,积极与小组成员合作,共同完成工作任务 (3)能有效利用网络、图书资源、工作手册等快速查阅获取所需信息 (4)能发现问题、提出问题、分析问题、解决问题、创新问题	20
合计			100

子任务二　生乳中脂肪的测定(碱水解)

◆任务描述

学生分小组完成以下任务:

1. 查阅生乳的产品质量标准和脂肪测定的检验标准,设计生乳的测定检测方案。
2. 准备碱水解法的测定脂肪所需试剂材料及仪器设备。
3. 正确对样品进行预处理。
4. 正确进行样品中的脂肪含量测定。
5. 结果记录及分析处理。
6. 依据《食品安全国家标准 生乳》(GB 19301—2010),判定样品中脂肪含量是否合格。
7. 出具检验报告。

一、工作准备

(1)查阅生乳产品质量标准《食品安全国家标准 生乳》(GB 19301—2010)和检验标准《食品安全国家标准 食品中脂肪的测定》(GB 5009.6—2016),设计碱水解法测定生乳中脂肪含量的方案。

(2)准备测定脂肪含量所需的试剂材料及仪器设备。

二、实施步骤

1. 样品称重

称取充分混匀生乳试样 10 g(精确至 0.001 g)于抽脂瓶中。

2. 样品碱水解

向抽脂瓶内加入 2.0 mL 氨水,充分混合后立即将抽脂瓶放入(65±5)℃的水浴中,加热 15～20 min,不时取出振荡。取出后,冷却至室温。静置 30 s。

3. 样品/空白抽提

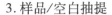

(1)加入 10 mL 乙醇,缓和但彻底地进行混合,避免液体太接近瓶颈,加入 2 滴刚果红溶液。

(2)加入 25 mL 乙醚,塞上瓶塞,将抽脂瓶保持在水平位置,小球的延伸部分朝上夹到摇混器上,按约 100 次/min 振荡 1 min。

(3)加入 25 mL 石油醚,塞上重新润湿的塞子,按(2)所述,轻轻振荡 30 s。

(4)将加塞的抽脂瓶放入离心机中,在 500～600 r/min 下离心 5 min,否则将抽脂瓶静置至少 30 min,直至上层液澄清,并明显与水相分离。

(5)小心地打开瓶塞,用少量的混合溶剂冲洗塞子和瓶颈内壁,使冲洗液流入抽脂瓶。

(6)将上层液尽可能地倒入已准备好的加入沸石的脂肪收集瓶中,避免倒出水层。

(7)用少量混合溶剂冲洗瓶颈外部,冲洗液收集在脂肪收集瓶中。应防止溶剂溅到抽脂瓶的外面。

4. 样品/空白二次抽提

向抽脂瓶中加入 5 mL 乙醇,用乙醇冲洗瓶颈内壁,混匀,用 15 mL 无水乙醚和 15 mL 石油醚,重复样品抽提步骤,进行第二次抽提。

5. 样品/空白三次抽提

再用 15 mL 无水乙醚和 15 mL 石油醚,重复样品抽提步骤,进行第三次抽提。空白试验与样品检验同时进行,采用 10 mL 水代替试样,使用相同步骤和相同试剂。

6. 回收乙醚-石油醚

合并所有提取液,采用蒸馏的方法除去脂肪收集瓶中的溶剂,蒸馏前用少量混合溶剂冲洗瓶颈内部。

7. 恒重称量

将脂肪收集瓶放入(100±5)℃的烘箱中干燥 1 h,取出后置于干燥器内冷却 0.5 h 后称量。重复以上操作直至恒重(直至两次称量的差不超过 2 mg)。

三、数据记录与处理

将生乳中脂肪的测定原始数据填入表 4-6 中,并填写检验报告单,见表 4-7。

表 4-6　生乳中脂肪的测定原始记录表

工作任务		样品名称				
接样日期		检验日期				
检验依据						
脂肪收集瓶编号						
脂肪收集瓶干燥时间/h						
脂肪收集瓶质量 m_2/g						
样品质量 m/g						
恒重称量中,样品干燥温度/℃						
恒重称量中,样品干燥时间/℃						
样品+收集瓶 m_1/g						

续表

空白收集瓶编号						
空白收集瓶干燥时间/h						
空白收集瓶质量 m_4/g						
恒重称量中,空白干燥温度/℃						
恒重称量中,空白干燥时间/℃						
空白+收集瓶 m_3/g						
脂肪含量 $X/(\mathrm{g}\cdot 100\ \mathrm{g}^{-1})$ 计算公式						
脂肪含量/$(\mathrm{g}\cdot 100\ \mathrm{g}^{-1})$						
脂肪含量平均值/$(\mathrm{g}\cdot 100\ \mathrm{g}^{-1})$						
标准规定分析结果的精密度						
本次实验分析结果的精密度						

表 4-7　生乳中脂肪的测定检验报告单

样品名称					
产品批号		样品数量		代表数量	
生产日期		检验日期		报告日期	
检测依据					
判定依据					
检验项目		单位	检测结果	生乳中脂肪含量标准要求	
检验结论					

四、任务考核

按照表 4-8 评价学生工作任务的完成情况。

表 4-8　任务考核评价指标

序号	工作任务	评价指标	分值比例/%
1	制订检测方案	(1)正确选用检测标准及检测方法 (2)检测方案制订合理规范	15
2	样品称重	(1)正确使用电子天平进行称重 (2)正确选择和使用称量瓶和试剂瓶	5
3	样品碱水解	正确使用水浴锅进行水浴加热	5
4	样品抽提	正确进行抽提操作	15

续表

序号	工作任务	评价指标	分值比例/%
5	恒重	(1)正确对样品和收集瓶进行恒重 (2)正确使用烘箱 (3)正确搬放干燥器及正确打开和关闭干燥器盖 (4)正确判定干燥器中硅胶的有效性	15
6	数据处理	(1)原始记录及检测及时、规范、整洁 (2)有效数字保留准确 (3)计算准确,测定结果准确,平行性好	15
7	其他操作	(1)工作服整洁、能够正确进行标识 (2)操作时间控制在规定时间内 (3)及时收拾、回收玻璃器皿及仪器设备 (4)注意操作文明和操作安全	10
8	综合素养	(1)积极主动地参与工作,能吃苦耐劳,崇尚劳动光荣,技能宝贵 (2)服从安排,顾全大局,积极与小组成员合作,共同完成工作任务 (3)能有效利用网络、图书资源、工作手册等快速查阅获取所需信息 (4)能发现问题、提出问题、分析问题、解决问题、创新问题	20
合计			100

思政小课堂　　课外巩固　　相关标准

任务二　食品中糖类物质的测定

【学习目标】

◆知识目标

1. 能说出食品中糖的定义、分类、性质和测定的意义。
2. 能知晓糖类物质的提取和澄清剂的选择。
3. 能掌握还原糖、蔗糖、淀粉等糖类物质的测定原理。
4. 能理解测定过程的注意事项。

◆技能目标

1. 会熟练并正确使用分析天平、滴定管、水浴锅、电炉等仪器设备。
2. 会进行样品中糖的提取、沉淀过滤、加热滴定等还原糖测定的基本操作。
3. 会根据样品的特性选择测定方法。
4. 能准确进行数据记录与处理,并正确评价食品中的糖含量是否符合标准。

【知识准备】

微课视频

一、概述

（一）糖的分类

糖是由碳、氢、氧3种元素组成的一类多羟基醛或多羟酮化合物，而且大多糖分子中，氢原子和氧原子的比例是2∶1，与水分子（H_2O）相同，所以糖也被称为碳水化合物。

按照化学组成，糖类物质可分为单糖、寡糖和多糖。单糖包括葡萄糖、果糖和半乳糖；寡糖常见的有蔗糖、乳糖、麦芽糖和三糖等，也称低聚糖；多糖如淀粉、果胶和纤维素等。

按照是否溶于水，糖类物质可分为可溶性糖（单糖、双糖）和不溶性糖（纤维素、果胶等）。

按照是否能被人体吸收，糖类物质可分为两大类，即能被人体直接吸收的糖类物质称为有效碳水化合物，不能被人体直接吸收的糖类物质称为无效碳水化合物。无效碳水化合物就是我们常说的纤维素、果胶等膳食纤维，研究表明，膳食纤维对人体的健康有直接影响，对减少直肠癌的发生有一定的关联性，目前已引起人们的重视。

（二）糖的测定意义

糖类物质是自然界中最丰富的有机物质，在各类食品中广泛存在。葡萄糖和果糖等单糖，主要存在于水果、蔬菜中，蔗糖在甘蔗和甜菜中含量较高，乳糖主要存在于哺乳动物的乳汁中，淀粉则广泛存在于农作物的籽粒（小麦、玉米、大米）、根（甘薯、木薯）和块状茎（马铃薯）中，纤维素主要存在于谷类的麸糠和果蔬的表皮中，果胶在植物表皮中的含量较高。

糖是人体热能的重要来源，也是构成机体的一种重要物质。一些糖类物质还能与蛋白质或脂肪结合，形成糖蛋白和糖脂等具有重要生理功能的物质。糖是食品工业的主要原料和辅助材料，是大多数食品的主要成分之一。在食品加工工艺中，糖对改变食品的形态、组织机构、物化性质以及色香味等感官指标起着重要作用。

（三）糖的提取与澄清

1. 提取

食品中的糖类物质和蛋白质、脂肪等营养成分混合在一起，可溶性的游离单糖和低聚糖总称为糖类物质，如葡萄糖、蔗糖、麦芽糖、乳糖等。提取糖类物质时，一般将试样磨碎浸渍成溶液，先用石油醚提取，除去其中的脂类和叶绿素，再用水和乙醇的水溶液提取。

糖类物质可用40～50 ℃水作提取剂。用水作提取剂时应注意：温度不可过高，防止可溶性淀粉和糊精被提取出来。酸性试样中的酸，可使蔗糖等低聚糖在加热时被部分水解（转化），所以水果及其制品等酸性试样在提取时，要用碳酸钙中和后提取，即提取液应控制在中性。试样中的酶活性能使糖水解，应加入二氯化汞（$HgCl_2$）等抑制酶活性。

体积分数≥70%的乙醇水溶液也是常见的糖类物质提取剂。对含大量淀粉、糊精的试样宜用乙醇提取，还可避免糖被酶水解。

2. 澄清

试样经水或乙醇提取后，其提取液中除含可溶糖外，还含有一些干扰物质，如单宁、色素、蛋白质、有机酸、氨基酸等，这些物质的存在使提取液带有色泽或呈现浑浊，影响滴定终点的判断，因此，提取液需要加入澄清剂，使干扰物质沉淀而分离。

常用的澄清剂有醋酸锌溶液、亚铁氰化钾溶液、中性醋酸铅、碱性醋酸铅、氢氧化铝和活性炭等。

（四）糖类物质的测定方法

测定食品中糖类物质的方法有很多。测定单糖和双糖常用的方法有物理法、化学法、色谱法和酶法。物理法常用于高含量糖类物质的测定。对常量含糖物质测定常采用化学法（还原糖法、碘量法、缩合反应法）。食品中多糖的测定常先使其水解成单糖，用测定单糖的方法测出总生成的单糖量后再进行折算。

还原糖是指具有还原性的糖类物质（葡萄糖、果糖、乳糖和麦芽糖）。还原糖是一般糖类物质定量的基础。还原糖的测定方法有很多，依据《食品安全国家标准 食品中还原糖的测定》（GB 5009.7—2016），食品中还原糖的测定方法有直接滴定法（第一法）、高锰酸钾滴定法（第二法）、铁氰化钾法（第三法）和奥氏试剂滴定法（第四法）4 种。

在生产过程中，为判断食品加工原料的成熟度，鉴别白糖、蜂蜜等食品原料的品质，以控制糖果、果脯、加糖乳制品等产品的质量指标，常需测定蔗糖的含量。食品中蔗糖的测定参照《食品安全国家标准 食品中果糖、葡萄糖、蔗糖、麦芽糖、乳糖的测定》（GB 5009.8—2023）进行，主要有高效液相色谱法（第一法）、离子色谱法（第二法）酸水解-莱因-埃农氏法（第三法）、莱茵-埃农氏法 4 种。

淀粉可分为直链淀粉和支链淀粉，它广泛存在于植物的根、茎、叶和种子中，是供给人体能量的主要来源。淀粉无还原性，在酶或酸存在和加热的条件下可以逐步水解成单糖。依据《食品安全国家标准 食品中淀粉的测定》（GB 5009.9—2023），食品中淀粉的测定方法有酶水解法（第一法）、酸水解法（第二法）和皂化-酸水解（第三法）3 种。

二、食品中还原糖的测定——直接滴定法

（一）测定原理

将一定量的碱性酒石酸铜甲、乙液等量混合，生成天蓝色的氢氧化铜沉淀，沉淀立即与酒石酸钾钠反应，生成深蓝色的可溶性酒石酸钾钠铜络合物。

$$CuSO_4+2NaOH = Cu(OH)_2+Na_2SO_4$$

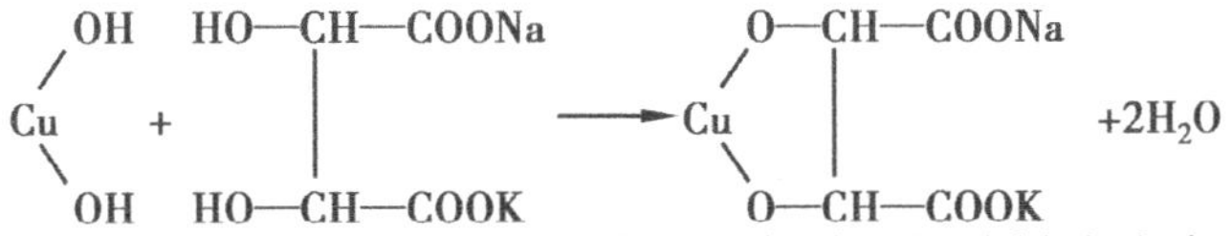

在加热条件下，以亚甲蓝作为指示剂，用经除去蛋白质后的试样滤液滴定，样液中的还原糖与酒石酸钾钠铜反应，生成红色的氧化亚铜沉淀。

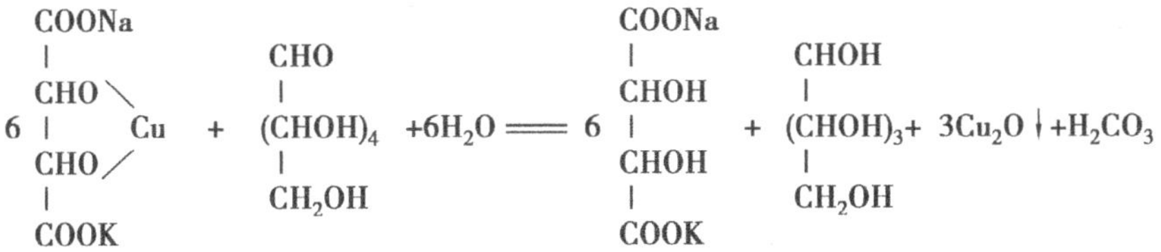

待二价铜全部被还原后，稍过量的还原糖把亚甲蓝还原，溶液由蓝色变为无色，即为滴定终点。根据样液消耗量可计算出还原糖含量。

亚甲蓝氧化型+还原糖⟶亚甲蓝还原型
（蓝色）　　　　　　（无色）

由于还原糖与酒石酸钾钠铜反应,并不是严格按照上述反应式定量进行的,因此,计算还原糖含量时,用已知浓度的葡萄糖标准溶液标定的方法,或利用通过实验编制出的还原糖检索表来计算。

(二)试剂和材料

(1)盐酸(HCl)。

(2)硫酸铜($CuSO_4 \cdot 5H_2O$)。

(3)亚甲蓝($C_{16}H_{18}ClN_3S \cdot 3H_2O$):指示剂。

(4)酒石酸钾钠($C_4H_4O_6KNa \cdot 4H_2O$)。

(5)氢氧化钠(NaOH)。

(6)乙酸锌[$Zn(CH_3COO)_2 \cdot 2H_2O$]。

(7)冰乙酸($C_2H_4O_2$)。

(8)亚铁氰化钾[$K_4Fe(CN)_6 \cdot 3H_2O$]。

(9)盐酸溶液(1+1,体积比):量取盐酸 50 mL,加水 50 mL,混匀。

(10)碱性酒石酸铜甲液:称取硫酸铜 15 g 及亚甲蓝 0.05 g,溶入水中,并稀释至 1 000 mL,贮存于试剂瓶中。

(11)碱性酒石酸铜乙液:称取酒石酸钾钠 50 g 和氢氧化钠 75 g,溶于水中,再加入亚铁氰化钾 4 g,完全溶解后,用水稀释至 1 000 mL,贮存于带橡胶塞的玻璃瓶内。

(12)乙酸锌溶液:称取乙酸锌 21.9 g,加冰乙酸 3 mL,加水溶解并定容至 100 mL。

(13)亚铁氰化钾溶液(106 g/L):称取亚铁氰化钾 10.6 g,加水溶解并定容至 100 mL。

(14)氢氧化钠溶液(40 g/L):称取氢氧化钠 4 g,加水溶解后,放冷,并定容至 100 mL。

(15)标准品。

①葡萄糖($C_6H_{12}O_6$):[CAS:50-99-7],纯度≥99%。

②果糖($C_6H_{12}O_6$):[CAS:57-48-7],纯度≥99%。

③乳糖(含水)($C_6H_{12}O_6 \cdot H_2O$):[CAS:5989-81-1],纯度≥99%。

④蔗糖($C_{12}H_{22}O_{11}$):[CAS:57-50-1],纯度≥99%。

(16)标准溶液配制

①葡萄糖标准溶液(1.0 mg/mL):准确称取经 98 ~ 100 ℃烘箱中干燥 2 h 后的葡萄糖 1 g,加水溶解后加入盐酸溶液 5 mL,并用水定容至 1 000 mL。此溶液每毫升相当于 1.0 mg 葡萄糖。

②果糖标准溶液(1.0 mg/mL):准确称取经 98 ~ 100 ℃干燥 2 h 的果糖 1 g,加水溶解后加入盐酸溶液 5 mL,并用水定容至 1 000 mL。此溶液每毫升相当于 1.0 mg 果糖。

③乳糖标准溶液(1.0 mg/mL):准确称取经 94 ~ 98 ℃干燥 2 h 的乳糖(含水)1 g,加水溶解后加入盐酸溶液 5 mL,并用水定容至 1 000 mL。此溶液每毫升相当于 1.0 mg 乳糖(含水)。

④转化糖标准溶液(1.0 mg/mL):准确称取 1.052 6 g 蔗糖,用 100 mL 水溶解,置具塞的锥形瓶中,加盐酸溶液 5 mL,在 68 ~ 70 ℃水浴中加热 15 min,放置至室温,转移至 1 000 mL 容量瓶中并加水定容至 1 000 mL。此溶液每毫升标准溶液相当于 1.0 mg 转化糖。

(三)仪器和设备

(1)天平:感量为 0.1 mg。

(2)水浴锅。

(3)可调温电炉。

(4)酸式滴定管:25 mL。

(四)分析步骤

1. 试样制备

(1)含淀粉的食品 称取粉碎或混匀后的试样 10 ~ 20 g(精确至 0.001 g),置 250 mL 容量瓶中,加水 200 mL,在 45 ℃水浴中加热 1 h,并时时振摇,冷却后加水至刻度,混匀,静置,沉淀。吸取 200.0 mL 上清液置于另一只 250 mL 容量瓶中,缓慢加入乙酸锌溶液 5 mL 和亚铁氰化钾溶液 5 mL,加水至刻度,混匀,静置 30 min,用干燥滤纸过滤,弃去初滤液,取后续滤液备用。

(2)酒精饮料 称取混匀后的试样 100 g(精确至 0.01 g),置于蒸发皿中,用氢氧化钠溶液中和至中性,在水浴上蒸发至原体积的 1/4 后,移入 250 mL 容量瓶中,以下按"含淀粉的食品"自"缓慢加入乙酸锌溶液 5 mL……"起依法操作。

(3)碳酸饮料 称取混匀后的试样 100 g(精确至 0.01 g),置于蒸发皿中,在水浴上微热搅拌除去二氧化碳后,移入 250 mL 容量瓶中,用水洗涤蒸发皿,洗液并入容量瓶,加水至刻度,混匀后备用。

(4)其他食品 称取粉碎后的固体试样 2.5 ~ 5 g(精确至 0.001 g)或混匀后的液体试样 5 ~ 25 g(精确至 0.001 g),置于 250 mL 容量瓶中,加 50 mL 水,以下按"含淀粉的食品"自"缓慢加入乙酸锌溶液 5 mL……"起依法操作。

2. 碱性酒石酸铜溶液的标定

吸取碱性酒石酸铜甲液 5.0 mL 和碱性酒石酸铜乙液 5.0 mL,置于 150 mL 锥形瓶中,加水 10 mL,加入玻璃珠 2 ~ 4 粒,从滴定管滴加约 9 mL 葡萄糖(或其他还原糖标准溶液),控制在 2 min 内加热至沸,趁沸以每 2 秒一滴的速度继续滴加葡萄糖标准溶液(或其他还原糖标准溶液),直至溶液蓝色刚好褪去为终点,记录消耗葡萄糖标准溶液的总体积,同法平行操作 3 份,取其平均值。

3. 试样溶液预测

吸取碱性酒石酸铜甲液 5.0 mL 和碱性酒石酸铜乙液 5.0 mL,置于 150 mL 锥形瓶中,加水 10 mL,加入玻璃珠 2 ~ 4 粒,控制在 2 min 内加热至沸,保持沸腾以先快后慢的速度,从滴定管中滴加试样溶液,并保持沸腾状态,待溶液颜色变浅时,以每 2 秒一滴的速度滴定,直至溶液蓝色刚好褪去为终点,记录样品溶液消耗体积。

注意:当样液中还原糖浓度过高时,应适当稀释后再进行正式测定,使每次滴定消耗样液的体积控制在与标定碱性酒石酸铜溶液时所消耗的还原糖标准溶液的体积相近,约 10 mL;当浓度过低时,则采取直接加入 10 mL 样品液,免去加水 10 mL,再用还原糖标准溶液滴定至终点,记录消耗的体积与标定时消耗的还原糖标准溶液体积之差,相当于 10 mL 样液中所含还原糖的量。

4. 试样溶液测定

吸取碱性酒石酸铜甲液 5.0 mL 和碱性酒石酸铜乙液 5.0 mL,置于 150 mL 锥形瓶中,加水 10 mL,加入玻璃珠 2 ~ 4 粒,从滴定管中滴加比预测体积少 1 mL 的试样溶液至锥形瓶中,使其在 2 min 内加热至沸,趁沸继续以每 2 秒一滴的速度滴定,直至蓝色刚好褪去为终点,记录样液消耗体积,同法平行操作 3 份,得出平均消耗体积。

（五）分析结果的表述

1. 当样液中还原糖浓度与标准溶液浓度接近时

（1）每 10 mL（甲、乙液各 5 mL）碱性酒石酸铜溶液相当于葡萄糖（或其他还原糖）的质量（mg），按下式计算：

$$A_1 = \rho \cdot V$$

式中 A_1——10 mL（甲、乙液各 5 mL）碱性酒石酸铜溶液相当于葡萄糖（或其他还原糖）的质量，mg；

ρ——葡萄糖（或其他还原糖）标准溶液的浓度，mg/mL；

V——标定时消耗葡萄糖（或其他还原糖）标准溶液的体积，mL。

（2）试样中还原糖的含量以葡萄糖计，按下式计算：

$$X = \frac{A_1}{m \times F \times V/250 \times 1\,000} \times 100$$

式中 X——试样中还原糖（以某种还原糖计）含量，g/100 g；

A_1——10 mL 碱性酒石酸铜溶液（甲、乙液各 5 mL）相当于某种还原糖的质量，mg；

m——试样质量，g；

F——系数，对含淀粉食品、碳酸饮料及其他食品为 1，对酒精饮料为 0.8；

V——测定时平均消耗试样溶液体积，mL；

250——定容体积，mL；

1 000——换算系数。

注意：如还原糖浓度过高，需要进行稀释时，试样中还原糖含量结果需乘以稀释的倍数。

2. 当样液中还原糖浓度过低时

（1）10 mL 样液相当于葡萄糖（或其他还原糖）的质量（mg），按下式计算：

$$A_2 = \rho \times (V_0 - V_1)$$

式中 A_2——标定时体积与加入样品后消耗的还原糖标准溶液体积之差相当于葡萄糖（或其他还原糖）质量，mg；

ρ——葡萄糖标准溶液（或其他还原糖标准溶液）的浓度，mg/mL；

V_0——标定时消耗葡萄糖标准溶液（或其他还原糖标准溶液）的体积，mL。

V_1——加入样品后消耗的葡萄糖标准溶液（或其他还原糖标准溶液）的体积，mL。

（2）试样中还原糖的含量（以某种还原糖计），按下式计算：

$$X = \frac{A_2}{m \times F \times 10/250 \times 1\,000} \times 100$$

式中 X——试样中还原糖（以某种还原糖计）含量，g/100 g；

A_2——标定时体积与加入样品后消耗的还原糖标准溶液体积之差相当于某种还原糖的质量，mg；

m——试样质量，g；

F——系数，对含淀粉食品、碳酸饮料及其他食品为 1；对酒精饮料为 0.8；

10——样液体积，mL；

250——定容体积，mL；

1 000——换算系数。

还原糖含量≥10 g/100 g 时，计算结果保留三位有效数字；还原糖含量<10 g/100 g 时，计

算结果保留两位有效数字。

精密度:在重复性条件下获得的两次独立测定结果的绝对差值不得超过算术平均值的5%。

(六)说明及注意事项

①本法是《食品安全国家标准 食品中还原糖的测定》(GB 5009.7—2016)中的第一法,操作和计算都较简单、快捷,适用于各类食品中还原糖的测定。

②碱性酒石酸铜甲液和碱性酒石酸铜乙液应分别配制储存,用时混合。这是因为酒石酸铜络合物长期在碱性条件下会慢慢分解析出氧化亚铜沉淀,使试剂有效浓度降低。

③碱性酒石酸铜的氧化能力较强(将醛糖和酮糖都氧化),测得的数据是总还原糖量。

④测定时滴定必须在沸腾条件下进行。滴定过程保持沸腾状态,一是加快还原糖与铜离子的反应速度,二是防止空气进入,使还原型次甲基蓝和氧化亚铜不被空气中的氧所氧化,减少了反应过程中产生的还原型亚甲蓝和氧化亚铜被氧化而增加的耗糖量。

⑤必须进行样液预测,正式测定时从滴定管滴加比预测体积少1 mL的试样溶液,与碱性酒石酸铜溶液共沸,剩下的1 mL左右样液应在1 min内完成滴定,以减少实验误差。这是因为本法对样品溶液中还原糖浓度有一定要求(1 mg/mL左右),测定时样品溶液的消耗体积应与标定葡萄糖标准溶液时消耗的体积相近,通过预测可调节样品中的还原糖浓度,使预测时的消耗样液量约为10 mL。另外,通过预测可知,样液的大概消耗量,以便在正式测定时,预先加入比实际用量少1 mL左右的样液,只留下1 mL左右的样液在续滴定时加入,以保证在1 min内完成续滴定工作,提高测定的准确度。

⑥直接滴定法对还原糖进行定量的基础是碱性酒石酸铜溶液中Cu^{2+}的量,因此,试样处理时不能采用铜盐作为澄清剂。

⑦在碱性酒石酸铜乙液中加入亚铁氰化钾,是为了使之与Cu_2O生成可溶性的无色络合物,而不再析出红色沉淀,使终点便于观察。

⑧测定中锥形瓶壁厚度、热源强度、加热时间、滴定速度、反应酸碱度对测定精密度影响很大,故预测及正式测定时,应力求与实验条件保持一致。

⑨当称样量为5 g时,定量限为0.25 g/100 g。

三、食品中淀粉的测定-酸水解法

(一)测定原理

试样经除去脂肪及可溶性糖类物质后,其中淀粉用酸水解成具有还原性的单糖,再按还原糖测定,并折算成淀粉。

$$(C_6H_{10}O_5)_n+nH_2O \longrightarrow nC_6H_{12}O_6$$

淀粉水解产生葡萄糖,淀粉的相对分子量为162,葡萄糖的相对分子量为180,把葡萄糖折算成淀粉的换算系数为162/180=0.9。

(二)试剂和材料

①盐酸(HCl)。

②氢氧化钠(NaOH)。

③乙酸铅($PbC_4H_6O_4 \cdot 3H_2O$)。

④硫酸钠(Na_2SO_4)。

⑤石油醚:沸点范围为 60 ~ 90 ℃。

⑥乙醚($C_4H_{10}O$)。

⑦无水乙醇(C_2H_5OH)或 95% 乙醇。

⑧甲基红($C_{15}H_{15}N_3O_2$):指示剂。

⑨精密 pH 试纸:6.8 ~ 7.2。

⑩甲基红指示液(2 g/L):称取甲基红 0.20 g,用少量乙醇溶解后,加水定容至 100 mL。

⑪氢氧化钠溶液(400 g/L):称取 40 g 氢氧化钠,加水溶解后,冷却至室温,稀释至 100 mL。

⑫乙酸铅溶液(200 g/L):称取 20 g 乙酸铅,加水溶解并稀释至 100 mL。

⑬硫酸钠溶液(100 g/L):称取 10 g 硫酸钠,加水溶解并稀释至 100 mL。

⑭盐酸溶液(1+1):量取 50 mL 盐酸,与 50 mL 水混合。

⑮乙醇(85% *V/V*):取 85 mL 无水乙醇,加水定容至 100 mL 混匀。也可用 95% 乙醇配制。

⑯标准品:D-无水葡萄糖($C_6H_{12}O_6$),纯度≥98%(HPLC)。

⑰葡萄糖标准溶液配制:准确称取 1 g(精确至 0.000 1 g)经过 98 ~ 100 ℃ 干燥 2 h 的 D-无水葡萄糖,加水溶解后加入 5 mL 盐酸,并以水定容至 1 000 mL。此溶液每毫升相当于 1.0 mg 葡萄糖。

(三)仪器和设备

①0.1 天平:感量为 1 mg 和 0.1 mg。

②恒温水浴锅:可加热至 100 ℃。

③回流装置,并附 250 mL 锥形瓶,如图 4-6 所示。

④高速组织捣碎机。

⑤电炉。

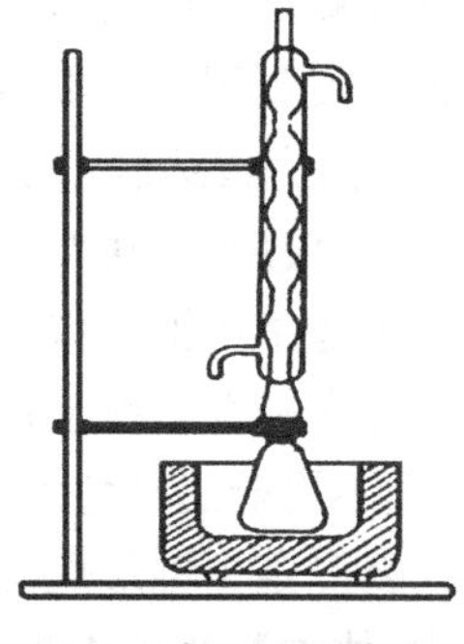

图 4-6　冷凝回流装置图

(四)分析步骤

1. 试样制备

(1)易于粉碎的试样　磨碎过 0.425 mm 筛(相当于 40 目),称取 2 ~ 5 g(精确至 0.001 g),置于放有慢速滤纸的漏斗中,用 50 mL 石油醚或乙醚分 5 次洗去试样中的脂肪,弃去石油醚或乙醚。用 150 mL 乙醇(85%,体积比)分数次洗涤残渣,以充分除去可溶性糖类物质。根据样品的实际情况,可适当增加洗涤液的用量和洗涤次数,以保证干扰检测的可溶性糖类物质洗涤完全。滤干乙醇溶液,以 100 mL 水洗涤漏斗中的残渣并转移至 250 mL 锥形瓶中,加入 30 mL 盐酸(1+1),接好冷凝管,置沸水浴中回流 2 h。回流完毕后,立即冷却。待试样水解液冷却后,加入 2 滴甲基红指示液,先以氢氧化钠溶液(400 g/L)调至黄色,再以盐酸(1+1)校正至试样水解液刚变成红色。若试样水解液颜色较深,可用精密 pH 试纸测试,使试样水解液的 pH 值约为 7。然后加 20 mL 乙酸铅溶液(200 g/L),摇匀,放置 10 min。再加 20 mL 硫酸钠溶液(100 g/L),以除去过多的铅。摇匀后将全部溶液及残渣转入 500 mL 容量瓶中,用水洗涤锥形瓶,将洗液合并入容量瓶中,加水稀释至刻度。过滤,弃去初滤液 20 mL,剩余滤液供测定用。

(2)其他样品　称取一定量的样品,加入适量水在组织捣碎机中捣成匀浆(蔬菜、水果需先洗净晾干后取可食用部分)。

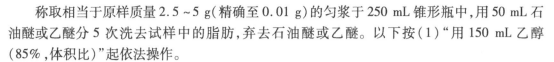

称取相当于原样质量2.5～5 g(精确至0.01 g)的匀浆于250 mL锥形瓶中,用50 mL石油醚或乙醚分5次洗去试样中的脂肪,弃去石油醚或乙醚。以下按(1)“用150 mL乙醇(85%,体积比)”起依法操作。

2. 测定

按直接测定法测定食品中的还原糖方法操作(标定碱性酒石酸铜溶液、试样溶液预测、试样溶液测定)。

同时量取20 mL水和30 mL 6 mol/L盐酸于锥形瓶中,按上述方法完成酸水解、澄清、定容、过滤。滤液按反滴法做试剂空白试验。即用葡萄糖标准溶液滴定试剂空白溶液至终点,记录消耗的体积与标定时消耗的葡萄糖标准溶液体积之差,相当于10 mL样液中所含葡萄糖的量(mg)。

(五)分析结果的表述

试样中淀粉的含量按下式计算:

$$X = \frac{(A_1 - A_2) \times 0.9}{m \times \frac{V}{500} \times 1\ 000} \times 100$$

式中　X——试样中淀粉的含量,g/100 g;

A_1——测定用试样中水解液的葡萄糖质量,mg;

A_2——试剂空白中的葡萄糖重量,mg;

0.9——葡萄糖折算成淀粉的换算系数;

m——试样重量,g;

V——测定用试样水解液的体积,mL;

500——试样液总体积,mL。

结果保留三位有效数字。

精密度:在重复性条件下获得的两次独立测定结果的绝对差值不得超过算术平均值的10%。

(六)说明及注意事项

①盐酸水解法的选择性和准确性不及酶水解法。此法将淀粉水解成葡萄糖的同时,也能将样品中含有的半纤维素、多缩戊糖及果胶质等水解为木糖、阿拉伯糖等还原糖,使测定结果偏高。此法更适用于淀粉含量较高而半纤维素和多缩戊糖等其他多糖含量较少的样品。当富含半纤维素、多缩戊聚糖的试样时,可选用酶水解法。

②水解过程应采用回流装置,以保证水解过程中盐酸不会挥发。

③水解条件要严格控制。既要保证淀粉水解完全,又要避免加热时间过长,否则葡萄糖会形成糠醛聚合体,失去还原性,影响测定结果的准确性。

【知识拓展】

一、食品中还原糖的测定——高锰酸钾滴定法

(一)测定原理

试样经去蛋白质后,将一定量的样液与过量的碱性酒石酸铜溶液完全反应,在加热条件

下，还原糖生成定量的氧化亚铜沉淀，反应式同直接滴定法。

过滤并清洗生成定量的氧化亚铜沉淀，用过量的酸性硫酸铁溶解氧化亚铜，而硫酸铁则被还原成硫酸亚铁。

$$Cu_2O+Fe_2(SO_4)_3+H_2SO_4 = 2CuSO_4+2FeSO_4+H_2O$$

再用标准的高锰酸钾溶液去滴定生成的硫酸亚铁，终点为粉红色。

$$10FeSO_4+2KMnO_4+8H_2SO_4 = 5Fe_2(SO4)_3+2MnSO_4+K_2SO_4+8H_2O$$

根据高锰酸钾溶液的消耗量计算出氧化亚铜的质量，查附录四即可计算出还原糖的含量。

(二)试剂和材料

①盐酸(HCl)。

②氢氧化钠(NaOH)。

③硫酸铜($CuSO_4 \cdot 5H_2O$)。

④硫酸(H_2SO_4)。

⑤硫酸铁($Fe_2(SO_4)_3$)。

⑥酒石酸钾钠($C_4H_4O_6KNa \cdot 4H_2O$)。

⑦盐酸溶液(3 mol/L)：量取盐酸 30 mL，加水稀释至 120 mL。

⑧碱性酒石酸铜甲液：取硫酸铜 34.639 g，加适量水溶解，加硫酸 0.5 mL，再加水稀释至 500 mL，用精制石棉过滤。

⑨碱性酒石酸铜乙液：取酒石酸钾钠 173 g 与氢氧化钠 50 g，加适量水溶解，并稀释至 500 mL，用精制石棉过滤，贮存在橡胶塞玻璃瓶内。

⑩氢氧化钠溶液(40 g/L)：称取氢氧化钠 4 g，加水溶解后，放冷，并定容至 100 mL。

⑪硫酸铁溶液(50 g/L)：称取硫酸铁 50 g，加入水 200 mL 溶解后，缓慢加入硫酸 100 mL，冷却后加水稀释至 1 000 mL。

⑫精制石棉：取石棉先用 3 mol/L 盐酸浸泡 2～3 天，用水洗净，再加 40 g/L 氢氧化钠溶液浸泡 2～3 天，倒去溶液，再用热碱性酒石酸铜乙液浸泡数小时，用水洗净。再以 3 mol/L 盐酸浸泡数小时，以水洗至不呈酸性。然后加水振摇，使其成微细的浆状软纤维，用水浸泡并贮存于玻璃瓶中，即可用作填充古氏坩埚用。

⑬标准品：高锰酸钾($KMnO_4$)[CAS:7722-64-7]，优级纯或以上等级。

⑭高锰酸钾标准溶液[$c(\frac{1}{5}KMnO_4=0.1\ 000\ mol/L)$]：按《化学试剂 标准滴定溶液的制备》(GB/T 601—2016)配制与标定。

(三)仪器和设备

①天平：感量为 0.1 mg。

②水浴锅。

③可调温电炉。

④酸式滴定管：25 mL。

⑤25 mL 古氏坩埚或 G4 垂融坩埚。

⑥真空泵。

（四）分析步骤

1. 试样处理

（1）含淀粉的食品　称取粉碎或混匀后的试样 10 ~ 20 g（精确至 0.001 g），置于 250 mL 容量瓶中，加 200 mL 水，在 45 ℃水浴中加热 1 h，并时时振摇。冷后加水至刻度，混匀，静置。吸取 200.0 mL 上清液置于另一只 250 mL 容量瓶中，加碱性酒石酸铜甲液 10 mL 及氢氧化钠溶液（40 g/L）4 mL，加水至刻度，混匀。静置 30 min，用干燥滤纸过滤，弃去初滤液，取中间滤液备用。

（2）酒精饮料　称取 100.0 g（精确至 0.01 g）混合均匀的试样，置于蒸发皿中，用氢氧化钠溶液（40 g/L）中和至中性，在水浴上蒸发至原体积的 1/4 后，移入 250 mL 容量瓶中。加 50 mL 水，混匀。以下从“加碱性酒石酸铜甲液 10 mL……”起同上“含淀粉的食品”操作。

（3）碳酸饮料　称取 100.0 g（精确至 0.001 g）混合均匀的试样，置于蒸发皿中，在水浴上除去二氧化碳后，移入 250 mL 容量瓶中，并用水洗涤蒸发皿，洗液并入容量瓶中，再加水至刻度，混匀后备用。

（4）其他食品　称取粉碎后的固体试样 2.5 ~ 5.0 g（精确至 0.001 g）或混匀后的液体试样 25 ~ 50 g（精确至 0.001 g），置于 250 mL 容量瓶中，加 50 mL 水，摇匀。以下从“加碱性酒石酸铜甲液 10 mL……”起同上“含淀粉的食品”操作。

2. 试样溶液的测定

吸取处理后的试样溶液 50.0 mL，于 500 mL 烧杯内，加入 25 mL 碱性酒石酸铜甲液及 25 mL 碱性酒石酸铜乙液，于烧杯上盖一表面皿，加热，控制在 4 min 内沸腾，再准确煮沸 2 min，趁热用铺好精制石棉的古氏坩埚或 G4 垂融坩埚抽滤，并用 60 ℃热水洗涤烧杯及沉淀，至洗液不呈碱性为止。将古氏坩埚或垂融坩埚放回原 500 mL 烧杯中，加硫酸铁溶液 25 mL、水 25 mL，用玻璃棒搅拌使氧化亚铜完全溶解，以高锰酸钾标准溶液滴定至微红色为终点。

同时吸取 50 mL 水，加入与测定试样时相同量的碱性酒石酸铜甲液、乙液，硫酸铁溶液及水，按同一方法做空白试验。

（五）分析结果

试样中还原糖质量相当于氧化亚铜的质量，其计算式为：

$$A = (V - V_0) \times c \times 71.54$$

式中　A——试样中还原糖质量相当于氧化亚铜的质量，mg；

V——测定用试样液消耗高锰酸钾标准溶液的体积，mL；

V_0——试剂空白消耗高锰酸钾标准溶液的体积，mL；

c——高锰酸钾标准溶液的实际浓度，mol/L；

71.54——1 mL 高锰酸钾标准溶液[$c(\frac{1}{5}KMnO_4) = 1.000$ mol/L]相当于氧化亚铜的质量，mg。

根据以上公式中计算所得氧化亚铜质量，查附录四，再计算试样中还原糖含量，其计算式为：

$$X = \frac{A}{m \times V/250 \times 1\,000} \times 100$$

式中　X——试样中还原糖的含量，g/100 g；

A——查附录四得还原糖的质量,mg;

m——试样质量或体积,g 或 mL;

V——测定用试样溶液的体积,mL;

250——试样处理后的总体积,mL。

还原糖含量≥10 g/100 g 时,计算结果保留三位有效数字;还原糖含量<10 g/100 g 时,计算结果保留两位有效数字。

精密度:在重复性条件下获得的两次独立测定结果的绝对差值不得超过算术平均值的 10%。

(六)说明及注意事项

①本法是《食品安全国家标准 食品中还原糖的测定》(GB 5009.7—2016)中的第二法,适用于各类食品中还原糖的测定,有色样液也不受限制。方法的准确度高,重现性好,准确度和重现性都优于直接滴定法。但操作复杂、费时,需使用特制的高锰酸钾法糖类物质检索表。

②此法以高锰酸钾滴定反应过程中产生的定量硫酸亚铁为结果计算的依据,因此,在试样处理时,不能用亚铁氰化钾作为糖液的澄清剂,以免引入 Fe^{2+},造成误差。

③测定时必须严格按规定的操作条件进行,必须使加热至沸腾时间及保持沸腾时间严格一致。即必须控制好热源强度,保证在加入碱性酒石酸铜甲、乙液后,在 4 min 内加热至沸,并使每次测定的沸腾时间保持一致,否则误差较大。

④此法所用碱性酒石酸铜溶液是过量的,即保证把所有的还原糖全部氧化后,还有过剩的 Cu^{2+}存在,所以,煮沸后的反应液应呈蓝色。若煮沸过程中发现溶液蓝色消失,说明糖液浓度过高,应减少试样溶液取用体积,重新操作,不能增加酒石酸铜甲、乙液用量。

⑤抽滤时要防止氧化亚铜沉淀暴露在空气中,应使沉淀始终在液面以下,以免被氧化。

⑥当称样量为 5 g 时,定量限为 0.5 g/100 g。

二、食品中蔗糖的测定——酸水解-莱因-埃农氏法

(一)测定原理

样品经除去蛋白质后,其中蔗糖经盐酸水解转化为还原糖,再按还原糖测定。水解前后还原糖的差值为蔗糖水解所产生的还原糖的量,再乘以换算系数 0.95 即为蔗糖含量。

$$\underset{\text{蔗糖}}{C_{12}H_{22}O_{11}} + H_2O \xrightarrow{HCl} \underset{\text{葡萄糖}}{C_6H_{12}O_6} + \underset{\text{果糖}}{C_6H_{12}O_6}$$

蔗糖的相对分子质量为 342,水解后产生 2 分子单糖,相对分子质量之和为 360,故由转化糖的含量换算成蔗糖的含量时,应乘以换算系数 342/360=0.95。

(二)试剂和材料

除非另有说明,本方法所用试剂均为分析纯,水为《分析实验用水规格和试验方法》(GB/T 6682—2008)规定的三级水。

①乙酸锌[$Zn(CH_3COO)_2 \cdot 2H_2O$]。

②亚铁氰化钾[$K_4Fe(CN)_6 \cdot 3H_2O$]。

③盐酸(HCl)。

④氢氧化钠(NaOH)。

⑤甲基红($C_{15}H_{15}N_3O_2$):指示剂。

⑥亚甲蓝($C_{16}H_{18}ClN_3S \cdot 3H_2O$):指示剂。

⑦硫酸铜($CuSO_4 \cdot 5H_2O$)。

⑧酒石酸钾钠($C_4H_4O_6KNa \cdot 4H_2O$)。

⑨乙酸锌溶液:称取乙酸锌 21.9 g,加冰乙酸 3 mL,加水溶解并定容至 100 mL。

⑩亚铁氰化钾溶液(106 g/L):称取亚铁氰化钾 10.6 g,加水溶解并定容至 100 mL。

⑪盐酸溶液(1+1,体积比):量取盐酸 50 mL,加水 50 mL,冷却后混匀。

⑫氢氧化钠溶液(40 g/L):称取氢氧化钠 4 g,加水溶解后,放冷,加水并定容至 100 mL。

⑬甲红指示液(1 g/L):称取甲基红盐酸盐 0.1 g,用 95% 乙醇溶解并定容至 100 mL。

⑭氢氧化钠溶液(200 g/L):称取氢氧化钠 20 g,加水溶解后,放冷,加水并定容至 100 mL。

⑮碱性酒石酸铜甲液:称取硫酸铜 15 g 及亚甲蓝 0.05 g,溶于水中,加水并定容至 1 000 mL,贮存于试剂瓶中。

⑯碱性酒石酸铜乙液:称取酒石酸钾钠 50 g 和氢氧化钠 75 g,溶于水中,再加入亚铁氰化钾 4 g,完全溶解后,加水并定容至 1 000 mL,贮存于橡胶塞玻璃瓶内。

⑰标准品:葡萄糖($C_6H_{12}O_6$)[CAS:50-99-7],纯度≥99%。

⑱葡萄糖标准溶液配制(1.0 mg/mL)准确称取经过 98 ~ 100 ℃烘箱中干燥 2 h 后的葡萄糖 1 g(精确至 0.001 g),加水溶解后加入盐酸溶液 5 mL,并用水定容至 1 000 mL。此溶液每毫升相当于 1.0 mg 葡萄糖。

(三)仪器和设备

(1)天平:感量为 0.1 mg。

(2)水浴锅。

(3)可调温电炉。

(4)酸式滴定管:25 mL。

(四)分析步骤

1. 试样制备

(1)固体样品　取有代表性样品至少 200 g,用粉碎机粉碎,混匀,装入洁净容器,密封,标明标记。

(2)半固体和液体样品　取有代表性样品至少 200 g(mL),充分混匀,装入洁净容器,密封,标明标记。

2. 试样处理

同还原糖的测定(直接滴定法)。

3. 酸水解

吸取经处理后的试样 2 份各 50 mL,分别放入 100 mL 容量瓶中。转化前:一份于 100 mL 容量瓶中,用水稀释至 100 mL。

转化后:另一份于 100 mL 容量瓶中,加入(1+1)盐酸 5 mL,置于 68 ~ 70 ℃水浴中加热 15 min,取出迅速冷却至室温,加甲基红指示剂 2 滴,用 200 g/L 的氢氧化钠溶液中和至中性,加水至刻度,摇匀。

4. 标定碱性酒石酸铜溶液

同还原糖的测定(直接滴定法)。

5. 试样溶液测定

两份处理液分别测定，同还原糖的测定（直接滴定法）。

（五）分析结果的表述

（1）转化糖的含量

试样中转化糖的含量（以葡萄糖计），其计算式为：

$$R = \frac{A}{m \times \frac{50}{250} \times \frac{V}{100} \times 1\ 000} \times 100$$

式中 R——试样中转化糖的质量分数，g/100 g；

A——碱性酒石酸铜（甲、乙液各半）相当于葡萄糖的质量，mg；

m——样品的质量，g；

50——酸水解中吸取样液体积，mL；

250——试样处理定容体积，mL；

V——滴定时平均消耗试样体积，mL；

100——试样酸水解定容体积，mL；

1 000——换算系数；

100——换算系数。

（2）试样中蔗糖的含量

$$X = (R_2 - R_1) \times 0.95$$

式中 X——试样中蔗糖的质量分数，g/100 g；

R_2——转化后转化糖的质量分数，g/100 g；

R_1——转化前转化糖的质量分数，g/100 g；

0.95——转化糖（以葡萄糖计）换算为蔗糖的系数。

蔗糖含量≥10 g/100 g时，计算结果保留三位有效数字；蔗糖含量<10 g/100 g时，计算结果保留两位有效数字。

精密度：在重复性条件下获得的两次独立测定结果的绝对差值不得超过算术平均值的10%。

（六）说明及注意事项

①蔗糖的水解速度比其他双糖、低聚糖和多糖快得多。在本方法规定的水解条件下，蔗糖可以完全水解，其他糖类物质的水解可忽略不计。

②严格控制水解条件是获得准确结果的必要前提。试样体积、酸的浓度及用量，水解温度和时间，冷却时间等都要严格控制，以防止低聚糖和多糖等水解。

③用还原糖法测定蔗糖时，为了减少误差，测得的还原糖含量应以转化糖表示。

④蜂蜜等易变质试样于0～4 ℃保存。

⑤当称样量为5 g时，定量限为0.24 g/100 g。

三、食品中总糖的测定

在许多食品中，多种单糖和低聚糖共存，通常需要测定其总量。总糖通常是指具有还原性的糖和在测定条件下能够水解为还原糖的低聚糖的总量，其含量高低对产品的色、香、味、形、营养价值和成本控制等有直接关系。总糖通常是糕点、果蔬罐头、饮料、果冻等许多食品常规的分析指标。总糖的测定通常是以还原糖的测定方法为基础，按测定蔗糖的方法将食品中的非还原性糖经酸水解成还原性单糖，再按还原糖的测定方法测定总还原糖量。常用的测定方法是直接滴定法，此外还有蒽酮比色法。下面介绍直接滴定法测定食品中总糖含量。

（一）测定原理

试样经处理除去蛋白质等杂质后，加入盐酸，在加热条件下，使蔗糖等低聚糖水解成还原性单糖，以直接滴定法测定水解后试样中的还原糖总量。

（二）试剂和材料

同蔗糖的测定。

（三）仪器和设备

同蔗糖的测定。

（四）分析步骤

1. 试样处理

同蔗糖的测定。

2. 试样测定

吸取经处理后的样液 50.0 mL 于 100 mL 容量瓶中，加入 5 mL 盐酸（1+1），置于 68 ~ 70 ℃ 水浴中，加热 15 min，取出冷却至室温，加甲基红指示剂 2 滴，用 200 g/L 氢氧化钠溶液中和至中性，加水至刻度，摇匀。以直接滴定法测定水解后试样中的还原糖总量。

（五）分析结果的表述

食品中的总糖含量以转化糖计，其计算式为：

$$X = \frac{A}{m \times \frac{50}{250} \times \frac{V}{100} \times 1\ 000} \times 100$$

式中　X——总糖的含量，以转化糖计，g/100 g；

A——10 mL 碱性酒石酸铜溶液相当于转化糖质量，mg；

m——试样质量，g；

50——酸水解中吸取样液体积，mL；

250——试样处理定容体积，mL；

100——试样酸水解定容体积，mL；

V——滴定时平均消耗试样体积，mL；

250——试样处理定容体积，mL。

总糖含量≥10 g/100 g 时，计算结果保留三位有效数字；还原糖含量<10 g/100 g 时，计算结果保留两位有效数字。

精密度：在重复性条件下获得的两次独立测定结果的绝对差值不得超过算术平均值的 10%。

（六）说明及注意事项

①在营养学上，总糖是指能被人体消化、吸收利用的糖类物质的总和（包括淀粉），这里的总糖不包括淀粉（在测定条件下，淀粉的水解作用很弱）。

②总糖测定结果应以转化糖计，也可以葡萄糖计。应用标准转化糖溶液标定碱性酒石酸铜溶液，以转化糖计；应用标准葡萄糖溶液标定碱性酒石酸铜溶液，以葡萄糖计。

四、食品中淀粉的测定-酶水解法

（一）测定原理

试样经除去脂肪及可溶性糖类物质后，其中淀粉用淀粉酶水解成小分子糖，再用盐酸水解成单糖，最后按还原糖测定，并折算成淀粉含量。

（二）试剂和材料

①碘（I_2）。

②碘化钾（KI）。

③高峰氏淀粉酶：酶活力≥1.6 U/mg。

④无水乙醇（C_2H_5OH）或95%乙醇。

⑤石油醚：沸程为60～90 ℃。

⑥乙醚（$C_4H_{10}O$）。

⑦甲苯（C_7H_8）。

⑧三氯甲烷（$CHCl_3$）。

⑨盐酸（HCl）。

⑩氢氧化钠（NaOH）。

⑪硫酸铜（$CuSO_4 \cdot 5H_2O$）。

⑫酒石酸钾钠（$C_4H_4O_6KNa \cdot 4H_2O$）。

⑬亚铁氰化钾[$K_4Fe(CN)_6 \cdot 3H_2O$]。

⑭亚甲蓝（$C_{16}H_{18}ClN_3S \cdot 3H_2O$）：指示剂。

⑮甲基红（$C_{15}H_{15}N_3O_2$）：指示剂。

⑯D-无水葡萄糖（$C_6H_{12}O_6$）。纯度：≥98%。

⑰甲基红指示液（2 g/L）：称取甲基红0.20 g，用少量乙醇溶解后，加水定容至100 mL。

⑱盐酸溶液（1+1）：量取50 mL盐酸与50 mL水混合。

⑲氢氧化钠溶液（200 g/L）：称取20 g氢氧化钠，加水溶解并定容至100 mL。

⑳碱性酒石酸铜甲液：称取15 g硫酸铜及0.050 g亚甲蓝，溶于水中并定容至1 000 mL。

㉑碱性酒石酸铜乙液：称取50 g酒石酸钾钠、75 g氢氧化钠，溶于水中，再加入4 g亚铁氰化钾，完全溶解后，用水定容至1 000 mL，贮存于橡胶塞玻璃瓶内。

㉒淀粉酶溶液（5 g/L）：称取高峰氏淀粉酶0.5 g，加100 mL水溶解，临用时配制；也可加入数滴甲苯或三氯甲烷防止长霉，置于4 ℃冰箱中。

㉓碘溶液：称取3.6 g碘化钾溶于20 mL水中，加入1.3 g碘，溶解后加水定容至100 mL。

㉔乙醇溶液（85%，体积比）：取85 mL无水乙醇，加水定容至100 mL混匀。也可用95%乙醇配制。

㉕标准品：D-无水葡萄糖（$C_6H_{12}O_6$），纯度≥98%（HPLC）。

㉖葡萄糖标准溶液的配制：准确称取1 g（精确至0.000 1 g）经过98～100 ℃干燥2 h的D-无水葡萄糖，加水溶解后加入5 mL盐酸，并以水定容至1 000 mL。此溶液每毫升相当于1.0 mg葡萄糖。

（三）仪器和设备

①天平：感量为 1 mg 和 0.1 mg。

②恒温水浴锅：可加热至 100 ℃。

③组织捣碎机。

④电炉。

（四）分析步骤

1. 试样制备

(1)易于粉碎的试样　将样品磨碎过 0.425 mm 筛(相当于 40 目)，称取 2～5 g(精确至 0.001 g)，置于放有折叠慢速滤纸的漏斗内，先用 50 mL 石油醚或乙醚分 5 次洗除脂肪，再用约 100 mL 乙醇(85%，体积比)分次充分洗去可溶性糖类物质。根据样品的实际情况，可适当增加洗涤液的用量和洗涤次数，以保证干扰检测的可溶性糖类物质洗涤完全。滤干乙醇，将残留物移入 250 mL 烧杯内，并用 50 mL 水洗净滤纸，洗液并入烧杯内，将烧杯置沸水浴上加热 15 min，使淀粉糊化，放冷至 60 ℃以下，加 20 mL 淀粉酶溶液，在 55～60 ℃保温 1 h，并时时搅拌。然后取 1 滴此液加 1 滴碘溶液，应不显蓝色。若显蓝色，再加热糊化并加 20 mL 淀粉酶溶液，继续保温，直至加碘溶液不显蓝色为止。加热至沸，冷后移入 250 mL 容量瓶中，并加水至刻度，混匀，过滤，并弃去初滤液。

取 50.0 mL 滤液，置于 250 mL 锥形瓶中，加 5 mL 盐酸(1+1)，装上回流冷凝器，在沸水浴中回流 1 h，冷后加 2 滴甲基红指示液，用氢氧化钠溶液(200 g/L)中和至中性，溶液转入 100 mL 容量瓶中，洗涤锥形瓶，洗液并入 100 mL 容量瓶中，加水至刻度，混匀备用。

(2)其他样品　称取一定量的样品，准确加入适量水在组织捣碎机中捣成匀浆(蔬菜、水果需先洗净晾干取可食部分)，称取相当于原样质量 2.5～5 g(精确至 0.001 g)的匀浆，以下按步骤(1)自“置于放有折叠慢速滤纸的漏斗内”起，依法操作。

2. 测定

按直接测定法测定食品中还原糖方法的操作(标定碱性酒石酸铜溶液、试样溶液预测、试样溶液测定)。

同时量取 20.0 mL 水及与试样溶液处理时相同量的淀粉酶溶液，按反滴法做试剂空白试验。即用葡萄糖标准溶液滴定试剂空白溶液至终点，记录消耗的体积与标定时消耗的葡萄糖标准溶液体积之差，相当于 10 mL 样液中所含葡萄糖的量(mg)。

（五）分析结果的表述

1. 试样中葡萄糖的含量

试样中葡萄糖的含量，其计算式为

$$X_1 = \frac{m_1}{\frac{50}{250} \times \frac{V_1}{100}}$$

式中　X_1——所称试样中葡萄糖的量，mg；

m_1——10 mL 碱性酒石酸铜溶液(甲、乙液各半)相当于葡萄糖的质量，mg；

50——测定用样品溶液体积，mL；

250——样品定容体积，mL；

V_1——测定时平均消耗试样溶液体积，mL；

100——测定用样品的定容体积，mL。

2. 试样中淀粉浓度过低时葡萄糖的含量

当试样中淀粉浓度过低时葡萄糖的含量，按下式计算：

$$X_2 = \frac{m_2}{\frac{50}{250} \times \frac{10}{100}}$$

$$m_2 = m_1\left(1 - \frac{V_2}{V_s}\right)$$

式中 X_2——所称试样中葡萄糖的质量，mg；

m_2——标定 10 mL 碱性酒石酸铜溶液（甲、乙液各半）时消耗的葡萄糖标准溶液的体积与加入试样后消耗的葡萄糖标准溶液体积之差相当于葡萄糖的质量，mg；

50——测定用样品溶液体积，mL；

250——样品定容体积，mL；

10——直接加入的试样体积，mL；

100——测定用样品的定容体积，mL；

m_1——10 mL 碱性酒石酸铜溶液（甲、乙液各半）相当于葡萄糖的质量，mg；

V_2——加入试样后消耗的葡萄糖标准溶液体积，mL；

V_s——标定 10 mL 碱性酒石酸铜溶液（甲、乙液各半）时消耗的葡萄糖标准溶液的体积，mL。

3. 试剂空白值

试剂空白值按下式计算：

$$X_0 = \frac{m_0}{\frac{50}{250} \times \frac{10}{100}}$$

$$m_0 = m_1\left(1 - \frac{V_0}{V_s}\right)$$

式中 X_0——试剂空白值，mg；

m_0——标定 10 mL 碱性酒石酸铜溶液（甲、乙液各半）时消耗的葡萄糖标准溶液的体积，与加入后消耗的葡萄糖标准溶液体积之差相当于葡萄糖的质量，mg；

50——测定用样品溶液体积，mL；

250——样品定容体积，mL；

10——直接加入的试样体积，mL；

100——测定用样品的定容体积，mL；

V_0——加入空白试样后消耗的葡萄糖标准溶液体积，mL；

V_s——标定 10 mL 碱性酒石酸铜溶液（甲、乙液各半）时消耗的葡萄糖标准溶液的体积，mL。

4. 试样中淀粉的含量

试样中淀粉的含量按下式计算：

$$X = \frac{(X_1 - X_0) \times 0.9}{m \times 1\,000} \times 100 \text{ 或 } X = \frac{(X_2 - X_0) \times 0.9}{m \times 1\,000} \times 100$$

式中 X——试样中淀粉的含量,g/100 g;

0.9——还原糖(以葡萄糖计)换算成淀粉的换算系数;

m——试样质量,g。

淀粉含量≥1 g/100 g,计算结果保留三位有效数字。淀粉含量<1 g/100 g,计算结果保留两位有效数字。

精密度:在重复性条件下获得的两次独立测定结果的绝对差值不得超过算术平均值的10%。

(六)说明及注意事项

①脂肪的存在会妨碍酶对淀粉的作用及可溶性糖类物质的去除,故应用乙醚或石油醚脱脂。

②淀粉酶水解具有选择性,只水解淀粉不水解其他多糖,水解后可通过过滤除去其他多糖,测定不受其他多糖的影响,测定结果准确,但操作费时。淀粉酶使用前应检查其活力,以确定水解时淀粉酶的添加量。

③淀粉粒具有晶体结构,淀粉酶难以作用。加热糊化破坏了淀粉的晶体结构,使其易于被淀粉酶作用。

【任务实施】

子任务一 乳清粉中乳糖含量的测定(直接滴定法)

◆任务描述

学生分小组完成以下任务:

1. 掌握直接滴定法测定还原糖的原理。
2. 查阅乳清粉的产品质量标准和还原糖测定的检验标准,设计乳清粉中乳糖的测定检测方案。
3. 准备乳清粉中乳糖含量的测定所需试剂材料及仪器设备。
4. 正确对乳清粉进行预处理,掌握沉淀及过滤操作。
5. 正确进行乳清粉中乳糖含量的测定。
6. 结果记录及分析处理。
7. 出具检验报告。

一、工作准备

(1)查阅乳清粉产品质量标准《食品安全国家标准 乳清粉和乳清蛋白粉》(GB 11674—2010)和检验标准《食品安全国家标准 食品中还原糖的测定》(GB 5009.7—2016),设计直接滴定法测定乳清粉中乳糖含量方案。

(2)准备乳糖测定所需的试剂材料及仪器设备。

二、实施步骤

1. 试样处理

称取混匀后的乳清粉试样2.5~5 g(精确至0.001 g),置于250 mL容量瓶中,加水50 mL,溶解后,缓慢加入乙酸锌溶液5 mL和亚铁氰化钾溶液5 mL。加水至刻度,混匀,静置

30 min，用干燥滤纸过滤，弃去初滤液，取后续滤液备用。

2. 碱性酒石酸铜溶液的标定

吸取碱性酒石酸铜甲液 5.0 mL 和碱性酒石酸铜乙液 5.0 mL，置于 150 mL 锥形瓶中，加水 10 mL，加入玻璃珠 2 ~4 粒，从滴定管滴加约 9 mL 乳糖标准溶液，控制在 2 min 内加热至沸，趁沸以每 2 秒一滴的速度继续滴加乳糖标准溶液，直至溶液蓝色刚好褪去为终点，记录消耗乳糖标准溶液的总体积，同法平行操作 3 份，取其平均值，计算每 10 mL（甲、乙液各 5 mL）碱性酒石酸铜溶液中乳糖的质量或其他还原糖的质量（mg）。

3. 试样溶液预测

吸取碱性酒石酸铜甲液 5.0 mL 和碱性酒石酸铜乙液 5.0 mL，于 150 mL 锥形瓶中，加水 10 mL，加入玻璃珠 2 ~4 粒，控制在 2 min 内加热至沸，保持沸腾以先快后慢的速度，从滴定管中滴加试样溶液，并保持沸腾状态，待溶液颜色变浅时，以每 2 秒一滴的速度滴定，直至溶液蓝色刚好褪去为终点，记录样品溶液消耗体积。

注意：当样液中还原糖浓度过高时，应适当稀释后再进行正式测定，当样液中还原糖浓度过低时，则免加 10 mL 水。

4. 试样溶液测定

吸取碱性酒石酸铜甲液 5.0 mL 和碱性酒石酸铜乙液 5.0 mL，置于 150 mL 锥形瓶中，加水 10 mL，加入玻璃珠 2 ~4 粒，从滴定管滴加比预测体积少 1 mL 的试样溶液至锥形瓶中，使其在 2 min 内加热至沸，趁沸继续以每 2 秒一滴的速度滴定，直至蓝色刚好褪去为终点，记录样液消耗体积，同法平行操作 3 份，得出平均消耗体积。

三、数据记录与处理

将乳清粉中乳糖的测定原始数据填入表 4-9 中，并填写检验报告单，见表 4-10。

表 4-9　乳清粉中乳糖的测定原始记录表

<table>
<tr><td colspan="2">工作任务</td><td></td><td>样品名称</td><td></td></tr>
<tr><td colspan="2">接样日期</td><td></td><td>检验日期</td><td></td></tr>
<tr><td colspan="2">检验依据</td><td colspan="3"></td></tr>
<tr><td colspan="2">样品质量 m/g</td><td colspan="3"></td></tr>
<tr><td rowspan="4">标定</td><td>锥形瓶标记（标定）</td><td>第一份</td><td>第二份</td><td>第三份</td></tr>
<tr><td>V_0 初/mL</td><td></td><td></td><td></td></tr>
<tr><td>V_0 终/mL</td><td></td><td></td><td></td></tr>
<tr><td>V_0/mL</td><td></td><td></td><td></td></tr>
<tr><td colspan="2">10 mL 酒石酸铜液相当于乳糖质量/mg</td><td></td><td></td><td></td></tr>
<tr><td colspan="2">10 mL 酒石酸铜液相当于乳糖质量平均值 A_1/mg</td><td colspan="3"></td></tr>
</table>

续表

工作任务			样品名称	
正式滴定	锥形瓶标记(正式滴定)	第一份	第二份	第三份
	$V_{初}$/mL			
	$V_{终}$/mL			
	V/mL			
计算				
乳糖含量/(g·100 g^{-1})				
乳糖含量平均值/(g·100 g^{-1})				
标准规定分析结果的精密度				
本次试验分析结果的精密度				

表 4-10　乳清粉中乳糖的测定检验报告单

样品名称					
产品批号		样品数量		代表数量	
生产日期		检验日期		报告日期	
检测依据					
判定依据					
检验项目		单位	检测结果	乳清粉中乳糖含量标准要求	
检验结论					
检验员		复核人			
备注					

四、任务考核

按照表 4-11 评价学生工作任务的完成情况。

表 4-11　任务考核评价指标

序号	工作任务	评价指标	分值比例/%
1	检测方案制订	(1)正确选用检测标准及检测方法 (2)检测方案制订合理规范	10
2	试样称取	(1)正确使用电子天平进行称重 (2)正确选择和使用称量瓶	5
3	试样的处理	(1)正确称量、溶解、沉淀和定容 (2)过滤操作是否快速、规范	10

续表

序号	工作任务	评价指标	分值比例/%
4	碱性酒石酸铜溶液的标定	(1)正确滴定准备、滴定操作 (2)滴定速度和终点控制准确 (3)读数是否准确	10
5	试样溶液预测	(1)正确滴定准备、滴定操作 (2)滴定速度和终点控制准确 (3)读数是否准确	10
6	试样溶液测定	(1)正确滴定准备、滴定操作 (2)滴定速度和终点控制准确 (3)读数是否准确	10
7	数据处理	(1)原始记录及检测及时、规范、整洁 (2)有效数字保留准确 (3)计算准确,测定结果准确,平行性好 (4)正确出具检验报告	15
8	其他操作	(1)工作服整洁、能够正确进行标识 (2)操作时间控制在规定时间里 (3)及时收拾清洁、回收玻璃器皿及仪器设备 (4)注意操作文明和操作安全	10
9	综合素养	(1)积极主动地参与工作,能吃苦耐劳,崇尚劳动光荣 (2)服从安排,顾全大局,积极与小组成员合作,共同完成工作任务 (3)能有效利用网络、图书资源、工作手册等,快速查阅获取所需的信息 (4)能发现问题、提出问题、分析问题、解决问题、创新问题	20
合　计			100

子任务二　速溶藕粉中淀粉含量的测定(酸水解法)

◆任务描述

学生分小组完成以下任务:

1. 掌握酸水解法测定速溶藕粉中淀粉含量的原理。

2. 查阅藕粉的产品质量标准和淀粉测定的检验标准,设计速溶藕粉中淀粉含量测定的检测方案。

3. 准备速溶藕粉中淀粉含量的测定所需试剂材料及仪器设备。

4. 正确对速溶藕粉进行预处理,掌握沉淀及过滤操作。

5. 正确进行速溶藕粉中淀粉含量的测定。

6. 结果记录及分析处理。

7. 出具检验报告。

一、工作准备

(1)查阅藕粉产品质量标准《藕粉质量通则》(GB/T 25733—2022)和检验标准《食品安全国家标准 食品中淀粉的测定》(GB 5009.9—2016),设计酸水解法测定淀粉含量方案。

(2)准备淀粉测定所需的试剂材料及仪器设备。

二、实施步骤

1. 试样处理

称取2~5 g速溶藕粉样品(精确至0.001 g),置于放有慢速滤纸的漏斗中,用50 mL石油醚或乙醚分5次洗去试样中的脂肪,弃去石油醚或乙醚。用150 mL乙醇(85%,体积比)分数次洗涤残渣,以充分除去可溶性糖类物质。滤干乙醇溶液,以100 mL水洗涤漏斗中的残渣并转移至250 mL锥形瓶中。

2. 酸水解

加入30 mL盐酸(1+1),接好冷凝管,置沸水浴中回流2 h。回流完毕后,立即冷却。待试样水解液冷却后,加入2滴甲基红指示液,先以氢氧化钠溶液(400 g/L)调至黄色,再以盐酸(1+1)校正至试样水解液刚好变成红色。然后加20 mL乙酸铅溶液(200 g/L),摇匀,放置10 min。再加20 mL硫酸钠溶液(100 g/L),以除去过多的铅。摇匀后将全部溶液及残渣转入500 mL容量瓶中,用水洗涤锥形瓶,洗液合并入容量瓶中,加水稀释至刻度。过滤,弃去初滤液20 mL,滤液供测定用。

3. 标定碱性酒石酸铜溶液

同还原糖测定中的"直接滴定法"。

4. 试样溶液预测

同还原糖测定中的"直接滴定法"。

5. 试样溶液测定

同还原糖测定中的"直接滴定法"。

三、数据记录与处理

将速溶藕粉中淀粉的测定原始数据填入表4-12中,并填写检验报告单,见表4-13。

表4-12 藕粉中淀粉含量测定的原始记录表

<table>
<tr><td colspan="2">工作任务</td><td></td><td>样品名称</td><td></td></tr>
<tr><td colspan="2">接样日期</td><td></td><td>检验日期</td><td></td></tr>
<tr><td colspan="2">检验依据</td><td colspan="3"></td></tr>
<tr><td colspan="2">样品质量 m/g</td><td colspan="3"></td></tr>
<tr><td rowspan="4">标定</td><td>锥形瓶标记(标定)</td><td>第一份</td><td>第二份</td><td>第三份</td></tr>
<tr><td>V_0 初/mL</td><td></td><td></td><td></td></tr>
<tr><td>V_0 终/mL</td><td></td><td></td><td></td></tr>
<tr><td>V_0/mL</td><td></td><td></td><td></td></tr>
</table>

续表

工作任务			样品名称	
10 mL 酒石酸铜甲、乙液相当于葡萄糖的量/mg $A_1=\rho\times V_0$				
10 mL 酒石酸铜甲、乙液相当于葡萄糖的量，平均值 A_1/mg				
正式滴定	锥形瓶标记（正式滴定）	第一份	第二份	第三份
	$V_{初}$/mL			
	$V_{终}$/mL			
	V/mL			
计算公式				
样品中淀粉含量/(g·100 g^{-1})				
样品中淀粉含量平均值/(g·100 g^{-1})				
标准规定分析结果的精密度				
本次试验分析结果的精密度				

表 4-13　藕粉中淀粉含量测定的检验报告单

样品名称					
产品批号		样品数量		代表数量	
生产日期		检验日期		报告日期	
检测依据					
判定依据					
检验项目		单位	检测结果	速溶藕粉中淀粉含量的标准要求	
检验结论					
检验员		复核人			
备注					

四、任务考核

按照表 4-14 评价学生工作任务的完成情况。

表 4-14　任务考核评价指标

序号	工作任务	评价指标	分值比例/%
1	检测方案制订	(1)正确选用检测标准及检测方法 (2)检测方案制订合理规范	10

续表

序号	工作任务	评价指标	分值比例/%
2	试样称取	(1)正确使用电子天平进行称重 (2)正确选择和使用称量瓶	5
3	试样的处理	(1)正确称量、溶解、沉淀和定容 (2)过滤操作是否快速、规范 (3)酸水解操作，酸中和操作	10
4	碱性酒石酸铜溶液的标定	(1)正确滴定准备、滴定操作 (2)滴定速度和终点控制准确 (3)读数是否准确	10
5	试样溶液预测	(1)正确滴定准备、滴定操作 (2)滴定速度和终点控制准确 (3)读数是否准确	10
6	试样溶液测定	(1)正确滴定准备、滴定操作 (2)滴定速度和终点控制准确 (3)读数是否准确	10
7	数据处理	(1)原始记录及检测及时、规范、整洁 (2)有效数字保留准确 (3)计算准确，测定结果准确，平行性好 (4)正确出具检验报告	15
8	其他操作	(1)工作服整洁、能正确进行标识 (2)操作时间控制应在规定时间内 (3)及时收拾清洁、回收玻璃器皿及仪器设备 (4)注意操作文明和操作安全	10%
9	综合素养	(1)积极主动地参与工作，能吃苦耐劳，崇尚劳动光荣 (2)服从安排，顾全大局，积极与小组成员合作，共同完成工作任务 (3)能有效利用网络、图书资源、工作手册等，快速查阅获取所需信息 (4)能发现问题、提出问题、分析问题、解决问题、创新问题	20
合　计			100

思政小课堂　　课外巩固　　相关标准

任务三　食品中蛋白质的测定

【学习目标】

◆知识目标

1. 能说出灭菌乳、乳粉的蛋白质含量。
2. 能说出凯氏定氮法测定蛋白质的原理。
3. 能说出凯氏定氮法的操作过程。
4. 能说出凯氏定氮法测定过程中的颜色变化。
5. 能说出凯氏定氮法测定过程的注意事项。

◆技能目标

1. 能运用消化技术对样品进行预处理。
2. 能熟练搭建凯氏定氮装置。
3. 能运用滴定技术测定蛋白质中氮的含量。
4. 能根据样品的特点选择测定方法。
5. 能真实准确地进行数据记录和分析处理。
6. 能根据检测结果正确评价食品中的蛋白质含量是否符合标准。

【知识准备】

微课视频

一、概述

(一)食品中蛋白质的测定意义

蛋白质是生命的物质基础,是构成生物体细胞组织的重要成分,是生物体发育及修补组织的原料。一切有生命的活体都含有不同类型的蛋白质。人体内的酸、碱及水分平衡,遗传信息的传递,物质代谢及转运都与蛋白质有关。人及动物只能从食物中得到蛋白质及其分解产物,来构成自身的蛋白质,故蛋白质是人体重要的组成成分,也是食品中重要的营养成分。此外,蛋白质还对食品的质构、风味和加工产生重大的影响。蛋白质含量是食品中一项重要的营养指标,尤其是乳制品类的决定性指标,国家标准对一些典型产品的蛋白质含量作了专门的规定,见表4-15。

测定食品中蛋白质的重要意义如下:

①蛋白质是食品重要的营养指标,产品质量标准对其含量有一定的要求。

②合理开发利用食品资源。

③指导经济核算及生产过程控制。

④优化食品配方、改进食品工艺、提高产品质量。

表 4-15　典型食品中蛋白质含量的规定

国家标准	品名	蛋白质含量/($g \cdot 100\ g^{-1}$)
GB/T 19855—2023	月饼	广式果仁月饼、肉与肉制品月饼、水产及水产制品月饼、苏式果仁月饼、苏式肉与肉制品月饼、琼式果仁月饼、琼式肉与肉制品月饼、琼式蛋黄月饼、琼式水产制品月饼≥5
GB/T 13213—2017	猪肉糜类罐头	火腿猪肉罐头，午餐肉罐头，火腿午餐肉罐头，优级品分别是≥14.0，≥12.0，≥13.0，合格品分别是≥12.0，≥10.0，≥11.0
GB/T 20712—2022	火腿肠	特级≥12.0，优级≥11.0，普通级≥10.0
GB/T 23586—2022	酱卤肉制品	酱卤畜肉类≥20.0，酱卤禽肉类≥15.0，酱卤其他类≥8.0
GB/T 23968—2022	肉松	肉松≥32，油酥肉松≥25
GB 19644—2024	牛乳粉	≥非脂乳固体的 34%
GB/T 21732—2008	含乳饮料	配制型含乳饮料≥1.0，发酵型含乳饮料≥1.0，乳酸菌饮料≥0.7

（二）常见食品中蛋白质的含量

蛋白质在食品中含量的变化范围很宽。动物来源和豆类食品是优良的蛋白质资源。部分种类食品的蛋白质含量见表 4-16。

表 4-16　部分种类食品的蛋白质含量

食品种类	蛋白质的含量(以湿基计)/($g \cdot 100\ g^{-1}$)	食品种类	蛋白质的含量(以湿基计)/($g \cdot 100\ g^{-1}$)
谷类和面食：			
大米(糙米、长粒、生)	7.9	莴苣(冰、生)	1.0
大米(白米、长粒、生、强化)	7.1	土豆(整粒、肉和皮)	2.1
小麦粉(整粒)	13.7	大豆(成熟的种子、生)	36.5
玉米粉(整粒、黄色)	6.9	豆(腰子状、所有品种、成熟的种子、生)	23.6
意大利面条(干、强化)	12.8	豆腐(生、坚硬)	15.6
玉米淀粉	0.3	豆腐(生、普通)	8.1
乳制品：		肉、家禽、鱼：	
牛乳(全脂、液体)	3.3	牛肉(颈肉、烤前腿)	18.5
牛乳(脱脂、干)	36.2	牛肉(腌制、干牛肉)	29.1
切达干酪	24.9	鸡(可供煎炸的鸡胸肉、生)	23.1

续表

食品种类	蛋白质的含量（以湿基计）/（g·100 g^{-1}）	食品种类	蛋白质的含量（以湿基计）/（g·100 g^{-1}）
酸奶（普通的、低脂）	5.3	火腿（切片、普通的）	17.6
水果和蔬菜：		鸡蛋（生、全蛋）	12.5
苹果（生、带皮）	0.2	鱼（太平洋鳕鱼、生）	17.9
芦笋（生）	2.3	鱼（金枪鱼、白色、罐装、油浸、滴干的固体）	26.5

（三）蛋白质组成及蛋白质系数

1.蛋白质组成

蛋白质是以氨基酸为基本单位、复杂的含氮生物大分子，主要元素为 C、H、O、N，在某些蛋白质中还含有 S、P、Fe、Zn、Cu、I 等元素。主要元素组成（%）为 C（50～55），H（6～8），O（20～30），N（15～18），S（0～4）。因此含氮是蛋白质区别于其他有机物的主要标志。

2.蛋白质系数

因为不同蛋白质其氨基酸组成的比例不同，所以不同的蛋白质，其含氮量也不同。

蛋白质的量与氮含量的关系用蛋白质系数 F 表示。蛋白质系数 F 是指每份氮数相当于蛋白质的份数。因为一般蛋白质含氮量为 16%，所以 1 份氮素相当于 6.25 份蛋白质，此数值（6.25）即为蛋白质系数。

不同种类食品的蛋白质系数有所不同，如纯乳与纯乳制品为 6.38；面粉为 5.70；玉米、高粱为 6.25；花生为 5.46；大米为 5.95；大豆及其粗加工制品为 5.71；大豆蛋白制品为 6.25；肉与肉制品为 6.25；大麦、小米、燕麦、裸麦为 5.83；芝麻、向日葵为 5.30；复合配方食品为 6.25 等。

（四）食品中蛋白质的测定方法

食品中蛋白质的测定方法一般是根据蛋白质的理化特性确定的，主要分为以下两大类。

（1）利用蛋白质的共性，即含氮量、肽键和折射率等测定蛋白质含量，如凯氏定氮法（最常用、最准确、较简便）和红外光谱快速定量法。

（2）利用蛋白质中特定氨基酸残基、酸性和碱性基团以及芳香基团等测定蛋白质含量，如双缩脲分光光度比色法、染料结合分光光度比色法和酚试剂法，简单快速，多用于生产单位质量控制分析。

依据《食品安全国家标准 食品中蛋白质的测定》（GB 5009.5—2016），食品中蛋白质的测定有凯氏定氮法（第一法）、分光光度法（第二法）和燃烧法（第三法）3 种方法。

二、食品中蛋白质的测定——凯氏定氮法

（一）测定原理

食品中的蛋白质在催化加热条件下被分解，产生的氨与硫酸结合生成硫酸铵。碱化蒸馏使氨游离，用硼酸吸收后以硫酸或盐酸标准滴定溶液滴定，根据酸的消耗量计算氮含量，再乘

以换算系数，即为蛋白质的含量。

蛋白质测定过程的反应方程式如下：

(1)样品消化　浓硫酸具有脱水性，有机物脱水后被炭化为碳、氢、氮。浓硫酸又具有氧化性，将有机物炭化后的碳氧化为二氧化碳，硫酸则被还原成二氧化硫。

$$2NH_2(CH)_2COOH+13H_2SO_4 = (NH_4)_2SO_4+6CO_2\uparrow+12SO_2\uparrow+16H_2O$$

$$2H_2SO_4+C = 2SO_2\uparrow+2H_2O+CO_2\uparrow$$

二氧化硫使氮还原为氨，本身则被氧化为三氧化硫，氨随之与硫酸作用生成硫酸铵，留在酸性溶液中。

$$H_2SO_4+2NH_3 = (NH_4)_2SO_4$$

(2)碱法蒸馏　在消化完全的样品溶液中加入浓氢氧化钠使其呈碱性，加热蒸馏，即可释放出氨气。

$$2NaOH+(NH_4)_2SO_4 = 2NH_3\uparrow+Na_2SO_4+2H_2O$$

(3)硼酸吸收与盐酸滴定　加热蒸馏所放出的氨，可用硼酸溶液进行吸收，待吸收完全后，再用盐酸标准溶液滴定，因硼酸呈微弱酸性($k=5.8\times10^{-10}$)，用酸滴定不影响指示剂的变色反应，但它有吸收氨的作用。

$$2NH_3+4H_3BO_3 = (NH_4)_2B_4O_7+5H_2O$$

$$(NH_4)_2B_4O_7+2HCl+5H_2O = 2NH_4Cl+4H_3BO_3$$

(二)试剂和材料

除非另有说明，本方法所用试剂均为分析纯，水为《分析实验用水规格和试验方法》(GB/T 6682—2008)规定的三级水。

(1)硫酸铜($CuSO_4\cdot5H_2O$)。

(2)硫酸钾(K_2SO_4)。

(3)硫酸(H_2SO_4)。

(4)硼酸(H_3BO_3)。

(5)甲基红指示剂($C_{15}H_{15}N_3O_2$)。

(6)溴甲酚绿指示剂($C_{21}H_{18}Br_4O_5S$)。

(7)亚甲基蓝指示剂($C_{16}H_{18}ClN_3S\cdot3H_2O$)。

(8)氢氧化钠(NaOH)。

(9)95%乙醇(C_2H_5OH)。

(10)硼酸溶液(20 g/L)：称取20 g硼酸，加水溶解后并稀释至1000 mL。

(11)氢氧化钠溶液(400 g/L)：称取40 g氢氧化钠加水溶解后，放冷，并稀释至100 mL。

(12)硫酸标准滴定溶液[$c(1/2\ H_2SO_4)$]0.050 0 mol/L或盐酸标准滴定溶液[$c(HCl)$]0.050 0 mol/L。

(13)甲基红乙醇溶液(1 g/L)：称取0.1 g甲基红，溶于95%乙醇，用95%乙醇稀释至100 mL。

(14)亚甲基蓝乙醇溶液(1 g/L)：称取0.1 g亚甲基蓝，溶于95%乙醇，用95%乙醇稀释至100 mL。

(15)溴甲酚绿乙醇溶液(1 g/L)：称取0.1 g溴甲酚绿，溶于95%乙醇，用95%乙醇稀释至100 mL。

(16)A混合指示液：2份甲基红乙醇溶液与1份亚甲基蓝乙醇溶液临用时混合。

(17)B 混合指示液:1 份甲基红乙醇溶液与 5 份溴甲酚绿乙醇溶液临用时混合。

(三)仪器和设备

(1)天平,感量为 1 mg。

(2)定氮蒸馏装置,如图 4-7 所示。

(3)自动凯氏定氮仪,如图 4-8 所示。

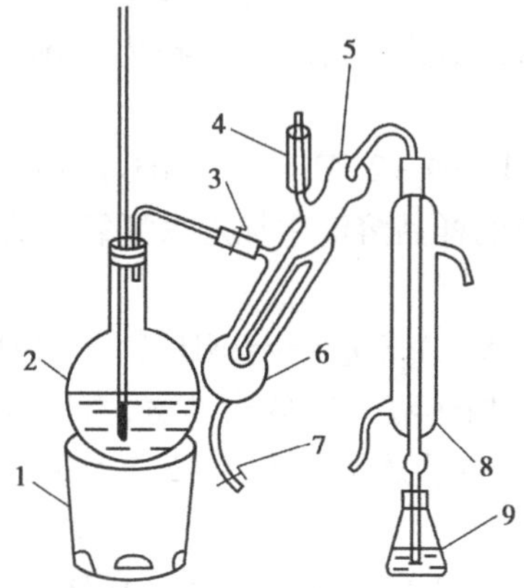

图 4-7　定氮蒸馏装置图

1—电炉;2—水蒸气发生器(2 L 烧瓶);3—螺旋夹;4—小玻杯及棒状玻塞;
5—反应室;6—反应室外层;7—橡胶管及螺旋夹;8—冷凝管;9—蒸馏液接收瓶

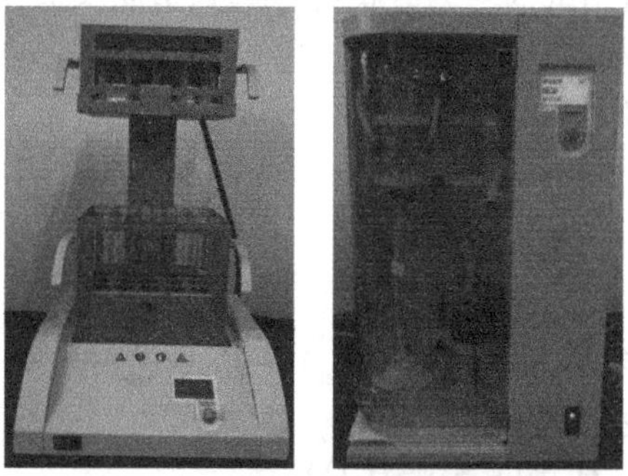

图 4-8　自动凯氏定氮仪

(四)分析步骤

1. 凯氏定氮法

(1)试样处理　称取充分混匀的固体试样 0.2 ~ 2 g、半固体试样 2 ~ 5 g 或液体试样 10 ~ 25 g(相当于 30 ~ 40 mg 氮),精确至 0.001 g,移入干燥的 100 mL、250 mL 或 500 mL 定氮瓶中,加入 0.4 g 硫酸铜、6 g 硫酸钾及 20 mL 硫酸,轻摇后于瓶口放一小漏斗,将瓶以 45°斜支于有小孔的石棉网上。小心加热,至内容物全部炭化,泡沫完全停止后,加强火力,保持瓶内液体微沸,至液体变蓝绿色澄清透明后,再继续加热 0.5 ~ 1 h。取下放冷,小心加入 20 mL 水,放冷后,移入 100 mL 容量瓶中,并用少量水洗定氮瓶,洗液并入容量瓶中,再加水至刻度,混匀备用。同时做试剂空白试验。

(2)测定　按图 4-7 装好定氮蒸馏装置,向水蒸气发生器内装水至 2/3 处,加数粒玻璃珠,加甲基红乙醇溶液数滴及数毫升硫酸,以保持水呈酸性,加热煮沸水蒸气发生器内的水并保持沸腾。

向接收瓶内加入10.0 mL硼酸溶液及加1～2滴A混合指示剂或B混合指示剂，并使冷凝管下端插入液面下，根据试样中的氮含量，准确吸取2.0～10.0 mL试样处理液，由小玻杯流入反应室，以10 mL水洗涤小玻杯并使之流入反应室内，随后塞紧棒状玻塞。将10.0 mL氢氧化钠溶液倒入小玻杯，提起玻塞使其缓慢流入反应室，流完后立即将玻塞盖紧，并水封。夹紧螺旋夹，开始蒸馏。蒸馏10 min后移动蒸馏液接收瓶，液面离开冷凝管下端，再蒸馏1 min。然后用少量水冲洗冷凝管下端外部，取下蒸馏液接收瓶。尽快以硫酸或盐酸标准滴定溶液滴定至终点，如用A混合指示液，终点颜色为灰蓝色；如用B混合指示液，终点颜色为浅灰红色。记录消耗体积，同时做试剂空白。

2. 自动凯氏定氮仪法

称取充分混匀的固体试样0.2～2 g、半固体试样2～5 g或液体试样10～25 g（相当于30～40 mg氮），精确至0.001 g，至消化管中，再加入0.4 g硫酸铜、6 g硫酸钾及20 mL硫酸于消化炉进行消化。当消化炉温度达到420 ℃之后，继续消化1 h，此时消化管中的液体呈绿色透明状，取出冷却后加入50 mL水，于自动凯氏定氮仪（使用前加入氢氧化钠溶液，盐酸或硫酸标准溶液以及含有混合指示剂A或B的硼酸溶液）上实现自动加液、蒸馏、滴定和记录滴定数据的过程。

（五）分析结果

试样中蛋白质的含量按下式计算：

$$X=\frac{(V_1-V_2)\times c\times 0.0140}{m\times V_3/100}\times F\times 100$$

式中 X——试样中蛋白质的含量，g/100 g；

V_1——试液消耗硫酸或盐酸标准滴定液的体积，mL；

V_2——试剂空白消耗硫酸或盐酸标准滴定液的体积，mL；

c——硫酸或盐酸标准滴定溶液浓度，mol/L；

0.014 0——1.0 mL硫酸[$c(\frac{1}{2}H_2SO_4)$=1.000 mol/L]，或盐酸[$c(HCl)$=1.000 mol/L]标准滴定溶液相当的氮质量，g；

m——试样的质量，g；

V_3——吸取消化液的体积，mL；

100——换算系数；

F——氮换算为蛋白质的系数，各种食品中氮转换系数见表4-17。

表4-17 蛋白质折算系数表

食品类别		折算系数	食品类别		折算系数
小麦	全小麦粉	5.83	大米及米粉		5.95
	麦糠麸皮	6.31	鸡蛋	鸡蛋（全）	6.25
	麦胚芽	5.80		蛋黄	6.12
	麦胚粉、黑麦、普通小麦、面粉	5.70		蛋白	6.32

续表

食品类别		折算系数
燕麦、大麦、黑麦粉		5.83
小米、裸麦		5.83
玉米、黑小麦、饲料小麦、高粱		6.25
油料	芝麻、棉籽、葵花籽、蓖麻、红花籽	5.30
	其他油料	6.25
	菜籽	5.53
坚果、种子类	巴西果	5.46
	花生	5.46
	杏仁	5.18
	核桃、榛子、椰果等	5.30

食品类别		折算系数
肉与肉制品		6.25
动物明胶		5.55
纯乳与纯乳制品		6.38
复合配方食品		6.25
酪蛋白		6.40
胶原蛋白		5.79
豆类	大豆及其粗加工制品	5.71
	大豆蛋白制品	6.25
其他食品		6.25

注：当只检测氮含量时，不需要乘以蛋白质换算系数 F。

蛋白质含量≥1 g/100 g 时，计算结果保留三位有效数字；蛋白质含量<1 g/100 g 时，计算结果保留两位有效数字。

精密度：在重复性条件下获得的两次独立测定结果的绝对差值不得超过算术平均值的 10%。

（六）说明及注意事项

（1）本法是《食品安全国家标准 食品中蛋白质的测定》（GB 5009.5—2016）中的第一法，适用于各类食品中蛋白质的测定，但不适用于添加无机含氮物质、有机非蛋白质含氮物质的食品测定。

（2）试样消化时加入浓硫酸、硫酸钾和硫酸铜的作用如下：

①浓硫酸的作用：

a. 脱水作用：使有机物脱水并碳化。

b. 氧化剂：加速有机物质的氧化分解。

②硫酸钾的作用：

提高溶液沸点，从而加快有机物分解。

③硫酸铜的作用：

a. 催化作用：加速有机物的氧化分解。

b. 消化完全的指示：蓝绿色，澄清，透明。

c. 蒸馏时碱性反应的指示：变深蓝色或产生黑色沉淀。

（3）本方法是通过测出样品中的总含氮量再乘以相应的蛋白质系数而求出蛋白质含量的，由于样品中常含有少量非蛋白质含氮化合物，如核酸、生物碱、含氮类脂、叶啉和含氮色素等，故此法的结果称为粗蛋白质含量。

(4)经典的蛋白质测定过程中,每一步颜色变化如下:

凯氏定氮法测蛋白质含量分为4个步骤:湿法消化、碱化蒸馏、硼酸吸收、盐酸滴定。每一步骤的颜色变化见表4-18。

表4-18　蛋白质测定过程中每一步骤的颜色变化

步骤	反应前后颜色变化
湿法消化	凯氏烧瓶内:样品加硫酸炭化后黑色→加热消化后红棕色→棕褐色→蓝绿色/墨绿色(消化终点)→淡蓝色(冷却后溶液)
碱化蒸馏	反应室:淡蓝色→深蓝色或黑色沉淀
硼酸吸收	紫红色→绿色
盐酸滴定	甲基红和溴甲酚绿混合指示剂:绿色→灰色
	甲基红和亚甲基蓝混合液:绿色→浅红色

(5)注意事项:

①所用的试剂溶液必须用无氨蒸馏水配制。蒸馏前给水蒸气发生器内装水至2/3容积处,加甲基红指示剂数滴及硫酸数毫升以使其始终保持酸性,这样可以避免水中的氨被蒸出而影响结果的测定。

②消化时不要用强火,应保持和缓沸腾,以免黏附在凯氏瓶内壁上的含氮化合物在无硫酸存在的情况下未消化完全而造成氮的损失。

③消化过程中应注意不停转动凯氏定氮瓶,以便利用冷凝酸液洗下附在瓶壁上的固体残渣并促进其消化完全。

④样品中若含脂肪或糖较多时,消化过程中易产生大量泡沫,为防止泡沫溢出瓶外,在开始消化时应用小火加热,并时时摇动;或者加入少量辛醇或液体石蜡或硅油消泡剂,并同时注意控制热源强度。

⑤当样品消化液不易澄清透明时,可将凯氏烧瓶冷却,加入30% H_2O 2~3 mL后再继续加热消化。

⑥一般消化至呈透明状后,继续消化30 min即可,但对于含有特别难以氨化的含氮化合物的样品,如含赖氨酸、组氨酸、色氨酸、酪氨酸或脯氨酸等时,需适当延长消化时间。有机物如分解完全消化液呈蓝色或浅绿色,但含铁量多时,呈深绿色。

⑦在蒸馏过程中要注意接头处有无松漏现象。

⑧本实验要求氢氧化钠的量一定要足够,使溶液呈碱性而使氨游离出来,加热蒸馏即可释放出氨气。过量的氢氧化钠会与硫酸铜反应生成氢氧化铜蓝色沉淀,蓝色沉淀在加热的情况下会分解成黑色的氧化铜沉淀。如果没有上述现象,说明氢氧化钠加的量不足,需要继续加入氢氧化钠,直到产生上述现象为止。

⑨硼酸吸收液的温度不应超过40 ℃,否则对氨的吸收作用减弱而造成损失,可置于冷水浴中使用。

⑩蒸馏完毕后应先将冷凝管下端提离液面清洗管口,再蒸1 min后关掉热源,否则可能造成吸收液倒吸。

(6)凯氏定氮过程中,防止氨损失,必须做到以下几点:

①装置搭建好后要先进行检漏,主要是利用虹吸原理。

②在蒸汽发生瓶中要加甲基橙指示剂数滴及硫酸数毫升，以使其始终保持酸性，以防水中氨蒸出。

③加入氢氧化钠一定要过量，否则氨气蒸出不完全。

④加样小漏斗要水封。

⑤夹紧废液蝴蝶夹后再通蒸汽。

⑥在蒸馏过程中要注意接头处有无松漏现象，防止漏气。

⑦冷凝管下端先插入硼酸吸收液液面以下才能通蒸汽蒸馏。

⑧硼酸吸收液温度不应超过 40 ℃，避免氨气逸出。

⑨蒸馏完毕后，应先将冷凝管下端提离液面，再蒸 1 min，将附着在尖端的吸收液完全吸入吸收瓶内，再移开吸收瓶。

【知识拓展】

一、食品中蛋白质的测定——分光光度法

（一）测定原理

食品中的蛋白质在催化加热条件下被分解，分解产生的氨与硫酸结合生成硫酸铵，在 pH 值为 4.8 的乙酸钠-乙酸缓冲溶液中与乙酰丙酮和甲醛反应生成黄色的 3,5-二乙酰-2,6-二甲基-1,4-二氢化吡啶化合物，在波长 400 nm 下测定吸光度值，与标准系列比较定量，结果乘以换算系数，即为蛋白质含量。

（二）试剂和材料

除非另有说明，本方法中所用试剂均为分析纯，水为《分析实验用水规格和试验方法》（GB/T 6682—2008）规定的三级水。

（1）硫酸铜（$CuSO_4 \cdot 5H_2O$）。

（2）硫酸钾（K_2SO_4）。

（3）硫酸（H_2SO_4）：优级纯。

（4）氢氧化钠（NaOH）。

（5）对硝基苯酚（$C_6H_5NO_3$）。

（6）乙酸钠（$CH_3COONa \cdot 3H_2O$）。

（7）无水乙酸钠（CH_3COONa）。

（8）乙酸（CH_3COOH）：优级纯。

（9）37% 甲醛（HCHO）。

（10）乙酰丙酮（$C_5H_8O_2$）。

（11）氢氧化钠溶液（300 g/L）：称取 30 g 氢氧化钠加水溶解后，放冷，并稀释至 100 mL。

（12）对硝基苯酚指示剂溶液（1 g/L）：称取 0.1 g 对硝基苯酚指示剂溶于 20 mL 95% 乙醇中，加水稀释至 100 mL。

（13）乙酸溶液（1 mol/L）：量取 5.8 mL 乙酸，加水稀释至 100 mL。

（14）乙酸钠溶液（1 mol/L）：称取 41 g 无水乙酸钠或 68 g 乙酸钠，加水溶解后并稀释至 500 mL。

（15）乙酸钠-乙酸缓冲溶液：量取 60 mL 乙酸钠溶液与 40 mL 乙酸溶液混合，该溶液 pH=4.8。

(16)显色剂:15 mL甲醛与7.8 mL乙酰丙酮混合,加水稀释至100 mL,剧烈振摇混匀(室温下放置稳定3天)。

(17)氨氮标准储备溶液(以氮计)(1.0 g/L):称取105 ℃干燥2 h的硫酸铵0.472 0 g加水溶解后移于100 mL容量瓶中,并稀释至刻度,混匀,此溶液每毫升相当于1.0 mg氮。

(18)氨氮标准使用溶液(0.1 g/L):用移液管吸取10.0 mL氨氮标准储备液于100 mL容量瓶内,加水定容至刻度,混匀,此溶液每毫升相当于0.1 mg氮。

(三)仪器和设备

(1)分光光度计。

(2)电热恒温水浴锅:(100±0.5)℃。

(3)10 mL具塞玻璃比色管。

(4)天平:感量为1 mg。

(四)分析步骤

1.试样消解

称取充分混匀的固体试样0.1~0.5 g、半固体试样0.2~1 g或液体试样1~5 g(精确至0.001 g),移入干燥的100 mL或250 mL定氮瓶中,加入0.1 g硫酸铜、1 g硫酸钾及5 mL硫酸,摇匀后瓶口放一小漏斗,将定氮瓶以45°斜支于有小孔的石棉网上。缓缓加热,待内容物全部炭化,泡沫完全停止后,加强火力,并保持瓶内液体微沸,至液体变蓝绿色透明后,再继续加热0.5 h。取下冷却,慢慢加入20 mL水,放冷后移入50 mL或100 mL容量瓶中,并用少量水洗定氮瓶,洗液并入容量瓶中,再加水至刻度,混匀备用。按同一方法做试剂空白试验。

2.试样溶液的制备

吸取2.00~5.00 mL试样或试剂空白消化液于50 mL/或100 mL容量瓶内,加1~2滴对硝基苯酚指示剂溶液,摇匀后滴加氢氧化钠溶液中和至黄色,再滴加乙酸溶液至无色,用水稀释至刻度,混匀。

3.标准曲线的绘制

吸取0.00、0.05、0.10、0.20、0.40、0.60、0.80和1.00 mL氨氮标准使用溶液(相当于0.00、5.00、10.0、20.0、40.0、60.0、80.0和100.0 μg氮),分别置于10 mL比色管中。加4.0 mL乙酸钠-乙酸缓冲溶液及4.0 mL显色剂,加水稀释至刻度,混匀。置于100 ℃水浴中加热15 min。取出用水冷却至室温后,移入1 cm比色杯内,以零管为参比,于波长400 nm处测量吸光度值,根据标准各点吸光度值绘制标准曲线或计算线性回归方程。

4.试样测定

吸取0.50~2.00 mL(约相当于<100 μg氮)试样溶液和同量的试剂空白溶液,分别于10 mL比色管中。加4.0 mL乙酸钠-乙酸缓冲溶液及4.0 mL显色剂,加水稀释至刻度,混匀。置于100 ℃水浴中加热15 min。取出用水冷却至室温后,移入1 cm比色杯内,以零管为参比,于波长400 nm处测量吸光度值,试样吸光度值与标准曲线比较定量或代入线性回归方程求出含量。

(五)分析结果

试样中蛋白质的含量按下式计算:

$$X=\frac{c-c_0}{m\times\frac{V_2}{V_1}\times\frac{V_4}{V_3}\times 1\,000\times 1\,000}\times 100\times F$$

式中 X——试样中蛋白质的含量,g/100 g;

c——试样测定液中氮的含量,μg;

c_0——试剂空白测定液中氮的含量,μg;

V_1——试样消化液的定容体积,mL;

V_2——制备试样溶液的消化液体积,mL;

V_3——试样溶液总体积,mL;

V_4——测定用试样溶液体积,mL;

m——试样质量,g;

1 000——换算系数;

100——换算系数;

F——氮换算成蛋白质的系数。

蛋白质含量≥1 g/100 g时,结果保留三位有效数字;蛋白质含量<1 g/100 g时,结果保留两位有效数字。

精密度:在重复性条件下获得的两次独立测定结果的绝对差值不得超过算术平均值的10%。

(六)说明及注意事项

(1)本法是《食品安全国家标准 食品中蛋白质的测定》(GB 5009.5—2016)中的第二法,适用于各类食品中蛋白质的测定,但不适用于添加无机含氮物质、有机非蛋白质含氮物质的食品测定。

(2)蛋白质的种类不同,对发色程度的影响不大。

(3)标准曲线做完整后,无须每次再做标准曲线。

(4)含脂肪高的样品应预先用醚抽提弃去。

(5)样品中有不溶性成分存在时,会给比色测定带来困难,此时可预先将蛋白质分离后再进行测定。

(6)当肽链中含有脯氨酸时,若有多量糖类共存,则显色不好,会使测定值偏低。

二、食品中蛋白质的测定——燃烧法

(一)测定原理

试样在900~1 200 ℃高温下燃烧,燃烧过程中产生混合气体,其中的碳、硫等干扰气体和盐类被吸收管吸收,氮氧化物被全部还原成氮气,形成的氮气气流通过热导检测仪进行检测。

(二)仪器和设备

(1)氮/蛋白质分析仪,如图4-9所示。

(2)天平,感量为0.1 mg。

(三)分析步骤

按照仪器说明书的要求称取0.1~1.0 g充分混匀的试样(精确至0.000 1 g),用锡箔包裹后置于样品盘上。试样进入燃烧反应炉(900~1 200 ℃)后,在高纯氧(≥99.99%)中充分燃烧。燃烧炉中的产物(NO_x)被载气二氧化碳或氦气运送至还原炉(800 ℃)中,经还原生成氮气后检测其含量。

按照仪器说明书要求称取0.1～1.0 g充分混匀的试样(精确至0.000 1 g),用锡箔包裹后置于样品盘上。试样进入燃烧反应炉(900～1 200 ℃)后,在高纯氧(≥99.99%)中充分燃烧。燃烧炉中的产物(NO_x)被载气二氧化碳或氦气运送至还原炉(800 ℃)中,经还原生成氮气后检测其含量。

图4-9　氮/蛋白质分析仪

(四)分析结果

试样中蛋白质的含量按下式计算:

$$X = C \times F$$

式中　X——试样中蛋白质的含量,g/100 g;

C——试样中氮的含量,g/100 g;

F——氮换算成蛋白质的系数。

结果保留三位有效数字。

精密度:在重复性条件下获得的两次独立测定结果的绝对差值不得超过算术平均值的10%。

(五)说明及注意事项

本法是《食品安全国家标准 食品中蛋白质的测定》(GB 5009.5—2016)中的第三法,适用于蛋白质含量在10 g/100 g以上的粮食、豆类奶粉、米粉、蛋白质粉等固体试样的测定。

【任务实施】

乳粉中蛋白质的测定(凯氏定氮法)

◆任务描述

学生分小组完成以下任务:

1. 查阅乳粉的产品质量标准和蛋白质测定的检验标准,设计蛋白质的测定检测方案。
2. 准备凯氏定氮法测定所需的试剂材料及仪器设备。
3. 正确对样品进行预处理。
4. 正确进行样品中蛋白质的含量测定。
5. 结果记录及分析处理。

6. 依据《食品安全国家标准 乳粉和调制乳粉》(GB 19644—2024),判定样品中蛋白质的含量是否合格。

7. 出具检验报告。

一、工作准备

(1)查阅乳粉产品质量标准《食品安全国家标准 乳粉和调制乳粉》(GB 19644—2024)和检验标准《食品安全国家标准 食品中蛋白质的测定》(GB 5009.5—2016),设计凯氏定氮法测定乳粉中的蛋白质含量方案。

(2)准备蛋白质的测定所需的试剂材料及仪器设备。

二、实施步骤

1. 样品称量

称取充分混匀的乳粉样品 0.2 ~2 g,精确至 0.001 g,移入干燥的 250 mL 定氮瓶中。

2. 湿法消化

定氮瓶中加入 0.4 g 硫酸铜、6 g 硫酸钾、20 mL 硫酸、几粒玻璃珠轻摇定氮瓶,瓶口放一小漏斗,将瓶以 45°斜支于有小孔的石棉网上,小心加热至内容物全部炭化,泡沫完全停止后,加强火力,保持瓶内液体微沸,至液体变蓝绿色澄清透明后,继续加热 0.5 ~1 h,取下放冷,小心加入 20 mL 水,放冷,移入 100 mL 容量瓶,并用少量水洗定氮瓶,洗液并入容量瓶中,再加水至刻度,混匀备用。

另取一干燥的 250 mL 定氮瓶,加入 0.4 g 硫酸铜、6 g 硫酸钾、20 mL 硫酸、几粒玻璃珠,做试剂空白。

3. 搭建装置

水蒸气发生器内装水至 2/3 处,加数粒玻璃珠,加甲基红乙醇溶液数滴及数毫升硫酸,以保持水呈酸性为红色,搭好碱化蒸馏装置,加热煮沸并保持沸腾。

4. 样品蒸馏、硼酸吸收

向接收瓶内加入 10.0 mL 硼酸溶液及加 1 ~2 滴 A 混合指示剂或 B 混合指示剂,并使冷凝管下端插入液面下。准确吸取 10.0 mL 试样处理液,由小玻杯流入反应室,以 10 mL 水洗涤小玻杯并使之流入反应室内,随后塞紧棒状玻塞,将 10.0 mL 氢氧化钠溶液倒入小玻杯,提起玻塞使其缓慢流入反应室,流完后立即将玻塞盖紧,并水封。夹紧螺旋夹,开始蒸馏。蒸馏 10 min 后移动蒸馏液接收瓶,液面离开冷凝管下端,再蒸馏 1 min。然后用少量水冲洗冷凝管下端外部,取下蒸馏液接收瓶。

5. 盐酸滴定

以盐酸标准滴定溶液滴定至终点,如用 A 混合指示剂,终点颜色为灰蓝色;如用 B 混合指示剂,终点颜色为浅灰红色。记录消耗体积。

三、数据记录与处理

将乳粉中蛋白质的测定原始数据填入表 4-19 中,并填写检验报告单,见表 4-20。

表 4-19 乳粉中蛋白质的测定原始记录表

工作任务		样品名称	
接样日期		检验日期	
检验依据			
样品质量 m/g			
盐酸浓度 c/(mol·L^{-1})			
吸取消化液的体积 V_3/mL			
盐酸滴定初读数 $V_{初}$/mL			
盐酸滴定终读数 $V_{终}$/mL			
试液消耗盐酸的体积 V_1/mL			
吸取空白消化液的体积/mL			
滴定初读数 $V_{初}$/mL			
滴定终读数 $V_{终}$/mL			
试剂空白消耗盐酸的体积 V_2/mL			
计算公式			
试样中蛋白质含量/(g·100 g^{-1})			
试样中蛋白质含量平均值/(g·100 g^{-1})			
标准规定分析结果的精密度	在重复性条件下获得的两次独立测定结果的绝对差值不得超过算术平均值的 10%		
本次实验分析结果的精密度			

表 4-20 乳粉中蛋白质的测定检验报告单

样品名称					
产品批号		样品数量		代表数量	
生产日期		检验日期		报告日期	
检测依据					
检验项目	单位	检测结果	乳粉蛋白质含量标准要求		
检验结论					
检验员		复核人			
备注					

四、任务考核

按照表 4-21 评价学生工作任务的完成情况。

表 4-21　任务考核评价指标

序号	工作任务	评价指标	分值比例/%
1	制订检测方案	(1)正确选用检测标准及检测方法 (2)检测方案制订合理规范	10
2	试样称取	(1)正确选择合适的天平 (2)正确使用天平进行称量	5
3	样品消化	(1)会安全正确地添加浓硫酸 (2)会安全正确地进行消化 (3)能准确判断消化状态	15
4	蒸馏	(1)会正确使用阀门夹 (2)会按正确顺序熟练操作 (3)会减少氨损失的相关操作	15
5	盐酸滴定	(1)会正确使用酸式滴定管 (2)能准确判断滴定终点	10
6	数据处理	(1)原始记录及检测及时、规范、整洁 (2)有效数字保留准确 (3)计算准确,测定结果准确,平行性好	15
7	其他操作	(1)工作服整洁、能正确进行标识 (2)操作时间控制在规定时间内 (3)及时收拾清洁、回收玻璃器皿及仪器设备 (4)注意操作文明和操作安全	10
8	综合素养	(1)积极主动地参与工作,能吃苦耐劳,崇尚劳动光荣 (2)服从安排,顾全大局,积极与小组成员合作,共同完成工作任务 (3)能有效利用网络、图书资源、工作手册等快速查阅获取所需信息 (4)能发现问题、提出问题、分析问题、解决问题、创新问题	20
合计			100

思政小课堂　　课外巩固　　相关标准

任务四　食品中维生素的测定

【学习目标】

◆知识目标

1. 能说出提取剂必须为草酸或偏磷酸的原因。

2. 能解释不同方法测定食品中抗坏血酸含量的原理。

3. 能区别抗坏血酸的类别。

4. 能搜索查询常见水果、蔬菜中维生素 C 含量的范围。

◆技能目标

1. 能依据国家标准进行食品中抗坏血酸含量的测定实验准备。

2. 会准确标定 2,6-二氯靛酚溶液，正确进行抗坏血酸的测定。

3. 能真实准确地进行数据记录和分析处理。

4. 能根据检测结果正确评价食品中的抗坏血酸含量是否符合标准。

【知识准备】

微课视频

一、概述

（一）维生素测定的意义

维生素是调节人体各种新陈代谢过程必不可少的重要营养素。人体如从膳食中摄入维生素的量不足或者机体由于某种原因吸收或合成发生障碍时，就会引起各种维生素缺乏症。近几年，已查明只有少数几种维生素可以在体内合成，大多数维生素都必须由食物供给。

因此，维生素作为强化剂已在食品工业的某些产品中开始使用，测定食品中的维生素含量，不仅可评价食品的营养价值，同时还起到监督维生素强化食品的剂量，以防摄入过多的维生素而引起中毒，所以，测定食品中维生素在营养分析方面具有重要的意义。

在正常摄食条件下，没有任何一种食物含有可满足人体所需的全部维生素，人们必须在日常生活中合理调配饮食结构，来获得适量的各种维生素。测定食品中维生素的含量，在评价食品的营养价值、开发利用富含维生素的食品资源、指导人们合理调整膳食结构、防止维生素缺乏症、研究维生素在食品加工、贮存等过程中的稳定性、指导人们制订合理的工艺及贮存条件、监督维生素强化食品的强化剂量、防止因摄入过多而引起维生素中毒等方面，具有十分重要的意义和作用。

（二）维生素的命名及特点

1. 维生素的命名

维生素的命名多根据发现的时间顺序以英文字母排序，如维生素 A、维生素 B_1、维生素 C 等。也有根据特定生理功能，如抗干眼病因子、抗坏血酸、生育酚等，或按照其化学结构如视黄醇、硫胺素等。

2. 维生素的特点

维生素结构复杂，理化性质及生理功能各异，有的属于醇类，有的属于胺类，有的属于酯类，还有的属于酚或醌类化合物，但都具有以下共同特点：

①化合物或其前体化合物都在天然食物中存在。

②不能供给机体热能，也不是构成组织的基本原料，主要功能是通过作为辅酶的成分调节代谢过程，需要量极少。

③一般在体内不能合成，或合成量不能满足生理需要，必须经常从食物中摄取。

④长期缺乏任何一种维生素都会导致相应的疾病。但是，摄入量过多，超过非生理量时，可导致体内积存过多而引起中毒。

(三)维生素的分类

维生素是维持人体正常生命活动所必需的一类天然有机化合物。其种类繁多,目前已确认的有30余种,其中被认为对维持人体健康和促进发育至关重要的有20余种。按照维生素的溶解性能,习惯上将其分为两大类:脂溶性维生素和水溶性维生素。脂溶性维生素能溶于脂肪或脂溶剂,在食物中与脂类共存的一类维生素,包括维生素A、维生素D、维生素E、维生素K各小类,其共同特点是摄入后存在脂肪组织中,不能从尿中排出,大剂量摄入时可能引起中毒。水溶性维生素有B族和维生素C,它们不易在体内贮积,如饮食中提供不足,易引起缺乏症。水溶性维生素都易溶于水,而不溶于苯、乙醚、氯仿等大多数有机溶剂。二类维生素的分类见表4-22。

表4-22 维生素的分类

类别	中文名称	英文名称
脂溶性维生素	维生素 A_1(视黄醇)	Vitamin A_1(Retinol)
	维生素 A_2(脱氢视黄醇)	Vitamin A_2(Dehydroretinol)
	维生素 D	Vitamin D
	维生素 D_2(麦角钙化醇)	Vitamin D_2(Ergocalciferol)
	维生素 D_3(胆钙化醇)	Vitamin D_3(Cholecalciferol)
	维生素 E(生育酚,有 α)	Vitamin E, α-tocopherol
	维生素 K	Vitamin K
	维生素 K_1(叶绿醌)	Vitamin K_1(Phylloquinone)
	维生素 K_2(甲基萘醌类)	Vitamin K_2(Menaquinone)
水溶性素生素	维生素 B 族	Vitamin B
	B_1(硫胺素)	Vitamin B_1(Thiamin)
	B_2(核黄素)	Vitamin B_2(Riboflavin)
	B_3(泛酸、遍多酸)	Vitamin B_3(Pantothenic acid)
	B_5(烟酸、尼克酰胺)	Vitamin B_5(Niacin、Nicotinamide)
	B_6(吡哆素)	Vitamin B_6(Pyridoxine)
	B_7(生物素)	Vitamin B_7(Biotin, Vitamin H)
	B_{11}(叶酸)	Vitamin B_{11}(Folic acid, Folacin)
	B_{12}(钴胺素)	Vitamin B_{12}(Cobalamin)
	维生素 C(抗坏血酸)	Vitamin C, Ascorbic acid

资料来源:吴谋成.食品分析与感官评定[M].北京:中国农业出版社,2002.

(四)食品中维生素的测定方法

维生素分析的方法有化学法、仪器法、微生物法和生物鉴定法。其中化学分析法和仪器分析法是维生素测定的常用方法。化学分析法中的比色法、滴定法,具有简便、快速、不需特殊仪器等优点,正为广大基层实验室所普遍采用;仪器分析法中的荧光法、色谱法是多种维生

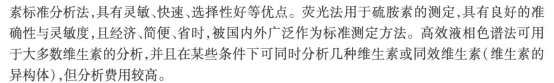

素标准分析法，具有灵敏、快速、选择性好等优点。荧光法用于硫胺素的测定，具有良好的准确性与灵敏度，且经济、简便、省时，被国内外广泛作为标准测定方法。高效液相色谱法可用于大多数维生素的分析，并且在某些条件下可同时分析几种维生素或同效维生素（维生素的异构体），但分析费用较高。

1.水溶性维生素的测定方法

水溶性维生素在酸性介质中很稳定，即使加热也不被破坏；但在碱性介质中不稳定，易于分解，特别适合在碱性条件下加热，可大部分或全部破坏。它们易受空气、光、热、酶、金属离子等的影响，维生素 B_2 对光，特别是紫外线敏感，易被光线破坏；维生素 C 是一种己糖醛基酸，有抗坏血病的作用，又被称为抗坏血酸。广泛存在植物组织中，对氧、铜离子敏感，易被氧化。

根据上述性质，测定水溶性维生素时，一般都在酸性溶液中进行前处理。维生素 B_1、维生素 B_2：通常采用盐酸水解，或再经淀粉酶、木瓜蛋白酶等酶解作用，使结合态维生素游离出来，再将它们从食物中提取出来。

维生素 C：通常采用草酸、草酸-醋酸、偏磷酸-醋酸溶液直接提取。草酸价廉，使用方便，对维生素 C 有很好的稳定性能；偏磷酸本身不稳定，与水结合转变成磷酸，只能保存 7～10 天，且价格较贵，溶解费时，但它能沉淀蛋白质，澄清提取液，适合蛋白质含量较高的样品。

测定水溶性维生素的方法常有高效液相色谱法、荧光比色法、比色法和微生物法等。

2.脂溶性维生素的测定方法

食物中的脂溶性维生素常与类脂物质共存，摄入时易于被人体吸收。维生素 A、维生素 D 对酸不稳定，对碱稳定；维生素 E 在无氧情况下，对热、酸、碱稳定。维生素 K 对酸、碱都不稳定。维生素 A、维生素 D、维生素 E、维生素 K 耐热性都好，但维生素 A 易被氧化，光和热会促进其氧化。维生素 D 性质稳定，不易被氧化。维生素 E 容易被氧化，对可见光稳定但易被紫外线破坏。维生素 K 容易被光、氧化剂和醇破坏。

根据上述性质，测定脂溶性维生素时通常先用皂化法处理样品，水洗去除类脂物。然后用有机溶剂提取脂溶性维生素（不皂化物），浓缩后溶于适当的溶剂中测定。在皂化和浓缩时，为防止维生素的氧化分解，常加入抗氧化剂（如焦性没食子酸，抗坏血酸等）。对于某些含脂肪量低、脂溶性维生素含量较高的样品，可以先用有机溶剂抽提，然后皂化，再提取。对于那些对光敏感的维生素，分析操作一般需要在避光条件下进行。

（五）食品中抗坏血酸的测定方法

依据《食品安全国家标准 食品中抗坏血酸的测定》（GB 5009.86—2016），食品中抗坏血酸的测定有高效液相色谱法、荧光法、2,6-二氯靛酚滴定法 3 种方法。

二、食品中抗坏血酸的测定——2,6-二氯靛酚滴定法

（一）测定原理

用蓝色的碱性染料 2,6-二氯靛酚标准溶液对含 L(+)-抗坏血酸的试样酸性浸出液进行氧化还原滴定，2,6-二氯靛酚被还原为无色，当到达滴定终点时，多余的 2,6-二氯靛酚在酸性介质中显浅红色，由 2,6-二氯靛酚的消耗量计算样品中的 L(+)-抗坏血酸的含量。

（二）试剂和材料

除非另有说明，本方法所用试剂均为分析纯，水为《分析实验用水规格和试验方法》（GB/T

6682—2008)规定的三级水。

(1)偏磷酸$(HPO_3)_n$:含量(以HPO_3计)≥38%。

(2)草酸($C_2H_2O_4$)。

(3)碳酸氢钠($NaHCO_3$)。

(4)2,6-二氯靛酚(2,6-二氯靛酚钠盐,$C_{12}H_6Cl_2NNaO_2$)。

(5)白陶土(或高岭土):对抗坏血酸无吸附性。

(6)偏磷酸溶液(20 g/L):称取20 g偏磷酸,用水溶解并定容至1 L。

(7)草酸溶液(20 g/L):称取20 g草酸,用水溶解并定容至1 L。

(8)2,6-二氯靛酚(2,6-二氯靛酚钠盐)溶液:称取碳酸氢钠52 mg溶解在200 mL热蒸馏水中,然后称取2,6-二氯靛酚50 mg溶解在上述碳酸氢钠溶液中。冷却并用水定容至250 mL,过滤至棕色瓶内,于4~8 ℃环境中保存。每次使用前,用标准抗坏血酸溶液标定其滴定度。

(9)L(+)-抗坏血酸标准品($C_6H_8O_6$):纯度≥99%。

(10)L(+)-抗坏血酸标准溶液(1.000 mg/mL):称取100 mg(精确至0.1 mg)L(+)-抗坏血酸标准品,溶于偏磷酸溶液或草酸溶液并定容至100 mL。该贮备液在2~8 ℃避光条件下可保存1周。

(三)仪器和设备

(1)天平:感量为0.01 g。

(2)高速组织捣碎机。

(3)酸式滴定管(10 mL或25 mL)。

(四)分析步骤

整个检测过程在避光条件下进行。

1.试样制备

称取具有代表性样品的可食部分100 g,放入粉碎机中,加入100 g偏磷酸溶液或草酸溶液,迅速捣成匀浆。准确称取10~40 g匀浆(含1~2 mg维生素C)(精确至0.01 g)于烧杯中,用偏磷酸溶液或草酸溶液将样品转移至100 mL容量瓶内,并稀释至刻度,摇匀后过滤。若滤液有颜色,可按每克样品加0.4 g白陶土脱色后再过滤。

2.2,6-二氯靛酚溶液的标定

准确吸取1 mL抗坏血酸标准溶液于50 mL锥形瓶中,加入10 mL偏磷酸溶液或草酸溶液,摇匀,用2,6-二氯靛酚溶液滴定至粉红色,保持15 s不褪色为止。同时另取10 mL偏磷酸溶液或草酸溶液做空白试验。2,6-二氯靛酚溶液的滴定度按下式计算:

$$T = \frac{c \times V}{V_1 - V_0}$$

式中 T——2,6-二氯靛酚溶液的滴定度,即每毫升2,6-二氯靛酚溶液相当于抗坏血酸的毫克数,mg/mL;

c——抗坏血酸标准溶液的质量浓度,mg/mL;

V——吸取抗坏血酸标准溶液的体积,mL;

V_1——滴定抗坏血酸标准溶液所消耗2,6-二氯靛酚溶液的体积,mL;

V_0——滴定空白所消耗2,6-二氯靛酚溶液的体积,mL。

3. 样品滴定

准确吸取 10 mL 滤液于 50 mL 锥形瓶中，用标定过的 2,6-二氯靛酚溶液滴定，直至溶液呈粉红色 15 s 不褪色为止。同时做空白试验。

(五)分析结果

试样中 L(+)-抗坏血酸含量按下式计算：

$$X=\frac{(V-V_0)\times T\times A}{m}\times 100$$

式中 X——试样中 L(+)-抗坏血酸含量，mg/100 g；

V——滴定试样所消耗 2,6-二氯靛酚溶液的体积，mL；

V_0——滴定空白所消耗 2,6-二氯靛酚溶液的体积，mL；

T——2,6-二氯靛酚溶液的滴定度，即每毫升 2,6-二氯靛酚溶液相当于抗坏血酸的毫克数，mg/mL；

A——稀释倍数；

m——试样质量，g。

计算结果以重复性条件下获得的两次独立测定结果的算术平均值表示，结果保留三位有效数字。

精密度：在重复性条件下获得的两次独立测定结果的绝对差值，在 L(+)-抗坏血酸含量大于 20 mg/100 g 时不得超过算术平均值的 2%。在 L(+)-抗坏血酸含量小于或等于 20 mg/100 g 时不得超过算术平均值的 5%。

(六)说明及注意事项

(1)本方法为《食品安全国家标准食品中抗坏血酸的测定》(GB 5009.86—2016)第三法，适用于水果、蔬菜及其制品中 L(+)-抗坏血酸的测定。

(2)某些水果、蔬菜(如橘子、番茄等)浆状物定容时泡沫太多，可加数滴丁醇或辛醇消泡。

(3)大多数植物组织内含有一种能破坏抗坏血酸的氧化酶，因此，抗坏血酸的测定应采用新鲜样品并尽快用 2% 草酸溶液制成匀浆以保存维生素 C。

(4)样品的提取液制备和滴定过程，要避免阳光照射和与铜、铁器具接触，以免破坏抗坏血酸。

(5)整个操作过程要迅速，防止还原型抗坏血酸被氧化。滴定过程一般不超过 2 min。滴定所用的染料不应少于 1 mL 或多于 4 mL，如果样品含维生素 C 太高或太低，可酌情增减样液用量或改变提取液稀释度。

(6)本实验必须在酸性条件下进行。在此条件下，干扰物反应进行得很慢。2% 草酸有抑制抗坏血酸氧化酶的作用。

(7)干扰滴定因素，如样品中可能有其他杂质还原二氯酚靛酚，但反应速度均较抗坏血酸慢，因而滴定开始时，染料要迅速加入，而后尽可能一点一点地加入，并要不断地摇动三角瓶，直至呈粉红色，于 15 s 内不消退为终点。

(8)提取的浆状物如不易过滤，也可离心，留取上清液进行滴定。

(9)市售 2,6-二氯酚靛酚质量不一，以标定 0.4 mg 抗坏血酸消耗 2 mL 左右的染料为宜，可根据标定结果调整染料溶液的浓度。

【知识拓展】

一、食品中抗坏血酸的测定——高效液相色谱法

（一）测定原理

试样中的抗坏血酸用偏磷酸溶解超声提取后，以离子对试剂为流动相，经反相色谱柱分离，其中L(+)-抗坏血酸和D(+)-抗坏血酸直接用配有紫外检测器的液相色谱仪（波长245 nm）测定；试样中的L(+)-脱氢抗坏血酸经L-半胱氨酸溶液进行还原后，用紫外检测器（波长245 nm）测定L(+)-抗坏血酸总量，或减去原样品中测得的L(+)-抗坏血酸含量而获得L(+)-脱氢抗坏血酸的含量。以色谱峰的保留时间定性，用外标法定量。

（二）试剂和材料

除非另有说明，本方法所用试剂均为分析纯，水为《分析实验用水规格和试验方法》（GB/T 6682—2008）规定的一级水。

（1）偏磷酸$(HPO_3)_n$：含量（以HPO_3计）≥38%。

（2）磷酸三钠$(Na_3PO_4 \cdot 12H_2O)$。

（3）磷酸二氢钾(KH_2PO_4)。

（4）磷酸(H_3PO_4)：85%。

（5）L-半胱氨酸$(C_3H_7NO_2S)$：优级纯。

（6）十六烷基三甲基溴化铵$(C_{19}H_{42}BrN)$：色谱纯。

（7）甲醇(CH_3OH)：色谱纯。

（8）偏磷酸溶液（200 g/L）：称取200 g（精确至0.1 g）偏磷酸，溶于水并稀释至1 L，此溶液在4 ℃的环境下可保存1个月。

（9）偏磷酸溶液（20 g/L）：量取50 mL 200 g/L偏磷酸溶液，用水稀释至500 mL。

（10）磷酸三钠溶液（100 g/L）：称取100 g（精确至0.1 g）磷酸三钠，溶于水并稀释至1 L。

（11）L-半胱氨酸溶液（40 g/L）：称取4 g L-半胱氨酸，溶于水并稀释至100 mL。临用时配制。

（12）标准品。

a. L(+)-抗坏血酸标准品$(C_6H_8O_6)$：纯度≥99%。

b. D(-)-抗坏血酸（异抗坏血酸）标准品$(C_6H_8O_6)$：纯度≥99%。

（13）L(+)-抗坏血酸标准贮备溶液（1.000 mg/mL）：准确称取L(+)-抗坏血酸标准品0.01 g（精确至0.01 mg），用20 g/L的偏磷酸溶液定容至10 mL。该贮备液在2~8 ℃避光条件下可保存1周。

（14）D(+)-抗坏血酸标准贮备溶液（1.000 mg/mL）：准确称取D(+)-抗坏血酸标准品0.01 g（精确至0.01 mg），用20 g/L的偏磷酸溶液定容至10 mL。该贮备液在2~8 ℃避光条件下可保存1周。

（15）抗坏血酸混合标准系列工作液：分别吸取L(+)-抗坏血酸和D(+)-抗坏血酸标准贮备液0、0.05、0.50、1.0、2.5、5.0 mL，用20 g/L的偏磷酸溶液定容至100 mL。标准系列工作液中L(+)-抗坏血酸和D(+)-抗坏血酸的浓度分别为0、0.5、5.0、10.0、25.0、50.0 μg/mL。临用时配制。

（三）仪器和设备

（1）液相色谱仪：配有二极管阵列检测器或紫外检测器。

（2）酸度计（pH 计）：精度为 0.01。

（3）天平：感量为 0.1 g、1 mg、0.01 mg。

（4）超声波清洗器。

（5）离心机：转速≥4 000 r/min。

（6）均质机。

（7）滤膜：0.45 μm 水相膜。

（8）振荡器。

（四）分析步骤

整个检测过程应尽可能地在避光条件下进行。

1. 试样制备

（1）液体或固体粉末样品：混合均匀后，应立即用于检测。

（2）水果、蔬菜及其制品或其他固体样品：取 100 g 左右的样品加入等质量 20 g/L 的偏磷酸溶液，经均质机均质并混合均匀后，应立即测定。

2. 试样溶液的制备

称取 0.5～2 g（精确至 0.001 g）混合均匀的固体试样或匀浆试样，或吸取 2～10 mL 液体试样［使所取试样含 L(+)-抗坏血酸 0.03～6 mg］于 50 mL 烧杯中，用 20 g/L 的偏磷酸溶液将试样转移至 50 mL 容量瓶中，振摇溶解并定容。摇匀，全部转移至 50 mL 离心管中，超声提取 5 min 后，于 4 000 r/min 离心 5 min，取上清液过 0.45 μm 水相滤膜，滤液待测［由此试液可同时分别测定试样中 L(+)-抗坏血酸和 D(−)-抗坏血酸的含量］。

3. 试样溶液的还原

准确吸取 20 mL 上述离心后的上清液于 50 mL 离心管中，加入 10 mL 40 g/L 的 L-半胱氨酸溶液，用 100 g/L 磷酸三钠溶液调节 pH 值至 7.0～7.2，以 200 次/min 振荡 5 min。再用磷酸调节 pH 值至 2.5～2.8，用水将试液全部转移至 50 mL 容量瓶中，并定容至刻度。混匀后取此试液过 0.45 μm 水相滤膜后待测［由此试液可测定试样中包括脱氢型的 L(+)-抗坏血酸总量］。

若试样含有增稠剂，可准确吸取 4 mL 经 L-半胱氨酸溶液还原的试液，再准确加入 1 mL 甲醇，混匀后过 0.45 μm 滤膜后待测。

4. 仪器参考条件

（1）色谱柱：C_{18} 柱，柱长 250 mm，内径 4.6 mm，粒径 5 μm，或同等性能的色谱柱。

（2）检测器：二极管阵列检测器或紫外检测器。

（3）流动相：A 为 6.8 g 磷酸二氢钾和 0.91 g 十六烷基三甲基溴化铵，用水溶解并定容至 1 L（用磷酸调 pH 值至 2.5～2.8）；B 为 100% 甲醇。按 A∶B=98∶2 混合，过 0.45 μm 滤膜，超声脱气。

（4）流速：0.7 mL/min。

（5）检测波长：245 nm。

（6）柱温：25 ℃。

（7）进样量：20 μL。

5. 标准曲线的制作

分别对抗坏血酸混合标准系列工作溶液进行测定，以 L(+)-抗坏血酸[或 D(+)-抗坏血酸]标准溶液的质量浓度(μg/mL)为横坐标，L(+)-抗坏血酸[或 D(+)-抗坏血酸]的峰高或峰面积为纵坐标，绘制标准曲线或计算回归方程。L(+)-抗坏血酸、D(+)-抗坏血酸标准色谱图如图 4-10 所示。

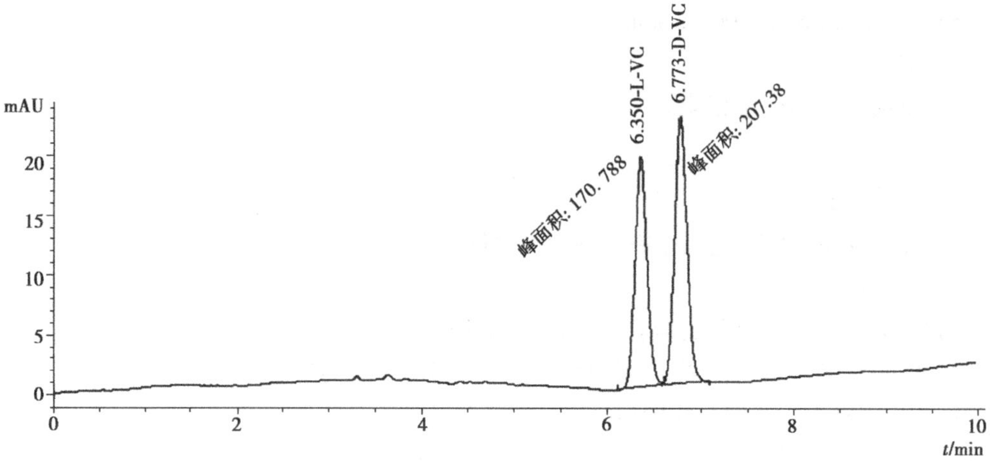

图 4-10　L(+)-抗坏血酸、D(+)-抗坏血酸标准色谱图

6. 试样溶液的测定

对试样溶液进行测定，根据标准曲线得到测定液中 L(+)-抗坏血酸[或 D(+)-抗坏血酸]的浓度(μg/mL)。

7. 空白试验

空白试验是指除不加试样外，采用完全相同的分析步骤、试剂和用量，进行平行操作。

(五)分析结果

试样中 L(+)-抗坏血酸[或 D(+)-抗坏血酸]的含量和 L(+)-抗坏血酸总量以毫克每百克表示，按下式计算：

$$X = \frac{(c_1 - c_0) \times V}{m \times 1\ 000} \times F \times K \times 100$$

式中　X——试样中 L(+)-抗坏血酸[或 D(+)-抗坏血酸、L(+)-抗坏血酸总量]的含量，mg/100 g；

c_1——样液中 L(+)-抗坏血酸[或 D(+)-抗坏血酸]的质量浓度，μg/mL；

c_0——样品空白液中 L(+)-抗坏血酸[或 D(+)-抗坏血酸]的质量浓度，μg/mL；

V——试样的最后定容体积，mL；

m——实际检测试样质量，g；

1 000——换算系数(由 μg/mL 换算成 mg/mL 的换算因子)；

F——稀释倍数(若使用"试样溶液的还原"步骤时，即为 2.5)；

K——若使用"试样溶液的还原"步骤中甲醇沉淀步骤时，即为 1.25；

100——换算系数(由 mg/g 换算成 mg/100 g 的换算因子)。

计算结果以重复性条件下获得的两次独立测定结果的算术平均值表示，结果保留三位有效数字。

精密度：在重复性条件下获得的两次独立测定结果的绝对差值不得超过算术平均值的10%。

（六）说明及注意事项

（1）本方法为《食品安全国家标准 食品中抗坏血酸的测定》（GB 5009.86—2016）第一法，适用于乳粉、谷物、蔬菜、水果及其制品、肉制品、维生素类补充剂、果冻、胶基糖果、八宝粥、葡萄酒中的L(+)-抗坏血酸、D(-)-抗坏血酸和L(+)-抗坏血酸总量的测定。

（2）固体样品取样量为2 g时，L(+)-抗坏血酸和D(+)-抗坏血酸的检出限均为0.5 mg/100 g，定量限均为2.0 mg/100 g。液体样品取样量为10 g（或10 mL）时，L(+)-抗坏血酸和D(+)-抗坏血酸的检出限均为0.1 mg/100 g（或0.1 mg/100 mL），定量限均为0.4 mg/100 g（或0.4 mg/100 mL）。

二、食品中抗坏血酸的测定——荧光法

（一）测定原理

试样中L(+)-抗坏血酸经活性炭氧化为L(+)-脱氢抗坏血酸后，与邻苯二胺反应生成有荧光的喹喔啉（Quinoxaline），其荧光强度与L(+)-抗坏血酸的浓度在一定条件下成正比，以此测定试样中L(+)-抗坏血酸总量。

注：L(+)-脱氢抗坏血酸与硼酸可形成复合物而不与邻苯二胺反应，以此排除试样中荧光杂质产生的干扰。

（二）试剂和材料

除非另有说明，本方法所用试剂均为分析纯，水为《分析实验用水规格和试验方法》（GB/T 6682—2008）规定的三级水。

（1）偏磷酸$(HPO_3)_n$：含量（以HPO_3计）≥38%。

（2）冰乙酸（CH_3COOH）：浓度约为30%。

（3）硫酸（H_2SO_4）：浓度约为98%。

（4）乙酸钠（CH_3COONa）。

（5）硼酸（H_3BO_3）。

（6）邻苯二胺（$C_6H_8N_2$）。

（7）百里酚蓝（$C_{27}H_{30}O_5S$）。

（8）活性炭粉。

（9）偏磷酸-乙酸溶液：称取15 g偏磷酸，加入40 mL冰乙酸及250 mL水，加温，搅拌，使之逐渐溶解，冷却后加水至500 mL。于4 ℃冰箱可保存7～10天。

（10）硫酸溶液（0.15 mol/L）：取8.3 mL硫酸，小心加入水中，再加水稀释至1 000 mL。

（11）偏磷酸-乙酸-硫酸溶液：称取15 g偏磷酸，加入40 mL冰乙酸，滴加0.15 mol/L硫酸溶液至溶解，并稀释至500 mL。

（12）乙酸钠溶液（500 g/L）：称取500 g乙酸钠，加水至1 000 mL。

（13）硼酸-乙酸钠溶液：称取3 g硼酸，用500 g/L乙酸钠溶液溶解并稀释至100 mL，临用时配制。

（14）邻苯二胺溶液（200 mg/L）：称取20 mg邻苯二胺，用水溶解并稀释至100 mL，临用时配制。

（15）酸性活性炭：称取约200 g活性炭粉（75～177 μm），加入1 L盐酸（1+9），加热回流1～

2 h,过滤,用水洗至滤液中无铁离子为止,置于 110 ~ 120 ℃烘箱中干燥 10 h,备用。

检验铁离子的方法:利用普鲁士蓝反应。将 20 g/L 亚铁氰化钾与 1% 盐酸等量混合,将上述洗出滤液滴入,如有铁离子则产生蓝色沉淀。

(16)百里酚蓝指示剂溶液(0.4 mg/mL):称取 0.1 g 百里酚蓝,加入 0.02 mol/L 氢氧化钠溶液约 10.75 mL,在玻璃研钵中研磨至溶解,用水稀释至 250 mL(变色范围:pH 等于 1.2 时呈红色;pH 等于 2.8 时呈黄色;pH 大于 4 时呈蓝色)。

(17)标准品 L(+)-抗坏血酸标准品($C_6H_8O_6$):纯度≥99%。

(18)L(+)-抗坏血酸标准溶液(1.000 mg/mL):称取 L(+)-抗坏血酸 0.05 g(精确至 0.01 mg),用偏磷酸-乙酸溶液溶解并稀释至 50 mL,该贮备液在 2 ~ 8 ℃避光条件下可保存 1 周。

(19)L(+)-抗坏血酸标准工作液(100.0 μg/mL):准确吸取 L(+)-抗坏血酸标准液 10 mL,用偏磷酸-乙酸溶液稀释至 100 mL,临用时配制。

(三)仪器和设备

荧光分光光度计:具有激发波长 338 nm 及发射波长 420 nm。配有 1 cm 比色皿。

(四)分析步骤

整个检测过程应在避光条件下进行。

1. 试液的制备

称取约 100 g(精确至 0.1 g)试样,加 100 g 偏磷酸-乙酸溶液,倒入捣碎机内打成匀浆,用百里酚蓝指示剂测试匀浆的酸碱度。如呈红色,即称取适量匀浆用偏磷酸-乙酸溶液稀释;若呈黄色或蓝色,则称取适量匀浆用偏磷酸-乙酸-硫酸溶液稀释,使其 pH 值为 1.2。匀浆的取用量取决于试样中抗坏血酸的含量。当试样液中抗坏血酸含量为 40 ~ 100 μg/mL 时,一般称取 20 g(精确至 0.01 g)匀浆,用相应溶液稀释至 100 mL,过滤,滤液备用。

2. 测定

(1)氧化处理:分别准确吸取 50 mL 试样滤液及抗坏血酸标准工作液于 200 mL 具塞锥形瓶中,加入 2 g 活性炭,用力振摇 1 min,过滤,弃去最初数毫升滤液,分别收集其余全部滤液,即为试样氧化液和标准氧化液,待测定。

(2)分别准确吸取 10 mL 试样氧化液于两个 100 mL 容量瓶中,作为“试样液”和“试样空白液”。

(3)分别准确吸取 10 mL 标准氧化液于两个 100 mL 容量瓶中,作为“标准液”和“标准空白液”。

(4)于“试样空白液”和“标准空白液”中各加 5 mL 硼酸-乙酸钠溶液,混合摇动 15 min,用水稀释至 100 mL,在 4 ℃冰箱中放置 2 ~ 3 h,取出待测。

(5)于“试样液”和“标准液”中各加 5 mL 的 500 g/L 乙酸钠溶液,用水稀释至 100 mL,待测。

3. 标准曲线的制备

准确吸取上述“标准液”[L(+)-抗坏血酸含量 10 μg/mL]0.5、1.0、1.5、2.0 mL,分别置于 10 mL 具塞刻度试管中,用水补充至 2.0 mL。另准确吸取“标准空白液”2 mL 于 10 mL 带盖刻度试管中。在暗室迅速向各管中加入 5 mL 邻苯二胺溶液,振摇混合,在室温下反应 35 min,于激发波长 338 nm、发射波长 420 nm 处测定荧光强度。以“标准液”系列荧光强度分别减去“标准空白液”荧光强度的差值为纵坐标,对应的 L(+)-抗坏血酸含量为横坐标,绘制标准曲线或计算直线回归方程。

4. 试样测定

分别准确吸取 2 mL“试样液”和“试样空白液”于 10 mL 具塞刻度试管中，在暗室迅速向各管中加入 5 mL 邻苯二胺溶液，振摇混合，在室温下反应 35 min，于激发波长 338 nm、发射波长 420 nm 处测定荧光强度。以“试样液”荧光强度减去“试样空白液”的荧光强度的差值于标准曲线上查得或回归方程计算测定试样溶液中 L(+)-抗坏血酸总量。

(五)分析结果

试样中 L(+)-抗坏血酸总量，结果以毫克每百克表示，按下式计算：

$$X = \frac{c \times V}{m} \times F \times \frac{100}{1\ 000}$$

式中　X——试样中 L(+)-抗坏血酸的总量，mg/100 g；

c——由标准曲线查得或回归方程计算的进样液中 L(+)-抗坏血酸的质量浓度，μg/mL；

V——荧光反应所用试样体积，mL；

m——实际检测试样质量，g；

F——试样溶液的稀释倍数；

100——换算系数；

1 000——换算系数。

计算结果以重复性条件下获得的两次独立测定结果的算术平均值表示，结果保留三位有效数字。

精密度：在重复性条件下获得的两次独立测定结果的绝对差值不得超过算术平均值的 10%。

(六)说明及注意事项

(1)本方法为《食品安全国家标准 食品中抗坏血酸的测定》(GB 5009.86—2016)第二法，适用于乳粉、蔬菜、水果及其制品中 L(+)-抗坏血酸总量的测定。

(2)当样品取样量为 10 g 时，L(+)-抗坏血酸总量的检出限为 0.044 mg/100 g，定量限为 0.7 mg/100 g。

(3)大多数植物组织内含有一种能破坏抗坏血酸的氧化酶，因此，抗坏血酸的测定应采用新鲜样品并尽快用偏磷酸-醋酸提取液将样品制成匀浆以保存维生素 C。

(4)某些果胶含量高的样品不易过滤，可采用抽滤的方法，也可先离心，再取上清液过滤。

(5)活性炭可将抗坏血酸氧化为脱氢抗坏血酸，但它也有吸附抗坏血酸的作用，故活性炭用量应适当、准确，所以，应用天平称量。实验证明，用 2 g 活性炭能使测定样品中还原型抗坏血酸完全氧化为脱氢型，其吸附影响不明显。

(6)邻苯二胺溶液在空气中的颜色会逐渐变深，影响显色，故应临用时现配。

【知识拓展】

柑橘中抗坏血酸的测定(2,6-二氯靛酚滴定法)

◆任务描述

学生分小组完成以下任务：

1. 搜索查询柑橘中维生素 C 的含量范围和食品中抗坏血酸的测定检验标准，设计抗坏血酸的测定检测方案。

2. 准备 2,6-二氯靛酚滴定法测定所需的试剂材料及仪器设备。

3. 正确对样品进行预处理。

4. 正确进行样品中抗坏血酸的含量测定。

5. 结果记录及分析处理。

6. 出具检验报告。

一、工作准备

(1)搜索查询柑橘中维生素 C 的含量范围和食品中抗坏血酸的测定检验标准《食品安全国家标准 食品中抗坏血酸的测定》(GB 5009.86—2016),设计 2,6-二氯靛酚滴定法测定柑橘中抗坏血酸的实验方案。

(2)准备抗坏血酸测定所需的试剂材料及仪器设备。

二、实施步骤

1. 样品预处理

称取具有代表性柑橘样品可食部分 100 g,放入粉碎机中,加入 100 g 偏磷酸溶液或草酸溶液,迅速捣成匀浆。

2. 样品称量

准确称取 10 ~40 g 匀浆(含 1 ~2 mg 维生素 C),精确至 0.01 g,于烧杯中,用偏磷酸溶液或草酸溶液将样品转移至 100 mL 容量瓶内,并稀释至刻度,摇匀后过滤。若滤液有颜色,可按每克样品加 0.4 g 白陶土脱色后再过滤。

3. 2,6-二氯靛酚溶液的标定

准确吸取 1 mL 抗坏血酸标准溶液于 50 mL 锥形瓶中,加入 10 mL 偏磷酸溶液或草酸溶液,摇匀,用 2,6-二氯靛酚溶液滴定至粉红色,保持 15 s 不褪色为止。同时另取 10 mL 偏磷酸溶液或草酸溶液做空白试验。计算 2,6-二氯靛酚溶液滴定度 T。

4. 样品滴定

准确吸取 10 mL 滤液于 50 mL 锥形瓶中,用标定过的 2,6-二氯靛酚溶液滴定,直至溶液呈粉红色 15 s 不褪色为止。同时另取 10 mL 偏磷酸溶液或草酸溶液做空白试验。

三、数据记录与处理

将食品中抗坏血酸的测定原始数据填入表 4-23 中,并填写检验报告单,见表 4-24。

表 4-23 食品中抗坏血酸的测定原始记录表

<table>
<tr><td colspan="2">工作任务</td><td></td><td>样品名称</td><td></td></tr>
<tr><td colspan="2">接样日期</td><td></td><td>检验日期</td><td></td></tr>
<tr><td colspan="2">检验依据</td><td colspan="3"></td></tr>
<tr><td colspan="2">锥形瓶标记</td><td>第一份</td><td>第二份</td><td>空白(V_0)</td></tr>
<tr><td rowspan="3">2,6-二氯酚靛酚标定</td><td>$V_{初}$/mL</td><td></td><td></td><td></td></tr>
<tr><td>$V_{终}$/mL</td><td></td><td></td><td></td></tr>
<tr><td>V/mL</td><td></td><td></td><td></td></tr>
<tr><td colspan="2">T=</td><td></td><td></td><td></td></tr>
</table>

续表

1 mL 2,6-二氯酚靛酚相当于 L(+)-抗坏血酸的毫克数平均值/mg				
样品质量 m				
锥形瓶标记		第一份	第二份	空白(V_0)
样品滴定	$V_{初}$/mL			
	$V_{终}$/mL			
	V/mL			
计算				
L(+)-抗坏血酸含量/($mg \cdot 100\ g^{-1}$)				
L(+)-抗坏血酸含量平均值/($mg \cdot 100\ g^{-1}$)				
标准规定分析结果的精密度				
本次试验分析结果的精密度				

表 4-24　食品中抗坏血酸的测定检测报告单

样品名称					
产品批号		样品数量		代表数量	
生产日期		检验日期		报告日期	
检测依据					
检验项目		单位	检测结果	标准要求	
检验结论					
检验员		复核人			
备注					

四、任务考核

按照表 4-25 评价学生工作任务的完成情况。

表 4-25　任务考核评价指标

序号	工作任务	评价指标	分值比例/%
1	制订检测方案	(1)正确选用检测标准及检测方法 (2)检测方案制订合理规范	10
2	试样制备	(1)会正确使用捣碎机 (2)会正确对样品进行处理	10

续表

序号	工作任务	评价指标	分值比例/%
3	试样称取	(1)正确选择合适的天平 (2)正确使用天平进行称量 (3)会容量瓶的规范使用	10
4	2,6-二氯靛酚溶液的标定	(1)会正确使用滴定管 (2)会准确判断滴定终点 (3)会计算滴定度	15
5	样品滴定	(1)会正确进行样品的吸取和滴定 (2)能准确判断滴定终点	10
6	数据处理	(1)原始记录及检测及时、规范、整洁 (2)有效数字保留准确 (3)计算准确,测定结果准确,平行性好	15
7	其他操作	(1)工作服整洁、能够正确进行标识 (2)操作时间控制在规定时间内 (3)及时收拾、回收玻璃器皿及仪器设备 (4)注意操作文明和操作安全	10
8	综合素养	(1)积极主动地参与工作,能吃苦耐劳,崇尚劳动光荣 (2)服从安排,顾全大局,积极与小组成员合作,共同完成工作任务 (3)能有效利用网络、图书资源、工作手册等快速查阅获取所需信息 (4)能发现问题、提出问题、分析问题、解决问题、创新问题	20
合计			100

思政小课堂　　课外巩固　　相关标准

项目五
食品添加剂的检验

任务一　食品中防腐剂的测定

【学习目标】

◆知识目标

1. 掌握防腐剂的定义、特点及种类。
2. 掌握液相色谱法和气相色谱法测定防腐剂的原理。
3. 掌握液相色谱法和气相色谱法的操作过程。

◆技能目标

1. 能对样品进行预处理。
2. 能熟练掌握液相色谱和气相色谱仪器的使用。
3. 能熟练掌握图谱的分析方法。
4. 能真实准确地进行数据记录和分析处理。

【知识准备】

微课视频

一、概述

防腐剂是指能防止食品腐败、变质和抑制食品中微生物繁殖，延长食品保存期的物质，它是人类使用最悠久、最广泛的食品添加剂。如果按照国家规定的数量使用，不仅可以防止食品生霉，而且可以防止食品变质或腐败，并能延长保存时间，同时对食用者也不会引起危害。因此，防腐剂必须控制一定的使用量，而且应具备以下特点：

①凡加入食品中的防腐剂，首先是对人体无毒、无害、无副作用的；

②长期使用添加防腐剂的食品，不应使机体组织产生任何病变，更不能影响第二代发育和生长；

③加入防腐剂，对食品质量不能有任何的影响和分解；

④食品中加入防腐剂后，不能掩蔽劣质食品的质量或改变任何感官性状。

二、常用防腐剂及允许量标准

我国允许使用的防腐剂有苯甲酸及其钠盐、山梨酸及其钾盐、对羟基苯甲酸乙酯及丙酯等。

(一)苯甲酸及其允许量标准

苯甲酸又名安息香酸,为白色有丝光的鳞片或针状结晶,熔点 122 ℃,沸点 249.2 ℃,100 ℃开始升华。在酸性条件下可随水蒸气蒸馏,微溶于水,易溶于氯仿、丙酮、乙醇、乙醚等有机溶剂,化学性质较稳定。苯甲酸钠易溶于水和乙醇,难溶于有机溶剂,与酸作用生成苯甲酸。苯甲酸随食品进入体内时与甘氨酸结合成马尿酸,从尿液中排出体外,不再刺激肾脏。苯甲酸及其盐类使用范围:酱油、醋、果汁类、果酱类、葡萄糖、罐头,最大使用剂量 1 g/kg;汽酒、汽水、低盐酱菜、面酱类、蜜饯类、山楂糕、果味露,每千克最多使用 0.5 g。

我国《食品安全国家标准 食品添加剂使用标准》(GB 2760—2024)中规定的食品苯甲酸及其钠盐的允许量标准见表 5-1。

表 5-1 食品中苯甲酸及其钠盐的允许量标准

食品名称	最大使用量/($g \cdot kg^{-1}$)	备注
风味冰、冰棍类	1.0	以苯甲酸计
果酱(罐头除外)	1.0	以苯甲酸计
蜜饯	0.5	以苯甲酸计
腌渍的蔬菜	1.0	以苯甲酸计
胶基糖果	1.5	以苯甲酸计
除胶基糖果外的其他糖果	0.8	以苯甲酸计
调味糖浆	1.0	以苯甲酸计
醋	1.0	以苯甲酸计
酱油	1.0	以苯甲酸计
酿造酱	1.0	以苯甲酸计
复合调味料	0.6	以苯甲酸计
半固体复合调味料	1.0	以苯甲酸计
液体复合调味料	1.0	以苯甲酸计
浓缩果蔬汁(浆)(仅限食品工业用)	2.0	以苯甲酸计
果蔬汁(浆)类饮料	1.0	以苯甲酸计,以即饮状态计,相应的固体饮料按稀释倍数增加使用量
蛋白饮料	1.0	以苯甲酸计,以即饮状态计,相应的固体饮料按稀释倍数增加使用量
碳酸饮料	0.2	以苯甲酸计,以即饮状态计,相应的固体饮料按稀释倍数增加使用量
茶、咖啡、植物(类)饮料	1.0	以苯甲酸计,以即饮状态计,相应的固体饮料按稀释倍数增加使用量
特殊用途饮料	0.2	以苯甲酸计,以即饮状态计,相应的固体饮料按稀释倍数增加使用量

续表

食品名称	最大使用量/($g \cdot kg^{-1}$)	备注
风味饮料	1.0	以苯甲酸计,以即饮料状态计,相应的固体饮料按稀释倍数增加使用量
配制酒	0.4	以苯甲酸计
果酒	0.8	以苯甲酸计

(二)山梨酸及其盐类和允许量标准

山梨酸为无色、无臭的针状结晶,熔点 134 ℃,沸点 228 ℃。山梨酸难溶于水,易溶于乙醇、乙醚、氯仿等有机溶剂,在酸性条件下可随水蒸气蒸馏,化学性质稳定。山梨酸钾易溶于水,难溶于有机溶剂,与酸作用生成山梨酸。山梨酸进入机体后参与新陈代谢,最后生成 CO_2 和 H_2O,被排到体外。山梨酸及其盐类在酱油、醋、果酱类中,每千克最多允许使用 1 g;对低盐酱菜类、面酱类、蜜饯类等使用 0.5 g/kg。

我国《食品安全国家标准 食品添加剂使用标准》(GB 2760—2024)中规定的食品中山梨酸及其钾盐的允许量标准见表 5-2。

表 5-2　食品中山梨酸及其钾盐的允许量标准

食品名称	最大使用量/($g \cdot kg^{-1}$)	备注	食品名称	最大使用量/($g \cdot kg^{-1}$)	备注
干酪、再制干酪、干酪制品及干酪类似品	1.0	以山梨酸计	肉灌肠类	1.5	以山梨酸计
氢化植物油	1.0	以山梨酸计	预制水产品(半成品)	0.075	以山梨酸计
人造黄油(人造奶油)及其类似制品(如黄油和人造黄油混合品)	1.0	以山梨酸计	腌制水产品(仅限即食海蜇)	1.0	以山梨酸计
脂肪领联 80% 以下的乳化制品	1.0	以山梨酸计	风干、烘干、压干等水产品	1.0	以山梨酸计
风味冰、冰棍类	0.5	以山梨酸计	熟制水产品(可直接食用)	1.0	以山梨酸计
经表面处理的鲜水果	0.5	以山梨酸计	其他水产品及其制品	1.0	以山梨酸计
果酱(罐头除外)	1.0	以山梨酸计	蛋制品(改变其物理性状)、脱水蛋制品(如蛋白粉、蛋黄粉、蛋白片)、蛋液与液态蛋除外	1.5	以山梨酸计
蜜饯	0.5	以山梨酸计	调味糖浆	1.0	以山梨酸计
经表面处理的新鲜蔬菜	0.5	以山梨酸计	食醋	1.0	以山梨酸计

续表

食品名称	最大使用量/($g \cdot kg^{-1}$)	备注	食品名称	最大使用量/($g \cdot kg^{-1}$)	备注
腌渍的蔬菜	1.0	以山梨酸计	酱油	1.0	以山梨酸计
加工食用菌和藻类(冷冻食用菌和藻类、食用菌和藻类罐头除外)	0.5	以山梨酸计	酿造酱	0.5	以山梨酸计
豆干再制品	1.0	以山梨酸计	复合调味料	1.0	以山梨酸计
新型豆制品(大豆蛋白及其膨化食品、大豆素肉等)	1.0	以山梨酸计	饮料类(包装饮用水、果蔬汁(浆)除外)	0.5	以山梨酸计,以即饮状态计,相应的固体饮料按稀释倍数增加使用量
胶基糖果	1.5	以山梨酸计	浓缩果蔬汁(浆)(仅限食品工业用)	2.0	以山梨酸计
除胶基糖果以外的其他糖果	1.0	以山梨酸计	乳酸菌饮料	1.0	以山梨酸计,以即饮状态计,相应的固体饮料按稀释倍数增加使用量
其他杂粮制品(仅限杂粮灌肠制品)	1.5	以山梨酸计	配制酒	0.4	以山梨酸计
其他杂粮制品(仅限米面灌肠制品)	1.5	以山梨酸计	葡萄酒	0.2	以山梨酸计
面包	1.0	以山梨酸计	果酒	0.6	以山梨酸计
糕点	1.0	以山梨酸计	果冻	0.5	以山梨酸计,如用于果冻粉,按冲调倍数增加使用量
焙烤食品馅料及其表面用挂浆	1.0	以山梨酸计	胶原蛋白肠衣	0.5	以山梨酸计
熟肉制品(肉罐头类除外)	0.075	以山梨酸计			

苯甲酸和山梨酸两种防腐剂主要用于酸性食品的防腐。

三、食品中山梨酸和苯甲酸的测定——液相色谱法

《食品安全国家标准 食品中苯甲酸、山梨酸和糖精钠的测定》(GB 5009.28—2016)规定,

食品中苯甲酸、山梨酸和糖精钠的测定方法主要有液相色谱法和气相色谱法两种。

（一）原理

样品经水提取，高脂肪样品经正己烷脱脂，高蛋白样品经蛋白沉淀剂沉淀蛋白，采用液相色谱分离、紫外检测器检测、外标法定量。

（二）试剂和材料

除非另有说明，本方法所用试剂均为分析纯，水为《分析实验用水规格和试验方法》（GB/T 6682—2008）规定的一级水。

1. 试剂

①氨水溶液（1+99）：取氨水 1 mL，加入 99 mL 水中，混匀。

②亚铁氰化钾溶液（92 g/L）：称取 106 g 亚铁氰化钾，加入适量水溶解，用水定容至 1 000 mL。

③乙酸锌溶液（183 g/L）：称取 220 g 乙酸锌溶于少量水中，加入 30 mL 冰乙酸，用水定容至 1 000 mL。

④无水乙醇（CH_3CH_2OH）。

⑤正己烷（C_6H_{14}）。

⑥甲醇（CH_3OH）：色谱纯。

⑦乙酸铵溶液（20 mmol/L）：称取 1.54 g 乙酸铵，加入适量水溶解，用水定容至 1000 mL，经 0.22 μm 水相微孔滤膜过滤后备用。

⑧甲酸-乙酸铵溶液（2 mmol/L 甲酸+20 mmol/L 乙酸铵）：称取 1.54 g 乙酸铵，加入适量水溶解，再加入 75.2 μL 甲酸，用水定容至 1 000 mL，经 0.22 μm 水相微孔滤膜过滤后备用。

⑨苯甲酸钠（C_6H_5COONa，CAS 号：532-32-1），纯度≥99.0%；或苯甲酸（C_6H_5COOH，CAS 号：65-85-0），纯度≥99.0%，或经国家认证并授予标准物质证书的标准物质。

⑩山梨酸钾（$C_6H_7KO_2$，CAS 号：590-00-1），纯度≥99.0%；或山梨酸（$C_6H_8O_2$，CAS 号：110-44-1），纯度≥99.0%，或经国家认证并授予标准物质证书的标准物质。

⑪糖精钠（$C_6H_4CONNaSO_2$，CAS 号：128-44-9），纯度≥99%，或经过国家认证并被授予标准物质证书的标准物质。

2. 标准溶液配制

①苯甲酸、山梨酸和糖精钠（以糖精计）标准储备溶液（1 000 mg/L）：分别准确称取苯甲酸钠（0.118 g）、山梨酸钾（0.134 g）和糖精钠（0.117 g）（精确至 0.000 1 g），用水溶解并分别定容至 100 mL，于 4 ℃贮存，保存期为 6 个月。当使用苯甲酸和山梨酸标准品时，需要用甲醇溶解并定容。

注意：糖精钠含结晶水，使用前需在 120 ℃下烘 4 h，干燥器中冷却至室温后备用。

②苯甲酸、山梨酸和糖精钠（以糖精计）混合标准中间溶液（200 mg/L）：分别准确吸取苯甲酸、山梨酸和糖精钠标准储备溶液各 10.0 mL 于 50 mL 容量瓶中，用水定容。于 4 ℃贮存，保存期为 3 个月。

③苯甲酸、山梨酸和糖精钠（以糖精计）混合标准系列工作溶液：分别准确吸取苯甲酸、山梨酸和糖精钠混合标准中间溶液 0 mL、0.05 mL、0.25 mL、0.50 mL、1.00 mL、2.50 mL、5.00 mL 和 10.0 mL，用水定容至 10 mL，配制成质量浓度分别为 0 mg/L、1.00 mg/L、5.00 mg/L、10.0 mg/L、20.0 mg/L、50.0 mg/L、100 mg/L 和 200 mg/L 的混合标准系列工作溶液。临用

现配。

3. 材料

①水相微孔滤膜:0.22 μm。

②塑料离心管:50 mL。

(三)仪器和设备

①高效液相色谱仪:配紫外检测器。

②分析天平:感量为0.001 g和0.000 1 g。

③涡旋振荡器。

④离心机:转速>8 000 r/min。

⑤匀浆机。

⑥恒温水浴锅。

⑦超声波发生器。

(四)分析步骤

1. 试样制备

取多个预包装的饮料、液态奶等均匀样品直接混合;非均匀的液态、半固态样品用组织匀浆机匀浆;固体样品用研磨机充分粉碎并搅拌均匀;奶酪、黄油、巧克力等采用50～60 ℃加热熔融,并趁热充分搅拌均匀。取其中的200 g装入玻璃容器中,密封,液体试样于4 ℃保存,其他试样于-18 ℃保存。

2. 试样提取

①一般性试样:准确称取约2 g(精确至0.001 g)试样于50 mL具塞离心管中,加水约25 mL,涡旋混匀,于50 ℃水浴超声20 min,冷却至室温后加亚铁氰化钾溶液2 mL和乙酸锌溶液2 mL,混匀,于8 000 r/min离心5 min,将水相转移至50 mL容量瓶中,于残渣中加水20 mL,涡旋混匀后超声5 min,于8 000 r/min离心5 min,将水相转移到同一50 mL容量瓶中,并用水定容至刻度,混匀。取适量上清液过0.22 μm滤膜,待液相色谱测定。

注意:碳酸饮料、果酒、果汁、蒸馏酒等测定时可以不加蛋白沉淀剂。

②含胶基的果冻、糖果等试样:准确称取约2 g(精确至0.001 g)试样于50 mL具塞离心管中,加水约25 mL,涡旋混匀,于70 ℃水浴加热溶解试样,于50 ℃水浴超声20 min,之后的操作同①。

③油脂、巧克力、奶油、油炸食品等高油脂试样:准确称取约2 g(精确至0.001 g)试样于50 mL具塞离心管中,加正己烷10 mL,于60 ℃水浴加热约5 min,并不时轻摇以溶解脂肪,然后加氨水溶液(1+99)25 mL,乙醇1 mL,涡旋混匀,于50 ℃水浴超声20 min,冷却至室温后,加亚铁氰化钾溶液2 mL和乙酸锌溶液2 mL,混匀,于8 000 r/min离心5 min,弃去有机相,水相转移至50 mL容量瓶中,残渣同①再提取一次后测定。

3. 仪器参考条件

①色谱柱:C_{18}柱,柱长250 mm,内径4.6 mm,粒径5 μm,或等效色谱柱。

②流动相:甲醇+乙酸铵溶液=5+95。

③流速:1 mL/min。

④检测波长:230 nm。

⑤进样量:10 μL。

1 mg/L 苯甲酸、山梨酸和糖精钠标准溶液液相色谱图如图 5-1 所示。

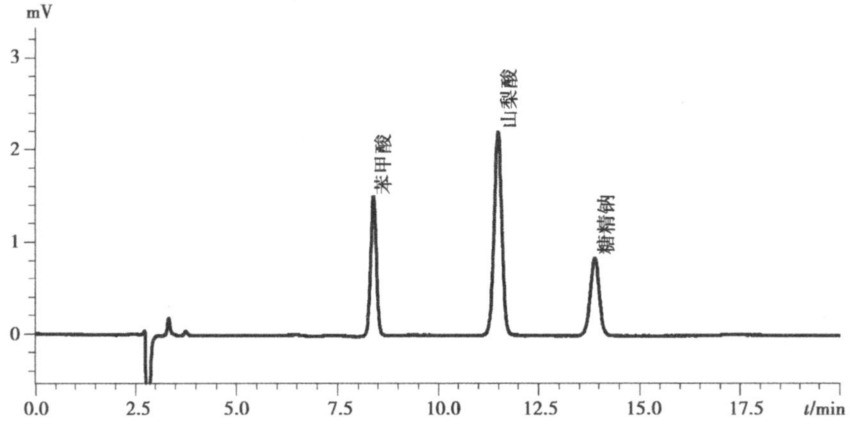

图 5-1　1 mg/L 苯甲酸、山梨酸和糖精钠标准溶液液相色谱图
(流动相:甲醇+乙酸铵溶液=5+95)

注意:当存在干扰峰或需要辅助定性时,可以采用加入甲酸的流动相来测定,如流动相:甲醇+甲酸-乙酸铵溶液=8+92,参考色谱图如图 5-2 所示。

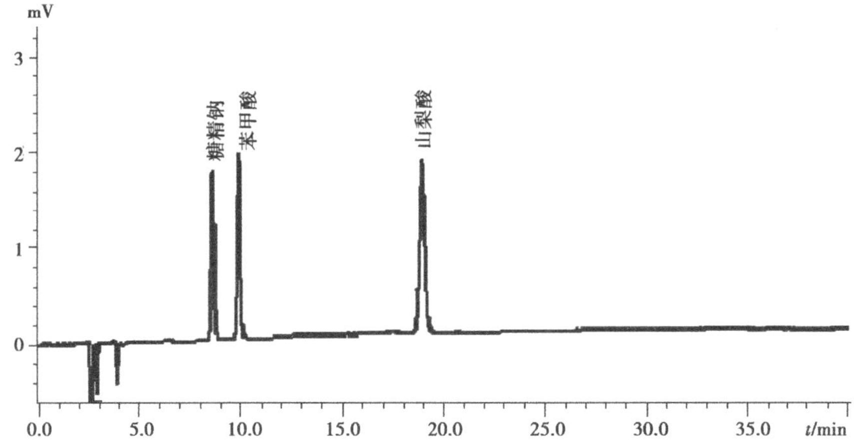

图 5-2　1 mg/L 苯甲酸、山梨酸和糖精钠标准溶液液相色谱图
(流动相:甲醇+甲酸-乙酸铵溶液=8+92)

4. 标准曲线的制作

将混合标准系列的工作溶液分别注入液相色谱仪中,测定相应的峰面积,以混合标准系列工作溶液的质量浓度为横坐标,以峰面积为纵坐标,绘制标准曲线。

5. 试样溶液的测定

将试样溶液注入液相色谱仪中,得到峰面积,根据标准曲线得到待测液中的苯甲酸、山梨酸和糖精钠(以糖精计)的质量浓度。

(五)分析结果

试样中苯甲酸、山梨酸和糖精钠(以糖精计)的含量按下式计算:

$$X = \frac{\rho \times V}{m \times 1\ 000}$$

式中 X——试样中待测组分含量，g/kg；

ρ——由标准曲线得出的试样液中待测物的质量浓度，mg/L；

V——试样定容体积，mL；

m——试样质量，g；

1 000——由 mg/kg 转换为 g/kg 的换算因子。

计算结果保留三位有效数字。

精密度：在重复性条件下获得的两次独立测定结果的绝对差值不得超过算术平均值的 10%。

注意：本方法适用于食品中苯甲酸、山梨酸和糖精钠的测定。取样量 2 g，定容 50 mL 时，苯甲酸、山梨酸和糖精钠（以糖精计）的检出限均为 0.005 g/kg，定量限均为 0.01 g/kg。

【知识拓展】

一、食品中山梨酸和苯甲酸的测定——气相色谱法

（一）原理

试样经盐酸酸化后，用乙醚提取苯甲酸、山梨酸，采用气相色谱-氢火焰离子化检测器进行分离测定，外标法定量。

（二）试剂和材料

除非另有说明，本方法所用试剂均为分析纯，水为《分析实验用水规格和试验方法》（GB/T 6682—2008）规定的一级水。

（三）试剂

①乙醚（$C_2H_5OC_2H_5$）。

②乙醇（C_2H_5OH）。

③正己烷（C_6H_{14}）。

④乙酸乙酯（$CH_3CO_2C_2H_5$）：色谱纯。

⑤盐酸（HCl）。

⑥氯化钠（NaCl）。

⑦无水硫酸钠（Na_2SO_4）：500 ℃烘 8 h，于干燥器中冷却至室温后备用。

（四）试剂配制

①盐酸溶液（1+1）：取 50 mL 盐酸，边搅拌边慢慢加入 50 mL 水中，混匀。

②氯化钠溶液（40 g/L）：称取 40 g 氯化钠，用适量水溶解，加盐酸溶液 2 mL，加水定容到 1L。

③正己烷-乙酸乙酯混合溶液（1+1）：取 100 mL 正己烷和 100 mL 乙酸乙酯，混匀。

（五）标准品

①苯甲酸（C_6H_5COOH，CAS 号：65-85-0），纯度≥99.0%，或经国家认证并授予标准物质证书的标准物质。

②山梨酸（$C_6H_8O_2$，CAS 号：110-44-1），纯度≥99.0%，或经国家认证并授予标准物质证书的标准物质。

（六）标准溶液配制

①苯甲酸、山梨酸标准储备溶液(1 000 mg/L)：分别准确称取苯甲酸、山梨酸各0.1 g(精确至0.000 1 g)，用甲醇溶解并分别定容至100 mL。转移至密闭容器中，于-18 ℃贮存，保存期为6个月。

②苯甲酸、山梨酸混合标准中间溶液(200 mg/L)：分别准确吸取苯甲酸、山梨酸标准储备溶液各10.0 mL于50 mL容量瓶中，用乙酸乙酯定容。转移至密闭容器中，于-18 ℃贮存，保存期为3个月。

③苯甲酸、山梨酸混合标准系列工作溶液：分别准确吸取苯甲酸、山梨酸混合标准中间溶液0 mL、0.05 mL、0.25 mL、0.50 mL、1.00 mL、2.50 mL、5.00 mL和10.0 mL，用正己烷-乙酸乙酯混合溶剂(1+1)定容至10 mL，配制成质量浓度分别为0 mg/L、1.00 mg/L、5.00 mg/L、10.0 mg/L、20.0 mg/L、50.0 mg/L、100 mg/L和200 mg/L的混合标准系列工作溶液。临用现配。

（七）材料

塑料离心管：50 mL。

（八）仪器和设备

①气相色谱仪：带氢火焰离子化检测器(FID)。

②分析天平：感量为0.001 g和0.000 1 g。

③涡旋振荡器。

④离心机：转速>8 000 r/min。

⑤匀浆机。

⑥氮吹仪。

（九）分析步骤

1. 试样制备

取多个预包装的样品，其中均匀样品直接混合，非均匀样品用组织匀浆机充分搅拌均匀，取其中的200 g装入洁净的玻璃容器中，密封，水溶液于4 ℃保存，其他试样于-18 ℃保存。

2. 试样提取

准确称取约2.5 g(精确至0.001 g)试样于50 mL离心管中，加0.5 g氯化钠、0.5 mL盐酸溶液(1+1)和0.5 mL乙醇，用15 mL和10 mL乙醚提取两次，每次振摇1 min，于8 000 r/min离心3 min。每次均将上层乙醚提取液通过无水硫酸钠滤入25 mL容量瓶中。加乙醚清洗无水硫酸钠层并收集至约25 mL刻度，最后用乙醚定容，混匀。准确吸取5 mL乙醚提取液于5 mL具塞刻度试管中，于35 ℃氮吹至干，加入2 mL正己烷-乙酸乙酯(1+1)混合溶液溶解残渣，待气相色谱测定。

3. 仪器参考条件

①色谱柱：聚乙二醇毛细管气相色谱柱，内径320 μm，长30 m，膜厚0.25 μm，或等效色谱柱。

②载气：氮气，流速3 mL/min。

③空气：400 L/min。

④氢气：40 L/min。

⑤进样口温度：250 ℃。

⑥检测器温度:250 ℃。

⑦柱温程序:初始温度 80 ℃,保持 2 min,以 15 ℃/min 的速率升温至 250 ℃,保持 5 min。

⑧进样量:2 μL。

⑨分流比:10 : 1。

4. 标准曲线的制作

将混合标准系列工作溶液分别注入气相色谱仪中,以质量浓度为横坐标,以峰面积为纵坐标,绘制标准曲线。

5. 试样溶液的测定

将试样溶液注入气相色谱仪中,得到峰面积,根据标准曲线得到待测液中苯甲酸、山梨酸的质量浓度。

(十)分析结果

试样中苯甲酸、山梨酸含量按下式计算:

$$X = \frac{\rho \times V \times 25}{m \times 5 \times 1\,000}$$

式中 X——试样中待测组分含量,g/kg;

ρ——由标准曲线得出的样液中待测物的质量浓度,mg/L;

V——加入正己烷-乙酸乙酯(1+1)混合溶剂的体积,mL;

25——试样乙醚提取液的总体积,mL;

m——试样的质量,g;

5——测定时吸取乙醚提取液的体积,mL;

1 000——由 mg/kg 转换为 g/kg 的换算因子。

结果保留三位有效数字。

精密度:在重复性条件下获得的两次独立测定结果的绝对差值不得超过算术平均值 10%。

注意:取样量 2.5 g,按试样前处理方法操作,最后定容至 2 mL 时,苯甲酸、山梨酸的检出限均为 0.005 g/kg,定量限均为 0.01 g/kg。

【任务实施】

酱油中苯甲酸和山梨酸的测定

◆任务描述

学生分小组完成以下任务:

1. 查阅《食品安全国家标准 食品中苯甲酸、山梨酸和糖精钠的测定》(GB 5009.28—2016),设计苯甲酸、山梨酸和糖精钠的测定检测方案。

2. 准备气相色谱法测定所需的试剂材料及仪器设备。

3. 正确对样品进行预处理。

4. 正确进行样品中防腐剂含量的测定。

5. 结果记录及分析处理。

6. 依据《食品安全国家标准 食品添加剂使用标准》(GB 2760—2024),判定样品中防腐剂含量是否合格。

7. 出具检验报告。

一、工作准备

（1）查阅防腐剂质量标准《食品安全国家标准 食品中苯甲酸、山梨酸和糖精钠的测定》（GB 5009.28—2016）和《食品安全国家标准 食品添加剂使用标准》（GB 2760—2024），设计气相色谱法测定酱油中防腐剂的含量方案。

（2）准备酱油的测定所需的试剂材料及仪器设备。

二、实施步骤

1. 试样制备

①苯甲酸、山梨酸标准储备溶液（1 000 mg/L）：分别准确称取苯甲酸、山梨酸各 0.1 g（精确至 0.000 1 g），用甲醇溶解并分别定容至 100 mL。转移至密闭容器中，于−18 ℃储存，保存期为 6 个月。

②苯甲酸、山梨酸混合标准中间溶液（200 mg/L）：分别准确吸取苯甲酸、山梨酸标准储备溶液各 10.0 mL 于 50 mL 容量瓶中，用乙酸乙酯定容。转移至密闭容器中，于−18 ℃储存，保存期为 3 个月。

③苯甲酸、山梨酸混合标准系列工作溶液：分别准确吸取苯甲酸、山梨酸混合标准中间溶液 0 mL、0.05 mL、0.25 mL、0.50 mL、1.00 mL、2.50 mL、5.00 mL 和 10.0 mL，用正己烷-乙酸乙酯混合溶液（1+1）定容至 10 mL，配制成质量分数分别为 0 mg/L、1.00 mg/L、5.00 mg/L、10.0 mg/L、20.0 mg/L、50.0 mg/L、100 mg/L 和 200 mg/L 的混合标准系列工作溶液。临用现配。

2. 称样

准确称取 2.5 g（精确至 0.001 g）预先混合均匀试样于 50 mL 离心管中。

3. 酸化

加入 0.5 mL 盐酸溶液（1+1）酸化。

4. 提取

用 15 mL 和 10 mL 乙醚提取两次，每次振摇 1 min，于 8 000 r/min 离心 3 min。每次均将上层乙醚提取液通过无水硫酸钠滤入 25 mL 容量瓶中。

5. 洗涤、转移定容

加乙醚清洗无水硫酸钠层并收集至 25 mL 容量瓶中，最后用乙醚定容，混匀。

6. 浓缩

准确吸取 5 mL 乙醚提取液于 5 mL 具塞刻度试管中，于 35 ℃环境下用氮吹仪吹干，加入 2 mL 正己烷-乙酸乙酯（1+1）混合溶液溶解残渣。

7. 设置色谱条件

①色谱柱：聚乙二醇毛细管气相色谱柱，内径 320 μm，长 30 m，膜厚 0.25 μm，或等效色谱柱。

②载气：氮气，流速 3 mL/min。

③空气流速：400 L/min。

④氢气流速：40 L/min。

⑤进样口温度：250 ℃。

⑥检测器温度：250 ℃。

⑦柱温程序：初始温度 80 ℃，保持 2 min，以 15 ℃/min 的速率升温至 250 ℃，保持 5 min。

⑧进样量:2 μL。

⑨分流比:10∶1。

8.测定

进样2 μL标准系列中各浓度标准使用液于气相色谱仪中,可测得不同浓度山梨酸、苯甲酸的峰面积,以质量分数为横坐标,以峰面积为纵坐标绘制标准曲线。

同时进样2 L试样溶液,测得峰面积,根据标准曲线得到待测液中苯甲酸、山梨酸的质量分数。

三、数据记录与处理

将酱油中苯甲酸、山梨酸的测定原始数据填入表5-3中,并填写检验报告单,见表5-4。

表5-3　酱油中苯甲酸、山梨酸的测定原始记录表

<table>
<tr><td>工作任务</td><td colspan="2"></td><td colspan="2">样品名称</td><td colspan="3"></td></tr>
<tr><td>接样日期</td><td colspan="2"></td><td colspan="2">检验日期</td><td colspan="3"></td></tr>
<tr><td>检验依据</td><td colspan="7"></td></tr>
<tr><td>检验方法</td><td colspan="7"></td></tr>
<tr><td rowspan="5">气相色谱的条件</td><td>色谱柱</td><td colspan="2"></td><td colspan="2">载气</td><td colspan="2"></td></tr>
<tr><td>空气流速</td><td colspan="2"></td><td colspan="2">氢气流速</td><td colspan="2"></td></tr>
<tr><td>进样口温度</td><td colspan="2"></td><td colspan="2">检测器温度</td><td colspan="2"></td></tr>
<tr><td>柱温程序</td><td colspan="6"></td></tr>
<tr><td>进样量</td><td colspan="2"></td><td colspan="2">分流比</td><td colspan="2"></td></tr>
<tr><td rowspan="10">检测数据</td><td colspan="3">样品编号</td><td>1</td><td colspan="2">2</td><td></td></tr>
<tr><td colspan="3">称取试样质量 m/g</td><td></td><td colspan="2"></td><td></td></tr>
<tr><td colspan="3">由标准曲线得出的样液中苯甲酸的质量分数 ρ_1/(mg·L^{-1})</td><td></td><td colspan="2"></td><td></td></tr>
<tr><td colspan="3">样品中苯甲酸含量 X_1/(g·kg^{-1})</td><td></td><td colspan="2"></td><td></td></tr>
<tr><td colspan="3">精密度/%</td><td></td><td colspan="2"></td><td></td></tr>
<tr><td colspan="3">样品中苯甲酸的平均含量 $\overline{X}_1$/(g·kg^{-1})</td><td></td><td colspan="2"></td><td></td></tr>
<tr><td colspan="3">由标准曲线得出的样液中山梨酸的质量分数 ρ_2/(mg·L^{-1})</td><td></td><td colspan="2"></td><td></td></tr>
<tr><td colspan="3">样品中山梨酸含量 X_2/(g·kg^{-1})</td><td></td><td colspan="2"></td><td></td></tr>
<tr><td colspan="3">精密度/%</td><td></td><td colspan="2"></td><td></td></tr>
<tr><td colspan="3">样品中山梨酸的平均含量 $\overline{X}_2$/(g·kg^{-1})</td><td></td><td colspan="2"></td><td></td></tr>
<tr><td>计算公式</td><td colspan="7"></td></tr>
<tr><td>检验结果</td><td colspan="7"></td></tr>
<tr><td>标准规定分析结果的精密度</td><td colspan="7">在重复性条件下获得的两次独立测定结果的绝对差值不得超过算术平均值的10%</td></tr>
</table>

续表

本次实验分析结果的精密度	

表 5-4　酱油中苯甲酸、山梨酸的测定检验报告单

<table>
<tr><td>样品名称</td><td colspan="6"></td></tr>
<tr><td>产品批号</td><td colspan="2"></td><td>样品数量</td><td colspan="2"></td><td>代表数量</td><td></td></tr>
<tr><td>生产日期</td><td colspan="2"></td><td>检验日期</td><td colspan="2"></td><td>报告日期</td><td></td></tr>
<tr><td>检测依据</td><td colspan="7"></td></tr>
<tr><td colspan="2">检验项目</td><td colspan="2">单位</td><td colspan="2">检测结果</td><td colspan="2">酱油中防腐剂的含量标准要求</td></tr>
<tr><td colspan="2"></td><td colspan="2"></td><td colspan="2"></td><td colspan="2"></td></tr>
<tr><td>检验结论</td><td colspan="7"></td></tr>
<tr><td>检验员</td><td colspan="2"></td><td colspan="2">复核人</td><td colspan="3"></td></tr>
<tr><td>备注</td><td colspan="7"></td></tr>
</table>

四、任务考核

按照表 5-5 评价学生工作任务的完成情况。

表 5-5　任务考核评价指标

序号	工作任务	评价指标	分值比例/%
1	制订检测方案	制订酱油中苯甲酸和山梨酸测定的实施方案，正确选用标准	10
2	准备工作	仪器的预热与标准样品的准备	5
3	试样制备和提取	正确称量、制备和提取样品	15
4	测定	色谱条件设置正确	15
5	结果分析	正确解读图谱	10
6	数据处理	(1)原始记录及检测及时、规范、整洁 (2)有效数字保留准确 (3)计算准确，测定结果准确，平行性好	15
7	其他操作	(1)工作服整洁、能正确进行标识 (2)操作时间控制在规定时间内 (3)及时收拾清洁、回收玻璃器皿及仪器设备 (4)注意操作文明和操作安全	10
8	综合素养	(1)积极主动地参与工作，能吃苦耐劳，崇尚劳动光荣 (2)服从安排，顾全大局，积极与小组成员合作，共同完成工作任务 (3)能有效利用网络、图书资源、工作手册等快速查阅获取所需信息 (4)能发现问题、提出问题、分析问题、解决问题、创新问题	20
合计			100

思政小课堂　课外巩固　相关标准

任务二　食品中护色剂的测定

【学习目标】

◆知识目标

1. 掌握护色剂的定义、特点及对人体健康潜在的危害。
2. 掌握硝酸盐和亚硝酸盐的测定方法。
3. 掌握分光光度法测定硝酸盐和亚硝酸盐的原理及操作过程。

◆技能目标

1. 能对样品进行预处理。
2. 能熟练掌握测定仪器的使用。
3. 能熟练掌握标准曲线的制作。
4. 能真实准确地进行数据记录和分析处理。

【知识准备】

微课视频

一、概述

在食品加工过程中，经常使用一些化学物质和食品中某些成分作用，使产品呈现良好的色泽，有利于在食品加工、保藏等过程中不致分解、破坏，这些物质称为护色剂。常用的是硝酸盐和亚硝酸盐。

硝酸盐和亚硝酸盐是肉制品生产中最常使用的护色剂。在亚硝基化菌的作用下，硝酸盐被还原为亚硝酸盐，亚硝酸盐在肌肉中乳酸的作用下生成亚硝酸，而亚硝酸极不稳定，会分解成亚硝基，并与肌肉组织中的肌红蛋白结合，生成鲜红色的亚硝基肌红蛋白，使肉制品呈现良好的色泽。亚硝酸盐在肉制品中，除发色外，对微生物的增殖也有一定的抑制作用，尤其是对肉毒杆菌在 pH 值为 6 时有显著的抑制作用，另外，亚硝酸盐对提高肉制品的风味有良好的效果。

二、常用防腐剂及允许量标准

在添加剂中，亚硝酸盐是急性毒性较强的物质之一，是一种剧毒药，可使正常的血红蛋白变成高铁血红蛋白，失去携带氧的能力，进而导致组织缺氧。亚硝酸盐可与胺类物质生成亚硝基化合物，其致癌性引起了国际关注，因此各方面要求把硝酸盐和亚硝酸盐的添加量，在保证发色的情况下，限制在最低水平。抗坏血酸与亚硝酸盐有高度亲和力，在体内能防止亚硝化作用，从而能抑制亚硝基化合物的生成。所以在肉类腌制时添加适量的抗坏血酸，有可能防止生成致癌物质。

尽管硝酸盐和亚硝酸盐的使用受到了很大限制，但至今国内外仍在继续使用。其原因是亚硝酸盐对保持腌制肉制品的色、香、味有特殊作用，迄今未发现理想的替代物质。更重要的原因是亚硝酸盐对肉毒梭状芽孢杆菌的抑制作用。但对使用的食品及其使用量和残留量有严格要求。

我国《食品安全国家标准 食品添加剂使用标准》(GB 2760—2024)规定：亚硝酸盐用于腌制肉类、肉类罐头、肉制品时的最大使用量为0.15 g/kg，硝酸钠最大使用量为0.5 g/kg，残留量(以亚硝酸钠计)不得超过30 mg/kg。

我国《食品安全国家标准 食品添加剂使用标准》(GB 2760—2024)中规定的亚硝酸钠、亚硝酸钾允许使用品种、使用范围以及最大使用量或残留量标准，见表5-6。

表5-6　食品中亚硝酸钠、亚硝酸钾允许使用品种、使用范围以及最大使用量或残留量

食品名称	最大使用量/($g \cdot kg^{-1}$)	备注
腌腊肉制品类(如咸肉、腊肉、板鸭、中式火腿、腊肠等)	0.15	以亚硝酸钠计，残留量≤30 mg/kg
酱卤肉制品类	0.15	以亚硝酸钠计，残留量≤30 mg/kg
熏、烧、烤肉类(熏肉、叉烧肉、烧鸭、肉脯等)	0.15	以亚硝酸钠计，残留量≤30 mg/kg
油炸肉类	0.15	以亚硝酸钠计，残留量≤30 mg/kg
西式火腿(熏烤、烟熏、蒸煮火腿)类	0.15	以亚硝酸钠计，残留量≤70 mg/kg
肉灌肠类	0.15	以亚硝酸钠计，残留量≤30 mg/kg
发酵肉制品类	0.15	以亚硝酸钠计，残留量≤30 mg/kg
肉罐头类	0.15	以亚硝酸钠计，残留量≤50 mg/kg

我国《食品安全国家标准 食品添加剂使用标准》(GB 2760—2024)中规定的硝酸钠、硝酸钾允许使用品种、使用范围以及最大使用量或残留量，见表5-7。

表5-7　食品中硝酸钠、硝酸钾允许使用品种、使用范围以及最大使用量或残留量

食品名称	最大使用量/($g \cdot kg^{-1}$)	备注
腌腊肉制品类(如咸肉、腊肉、板鸭、中式火腿、腊肠等)	0.5	以亚硝酸钠计，残留量≤30 mg/kg
酱卤肉制品类	0.5	以亚硝酸钠计，残留量≤30 mg/kg
熏、烧、烤肉类(熏肉、叉烧肉、烤鸭、肉脯等)	0.5	以亚硝酸钠计，残留量≤30 mg/kg
油炸肉类	0.5	以亚硝酸钠计，残留量≤30 mg/kg
西式火腿(熏烤、烟熏、蒸煮火腿)类	0.5	以亚硝酸钠计，残留量≤30 mg/kg
肉灌肠类	0.5	以亚硝酸钠计，残留量≤30 mg/kg
发酵肉制品类	0.5	以亚硝酸钠计，残留量≤30 mg/kg

参照《食品安全国家标准 食品中亚硝酸盐与硝酸盐的测定》(GB 5009.33—2016),亚硝酸盐和硝酸盐的测定方法有离子色谱法、分光光度法及蔬菜、水果中亚硝酸盐的测定紫外分光光度法。

三、食品中亚硝酸盐与硝酸盐的测定——离子色谱法

1.原理

试样经沉淀蛋白质、除去脂肪后,采用相应的方法提取和净化,以氢氧化钾溶液为淋洗液,阴离子交换柱分离,电导检测器或紫外检测器检测。以保留时间定性,外标法定量。

2.试剂和材料

除非另有说明,本方法所用试剂均为分析纯,水为《分析实验用水规格和试验方法》(GB/T 6682—2008)规定的一级水。

(1)试剂

①乙酸(3%):量取乙酸 3 mL 于 100 mL 容量瓶中,以水稀释至刻度,混匀。

②氢氧化钾(1 mol/L):称取 6 g 氢氧化钾,加入新煮沸过的冷水溶解,并稀释至 100 mL,混匀。

(2)标准溶液的制备

①亚硝酸盐标准储备液(100 mg/L,以 NO_2^- 计,下同):准确称取 0.150 0 g 于 110 ~ 120 ℃干燥至恒重的亚硝酸钠,用水溶解并转移至 1 000 mL 容量瓶中,加水稀释至刻度,混匀。

②硝酸盐标准储备液(1 000 mg/L,以 NO_3^- 计,下同):准确称取 1.371 0 g 于 110 ~ 120 ℃干燥至恒重的硝酸钠,用水溶解并转移至 1 000 mL 容量瓶中,加水稀释至刻度,混匀。

③亚硝酸盐和硝酸盐混合标准中间液:准确移取亚硝酸根离子(NO_2^-)和硝酸根离子(NO_3^-)的标准储备液各 1.0 mL 于 100 mL 容量瓶中,用水稀释至刻度,此溶液每升含亚硝酸根离子 1.0 mg 和硝酸根离子 10.0 mg。

④亚硝酸盐和硝酸盐混合标准使用液:移取亚硝酸盐和硝酸盐混合标准中间液,加水逐级稀释,制成系列混合标准使用液,亚硝酸根离子浓度分别为 0.02 mg/L、0.04 mg/L、0.06 mg/L、0.08 mg/L、0.10 mg/L、0.15 mg/L、0.20 mg/L;硝酸根离子浓度分别为 0.2 mg/L、0.4 mg/L、0.6 mg/L、0.8 mg/L、1.0 mg/L、1.5 mg/L、2.0 mg/L。

3.仪器和设备

①离子色谱仪:配电导检测器及抑制器或紫外检测器,高容量阴离子交换柱,50 μL 定量环。

②食物粉碎机。

③超声波清洗器。

④分析天平:感量为 0.1 mg 和 1 mg。

⑤离心机:转速≥10 000 r/min,配 50 mL 离心管。

⑥0.22 μm 水性滤膜针头滤器。

⑦净化柱:包括 C_{18} 柱、Ag 柱和 Na 柱或等效柱。

⑧注射器:1.0 mL 和 2.5 mL。

注意:所有玻璃器皿使用前均需依次用 2 mol/L 氢氧化钾和水分别浸泡 4 h,然后用水冲洗 3 ~ 5 次,晾干备用。

4.分析步骤

(1)试样预处理

①蔬菜、水果:将新鲜蔬菜、水果试样用自来水洗净后,用水冲洗,晾干后,取可食部分切碎混匀。将切碎的样品用四分法取适量,用食物粉碎机制成匀浆,备用。如需加水则应记录加水量。

②粮食及其他植物样品:除去可见杂质后,取有代表性试样 50～100 g,粉碎后,过 0.30 mm 孔筛,混匀,备用。

③肉类、蛋、水产及其制品:用四分法取适量或取全部,用食物粉碎机制成匀浆,备用。

④乳粉、豆奶粉、婴儿配方粉等固态乳制品(不包括干酪):将试样装入能够容纳 2 倍试样体积的带盖容器中,通过反复摇晃和颠倒容器使样品充分混匀直到使试样均一化。

⑤发酵乳、乳、炼乳及其他液体乳制品:通过搅拌或反复摇晃和颠倒容器使试样充分混匀。

⑥干酪:取适量的样品研磨成均匀的泥浆状。为避免水分损失,研磨过程中应避免产生过多的热量。

(2)提取

①蔬菜、水果等植物性试样:称取试样 5 g(精确至 0.001 g,可适当调整试样的取样量,下同),置于 150 mL 具塞锥形瓶中,加入 80 mL 水,1 mL 浓度为 1 mol/L 的氢氧化钾溶液,超声提取 30 min,每隔 5 min 振摇 1 次,保持固相完全分散。于 75 ℃水浴中放置 5 min,取出放置至室温,定量转移至 100 mL 容量瓶中,加水稀释至刻度,混匀。溶液经滤纸过滤后,取部分溶液于 10 000 r/min 的离心机中离心 15 min,上清液备用。

②肉类、蛋类、鱼类及其制品:称取试样匀浆 5 g(精确至 0.001 g),置于 150 mL 具塞锥形瓶中,加入 80 mL 水,超声提取 30 min,每隔 5 min 振摇 1 次,保持固相完全分散。于 75 ℃水浴中放置 5 min,取出放置至室温,定量转移至 100 mL 容量瓶中,加水稀释至刻度,混匀。溶液经滤纸过滤后,取部分溶液于 10 000 r/min 的离心机中离心 15 min,上清液备用。

③腌鱼类、腌肉类及其他腌制品:称取试样匀浆 2 g(精确至 0.001 g),置于 150 mL 具塞锥形瓶中,加入 80 mL 水,超声提取 30 min,每隔 5 min 振摇 1 次,保持固相完全分散。于 75 ℃水浴中放置 5 min,取出放置至室温,定量转移至 100 mL 容量瓶中,加水稀释至刻度,混匀。溶液经滤纸过滤后,取部分溶液于 10 000 r/min 的离心机中离心 15 min,上清液备用。

④乳类:称取试样 10 g(精确至 0.01 g),置于 100 mL 具塞锥形瓶中,加水 80 mL,摇匀,超声 30 min,加入 3% 乙酸溶液 2 mL,于 4 ℃放置 20 min,取出放置至室温,加水稀释至刻度。溶液经滤纸过滤,滤液备用。

⑤乳粉及干酪:称取试样 2.5 g(精确至 0.01 g),置于 100 mL 具塞锥形瓶中,加水 80 mL,摇匀,超声 30 min,取出放置至室温,定量转移至 100 mL 容量瓶中,加入 3% 乙酸溶液 2 mL,加水稀释至刻度,混匀。于 4 ℃放置 20 min,取出放置至室温,溶液经滤纸过滤,滤液备用。

⑥取上述备用溶液约 15 mL,通过 0.22 μm 水性滤膜针头滤器、C_{18} 柱,弃去前面 3 mL(如果氯离子浓度大于 100 mg/L,则需要依次通过针头滤器、C_{18} 柱、Ag 柱和 Na 柱,弃去前面 7 mL),收集后面洗脱液待测。

固相萃取柱使用前需进行活化,C_{18} 柱(1.0 mL)使用前依次用 10 mL 甲醇、15 mL 水通过,静置活化 30 min。Ag 柱(1.0 mL)和 Na 柱(1.0 mL)用 10 mL 水通过,静置活化 30 min。

(3)仪器参考条件

①色谱柱:氢氧化物选择性,可兼容梯度洗脱的二乙烯基苯-乙基苯乙烯共聚物基质,烷醇基季铵盐功能团的高容量阴离子交换柱,4 mm×250 mm(带保护柱 4 mm×50 mm),或性能相当的离子色谱柱。

②淋洗液:氢氧化钾溶液,浓度为 6~70 mmol/L;洗脱梯度为 6 mmol/L 30 min,70 mmol/L 5 min,6 mmol/L 5 min;流速 1.0 mL/min。

粉状婴幼儿配方食品:氢氧化钾溶液,浓度为 5~50 mmol/L;洗脱梯度为 5 mmol/L 33 min,50 mmol/L 5 min,5 mmol/L 5 min;流速 1.3 mL/min。

③抑制器:连续自动再生膜阴离子抑制器或等效抑制装置。

④检测器:电导检测器,检测池温度为 35 ℃;或紫外检测器,检测波长为 226 nm。

⑤进样体积:50 μL(可根据试样中被测离子含量进行调整)。

(4)测定

①标准曲线的制作。将标准系列工作液分别注入离子色谱仪中,得到各浓度标准工作液色谱图,测定相应的峰高(μS)或峰面积,以标准工作液的浓度为横坐标,以峰高(μS)或峰面积为纵坐标,绘制标准曲线。

亚硝酸盐和硝酸盐标准溶液的色谱图,如图 5-3 所示。

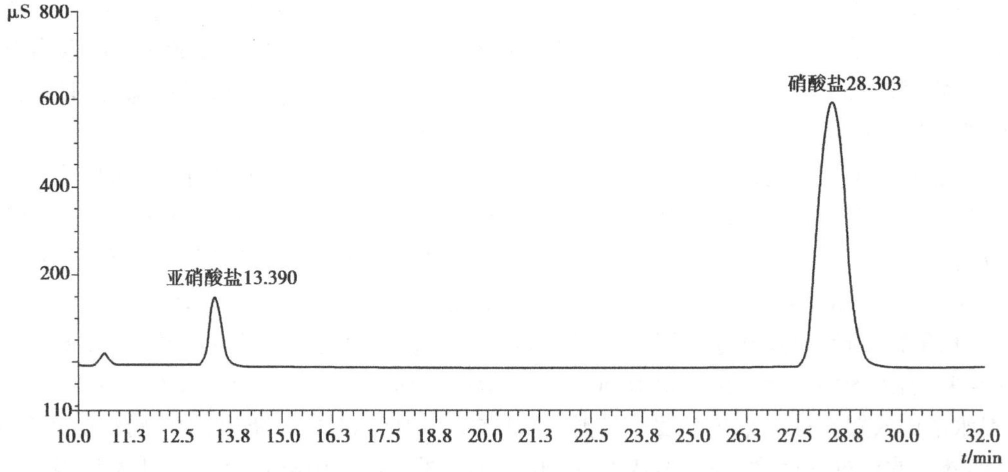

图 5-3 亚硝酸盐和硝酸盐标准色谱图

②试样溶液的测定。将空白和试样溶液注入离子色谱仪中,得到空白和试样溶液的峰高(μS)或峰面积,根据标准曲线得到待测液中亚硝酸根离子或硝酸根离子的浓度。

5. 分析结果

试样中亚硝酸根离子或硝酸根离子的含量按下式计算:

$$X=\frac{(\rho-\rho_0)\times V\times f\times 1\ 000}{m\times 1\ 000}$$

式中 X——试样中亚硝酸根离子或硝酸根离子的含量,mg/kg;

ρ——测定用试样溶液中的亚硝酸根离子或硝酸根离子浓度,mg/L;

ρ_0——试剂空白液中亚硝酸根离子或硝酸根离子浓度,mg/L;

V——试样溶液体积,mL;

f——试样溶液稀释倍数;

m——试样取样量，g；

1 000——换算系数。

注意：试样中测得的亚硝酸根离子含量乘以换算系数 1.5，即得亚硝酸盐（按亚硝酸钠计）含量；试样中测得的硝酸根离子含量乘以换算系数 1.37，即得硝酸盐（按硝酸钠计）含量，结果保留两位有效数字。

精密度：在重复性条件下获得的两次独立测定结果的绝对差值不得超过算术平均值的 10%。

注意：本方法中亚硝酸盐和硝酸盐检出限分别为 0.2 mg/kg 和 0.4 mg/kg。

【知识拓展】

食品中亚硝酸盐与硝酸盐的测定——分光光度法

（一）原理

亚硝酸盐采用盐酸萘乙二胺法测定，硝酸盐采用镉柱还原法测定。

试样经沉淀蛋白质、除去脂肪后，在弱酸条件下，亚硝酸盐与对氨基苯磺酸重氮化后，再与盐酸萘乙二胺偶合形成紫红色染料，外标法测得亚硝酸盐含量。采用镉柱将硝酸盐还原成亚硝酸盐，测得亚硝酸盐总量，由测得的亚硝酸盐总量减去试样中亚硝酸盐含量，即得试样中硝酸盐含量。

（二）试剂和材料

除非另有说明，本方法所用试剂均为分析纯，水为《分析实验用水规格和试验方法》（GB/T 6682—2008）规定的一级水。

1. 试剂

①亚铁氰化钾［$K_4Fe(CN)_6 \cdot 3H_2O$］。

②乙酸锌［$Zn(CH_3COO)_2 \cdot 2H_2O$］。

③冰乙酸（CH_3COOH）。

④硼酸钠（$Na_2B_4O_7 \cdot 10H_2O$）。

⑤盐酸（HCl，ρ=1.19 g/mL）。

⑥氨水（$NH_3 \cdot H_2O$，25%）。

⑦对氨基苯磺酸（$C_6H_7NO_3S$）。

⑧盐酸萘乙二胺（$C_{12}H_{14}N_2 \cdot 2HCl$）。

⑨锌皮或锌棒。

⑩硫酸镉（$CdSO_4 \cdot 8H_2O$）。

⑪硫酸铜（$CuSO_4 \cdot 5H_2O$）。

2. 试剂配制

①亚铁氰化钾溶液（106 g/L）：称取 106.0 g 亚铁氰化钾，用水溶解，并稀释至 1 000 mL。

②乙酸锌溶液（220 g/L）：称取 220.0 g 乙酸锌，先加 30 mL 冰乙酸溶解，用水稀释至 1 000 mL。

③饱和硼砂溶液（50 g/L）：称取 5.0 g 硼酸钠，溶于 100 mL 热水中，冷却后备用。

④氨缓冲溶液（pH 值 9.6～9.7）：量取 30 mL 盐酸，加 100 mL 水，混匀后加 65 mL 氨水，再加水稀释至 1 000 mL，混匀。调节 pH 值至 9.6～9.7。

⑤氨缓冲液的稀释液：量取 50 mL pH 9.6～9.7 的氨缓冲溶液，加水稀释至 500 mL，混匀。

⑥盐酸(0.1 mol/L)：量取 8.3 mL 盐酸，用水稀释至 1 000 mL。

⑦盐酸(2 mol/L)：量取 167 mL 盐酸，用水稀释至 1 000 mL。

⑧盐酸(20%)：量取 20 mL 盐酸，用水稀释至 100 mL。

⑨对氨基苯磺酸溶液(4 g/L)：称取 0.4 g 对氨基苯磺酸，溶于 100 mL 20% 盐酸中，混匀，置棕色瓶中，避光保存。

⑩盐酸萘乙二胺溶液(2 g/L)：称取 0.2 g 盐酸萘乙二胺，溶于 100 mL 水中，混匀，置棕色瓶中，避光保存。

⑪硫酸铜溶液(20 g/L)：称取 20 g 硫酸铜，加水溶解，并稀释至 1 000 mL。

⑫硫酸镉溶液(40 g/L)：称取 40 g 硫酸镉，加水溶解，并稀释至 1 000 mL。

⑬乙酸溶液(3%)：量取冰乙酸 3 mL 于 100 mL 容量瓶中，以水稀释至刻度，混匀。

3. 标准溶液配制

①亚硝酸钠标准溶液(200 μg/mL，以亚硝酸钠计)：准确称取 0.100 0 g 于 110～120 ℃干燥恒重的亚硝酸钠，加水溶解，移入 500 mL 容量瓶中，加水稀释至刻度，混匀。

②硝酸钠标准溶液(200 μg/mL，以亚硝酸钠计)：准确称取 0.123 2 g 于 110～120 ℃干燥恒重的硝酸钠，加水溶解，移入 500 mL 容量瓶中，并稀释至刻度。

③亚硝酸钠标准使用液(5.0 μg/mL)：临用前，吸取 2.50 mL 亚硝酸钠标准溶液，置于 100 mL 容量瓶中，加水稀释至刻度。

④硝酸钠标准使用液(5.0 μg/mL，以亚硝酸钠计)：临用前，吸取 2.50 mL 硝酸钠标准溶液，置于 100 mL 容量瓶中，加水稀释至刻度。

(三)仪器和设备

①天平：感量为 0.1 mg 和 1 mg。

②组织捣碎机。

③超声波清洗器。

④恒温干燥箱。

⑤分光光度计。

⑥镉柱或镀铜镉柱。

a. 海绵状镉的制备：镉粒直径 0.3～0.8 mm。

将适量的锌棒放入烧杯中，用 40 g/L 硫酸镉溶液浸没锌棒。在 24 h 内，不断将锌棒上的海绵状镉轻轻刮下。取出残余锌棒，使镉沉底，倾去上层溶液。用水冲洗海绵状镉 2～3 次后，将镉转移至搅拌器中，加 400 mL 盐酸(0.1 mol/L)，搅拌数秒，以得到所需粒径的镉颗粒。将制得的海绵状镉倒回烧杯中，静置 3～4 h，其间搅拌数次，以除去气泡。倾去海绵状镉中的溶液，并可按下述方法进行镉粒镀铜。

b. 镉粒镀铜：将制得的镉粒置锥形瓶中(所用镉粒的量以达到要求的镉柱高度为准)，加足量的盐酸(2 mol/L)浸没镉粒，振荡 5 min，静置分层，倾去上层溶液，用水多次冲洗镉粒。在镉粒中加入 20 g/L 硫酸铜溶液(每克镉粒约需 2.5 mL)，振荡 1 min，静置分层，倾去上层溶液后，立即用水冲洗镀铜镉粒(注意镉粒要始终用水浸没)，直至冲洗的水中不再有铜沉淀。

c. 镉柱的装填：如图 5-4 所示，用水装满镉柱玻璃管，并装入约 2 cm 高的玻璃棉做垫，将玻璃棉压向柱底时，应将其中所包含的空气全部排出，再轻轻敲击一下，加入海绵状镉至 8～

10 cm[图 5-4(a)]或 15 ~ 20 cm[图 5-4(b)],上面用 1 cm 高的玻璃棉覆盖。若使用装置(b),则上置一贮液漏斗,末端要穿过橡皮塞与镉柱玻璃管紧密连接。

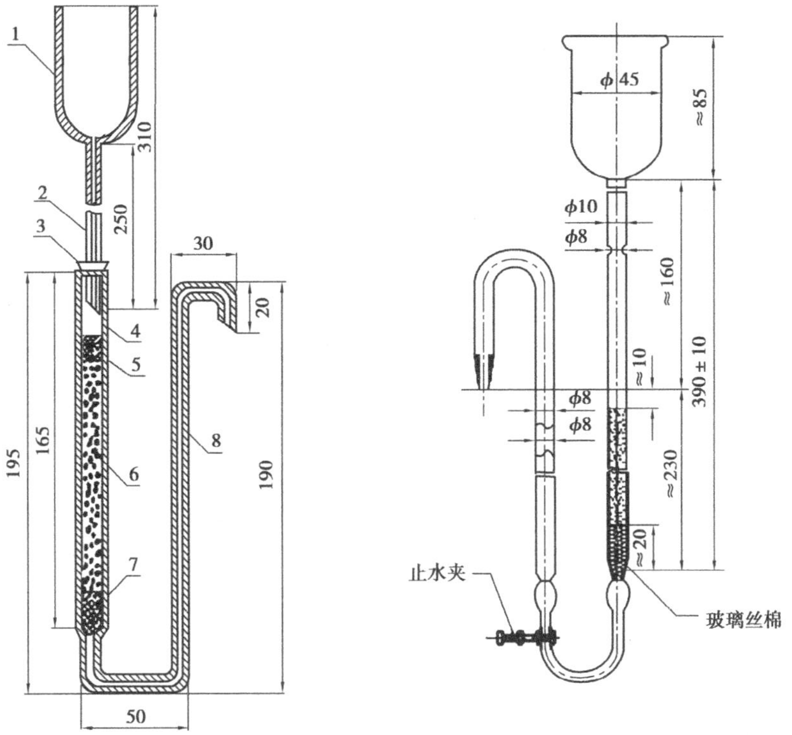

(a)8 ~ 10 cm　　　　(b)15 ~ 20 cm

图 5-4　镉柱装填示意图(单位:mm)

1—贮液漏斗,内径 35 mm,外径 37 mm;2—进液毛细管,内径 0.4 mm,外径 6 mm;3—橡皮塞;
4—镉柱玻璃管,内径 12 mm,外径 16 mm;5,7—玻璃棉;6—海绵状镉;
8—出液毛细管,内径 2 mm,外径 8 mm

如无上述镉柱玻璃管时,可用 25 mL 酸式滴定管代用,但过柱时要注意始终保持液面在镉层之上。

当镉柱填装好后,先用 25 mL 盐酸(0.1 mol/L)洗涤,再用水洗 2 次,每次 25 mL,镉柱不用时用水封盖,随时都要保持水平面在镉层之上,不得使镉层夹有气泡。

d. 镉柱每次使用完毕后,应先以 25 mL 盐酸(0.1 mol/L)洗涤,再用水洗 2 次,每次 25 mL,最后用水覆盖镉柱。

e. 镉柱还原效率的测定:吸取 20 mL 硝酸钠标准使用液,加入 5 mL 氨缓冲液的稀释液,混匀后注入贮液漏斗,使流经镉柱还原,用一个 100 mL 的容量瓶收集洗提液。

洗提液的流速不应超过 6 mL/min,在贮液杯将要排空时,用约 15 mL 水冲洗杯壁。冲洗水流尽后,再用 15 mL 水重复冲洗,待第二次冲洗水也流尽后,将贮液杯灌满水,并使其以最大流量流过柱子。当容量瓶中的洗提液接近 100 mL 时,从柱子下取出容量瓶,用水定容至刻度,混匀。取 10.0 mL 还原后的溶液(相当 10 μg 亚硝酸钠)于 50 mL 比色管中,以下按分析步骤中的亚硝酸盐测定的方法,吸取 0.00 mL、0.20 mL、0.40 mL、0.60 mL、0.80 mL、1.00 mL 等操作,根据标准曲线计算测得的结果,与加入量一致,还原效率应大于 95% 为符合要求。

f. 还原效率按下式计算：

$$X = \frac{m_1}{10} \times 100\%$$

式中　X——还原效率，%；

m_1——测得亚硝酸钠的含量，μg；

10——测定用溶液相当于亚硝酸钠的含量，μg。

如果还原率小于95%时，将镉柱中的镉粒倒入锥形瓶中，加入足量的盐酸（2 mol/L）中，振荡数分钟，再用水反复冲洗。

（四）分析步骤

1. 试样的预处理

①蔬菜水果：将新鲜蔬菜、水果试样用自来水洗净，晾干后，取可食部分切碎混匀。将切碎的样品用四分法取适量，用食物粉碎机制成匀浆，备用。如需加水应记录加水量。

②粮食及其他植物样品：除去可见杂质后，取有代表性试样 50～100 g，粉碎后，过 0.30 mm 孔筛，混匀，备用。

③肉类蛋、水产及其制品：用四分法取适量或取全部，用食物粉碎机制成匀浆，备用。

④乳粉、豆奶粉、婴儿配方粉等固态乳制品（不包括干酪）：将试样装入能够容纳 2 倍试样体积的带盖容器中，通过反复摇晃和颠倒容器使样品充分混匀直到使试样均一化。

⑤发酵乳、乳、炼乳及其他液体乳制品：通过搅拌、反复摇晃或颠倒容器，使试样充分混匀。

⑥干酪：取适量的样品研磨成均匀的泥浆状。为避免水分损失，研磨过程中应避免产生过多的热量。

2. 提取

①干酪：称取试样 2.5 g（精确至 0.001 g），置于 150 mL 具塞锥形瓶中，加水 80 mL，摇匀，超声 30 min，取出放置至室温，定量转移至 100 mL 容量瓶中，加入 3% 乙酸溶液 2 mL，加水稀释至刻度，混匀。于 4 ℃放置 20 min，取出放置至室温，溶液经滤纸过滤，滤液备用。

②液体乳样品：称取试样 90 g（精确至 0.001 g），置于 250 mL 具塞锥形瓶中，加 12.5 mL 饱和硼砂溶液，加入 70 ℃左右的水约 60 mL，混匀，于沸水浴中加热 15 min，取出置冷水浴中冷却，并放置至室温。定量转移上述提取液至 200 mL 容量瓶中，加入 5 mL 106 g/L 亚铁氰化钾溶液，摇匀，再加入 5 mL 220 g/L 乙酸锌溶液，以沉淀蛋白质。加水至刻度，摇匀，放置 30 min，除去上层脂肪，上清液用滤纸过滤，滤液备用。

③乳粉：称取试样 10 g（精确至 0.001 g），置于 150 mL 具塞锥形瓶中，加 12.5 mL 50 g/L 饱和硼砂溶液，加入 70 ℃左右的水约 150 mL，混匀，于沸水浴中加热 15 min，取出置冷水浴中冷却，并放置至室温。定量转移上述提取液至 200 mL 容量瓶中，加入 5 mL 106 g/L 亚铁氰化钾溶液，摇匀，再加入 5 mL 220 g/L 乙酸锌溶液，以沉淀蛋白质。加水至刻度，摇匀，放置 30 min，除去上层脂肪，上清液用滤纸过滤，弃去初滤液 30 mL，滤液备用。

④其他样品：称取 5 g（精确至 0.001 g）匀浆试样（如制备过程中加水，应按加水量折算），置于 250 mL 具塞锥形瓶中，加 12.5 mL 50 g/L 饱和硼砂溶液，加入 70 ℃左右的水约 150 mL，混匀，于沸水浴中加热 15 min，取出置冷水浴中冷却，并放置至室温。定量转移上述提取液至 200 mL 容量瓶中，加入 5 mL 106 g/L 亚铁氰化钾溶液，摇匀，再加入 5 mL 220 g/L 乙酸锌溶液，以沉淀蛋白质。加水至刻度，摇匀，放置 30 min，除去上层脂肪，上清液用滤纸过滤，弃去

初滤液 30 mL,滤液备用。

3. 亚硝酸盐的测定

吸取 40.0 mL 上述滤液于 50 mL 带塞比色管中,另吸取 0.00 mL、0.20 mL、0.40 mL、0.60 mL、0.80 mL、1.00 mL、1.50 mL、2.00 mL、2.50 mL 亚硝酸钠标准使用液(相当于 0.0 μg、1.0 μg、2.0 μg、3.0 μg、4.0 μg、5.0 μg、7.5 μg、10.0 μg、12.5 μg 亚硝酸钠),分别置于 50 mL 带塞比色管中。于标准管与试样管中分别加入 2 mL 4 g/L 对氨基苯磺酸溶液,混匀,静置 3 ~5 min 后各加入 1 mL 2 g/L 盐酸萘乙二胺溶液,加水至刻度,混匀,静置 15 min,用 1 cm 比色杯,以零管调节零点,于波长 538nm 处测吸光度,绘制标准曲线比较。同时做试剂空白试验。

4. 硝酸盐的测定

①镉柱还原。先用 25 mL 氨缓冲液的稀释液冲洗镉柱,流速控制在 3 ~5 mL/min(以滴定管代替的可控制在 2 ~3 mL/min)。

吸取 20 mL 滤液于 50 mL 烧杯中,加 5 mL pH 值 9.6 ~9.7 的氨缓冲溶液,混合后注入贮液漏斗,使其流经镉柱还原,当贮液杯中的样液流尽后,加 15 mL 水冲洗烧杯,再倒入贮液杯中。冲洗水流完后,再用 15 mL 水重复 1 次。当第二次冲洗水快流尽时,将贮液杯装满水,以最大流速过柱。当容量瓶中的洗提液接近 100 mL 时,取出容量瓶,用水定容刻度,混匀。

②亚硝酸钠总量的测定。吸取 10 ~20 mL 还原后的样液于 50 mL 比色管中。以下按分析步骤中的亚硝酸盐测定的方法,自“吸取 0.00 mL、0.20 mL、0.40 mL、0.60 mL、0.80 mL、1.00 mL,……”起操作。

(五)分析结果

1. 亚硝酸盐含量的计算

亚硝酸盐(以亚硝酸钠计)的含量按下式计算:

$$X_1 = \frac{m_2 \times 1\,000}{m_3 \times \frac{V_1}{V_0} \times 1\,000} \tag{1}$$

式中　X_1——试样中亚硝酸钠的含量, mg/kg;

m_2——测定用样液中亚硝酸钠的质量,μg;

m_3——试样质量,g;

V_1——测定用样液体积,mL;

V_0——试样处理液总体积,mL;

1 000——转换系数。

结果保留两位有效数字。

2. 硝酸盐含量的计算

硝酸盐(以硝酸钠计)的含量按下式计算:

$$X_1 = \left(\frac{m_4 \times 1\,000}{m_5 \times \frac{V_3}{V_2} \times \frac{V_5}{V_4} \times 1\,000} - X_1 \right) \times 1.232 \tag{2}$$

式中　X_2——试样中硝酸钠的含量,mg/kg;

m_4——经镉粉还原后测得总亚硝酸钠的质量,μg;

m_5——试样的质量,g;

V_3——测总亚硝酸钠的测定用样液体积,mL;

V_2——试样处理液总体积,mL;

V_5——经镉柱还原后样液的测定用体积,mL;

V_4——经镉柱还原后样液的总体积,mL;

X_1——由式(1)计算出的试样中亚硝酸钠的含量,mg/kg;

1 000——转换系数;

1.232——亚硝酸钠换算成硝酸钠的系数。

结果保留两位有效数字。

精密度:在重复性条件下获得的两次独立测定结果的绝对差值不得超过算术平均值的10%。

注意:本方法适用于食品中亚硝酸盐和硝酸盐的测定。亚硝酸盐检出限为液体乳0.06 mg/kg,乳粉0.5 mg/kg,干酪及其他1 mg/kg;硝酸盐检出限为液体乳0.6 mg/kg,乳粉5 mg/kg,干酪及其他10 mg/kg。

【任务实施】

火腿肠中亚硝酸盐的测定

◆任务描述

学生分小组完成以下任务:

1. 查阅《火腿肠质量通则》(GB/T 20712—2022)、《食品安全国家标准 食品中亚硝酸盐与硝酸盐的测定》(GB 5009.33—2016)及《食品安全国家标准 食品添加剂使用标准》(GB 2760—2024)。

2. 小组讨论后制订检验方案。

3. 准备所需的试剂材料及仪器设备。

4. 正确对样品进行预处理。

5. 正确测定火腿肠中亚硝酸盐的含量,并与GB 2760—2024中规定的最大残留量比较,以确定火腿肠中亚硝酸盐的含量是否合格。

6. 结果记录及分析处理。

7. 依据《食品安全国家标准 食品添加剂使用标准》(GB 2760—2024),判定样品中亚硝酸盐的含量是否合格。

8. 出具检验报告。

一、工作准备

(1)查阅亚硝酸盐质量标准《食品安全国家标准 食品添加剂使用标准》(GB 2760—2024),设计测定火腿肠中亚硝酸盐含量的方案。

(2)准备火腿肠测定所需的试剂材料及仪器设备。

二、试剂和材料

(1)仪器设备

①分析天平:感量为0.1 mg和1 mg。

②组织捣碎机。

③超声波清洗器。

④恒温干燥箱。

⑤分光光度计。

(2)试剂

①亚铁氰化钾溶液:106 g/L。

②乙酸锌溶液:220 g/L。

③饱和硼砂溶液:50 g/L。

④对氨基苯磺酸溶液:4 g/L。

⑤盐酸萘乙二胺溶液:2 g/L。

⑥亚硝酸钠标准使用液:5.0 μg/mL。

三、分析步骤

1. 样品处理

称取5 g(精确至0.001 g)经绞碎混匀的火腿肠样品,置于250 mL具塞锥形瓶中,加入12.5 mL 50 g/L饱和硼砂溶液,加入70 ℃左右的水约150 mL,混匀,于沸水浴中加热15 min,取出置于冷水浴中冷却,并放置至室温。定量转移上述提取液至200 mL容量瓶中,加入5 mL 106 g/L亚铁氰化钾溶液,摇匀,再加入5 mL 220 g/L乙酸锌溶液,以沉淀蛋白质。加水至刻度,混匀,放置30 min,除去上层脂肪,上清液用滤纸过滤,弃去初滤液30 mL,滤液备用。

2. 测定

吸取40.0 mL上述滤液于50 mL带塞比色管中,另吸取0.00 mL、0.20 mL、0.40 mL、0.60 mL、0.80 mL、1.00 mL、1.50 mL、2.00 mL、2.50 mL亚硝酸钠标准使用液(相当于0.0 μg、1.0 μg、2.0 μg、3.0 μg、4.0 μg、5.0 μg、7.5 μg、10.0 μg、12.5 μg亚硝酸钠);分别置于50 mL带塞比色管中。于标准管和试样管中分别加入2 mL 4 g/L对氨基苯磺酸溶液,混匀,静置3 ~5 min后各加入1 mL 2 g/L盐酸萘乙二胺溶液,加水至刻度,混匀,静置15 min,用1 cm比色皿,以零管调节零点,于波长538nm处测吸光度,绘制标准曲线。同时做试剂空白试验。

四、结果分析

①以各标准液中的亚硝酸钠含量为横坐标,各标准液的吸光度为纵坐标,绘制标准曲线。

②根据样品液的吸光度,从标准曲线上查出样品液中亚硝酸钠的浓度,代入计算式计算亚硝酸盐的含量。

③以重复性条件下获得的两次独立测定结果的算术平均值表示,结果保留两位有效数字。

④在重复性条件下获得的两次独立测定结果的绝对差值不得超过算术平均值的10%。

五、数据记录与处理

火腿肠中亚硝酸盐的测定数据记录见表5-8。

表5-8　火腿肠中亚硝酸盐的测定数据记录

工作任务		样品名称	
样品编号		检验项目	
检验日期		检验依据	
检验方法			

续表

检测数据	亚硝酸钠标准溶液的浓度/($\mu g \cdot mL^{-1}$)											
	样品编号	1	2	3	4	5	6	7	8	9	样 1	
	标液用量/mL											
	相当亚硝酸钠质量/μg											
	对氨基苯磺酸(4 g/L)/mL											
	混匀,静置 3 ~ 5 min											
	盐酸萘乙二胺(2 g/L)/mL											
	加去离子水至刻度,混匀,静置 15 min											
	538 nm 测定吸光度											
计算公式												
检验结果	样品中亚硝酸钠的平均含量为____________(根据标准判断是否符合要求)											

六、注意事项

①亚硝酸盐容易氧化为硝酸盐,样品处理时,加热的时间与温度均要控制。

②配制标准溶液的固体亚硝酸钠可长期保存在硅胶干燥器中,若有必要,可在 80 ℃环境下烘去水分后称量。

③饱和硼砂溶液在实验过程中有两个作用:一是作为亚硝酸盐的提取剂;二是作为蛋白质沉淀剂。

④亚铁氰化钾溶液、乙酸锌溶液作为蛋白质沉淀剂,使产生的亚铁氰化锌沉淀与蛋白质共同沉淀。蛋白质沉淀剂也可采用硫酸锌溶液(30%)。

⑤每次使用比色皿都应将比色皿用蒸馏水洗干净,再用所盛装的溶液润洗 3 次,才能进行比色。比色测定时,应从低浓度向高浓度测定,以免高浓度给低浓度造成太大的影响。

⑥当亚硝酸盐含量过高时,过量的亚硝酸盐可以将偶氮化合物氧化变成黄色,从而使红色消失。因此,应将样品处理液稀释后再进行处理,以确保样品的吸光度落在标准曲线的吸光度之内。

⑦盐酸萘乙二胺有致癌作用,使用时应注意安全。

七、任务考核

按照表 5-9 评价学生工作任务的完成情况。

表 5-9 任务考核评价指标

序号	工作任务	评价指标	分值比例/%
1	制订检测方案	查阅相关标准,正确选用标准,制订火腿肠中亚硝酸盐测定的方案	10
2	样品处理	将样品混匀并制备净化提取液	15
3	标准曲线绘制	亚硝酸盐标准使用液的制备和标准曲线的绘制	20

续表

序号	工作任务	评价指标	分值比例/%
4	测定	样品液吸光度的测定	15
5	结果分析	数据记录处理及有效数字的保留	15
6	其他操作	(1)工作服整洁、能够正确进行标识 (2)操作时间控制在规定时间内 (3)及时收拾、回收玻璃器皿及仪器设备 (4)注意操作文明和操作安全	10
7	综合素养	(1)能依据食品检验工国家职业标准要求,针对食品护色剂进行测定 (2)通过查阅相关素材,了解分光光度法在食品理化检验中的应用 (3)能对操作过程进行记录与分析,并对所完成的任务进行归纳、分析及总结	15
合计			100

思政小课堂　　课外巩固　　相关标准

任务三　食品中漂白剂的测定

【学习目标】

◆知识目标

1. 掌握漂白剂的定义、特点及其对人体健康潜在的危害。
2. 掌握二氧化硫的测定方法。
3. 掌握酸碱滴定法和分光光度法的原理及操作过程。

◆技能目标

1. 能对样品进行预处理。
2. 能熟练掌握测定仪器的使用。
3. 能真实准确地进行数据记录和分析处理。

【知识准备】

微课视频

一、概述

漂白剂是指可使食品中的有色物质经化学作用分解转成为无色物质,或使其褪色的食品添加剂。食品中常用的漂白剂可分为还原型和氧化型两大类。中国允许使用的漂白剂有二氧化硫、焦亚硫酸钾、焦亚硫酸钠、亚硫酸钠、亚硫酸氢钠、低亚硫酸钠、硫磺 7 种。这些漂白剂通过解离生成亚硫酸,亚硫酸有还原性,显示漂白、脱色、防腐和抗氧化作用。

目前,我国使用的大多数是以亚硫酸类化合物为主的还原型漂白剂。它们通过产生的二氧化硫的还原作用,来抑制、破坏食品的变色因子,使食品褪色或免于发生褐变。

二、常用漂白剂及允许量标准

我国食品行业中,使用得较多的是二氧化硫和亚硫酸盐。二者虽然本身并没有营养价值,也非食品中不可缺少的成分,它对人体健康也有一定的影响,因此,漂白剂在食品中的添加量应加以限制。

我国《食品安全国家标准 食品添加剂使用标准》(GB 2760—2024)对食品中二氧化硫、亚硫酸钠等漂白剂的使用范围、最大使用量做了严格的规定。例如,我国国家标准规定:残留量以 SO_2 计,饼干、食糖、罐头不得超过 50 mg/kg;竹笋、蘑菇残留量不得超过 25 mg/kg;赤砂糖及其他不得超过 100 mg/kg。

我国《食品安全国家标准 食品中二氧化硫的测定》(GB 5009.34—2022)规定了二氧化硫的测定方法为酸碱滴定法、分光光度法和离子色谱法。

三、食品中二氧化硫的测定——酸碱滴定法

(一)原理

采用充氮蒸馏法处理试样,试样酸化后,在加热条件下亚硫酸盐等系列物质释放二氧化硫,用过氧化氢溶液吸收蒸馏物,二氧化硫溶于吸收液被氧化生成硫酸,采用氢氧化钠标准溶液滴定,根据氢氧化钠标准溶液消耗量计算试样中二氧化硫的含量。

(二)试剂和材料

除非另有说明,本方法所用试剂均为分析纯,水为《分析实验用水规格和试验方法》(GB/T 6682—2008)规定的三级水。

1. 试剂

①过氧化氢:30%。

②无水乙醇。

③氢氧化钠。

④甲基红。

⑤盐酸(ρ_{20}=1.19 g/mL)。

⑥氮气(纯度>99.9%)。

2. 试剂配制

①过氧化氢溶液(3%):量取质量分数为30%的过氧化氢100 mL,加水稀释至1 000 mL。临用时现配。

②盐酸溶液(6 mol/L):量取盐酸(ρ_{20}=1.19 g/mL)50 mL,缓缓倾入50 mL水中,边加边搅拌。

③甲基红乙醇溶液指示剂(2.5 g/L):称取甲基红指示剂0.25 g,溶于100 mL无水乙醇中。

3. 标准溶液的制备

①氢氧化钠标准溶液(0.1 mol/L):按照《化学试剂 标准滴定溶液的制备》(GB/T 601—2016)配制并标定,或经国家认证并授予标准物质证书的标准滴定溶液。

②氢氧化钠标准溶液(0.01 mol/L):移取氢氧化钠标准溶液(0.1 mol/L)10.0 mL 于 100 mL 容量瓶中,加无二氧化碳的水稀释至刻度。

(三)仪器和设备

①玻璃充氮蒸馏器:500 mL 或 1 000 mL,另配电热套、氮气源及气体流量计,或等效的蒸馏设备,装置原理如图 5-5 所示。

②电子天平:感量为 0.01 g。

③10 mL 半微量滴定管和 25 mL 滴定管。

④粉碎机。

⑤组织捣碎机。

(四)分析步骤

1. 试样前处理

(1)液体试样　取啤酒、葡萄酒、果酒及其他发酵酒、配制酒、饮料类试样,采样量应大于 1 L,对于袋装、瓶装等包装,试样需至少采集 3 个包装(同一批次或号),将所有液体在一个容器中混合均匀后,密闭并标识,供检测用。

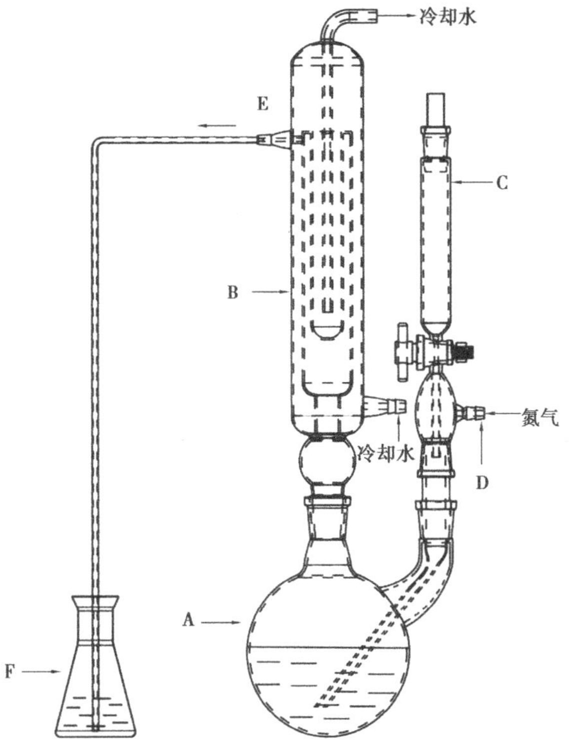

图 5-5　酸碱滴定法蒸馏仪器装置原理图

A—圆底烧瓶;B—竖式回流冷凝管;C—(带刻度)分液漏斗;

D—连接氮气流入口;E—SO_2 导气口;F—接收瓶

(2)固体试样　取粮食加工品、固体调味品、饼干、薯类食品、糖果制品(含巧克力及制品)、代用茶、酱腌菜、蔬菜干制品、食用菌制品、其他蔬菜制品、蜜饯、水果干制品、炒货食品及坚果制品(烘炒类、油炸类、其他类)、食糖、干制水产品、熟制动物性水产制品、食用淀粉、淀粉制品、淀粉糖、非发酵性豆制品、蔬菜、水果、海水制品、生干坚果与籽类食品等试样,采样量应大于600 g,根据具体产品的不同性质和特点,直接取样,充分混合均匀,或者将可食用的部分,采用粉碎机等合适的粉碎手段进行粉碎,充分混合均匀,贮存于洁净的盛样袋内,密闭并标识,供检测用。

(3)半流体试样　对于袋装、瓶装等包装试样需至少采集3个包装(同一批次或号);对于酱、果蔬罐头及其他半流体试样,采样量均应大于600 g,采用组织捣碎机捣碎混匀后,贮存于洁净盛样袋内,密闭并标识,供检测用。

2. 试样测定

①取固体或半流体试样20~100 g(精确至0.01 g,取样量可视含量高低而定);取液体试样20~200 mL(g),将称量好的试样置于图5-5中圆底烧瓶A中,加水200~500 mL。

②安装好装置后,打开回流冷凝管开关给水(冷凝水温度<15 ℃),将冷凝管的上端E口处连接的玻璃导管置于100 mL锥形瓶底部。锥形瓶内加入3%过氧化氢溶液50 mL作为吸收液(玻璃导管的末端应在吸收液液面以下)。

③在吸收液中加入3滴2.5 g/L甲基红乙醇溶液指示剂,并用氢氧化钠标准溶液(0.01 mol/L)滴定至黄色即终点(如果超过终点,则应舍弃该吸收溶液)。

④开通氮气,调节气体流量计至1.0~2.0 L/min;打开分液漏斗C的活塞,使6 mol/L盐酸溶液10 mL快速流入蒸馏瓶,立刻使加热烧瓶内的溶液至沸,并保持微沸1.5 h,停止加热。将吸收液放冷后摇匀,用氢氧化钠标准溶液(0.01 mol/L)滴定至黄色且20 s不褪色,并同时进行空白试验。

(五)分析结果

试样中二氧化硫的含量按下式计算:

$$X=\frac{(V-V_0)\times c\times 0.032\times 1\,000\times 1\,000}{m}$$

式中　X——试样中二氧化硫的含量,mg/kg或mg/L;

V——试样溶液消耗氢氧化钠标准溶液的体积,mL;

V_0——空白溶液消耗氢氧化钠标准溶液的体积,mL;

c——氢氧化钠滴定液的物质的量浓度,mol/L;

0.032——1 mL氢氧化钠标准溶液(1 mol/L)相当于二氧化硫的质量(g),g/mmoL;

m——试样的质量或体积,g或mL。

计算结果保留三位有效数字。

精密度:在重复性条件下获得的两次独立测定结果的绝对差值不得超过算术平均值的10%。

注意:当用0.01 mol/L氢氧化钠滴定液,固体或半流体称样量为35 g时,检出限为1 mg/kg,定量限为10 mg/kg;液体取样量为50 mL(g)时,检出限为1 mg/L(mg/kg),定量限为6 mg/L(mg/kg)。

【知识拓展】

食品中二氧化硫的测定——分光光度法

(一)原理

样品直接用甲醛缓冲吸收液浸泡或加酸充氮蒸馏-释放的二氧化硫被甲醛溶液吸收,生成稳定的羟甲基磺酸加成化合物，酸性条件下与盐酸副玫瑰苯胺，生成蓝紫色络合物，该络合物的吸光度值与二氧化硫的浓度成正比。

（二）试剂和材料

除非另有说明，本方法所用试剂均为分析纯，水为《分析实验用水规格和试验方法》（GB/T 6682—2008）规定的三级水。

1. 试剂

①氨基磺酸铵（$H_6N_2O_3S$）。

②乙二胺四乙酸二钠（$C_{10}H_{14}N_2Na_2O_8$）。

③甲醛（CH_2O）：36%～38%，应不含有聚合物（没有沉淀且溶液不分层）。

④邻苯二甲酸氢钾（$KHC_8H_4O_4$）。

⑤2%盐酸副玫瑰苯胺（$C_{19}H_{18}ClN_3$）溶液。

⑥冰乙酸（$C_2H_4O_2$）。

⑦磷酸（H_3PO_4）。

2. 试剂配制

①氢氧化钠溶液（1.5 mol/L）：称取 6.0 g NaOH，溶于水并稀释至 100 mL。

②乙二胺四乙酸二钠溶液（0.05 mol/L）：称取 1.86 g 乙二胺四乙酸二钠（简称"EDTA-2Na"），溶于水并稀释至 100 mL。

③甲醛缓冲吸收储备液：称取 2.04 g 邻苯二甲酸氢钾，溶于少量水中，加入 36%～38%的甲醛溶液 5.5 mL，0.05 mol/L EDTA-2Na 溶液 20.0 mL，混匀，加水稀释并定容至 100 mL，贮于冰箱中冷藏保存。

④甲醛缓冲吸收液：量取甲醛缓冲吸收储备液适量，用水稀释 100 倍。临用时现配。

⑤盐酸副玫瑰苯胺溶液（0.5 g/L）：量取 2%盐酸副玫瑰苯胺溶液 25.0 mL，分别加入磷酸 30 mL 和盐酸 12 mL，用水稀释至 100 mL，摇匀，放置 24 h，备用（避光密封保存）。

⑥氨基磺酸铵溶液（3 g/L）：称取 0.30 g 氨基磺酸铵（$H_6N_2O_3S$）溶于水并稀释至 100 mL。

⑦盐酸溶液（6 mol/L）：量取盐酸 50 mL，缓缓倾入 50 mL 水中边加边搅拌。

3. 标准品

二氧化硫标准溶液（100 μg/mL）：具有国家认证并授予标准物质证书。

4. 标准溶液配制

二氧化硫标准使用液（10 μg/mL）：准确吸取二氧化硫标准溶液（100 μg/mL）5.0 mL，用甲醛缓冲吸收液定容至 50 mL。临用时现配。

（三）仪器和设备

①玻璃充氮蒸馏器：500 mL 或 1 000 mL，或等效的蒸馏设备。

②紫外可见分光光度计。

（四）分析步骤

1. 试样制备

（1）液体试样　取啤酒、葡萄酒、果酒及其他发酵酒、配制酒、饮料类试样，采样量应大于 1 L，对于袋装、瓶装等包装，试样需至少采集 3 个包装（同一批次或号），将所有液体在一个容器中混合均匀后，密闭并标识，供检测用。

(2)固体试样　取粮食加工品、固体调味品、饼干、薯类食品、糖果制品(含巧克力及制品)、代用茶、酱腌菜、蔬菜干制品、食用菌制品、其他蔬菜制品、蜜饯、水果干制品、炒货食品及坚果制品(烘炒类、油炸类、其他类)、食糖、干制水产品、熟制动物性水产制品、食用淀粉、淀粉制品、淀粉糖、非发酵性豆制品、蔬菜、水果、海水制品、生干坚果与籽类食品等试样,采样量应大于600 g,根据具体产品的不同性质和特点,直接取样,充分混合均匀,或者将可食用的部分,采用粉碎机等合适的粉碎手段进行粉碎,充分混合均匀,贮存在洁净的盛样袋内,密闭并标识,供检测用。

(3)半流体试样　对于袋装、瓶装等包装试样需至少采集3个包装(同一批次或号);对于酱、果蔬罐头及其他半流体试样,采样量均应大于600 g,采用组织捣碎机捣碎混匀后,贮存于洁净盛样袋内,密闭并标识,供检测用。

2. 试样处理

(1)直接提取法　称取固体试样约10 g(精确至0.01 g),加甲醛缓冲吸收液100 mL,振荡浸泡2 h,过滤,取续滤液,待测。同时做空白试验。

(2)充氮蒸馏法　称取固体或半流体试样10~50 g(精确至0.01 g,取样量可视含量高低而定);量取液体试样50~100 mL,置于图5-5圆底烧瓶A中,加水250~300 mL。打开回流冷凝管开关给水(冷凝水温度<15 ℃),将冷凝管的上端E口处连接的玻璃导管置于100 mL锥形瓶底部。锥形瓶内加入甲醛缓冲吸收液30 mL作为吸收液(玻璃导管的末端应在吸收液液面以下)。开通氮气,使其流量计调节气体流量至1.0~2.0 L/min,打开分液漏斗C的活塞,使6 mol/L盐酸溶液10 mL快速流入蒸馏瓶,立刻加热烧瓶内的溶液至沸,并保持微沸1.5 h,停止加热。取下吸收瓶,以少量水冲洗导管尖嘴,并入吸收瓶中。将瓶内吸收液转入100 mL容量瓶中,甲醛缓冲吸收液定容,待测。

3. 标准曲线的制作

分别准确量取0.00 mL、0.20 mL、0.50 mL、1.00 mL、2.00 mL、3.00 mL二氧化硫标准使用液(相当于0.0 μg、2.0 μg、5.0 μg、10.0 μg、20.0 μg、30.0 μg二氧化硫),置于25 mL具塞试管中,加入甲醛缓冲吸收液至10.00 mL,再依次加入3 g/L氨基磺酸铵溶液0.5 mL,1.5 mol/L氢氧化钠溶液0.5 mL,0.5 g/L盐酸副玫瑰苯胺溶液1.0 mL,摇匀,放置20 min后,用紫外可见分光光度计在波长579nm处测定标准溶液吸光度,并以质量为横坐标、吸光度为纵坐标绘制标准曲线。

4. 试样溶液的测定

根据试样中二氧化硫的含量,吸取试样溶液0.50~10.00 mL,置于25 mL具塞试管中,按上述步骤"加入甲醛缓冲吸收液至10.00 mL……"进行操作,同时做空白试验。

(五)分析结果

试样中二氧化硫的含量按下式计算:

$$X = \frac{(m - m_0) \times V_1 \times 1\,000}{m_2 \times V_2 \times 1\,000}$$

式中　X——试样中二氧化硫的含量,mg/kg或mg/L;

m_1——由标准曲线中查得的测定用试液中二氧化硫的质量,μg;

m_0——由标准曲线中查得的测定用空白溶液中二氧化硫的质量,μg;

V_1——试样提取液/试样蒸馏液定容体积,mL;

m_2——试样的质量或体积,g或mL。

V_2——测定用试样提取液/试样蒸馏液的体积，mL。

计算结果保留三位有效数字。

精密度：在重复性条件下获得的两次独立测定结果的绝对差值不得超过算术平均值的10%。

注意：当固体或半流体称样量为10 g，定容体积为100 mL，取样体积为10 mL时，本方法检出限为1 mg/kg，定量限为6 mg/kg；液体取样量为10 mL时，定容体积为100 mL，取样体积为10 mL时，本方法检出限为1 mg/L，定量限为6 mg/L。

【任务实施】

葡萄酒中二氧化硫的测定

◆任务描述

1. 查阅《葡萄酒、果酒通用分析方法》（GB/T 15038—2006）。
2. 小组讨论后制订二氧化硫检验方案。
3. 准备测定所需的试剂材料及仪器设备。
4. 正确对样品进行预处理。
5. 正确测定葡萄酒中二氧化硫的含量。
6. 结果记录及分析处理。
7. 与《食品安全国家标准 食品添加剂使用标准》（GB 2760—2024）中规定的量进行比较，以确定葡萄酒中二氧化硫残留量是否合格。
8. 出具检验报告。

一、工作准备

（1）查阅食品中二氧化硫的使用标准《食品安全国家标准 食品添加剂使用标准》（GB 2760—2024）。

（2）准备测定所需的试剂材料和仪器设备。

二、实施步骤

1. 游离二氧化硫的测定

吸取50.00 mL样品（液温20 ℃）于250 mL碘量瓶中，加入少量碎冰块，再加入1 mL淀粉指示液、10 mL硫酸溶液（1+3），用碘标准滴定溶液[$c(\frac{1}{2}I_2)=0.02$ mol/L]迅速滴定至淡蓝色，保持30 s不变色即为终点，记下消耗碘标准滴定溶液的体积（V_1）。

以水代替样品做空白试验，操作同上，记录消耗碘标准滴定溶液的体积（V_{01}）。

2. 总二氧化硫的测定

吸取25.00 mL氢氧化钠溶液于250 mL碘量瓶中，再准确吸取25.00 mL样品（液温20 ℃），并用吸管尖插入氢氧化钠溶液的方式，加入碘量瓶中，摇匀，盖塞，静置15 min后，再加入少量碎冰块、1 mL淀粉指示液、10 mL硫酸溶液，摇匀，用碘标准滴定溶液迅速滴定至淡蓝色且30 s内不变色即为终点，记下消耗碘标准滴定溶液的体积（V_2）。

以水代替样品做空白试验，操作同上，记录消耗碘标准滴定溶液的体积（V_{02}）。

三、分析结果

1. 游离二氧化硫的含量

样品中游离二氧化硫的含量按下式计算：

$$X_1 = \frac{(V_1 - V_{01}) \times c \times 32}{50} \times 1\ 000$$

式中 X_1——样品中游离二氧化硫的含量，mg/L；

c——碘标准滴定溶液的浓度，mol/L；

V_1——样品游离二氧化硫所消耗碘标准滴定溶液的体积，mL；

V_{01}——游离二氧化硫试剂空白试验消耗碘标准滴定溶液的体积，mL；

32——二氧化硫的摩尔质量，g/mol；

50——游离二氧化硫测定吸取样品的体积，mL；

1 000——单位换算系数。

所得结果取整数。

在重复性条件下获得的两次独立测定结果的绝对差值不得超过算术平均值的 10%。

2. 总二氧化硫的含量

样品中总二氧化硫的含量按下式计算：

$$X_2 = \frac{(V_2 - V_{02}) \times c \times 32}{25} \times 1\ 000$$

式中 X_2——样品中总二氧化硫的含量，mg/L；

c——碘标准滴定溶液的浓度，mol/L；

V_2——样品中总二氧化硫所消耗碘标准滴定溶液的体积，mL；

V_{02}——总二氧化硫试剂空白试验消耗碘标准滴定溶液的体积，mL；

32——二氧化硫的摩尔质量，g/mol；

25——吸取样品的体积，mL；

1 000——单位换算系数。

所得结果取整数。

在重复性条件下获得的两次独立测定结果的绝对差值不得超过算术平均值的 10%。

四、数据记录与处理

葡萄酒中二氧化硫测定数据记录见表 5-10。

表 5-10 葡萄酒中二氧化硫测定数据记录

样品名称		样品编号	
检测项目		检测日期	
检测依据		检测方法	

续表

检测数据	样品编号	1	2	3
	碘标准滴定溶液的浓度 $c/(mol \cdot mL^{-1})$			
	游离二氧化硫的测定			
	样品消耗碘标准滴定溶液的体积 V_1/mL			
	空白试验消耗碘标准溶液的体积 V_{01}/mL			
	样品中游离二氧化硫的含量 $X_1/(mg \cdot L^{-1})$			
	游离二氧化硫含量的平均值 $\overline{X}_1/(mg \cdot L^{-1})$			
	总二氧化硫的测定			
	样品消耗碘标准滴定溶液的体积 V_2/mL			
	空白试验消耗碘标准溶液的体积 V_{02}/mL			
	样品中总二氧化硫的含量 $X_2/(mg \cdot L^{-1})$			
	精密度/%			
	总二氧化硫含量的平均值 $\overline{X}_2/(mg \cdot L^{-1})$			
结果计算	（计算公式）			
检验结果	（根据标准判断葡萄酒样品二氧化硫残留量是否符合要求）			

五、技术提示

①试样要尽量避免与空气接触，只有在滴定时才打开碘量瓶瓶塞，以免二氧化硫逸出或被氧化。

②滴定温度应保持在 20 ℃以下。在高温季节，可先向试液中加入冰块，然后再加入硫酸酸化。

③滴定终点时，溶液开始变暗，继而转变为蓝色。滴定红葡萄酒时，为使终点易于观察，可在碘量瓶旁放一强的黄光源，让黄光透过溶液进行观察。

④红葡萄酒由于含有较高的单宁和有色物质，使碘液的消耗量明显增高，因而有较大误差，最好不用碘量法测定。

六、任务考核

按照表 5-11 评价学生工作任务的完成情况。

表 5-11　任务考核评价指标

序号	工作任务	评价指标	分值比例/%
1	制订检测方案	制订葡萄酒中二氧化硫测定的实施方案，正确选用标准	10
2	准备工作	仪器的预热与标准样品的准备	5
3	试样制备和提取	正确称量、制备和提取样品	15
4	测定	正确使用移液管、滴定管	15

续表

序号	工作任务	评价指标	分值比例/%
5	结果分析	碱化,滴定,做空白试验	10
6	数据处理	(1)原始记录及检测及时、规范、整洁 (2)有效数字保留准确 (3)计算准确,测定结果准确,平行性好	15
7	其他操作	(1)工作服整洁、能正确进行标识 (2)操作时间控制在规定时间内 (3)及时收拾、回收玻璃器皿及仪器设备 (4)注意操作文明和操作安全	10
8	综合素养	(1)积极主动地参与工作,能吃苦耐劳,崇尚劳动光荣 (2)服从安排,顾全大局,积极与小组成员合作,共同完成工作任务 (3)能有效利用网络、图书资源、工作手册等快速查阅获取所需的信息 (4)能发现问题、提出问题、分析问题、解决问题、创新问题	20
合计			100

【技能拓展】

依据食品检验工国家职业标准(中级、高级)要求,针对二氧化硫的测定,课外应加强和巩固以下方面的学习和训练:

①通过学习滴定法测定葡萄酒中二氧化硫的残留量,查阅相关资料,了解漂白剂在食品工业中的应用。

②通过测定葡萄酒中二氧化硫的学习,延伸至学习其他漂白剂的测定,达到举一反三的目的。

微课视频　　课外巩固　　相关标准

项目六
食品有毒有害物质的检验

任务一　食品中有害元素的测定

【学习目标】

◆知识目标

1. 了解食品中铅、镉和砷污染的来源,危害及其在食品中的限量指标。
2. 掌握食品中铅、镉和砷的测定方法。
3. 掌握火焰原子吸收光谱法测定铅含量的流程及操作注意事项。
4. 掌握石墨炉原子吸收光谱法测定镉含量的流程及操作注意事项。
5. 掌握氢化物发生原子荧光光谱法测定砷含量的流程及操作注意事项。
6. 熟悉原子吸收光谱仪的组成和工作原理。
7. 熟悉原子荧光光谱仪的组成和工作原理。

◆技能目标

1. 会进行样品预处理,并能正确配制铅、镉、砷标准使用液。
2. 会正确使用原子吸收光谱仪。
3. 会正确使用原子荧光光谱仪。
4. 会用火焰原子吸收光谱法测定食品中的铅含量。
5. 会用石墨炉原子吸收光谱法测定食品中的镉含量。
6. 会用原子荧光光谱法测定食品中的砷含量。

【知识准备】

微课视频

一、概述

(一)食品中有害元素的污染来源

1. 食品中铅的污染来源

铅为带蓝色的银白色重金属,是人类最早使用的金属之一,在自然界中大多以化合物的形式存在。食品中铅的来源主要有自然环境存在的,环境中铅对食品的污染,食品加工过程中的铅污染以及食品容器、用具中铅对食品的污染。铅对环境的污染,一是由冶炼、制造和使用铅制品的工矿企业,尤其是来自有色金属冶炼过程中所排出的含铅废水、废气和废渣造成的。二是由汽车排出的含铅废气造成的,汽油中用四乙基铅作为抗爆剂,在汽油燃烧过程中,铅便随汽车排出的废气进入大气。

2. 食品中镉的污染来源

镉是银白色有光泽的金属，广泛应用于电镀工业、化工业、电子业和核工业等领域。镉污染源主要是铅锌矿，以及有色金属冶炼、电镀和用镉化合物作原料或触媒的工厂。相当数量的镉通过废气、废水、废渣排入环境，造成污染。

镉广泛存在于自然界中，但是自然本底值较低，因此食品中的镉含量一般不高。但是，通过食物链的生物富集作用，可以在食品中检出镉。不同食品被镉污染的程度差异很大，海产品、动物内脏，特别是肝和肾、食盐、油类、脂肪和烟叶中的镉含量平均浓度比蔬菜、水果高；海产品中尤其以贝类含镉量较高；植物性食品中含镉量相对较低，其中甜菜、洋葱、豆类、萝卜等蔬菜和谷物镉污染相对较重。

3. 食品中砷的污染来源

砷俗称砒霜，是一种非金属元素，单质以灰砷、黑砷和黄砷这 3 种同素异形体的形式存在。砷包括无机砷和有机砷，二者之和为总砷。砷元素广泛存在于自然界中。目前有数百种砷矿物已被发现。

食品中砷的污染主要源于以下方面：

(1)天然本底　几乎所有的生物体内均含有砷。自然界中的砷主要以二硫化砷(即雄黄)、三硫化砷(即雌黄)及硫砷化铁等硫化物的形式存在于岩石圈中。自然环境中的动植物可以通过食物链或以直接吸收的方式从环境中摄取砷。正常情况下，动植物食品中砷的含量较低。陆地植物和陆地动物中的砷主要以无机砷为主，且含量都比较低。

(2)环境中的砷对食品的污染　在环境化学污染物中，砷是最常见、危害居民健康最严重的污染物之一。有色金属熔炼、砷矿的开采冶炼，含砷化合物在工业生产中的应用，如陶器、木材、纺织、化工、油漆、制药、玻璃、制革、氮肥及纸张的生产等，特别是在我国流传广泛的土法炼砷中所产生的大量含砷废水、废气和废渣常造成砷对环境的持续污染，从而造成食品的砷污染。

(3)含砷农药的使用对食品的污染　在我国砷酸钠、亚砷酸钠、砷酸钙、亚砷酸钙、砷酸铅及砷酸锰是比较常用的含砷农药，由于无机砷的毒性较大、半衰期长。目前已禁止生产使用。但有机砷农药的使用并没有受到严格限制，仍在使用中的有机砷农药有甲基砷酸钙、二砷甲酸、甲基砷酸钠、甲基砷酸二钠、甲基硫酸和砷酸铅等。生产和使用含砷农药可以通过污染环境来污染食品，也可以通过施药造成作物的直接污染。

(4)食品加工过程中的砷污染　在食品生产加工过程中，食用色素、葡萄糖及无机酸等化合物，如果质地不纯，就可能含有较高量的砷而污染食品。如生产酱油时用盐酸水解豆饼，并用碱中和，如果使用的是砷含量较高的工业盐酸，就会造成酱油含砷量增高。

(二)食品中有害元素污染的危害

1. 食品中铅污染的危害

许多化学品在环境中滞留一段时间后可能降解为无害的最终化合物，但是铅无法再降解，一旦排入环境，很长时间内仍然保持其可用性。由于铅在环境中的长期持久性，又对许多生命组织有较强的潜在性毒性，所以铅一直被列为强污染物范围。在重金属类食品污染名单中，易造成铅污染的皮蛋尤为严重，其中铅平均含量超过国家标准限量值的 1.2 ~ 8.0 倍。制作加工原料中使用铅丹(氧化铅)是导致皮蛋中铅含量过高的主要原因。

铅对生物体内的许多器官组织都具有不同程度的损害作用，尤其是对造血系统、神经系统和肾脏的损害尤为明显。食品中铅污染所致的中毒主要是慢性损害，临床上表现为贫血、神经衰弱、神经炎和消化系统等症状。

2. 食品中镉污染的危害

镉是人体非必需的元素，在自然界中常以化合物的状态存在，一般含量很低，正常环境状态下，不会影响人体健康。但当环境受到镉污染后，镉可通过食物、水和空气进入体内蓄积下来，并有选择性地蓄积在肾和肝中。长期食用遭到镉污染的食品会造成肾损伤，进而导致骨软化症，周身疼痛，通常称为“痛痛病”。

3. 食品中砷污染的危害

在环境化学污染物中，砷是最常见、危害居民健康最严重的污染物之一。特别是随着现代工农业生产的发展，砷对环境的污染日趋严重。砷的毒性顺序为：砷化氢>三价无机砷>五价无机砷>有机砷。元素砷几乎没有毒性。人体摄入微量砷化合物，在体内具有积累中毒作用，能引起多发性神经炎、皮肤感觉和触觉退化等症状。长期吸入砷化合物，如含砷农药粉尘可引起诱发性肺癌和呼吸道肿瘤。

（三）食品中有害元素的限量指标

《食品安全国家标准 食品中污染物限量》(GB 2762—2022)对食品中铅、镉、砷等有害元素的限量有严格的规定，见表6-1、表6-2和表6-3。

表6-1 部分食用食品中铅元素的限量

食品类别(名称)	铅(以Pb计)/($mg \cdot kg^{-1}$)	食品类别(名称)	铅(以Pb计)/($mg \cdot kg^{-1}$)
蛋及其蛋制品(皮蛋、皮蛋肠除外) 皮蛋、皮蛋肠	0.2 0.5	食用菌及其制品	1.0
谷物及其制品(麦片、面筋、八宝粥罐头、带馅(料)面米制品除外) 麦片、面筋、八宝粥罐头、带馅(料)面米制品	0.2 0.5	豆类及其制品 豆类 豆类制品(豆浆除外) 豆浆	0.2 0.5 0.05
蔬菜及其制品 新鲜蔬菜(芸薹类蔬菜、叶菜蔬菜、豆类蔬菜、薯类除外) 芸薹类蔬菜、叶菜蔬菜 豆类蔬菜、薯类 蔬菜制品	0.1 0.3 0.2 1.0	肉及肉制品 肉类(畜禽内脏除外) 畜禽内脏 肉制品	0.2 0.5 0.5
水果及其制品 新鲜水果(浆果和其他小粒水果除外) 浆果和其他小粒水果 水果制品	0.1 0.2 1.0	乳及乳制品 生乳、巴氏杀菌乳、灭菌乳、发酵乳、调制乳 乳粉、非脱盐乳清粉 其他乳制品	0.05 0.5 0.3

表 6-2　部分食用食品中镉的限量指标

食品类别(名称)品名	限量(以 Cd 计)($mg \cdot kg^{-1}$)
谷物及其制品	
谷物(稻谷除外)	0.1
谷物碾磨加工品(糙米、大米除外)	0.1
稻谷、糙米、大米	0.2
蔬菜及其制品	
新鲜蔬菜(除叶菜蔬菜、豆类蔬菜、块根和块茎蔬菜、茎类蔬菜)	0.05
叶菜蔬菜	0.2
豆类蔬菜、块根和块茎蔬菜、茎类蔬菜(芹菜除外)	0.1
芹菜	0.2
豆类及其制品豆类	0.2
坚果及籽类花生	0.5

表 6-3　部分食用食品中砷元素的限量

农产品类别(名称)	砷(以 As 计)/($mg \cdot kg^{-1}$)		农产品类别(名称)	砷(以 As 计)/($mg \cdot kg^{-1}$)	
	总砷	无机砷		总砷	无机砷
食用菌及其制品	0.5	—	肉及肉制品	0.5	—
谷物及其制品谷物	0.5	—	乳及乳制品		
谷物(稻谷除外)	0.5	—	生乳、巴氏杀菌乳、灭菌乳、调制乳、发酵乳	0.1	—
稻谷、糙米、大米	—	0.2	乳粉	0.5	—
水产品(鱼类及其制品除外)	—	0.5	油脂及其制品	0.1	—
鱼类及其制品	—	0.1			
新鲜蔬菜	0.5	—	食糖及淀粉糖	0.5	—

(四)食品中有害元素的测定方法

食品中铅含量的测定方法有很多,依据《食品安全国家标准 食品中铅的测定》(GB 5009.12—2023),食品中铅含量测定方法主要有石墨炉原子吸收光谱法(第一法)、电感耦合等离子体质谱法(第二法)和火焰原子吸收光谱法(第三法)。

食品中镉含量的测定依据《食品安全国家标准 食品中镉的测定》(GB 5009.15—2023),测定方法主要是石墨炉原子吸收光谱法(第一法)和电感耦合等离子体质谱法(第二法)。

依据《食品安全国家标准 食品中总砷及无机砷的测定》(GB 5009.11—2024),食品中总砷含量测定方法主要有氢化物发生原子荧光光谱法(第一法)、电感耦合等离子体质谱法(第二法)和石墨炉原子吸收光谱法(第三法)。

（五）原子吸收光谱仪

原子吸收光谱仪又称为原子吸收分光光度计，根据物质基态原子蒸汽对特征辐射吸收的作用来进行金属元素分析，它能够灵敏可靠地测定微量或痕量元素。原子吸收光谱分析，由于其灵敏度高、干扰少、分析方法简单快速，现已广泛应用于工业、农业、生化、地质、冶金、食品、环保等各个领域。

1. 原子吸收光谱仪的工作原理

原子吸收光谱仪是元素在原子化器中被原子化，成为基态原子蒸汽，空心阴极灯发射的特征谱线通过样品的蒸汽时，被蒸汽中待测元素的基态原子选择性吸收。在一定浓度范围内，其吸收度与试液中被测元素的含量呈正相关，由此可得出样品中待测元素的含量。

2. 原子吸收光谱仪的组成

原子吸收光谱仪一般由光源、原子化器、单色器、检测器、数据处理及仪器控制系统组成，如图6-1所示。

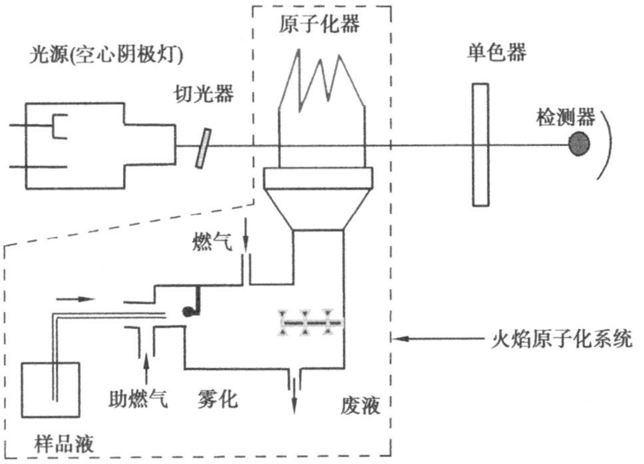

图6-1　原子吸收光谱仪示意图（火焰原子化器）

（1）光源　空心阴极灯（图6-2），提供待测元素的特征波长锐线光源。每测一种元素均需更换相应的空心阴极灯。

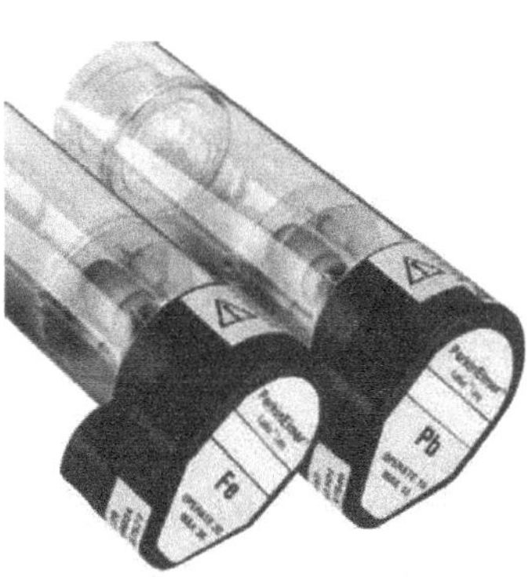

图6-2　Fe，Pb 空心阴极灯

（2）原子化器　原子化器主要有4种类型：火焰原子化器、石墨炉原子化器、氢化物发生原子化器及冷蒸气发生原子化器。

①火焰原子化器：由雾化器及燃烧灯头等主要部件组成。其功能是将供试品溶液雾化成

气溶胶后，再与燃气混合，进入燃烧灯头产生的火焰中，以干燥、蒸发、离解供试品，使待测元素形成基态原子。燃烧火焰由不同种类的气体混合物产生，常用乙炔-空气火焰。

②石墨炉原子化器：由电热石墨炉及电源等部件组成，石墨炉原子化器示意图如图6-3所示。其功能是将供试品溶液干燥、灰化，再经高温原子化使待测元素形成基态原子。一般以石墨作为发热体，炉中通入保护气，以防氧化并能输送试样蒸汽。

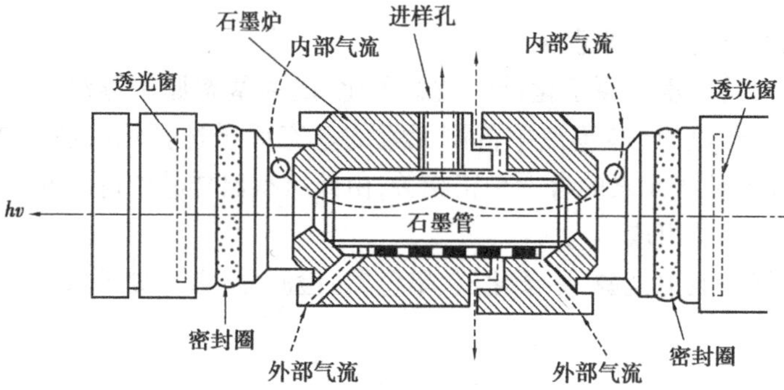

图6-3　石墨炉原子化器示意图

③氢化物发生原子化器：由氢化物发生器和原子吸收池组成，可用于砷、锗、铅、镉、硒、锡、锑等元素的测定。其功能是将待测元素在酸性介质中还原成低沸点、易受热分解的氢化物，再经载气导入由石英管、加热器等组成的原子吸收池，在吸收池中氢化物被加热分解，并形成基态原子。

④冷蒸气发生原子化器：由汞蒸汽发生器和原子吸收池组成，专门用于汞的测定。其功能是将供试品溶液中的汞离子还原成汞蒸汽，再由载气导入石英原子吸收池进行测定。目前普遍应用的是火焰原子化器和石墨炉原子化器，因而原子吸收分光光度计就有火焰原子吸收分光光度计和带石墨炉的原子吸收分光光度计。

火焰原子化法的优点：操作简便，重现性好，有效光程大，对大多数元素有较高的灵敏度，因此，应用广泛。缺点：原子化效率低，灵敏度不够高，而且一般不能直接分析固体样品。

石墨炉原子化器的优点：原子化效率高，在可调的高温下试样利用率达100%，灵敏度高，试样用量少，适用于难熔元素的测定。缺点：试样组成不均匀性的影响较大，测定精密度较低，共存化合物的干扰比火焰原子化法大，干扰背景比较严重，一般都需要校正背景。

(3)单色器　单色器的功能是从光源发射的电磁辐射中分离出所需的电磁辐射，仪器光路应能保证有良好的光谱分辨率和在相当窄的光谱带(0.2 nm)下正常工作的能力，波长范围一般为190.0～900.0 nm。

(4)检测器　检测器主要由光电倍增管和放大器组成，具有较高的灵敏度和较好的稳定性，并能及时跟踪记录吸收信号的急速变化。

(六)原子荧光光谱仪

原子荧光光谱仪分析的是20世纪60年代中期提出并发展起来的新型光谱分析技术，它具有原子吸收和原子发射光谱两种技术的优势并克服了某些方面的缺点，具有分析灵敏度高、干扰少、线性范围宽、可多元素同时分析等特点，是一种优良的痕量分析技术，现已广泛应用于卫生检验、农业、冶金、地质、环保、医学等多个领域。

1. 原子荧光光谱仪的工作原理

原子荧光光谱仪是利用硼氢化钾或硼氢化钠作为还原剂，将样品溶液中的待分析元素还原成挥发性共价气态氢化物(或原子蒸汽),然后借助载气将其导入原子化器,在氩-氢火焰中原子化而形成基态原子。基态原子吸收光源的能量而变成激发态,激发态原子在去活化过程中将吸收的能量以荧光的形式释放出来,此荧光信号的强弱与样品中待测元素的含量呈线性关系。因此,通过测量荧光强度就可以确定样品中被测元素的含量。

2. 原子荧光光谱仪的组成

原子荧光光谱仪一般由光源、蒸汽发生系统原子化器、单色器、检测器和信号处理系统组成,如图6-4所示。

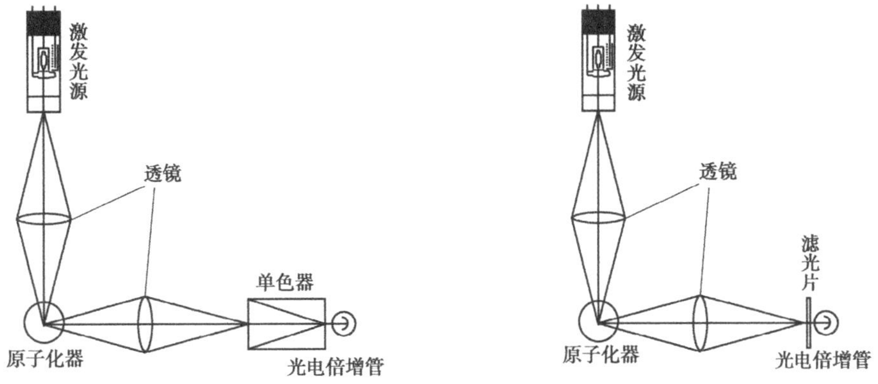

(a)色散系统　　(b)非色散系统

图6-4　原子荧光光谱仪示意图

(1)激发光源　用来激发原子使其产生原子荧光。光源分连续光源和锐线光源。连续光源一般采用高压氙灯,功率可高达数百瓦。常用的锐线光源为脉冲供电的高强度空心阴极灯、无电极放电灯及20世纪70年代中期提出的可控温度梯度原子光谱灯。采用线光源时,测定某种元素需要配备该元素的光谱灯。连续光源稳定,操作简便,寿命长,能用于多元素同时分析,但检出限较差。锐线光源辐射强度高,稳定,可得到更好的检出限。

(2)原子化器　原子荧光分析仪对原子化器的要求与原子吸收光谱仪基本相同,是将被测元素转化为原子蒸汽的装置。原子化器可分为火焰原子化器和电热原子化器。火焰原子化器是利用火焰使元素的化合物分解并生成原子蒸汽的装置。所用火焰为空气-乙炔焰、氩氢焰等。用氩气稀释加热火焰,可以减小火焰中的其他粒子,从而减小荧光猝灭(受激发原子与其他粒子碰撞,部分能量变成热运动与其他形式的能量,因而发生无辐射的去激发,使荧光强度减少甚至消失,该现象称为荧光猝灭)现象。电热原子化器是利用电能来产生原子蒸气的装置。电感耦合等离子焰也可作为原子化器,它具有散射干扰少、荧光效率高等特点。

(3)光学系统　光学系统的作用是充分利用激发光源的能量和接收有用的荧光信号,减少和除去杂散光。光学系统可分为色散型和非色散型。单色器产生高纯单色光的装置,其作用为选出所需测量的荧光谱线,排除其他光谱线的干扰。单色器由狭缝、色散元件(光栅或棱镜)和若干个反射镜或透镜组成,色散系统对分辨能力要求不高,但要求有较大的集光本领。使用单色器的仪器称为色散原子荧光光度计;非色散原子荧光分析仪没有单色器,一般仅配置滤光器用来分离分析线和邻近谱线,降低背景。非色散型仪器的优点:照明立体角大,光谱通带宽,荧光信号强度大,仪器结构简单,操作方便,价格便宜。缺点:散射光的影响大。

(4)检测器　常用的检测器为光电倍增管。在多元素原子荧光分析仪中,也用光导摄像管、析像管做检测器。检测器与激发光束呈直角配置,以避免激发光源对检测原子荧光信号的影响。

二、食品中铅的测定——火焰原子吸收光谱法

（一）测定原理

试样经处理后，铅离子在一定 pH 条件下与二乙基二硫代氨基甲酸钠（DDTC）形成络合物，经 4-甲基-2-戊酮（MIBK）萃取分离，导入原子吸收光谱仪中，经火焰原子化，在 283.3 nm 处测定的吸光度，在一定浓度范围内铅的吸光度值与铅含量成正比，与标准系列比较定量。

（二）试剂和材料

除非另有说明，本方法所用试剂均为分析纯，水为《分析实验用水规格和试验方法》（GB/T 6682—2008）规定的二级水。

（1）硝酸（HNO_3）：优级纯。

（2）高氯酸（$HClO_4$）：优级纯。

（3）硫酸铵[$(NH_4)_2SO_4$]。

（4）柠檬酸铵[$C_6H_5O_7(NH_4)_3$]。

（5）溴百里酚蓝（$C_{27}H_{28}O_5SBr_2$）。

（6）二乙基二硫代氨基甲酸钠[DDTC，$(C_2H_5)_2NCSSNa \cdot 3H_2O$]。

（7）氨水（$NH_3 \cdot H_2O$）：优级纯。

（8）4-甲基-2-戊酮（MIBK，$C_6H_{12}O$）。

（9）盐酸（HCl）：优级纯。

（10）硝酸溶液（5+95）：量取 50 mL 硝酸，加入 950 mL 水中，混匀。

（11）硝酸溶液（1+9）：量取 50 mL 硝酸，加入 450 mL 水中，混匀。

（12）硫酸铵溶液（300 g/L）：称取 30 g 硫酸铵，用水溶解并稀释至 100 mL，混匀。

（13）柠檬酸铵溶液（250 g/L）：称取 25 g 柠檬酸铵，用水溶解并稀释至 100 mL，混匀。

（14）溴百里酚蓝水溶液（1 g/L）：称取 0.1 g 溴百里酚蓝，用水溶解并稀释至 100 mL，混匀。

（15）DDTC 溶液（50 g/L）：称取 5 g DDTC，用水溶解并稀释至 100 mL，混匀。

（16）氨水溶液（1+1）：吸取 100 mL 氨水，加入 100 mL 水，混匀。

（17）盐酸溶液（1+11）：吸取 10 mL 盐酸，加入 110 mL 水，混匀。

（18）铅标准品：硝酸铅[CAS 号：10099-74-8]，纯度>99.99%。或经国家认证并授予标准物质证书的一定浓度的铅标准溶液。

（19）铅标准储备液（1 000 mg/L）：准确称取 1.598 5 g（精确至 0.000 1 g）硝酸铅，用少量硝酸溶液（1+9）溶解，移入 1 000 mL 容量瓶，加水至刻度，混匀。

（20）铅标准使用液（10.0 mg/L）：准确吸取铅标准储备液（1 000 mg/L）1.00 mL 于 100 mL 容量瓶中，加硝酸溶液（5+95）至刻度，混匀。

（三）仪器和设备

所有玻璃器皿均需硝酸（1+5）浸泡过夜，用自来水反复冲洗，最后用水冲洗干净。

（1）原子吸收光谱仪：配火焰原子化器，附铅空心阴极灯。

（2）分析天平：感量 0.1 mg 和 1 mg。

（3）可调式电热炉。

（4）可调式电热板。

（四）分析步骤

1. 试样制备

①粮食、豆类样品：样品去除杂物后，粉碎，储于塑料瓶中。

②蔬菜、水果、鱼类、肉类等样品：样品用水洗净，晾干，取可食部分，制成匀浆，储于塑料瓶中。

③饮料、酒、醋、酱油、食用植物油、液态乳等液体样品：将样品摇匀。

2. 试样前处理

可根据实验室条件选用以下任何一种方法消解，称量时应保证样品的均匀性：

（1）湿法消解　称取固体试样 0.2～3 g（精确至 0.001 g）或准确移取液体试样 0.500～5.00 mL 于带刻度的消化管中，加入 10 mL 硝酸和 0.5 mL 高氯酸，在可调式电热炉上消解（参考条件：120 ℃/0.5～1 h；升至 180 ℃/2～4 h、升至 200～220 ℃）。若消化液呈棕褐色，再加少量硝酸，消解至冒白烟，消化液呈无色透明或略带黄色，取出消化管，冷却后用水定容至 10 mL，混匀备用。同时做试剂空白试验。也可采用锥形瓶，于可调式电热板上，按上述操作方法进行湿法消解。

（2）微波消解　称取固体试样 0.2～0.8 g（精确至 0.001 g）或准确移取液体试样 0.500～3.00 mL 于微波消解罐中，加入 5 mL 硝酸，按照微波消解的操作步骤消解试样，消解条件见表 6-4。冷却后取出消解罐，在电热板上于 140～160 ℃赶酸至 1 mL 左右。消解罐放冷后，将消化液转移至 10 mL 容量瓶中，用少量水洗涤消解罐 2～3 次，合并洗涤液于容量瓶中并用水定容至刻度，混匀备用。同时做试剂空白试验。

表 6-4　微波消解升温程序

步骤	设定温度/℃	升温时间/min	恒温时间/min
1	120	5	5
2	160	5	10
3	180	5	10

（3）压力罐消解　称取固体试样 0.2～1 g（精确至 0.001 g）或准确移取液体试样 0.500～5.00 mL 于消解内罐中，加入 5 mL 硝酸。盖好内盖，旋紧不锈钢外套，放入恒温干燥箱，于 140～160 ℃下保持 4～5 h。冷却后缓慢旋松外罐，取出消解内罐，放在可调式电热板上于 140～160 ℃赶酸至 1 mL 左右。冷却后将消化液转移至 10 mL 容量瓶中，用少量水洗涤内罐和内盖 2～3 次，合并洗涤液于容量瓶中并用水定容至刻度，混匀备用。同时做试剂空白试验。

3. 仪器参考条件

把各自仪器性能调至最佳状态。原子吸收分光光度计（附石墨炉及铅空心阴极灯）测定参考条件如下：

①波长：283.3 nm。

②狭缝：0.5 nm。

③灯电流：8～12 mA。

④燃烧头高度：6 mm。

⑤空气流量：8 L/min。

4. 标准曲线的制作

分别吸取铅标准使用液 0 mL、0.250 mL、0.500 mL、1.00 mL、1.50 mL 和 2.00 mL(相当 0 μg、2.50 μg、5.00 μg、10.0 μg、15.0 μg 和 20.0 μg 的铅)于 125 mL 分液漏斗中,补加水至 60 mL。加 2 mL 柠檬酸铵溶液(250 g/L),溴百里酚蓝水溶液(1 g/L)3 ~5 滴,用氨水溶液(1+1)调 pH 至溶液由黄变蓝,加硫酸铵溶液(300 g/L)10 mL,DDTC 溶液(1 g/L)10 mL,摇匀。放置 5 min 左右,加入 10 mL MIBK,剧烈振摇提取 1 min,静置分层后,弃去水层,将 MIBK 层放入 10 mL 带塞刻度管中,得到标准系列溶液。

将标准系列溶液按质量由低到高的顺序分别导入火焰原子化器,原子化后测其吸光度值,以铅的质量为横坐标、吸光度值为纵坐标,制作标准曲线。

5. 试样溶液的测定

将试样消化液及试剂空白溶液分别置于 125 mL 分液漏斗中,补加水至 60 mL。加 2 mL 柠檬酸铵溶液(250 g/L),溴百里酚蓝水溶液(1 g/L)3 ~5 滴,用氨水溶液(1+1)调 pH 至溶液由黄色变为蓝色,加硫酸铵溶液(300 g/L)10 mL,DDTC 溶液(1 g/L)10 mL,摇匀。放置 5 min 左右,加入 10 mL MIBK,剧烈振摇提取 1 min,静置分层后,弃去水层,将 MIBK 层放入 10 mL 带塞刻度管中,得到试样溶液和空白溶液。

将试样溶液和空白溶液分别导入火焰原子化器,原子化后测其吸光度值,与标准系列比较定量。

(五)分析结果

试样中铅的含量按下式计算:

$$X = \frac{m_1 - m_0}{m_2}$$

式中 X——试样中铅的含量,mg/kg 或 mg/L;

m_1——试样溶液中铅的质量,μg;

m_0——空白溶液中铅的质量,μg;

m_2——试样称样量或移取体积,g 或 mL。

当铅含量≥10.0 mg/kg(或 mg/L)时,计算结果保留三位有效数字;当铅含量<10.0 mg/kg(或 mg/L)时,计算结果保留两位有效数字。

精密度:在重复性条件下获得的两次独立测定结果的绝对差值不得超过算术平均值的 20%。

(六)说明及注意事项

(1)本方法是《食品安全国家标准 食品中铅的测定》(GB 5009.12—2017)中的第三法,适用于各类食品中铅含量的测定。

(2)以称样量 0.5 g(或 0.5 mL)计算,方法的检出限为 0.4 mg/kg(或 0.4 mg/L),定量限为 1.2 mg/kg(或 1.2 mg/L)。

(3)用氨水调节 pH 值时,溶液刚刚变蓝即为终点,加多加少都会影响测定结果。

(4)MIBK 作为萃取溶剂,萃取完直接测定,必须准确添加。

(5)将 MIBK 层转移至刻度试管中时,可能会带入少量水层溶液,在原子吸收测定时,吸液管不要插入刻度试管底部,以免吸到水层溶液。

三、食品中镉的测定——石墨炉原子吸收光谱法

（一）测定原理

试样经灰化或酸消解后，注入一定量样品消化液于原子吸收分光光度计石墨炉中，电热原子化后吸收228.8 nm共振线，在一定浓度范围内，其吸收值与镉含量成正比，采用标准曲线法定量。

（二）试剂和材料

除非另有说明，本方法所用试剂均为分析纯，水为《分析实验用水规格和试验方法》(GB/T 6682—2008)规定的二级水。

(1)硝酸(HNO_3)：优级纯。

(2)盐酸(HCl)：优级纯。

(3)高氯酸($HClO_4$)：优级纯。

(4)过氧化氢(H_2O_2,30%)。

(5)磷酸二氢铵($NH_4H_2PO_4$)。

(6)硝酸溶液(1%)：取10.0 mL硝酸加入100 mL水中，稀释至1 000 mL。

(7)盐酸溶液(1+1)：取50 mL盐酸慢慢加入50 mL水中。

(8)硝酸-高氯酸混合溶液(9+1)：取9份硝酸与1份高氯酸混合。

(9)磷酸二氢铵溶液(10 g/L)：称取10.0 g磷酸二氢铵，用100 mL硝酸溶液(1%)溶解后定量移入1 000 mL容量瓶，用硝酸溶液(1%)定容至刻度。

(10)金属镉(Cd)标准品，纯度为99.99%或经国家认证并授予标准物质证书的标准物质。

(11)镉标准储备液(1 000 mg/L)：准确称取1 g金属镉标准品(精确至0.000 1 g)于小烧杯中，分次加20 mL盐酸溶液(1+1)溶解，加2滴硝酸，移入1 000 mL容量瓶中，加水定容至刻度，混匀。或购买经国家认证并授予标准物质证书的标准物质。

(12)镉标准使用液(100 ng/L)：吸取镉标准储备液10.0 mL于100 mL容量瓶中，加硝酸溶液(1%)定容至刻度，如此经多次稀释成每毫升含100.0 ng的镉标准使用液。

(13)镉标准系列溶液：准确吸取镉标准使用液0 mL、0.5 mL、1.0 mL、1.5 mL、2.0 mL、3.0 mL于100 mL容量瓶中，用硝酸溶液(1%)定容至刻度，即得到含镉量分别为0 ng/mL、0.5 ng/mL、1.0 ng/mL、1.5 ng/mL、2.0 ng/mL、3.0 ng/mL的标准系列溶液。

（三）仪器和设备

所用玻璃仪器均需以硝酸(1+4)浸泡24 h以上，用水反复冲洗，最后用去离子水冲洗干净。

(1)原子吸收分光光度计，附石墨炉。

(2)镉空心阴极灯。

(3)电子天平：感量为0.1 mg和1 mg。

(4)可调式电热板或可调式电炉。

(5)马弗炉。

(6)恒温干燥箱。

(7)压力消解器、压力消解罐。

(8)微波消解系统:配聚四氟乙烯或其他合适的压力罐。

(四)分析步骤

1. 试样制备

(1)干试样　粮食、豆类,去除杂质;坚果类去杂质、去壳;磨碎成均匀的样品,颗粒度不大于0.425 mm。储于洁净的塑料瓶中,并标明标记,于室温下或按样品保存条件下保存备用。

(2)鲜(湿)试样　蔬菜、水果、肉类、鱼类及蛋类等,用食品加工机打成匀浆或碾磨成匀浆,储于洁净的塑料瓶中,并标明标记,于-16 ~ -18 ℃冰箱中保存备用。

(3)液态试样　按样品保存条件保存备用。含气样品使用前应除气。

2. 试样消解

可根据实验室条件选用以下任何一种方法消解,称量时应保证样品的均匀性:

(1)压力消解罐消解法　称取干试样0.3 ~0.5 g(精确至0.000 1 g)、鲜(湿)试样1 ~2 g(精确至0.001 g)于聚四氟乙烯内罐,加硝酸5 mL浸泡过夜。再加过氧化氢溶液(30%)2 ~3 mL(总量不能超过罐容积的1/3)。盖好内盖,旋紧不锈钢外套,放入恒温干燥箱,120 ~160 ℃保持4 ~6 h,在箱内自然冷却至室温,打开后加热赶酸至近干,将消化液洗入10 mL或25 mL容量瓶中,用少量硝酸溶液(1%)洗涤内罐和内盖3次,洗液合并于容量瓶中并用硝酸溶液(1%)定容至刻度,混匀备用;同时做试剂空白试验。

(2)微波消解　称取干试样0.3 ~0.5 g(精确至0.000 1 g)、鲜(湿)试样1 ~2 g(精确至0.001 g)置于微波消解罐中,加5 mL硝酸和2 mL过氧化氢。微波消化程序可以根据仪器型号调至最佳条件。消解完毕,待消解罐冷却后打开,消化液呈无色或淡黄色,加热赶酸至近干,用少量硝酸溶液(1%)冲洗消解罐3次,将溶液转移至10 mL或25 mL容量瓶中,并用硝酸溶液(1%)定容至刻度,混匀备用;同时做试剂空白试验。

(3)湿式消解法　称取干试样0.3 ~0.5 g(精确至0.000 1 g)、鲜(湿)试样1 ~2 g(精确至0.001 g)于锥形瓶中,放数粒玻璃珠,加10 mL硝酸-高氯酸混合溶液(9+1),加盖浸泡过夜,加一小漏斗在电热板上消化,若变成棕黑色,再加硝酸,直至冒白烟,消化液呈无色透明或略带微黄色,放冷后将消化液洗入10 mL或25 mL容量瓶中,用少量硝酸溶液(1%)洗涤锥形瓶3次,洗液合并于容量瓶中并用硝酸溶液(1%)定容至刻度,混匀备用;同时做试剂空白试验。

(4)干法灰化　称取0.3 ~0.5 g干试样(精确至0.000 1 g)、鲜(湿)试样1 ~2 g(精确至0.001 g)、液态试样1 ~2 g(精确至0.001 g)于瓷坩埚中,先小火在可调式电炉上炭化至无烟,移入马弗炉500 ℃灰化6 ~8 h,冷却。若个别试样灰化不彻底,加1 mL混合酸在可调式电炉上用小火加热,将混合酸蒸干后,再转入马弗炉中500 ℃继续灰化1 ~2 h,直至试样消化完全,呈灰白色或浅灰色。放冷,用硝酸溶液(1%)将灰分溶解,将试样消化液移入10 mL或25 mL容量瓶中,用少量硝酸溶液(1%)洗涤瓷坩埚3次,洗液合并于容量瓶中并用硝酸溶液(1%)定容至刻度,混匀备用;同时做试剂空白试验。

3. 仪器参考条件

根据所用仪器型号将仪器调至最佳状态。原子吸收分光光度计(附石墨炉及镉空心阴极灯)测定参考条件如下:

(1)波长:228.8 nm。

(2)狭缝:0.2 ~1.0 nm。

(3)灯电流:2 ~10 mA。

(4)干燥温度:105 ℃。

(5)干燥时间:20 s。

(6)灰化温度:400~700 ℃。

(7)灰化时间:20~40 s。

(8)原子化温度:1 300~2 300 ℃。

(9)原子化时间:3~5 s。

(10)背景校正为氘灯或塞曼效应。

4. 标准曲线的制作

将镉标准系列溶液按浓度由低到高的顺序各吸取20 μL注入石墨炉,测其吸光度值,以标准曲线工作液的浓度为横坐标,相应的吸光度值为纵坐标,绘制标准曲线并求出吸光度值与浓度关系的一元线性回归方程。

标准系列溶液应不少于5个点的不同浓度的镉标准溶液,相关系数不应小于0.995。如果有自动进样装置,也可用程序稀释来配制标准系列。

5. 试样溶液的测定

于测定标准曲线工作液相同的实验条件下,吸取样品消化液20 μL(可根据使用仪器选择最佳进样量),注入石墨炉,测其吸光度值。代入标准系列的一元线性回归方程中求样品消化液中镉的含量,平行测定次数不少于两次。若测定结果超出标准曲线范围,用硝酸溶液(1%)稀释后再进行测定。

(五)分析结果

试样中镉的含量按下式计算:

$$X=\frac{(c_1-c_0)\times V}{m\times 1\ 000}$$

式中 X——试样中镉含量,mg/kg或mg/L;

c_1——试样消解液中镉的含量,ng/mL;

c_0——空白溶液中镉的含量,ng/mL;

V——试样消化液定容总体积,mL;

m——试样质量或体积,g或mL;

1 000——换算系数。

以重复性条件下获得的两次独立测定结果的算术平均值表示,结果保留两位有效数字。

精密度:在重复性条件下获得的两次独立测定结果的绝对差值不得超过算术平均值的20%。

(六)说明及注意事项

(1)本法为《食品安全国家标准 食品中镉的测定》(GB 5009.15—2023),适用于各类食品中镉的测定,方法检出限为0.001 mg/kg,定量限为0.003 mg/kg。

(2)试剂空白与样品所用试剂的纯度和容器的洁净度有关,镉的检测是易污染、限量低的痕量分析,空白越低,准确度越高。因此,要求整个实验过程中要严格控制污染。

(3)实验室所用的玻璃仪器要用硝酸浸泡,浸泡仪器的硝酸溶液不能长期反复使用,因为长期使用会使溶液中的镉等杂质增多,反而造成污染。

(4)湿法消解时,使用的试剂如硝酸等都具有腐蚀性,在实验过程中会产生大量的酸雾和烟,因此,消解要在通风橱中进行。

(5)样品组成复杂时,用石墨炉原子吸收法直接测定镉,背景吸收很严重,这时需要加入基体改进剂。对有干扰的试样,和样品消化液一起注入 5 μL 基体改进剂磷酸二氢铵溶液(10 g/L)到石墨炉,绘制标准曲线时也要加入与试样测定时等量的基体改进剂。

四、食品中砷的测定——氢化物发生原子荧光光谱法

(一)测定原理

试样经湿法消解或干法灰化后,加入硫脲使五价砷预还原为三价砷,再加入硼氢化钠或硼氢化钾使还原生成砷化氢,由氩气载入石英原子化器中分解为原子态砷,在高强度砷空心阴极灯的发射光激发下产生原子荧光,其荧光强度在固定条件下与被测液中的砷浓度成正比,与标准系列比较定量。

(二)试剂和材料

除非另有说明,本方法所用试剂均为优级纯,水为《分析实验用水规格和试验方法》(GB/T 6682—2008)规定的二级水。

(1)氢氧化钠(NaOH)。

(2)氢氧化钾(KOH)。

(3)硼氢化钾(HBH_4):分析纯。

(4)硫脲($CH_4N_2O_2S$):分析纯。

(5)硝酸(HNO_3)。

(6)硫酸(H_2SO_4)。

(7)高氯酸($HClO_4$)。

(8)硝酸镁[$Mg(NO_3)_2 \cdot 6H_2O$]:分析纯。

(9)氧化镁(MgO):分析纯。

(10)抗坏血酸。

(11)氢氧化钾溶液(5 g/L):称取 5.0 g 氢氧化钾,溶于水并稀释至 1 000 mL。

(12)硼氢化钾溶液(20 g/L):称取硼氢化钾 20.0 g,溶于 1 000 mL 5 g/L 氢氧化钾溶液中,混匀。

(13)硫脲+抗坏血酸溶液:称取 10.0 g 硫脲,加水约 80 mL,加热溶解,待冷却后加入 10.0 g 抗坏血酸,稀释至 100 mL。现用现配。

(14)氢氧化钠溶液(100 g/L):称取 10.0 g 氢氧化钠,溶于水并稀释至 100 mL。

(15)硝酸镁溶液(150 g/L):称取 15.0 g 硝酸镁,溶于水并稀释至 100 mL。

(16)盐酸溶液(1+1):量取 100 mL 盐酸,缓缓倒入 100 mL 水中,混匀。

(17)硫酸溶液(1+9):量取 100 mL 硫酸,缓缓倒入 900 mL 水中,混匀。

(18)硝酸溶液(2+98):量取 20 mL 硝酸,缓缓倒入 980 mL 水中,混匀。

(19)标准品:三氧化二砷标准品,纯度≥99.5%。

(20)砷标准储备液(100 mg/L,按 As 计):精确称取于 100 ℃干燥 2 h 以上的三氧化二砷(As_2O_3)0.0132 g,加 100 g/L 氢氧化钠 1 mL 和少量水溶解,转入 100 mL 容量瓶中,加入适量盐酸调整其酸度近中性,加水稀释至刻度。4 ℃避光保存,保存期 1 年。或购买经国家认证并授予标准物质证书的标准溶液物质。

(21)砷标准使用液(1.00 mg/L,按 As 计)。准确吸取 1.00 mL 砷标准储备液(100 mg/L)于 100 mL 容量瓶中,用硝酸溶液(2+98)稀释至刻度。现用现配。

(三)仪器和设备

所有玻璃器皿及聚四氟乙烯消解内罐均需硝酸溶液(1+4)浸泡 24 h,最后用去离子水冲洗干净。

(1)原子荧光光谱仪。

(2)天平:感量为 0.1 mg 和 1 mg。

(3)组织匀浆器。

(4)高速粉碎机。

(5)控温电热板:50~200 ℃。

(6)马弗炉。

(四)分析步骤

1. 试样制备

(1)干试样　粮食、豆类,去除杂质后粉碎均匀,装入洁净聚乙烯瓶中,密封保存备用。

(2)鲜(湿)试样　蔬菜、水果、肉类、鱼类及蛋类等新鲜样品,取可食部分匀浆,装入洁净聚乙烯瓶中,密封,于 4 ℃冰箱冷藏备用。

2. 试样前处理

(1)湿法消解　固体试样称取 1.0~2.5 g、液体试样称取 5.0~10.0 g(或 mL)(精确至 0.001 g),置于 50~100 mL 锥形瓶中,同时做 2 份试剂空白。加硝酸 20 mL,高氯酸 4 mL,硫酸 1.25 mL,放置过夜。次日置于电热板上加热消解。若消解液处理至 1 mL 左右时仍有未分解物质或色泽变深,取下放冷,补加硝酸 5~10.0 mL,再消解至 2 mL 左右,如此反复 2~3 次,注意避免炭化。继续加热至消解完全后,再持续蒸发至高氯酸的白烟散尽,硫酸开始冒白烟。冷却,加水 25 mL,再蒸发至冒硫酸白烟。冷却,用水将内溶物转入 25 mL 容量瓶或比色管中,加入硫脲+抗坏血酸溶液 2 mL,补加水至刻度,混匀,放置 30 min,待测,按同一操作方法做空白试验。

(2)干灰化法　固体试样称取 1.0~2.5 g、液体试样称取 4.00 mL(g)(精确至 0.001 g),置于 50~100 mL 坩埚中,同时做 2 份试剂空白。加 150 g/L 硝酸镁 10 mL,混匀,低热蒸干,将 1 g 氧化镁覆盖在干渣上,于电炉上炭化至无黑烟,移入 550 ℃马弗炉灰化 4 h。取出放冷,小心加入盐酸溶液(1+1)10 mL 以中和氧化镁并溶解灰分,转入 25 mL 容量瓶或比色管,向容量瓶或比色管中加入硫脲+抗坏血酸溶液 2 mL,另用硫酸溶液(1+9)分次洗涤坩埚后合并洗涤液至 25 mL 刻度,混匀,放置 30 min,待测,按同一操作方法做空白试验。

3. 仪器参考条件

(1)负高压:260 V。

(2)砷空心阴极灯电流:50~80 mA。

(3)载气:氩气。

(4)载气流速:500 mL/min。

(5)屏蔽气流速:800 mL/min。

(6)测量方式:荧光强度。

(7)读数方式:峰面积。

4. 标准曲线的制作

取 25 mL 容量瓶或比色管 6 支，依次准确加入 1.00 μg/mL 砷标准使用液 0.00 mL、0.10 mL、0.25 mL、0.50 mL、1.5 mL 和 3.0 mL（分别相当于砷浓度 0.0 ng/mL、4.0 ng/mL、10 ng/mL、20 ng/mL、60 ng/mL、120 ng/mL），各加硫酸溶液（1+9）12.5 mL，硫脲+抗坏血酸 2 mL，补加水至刻度，混匀备用，放置 30 min 后测定。仪器预热稳定后，将试剂空白、标准系列溶液依次引入仪器进行原子荧光强度的测定。以原子荧光强度为纵坐标、砷浓度为横坐标绘制标准曲线，得到回归方程。

5. 试样溶液的测定

相同条件下，将样品溶液分别引入仪器进行测定。根据回归方程计算出样品中砷元素的浓度。

（五）分析结果

试样中砷的含量按下式计算：

$$X = \frac{(c - c_0) \times V \times 1\ 000}{m \times 1\ 000 \times 1\ 000}$$

式中 X——试样中砷的含量，mg/kg 或 mg/L；

c——试样被测液中砷的测定浓度，ng/mL；

c_0——空白消解液中砷的测定浓度，ng/mL；

V——试样消化液总体积，mL；

m——试样质量，g。

以重复性条件下获得的两次独立测定结果的算术平均值表示，结果保留两位有效数字。

精密度：在重复性条件下获得的两次独立测定结果的绝对差值不得超过算术平均值的 20%。

（六）说明及注意事项

（1）本法为《食品安全国家标准 食品中总砷及无机砷的测定》（GB 5009.11—2024）中的第一法，适用于各类食品中总砷的测定。

（2）当固体样品称样量为 1.0 g，定容体积为 25 mL 时，方法检出限为 0.01 mg/kg，方法定量限为 0.040 mg/kg。

（3）仪器管道、进样针、气液分离器及所用到的玻璃器皿，都需在硝酸溶液（1+4）中浸泡 24 h 以上，最后用去离子水冲洗干净。这是由于原子荧光分光光度法仪器很灵敏，很容易污染样品，出现检测结果异常。

（4）湿法消解澄清后，一定要赶酸，把残留的硝酸高氯酸赶出分解。以免在测定时反氧化目标物，或其生成的氮氧化合物，干扰掩蔽目标物测定。

（5）用新配制的硝酸镁-氧化镁混合液，灰化后的灰分十分松散，极易在打开炉门时，被气流吹飞。因此，要在断电待马弗炉炉温降低后再打开（大概断电 1 h 后即可）。

【知识拓展】

一、食品中铅的测定——石墨炉原子吸收光谱法

（一）测定原理

试样消解处理后，经石墨炉原子化，在 283.3 nm 处测定吸光度。在一定浓度范围内铅的

吸光度值与铅含量成正比，与标准系列比较定量。

（二）试剂和材料

除非另有说明，本方法所用试剂均为优级纯，水为《分析实验用水规格和试验方法》（GB/T 6682—2008）规定的二级水。

（1）硝酸（HNO_3）。

（2）高氯酸（$HClO_4$）。

（3）磷酸二氢铵（$NH_4H_2PO_4$）。

（4）硝酸铅[$Pb(NO_3)_2$]。

（5）硝酸溶液（5+95）：量取 50 mL 硝酸，缓慢加入 950 mL 水中，混匀。

（6）硝酸溶液（1+9）：量取 50 mL 硝酸，缓慢加入 450 mL 水中，混匀。

（7）磷酸二氢铵-硝酸铅溶液：称取 0.02 g 硝酸铅，加少量硝酸溶液（1+9）溶解后，再加入 2 g 磷酸二氢铵，溶解后用硝酸溶液（5+95）定容至 100 mL，混匀。

（8）铅标准品：硝酸铅[CAS 号：10099-74-8]，纯度>99.99%。或经国家认证并授予标准物质证书的一定浓度的铅标准溶液。

（9）铅标准储备液（1 000 mg/L）：准确称取 1.598 5 g（精确至 0.000 1 g）硝酸铅，用少量硝酸溶液（1+9）溶解，移入 1 000 mL 容量瓶，加水至刻度，混匀。

（10）铅标准中间液（1.00 mg/L）：准确吸取铅标准储备液（1 000 mg/L）1.00 mL 于 1 000 mL 容量瓶中，加硝酸溶液（5+95）至刻度，混匀。

（11）铅标准系列溶液：分别吸取铅标准中间液（1.00 mg/L）0.0 mL、0.500 mL、1.00 mL、2.00 mL、3.00 mL 和 4.00 mL 于 100 mL 容量瓶中，加硝酸溶液（5+95）至刻度，混匀。此铅标准系列溶液的质量浓度分别为 0 μg/L、5.00 μg/L、10.0 μg/L、20.0 μg/L、30.0 μg/L 和 40.0 μg/L。

（三）仪器和设备

所有玻璃器皿及聚四氟乙烯消解内罐均需硝酸溶液（1+5）浸泡过夜，用自来水反复冲洗，最后用水冲洗干净。

（1）原子吸收光谱仪：配石墨炉原子化器，附铅空心阴极灯。

（2）分析天平：感量 0.1 mg 和 1 mg。

（3）可调式电热炉。

（4）可调式电热板。

（5）微波消解系统：配聚四氟乙烯消解内罐。

（6）恒温干燥箱。

（7）压力消解罐：配聚四氟乙烯消解内罐。

（四）分析步骤

1. 试样制备

同火焰原子吸收光谱法试样制备方法。

2. 试样前处理

同火焰原子吸收光谱法中试样前处理方法。

3. 仪器参考条件

根据所用仪器型号将仪器调至最佳状态。原子吸收光谱仪测定参考条件如下：

(1)波长:283.3 nm。

(2)狭缝:0.5 nm。

(3)灯电流:8 ~12 mA。

(4)干燥温度:85 ~120 ℃。

(5)干燥时间:40 ~50 s。

(6)灰化温度:750 ℃。

(7)灰化时间:20 ~30 s。

(8)原子化温度:2 300 ℃。

(9)原子化时间:4 ~5 s。

(10)背景校正为氘灯或塞曼效应。

4. 标准曲线的制作

将铅标准系列溶液按质量浓度由低到高的顺序分别将 10 μL 铅标准系列溶液和 5 μL 磷酸二氢铵-硝酸钯溶液(可根据所使用的仪器确定最佳进样量)同时注入石墨炉,原子化后测其吸光度值,以质量浓度为横坐标、吸光度值为纵坐标,制作标准曲线。

5. 试样溶液的测定

在与测定标准溶液相同的实验条件下,将 10 μL 空白溶液或试样溶液与 5 μL 磷酸二氢铵-硝酸钯溶液(可根据所使用的仪器确定最佳进样量)同时注入石墨炉,原子化后测其吸光度值,与标准系列比较定量。

(五)分析结果

试样中铅的含量按下式计算:

$$X=\frac{(c_1-c_0)\times V\times 1\ 000}{m\times 1\ 000\times 1\ 000}$$

式中 X——试样中铅的含量,mg/kg;

c_1——测定液中铅的浓度,μg/L;

c_0——空白液中铅的浓度,μg/L;

V——样液定容总体积,mL;

m——试样的质量,g。

当铅含量≥1.00 mg/kg 时,计算结果保留三位有效数字;当铅含量<1.00 mg/kg 时,计算结果保留两位有效数字。

精密度:在重复性条件下获得的两次独立测定结果的绝对差值不得超过算术平均值的 20%。

(六)说明及注意事项

(1)本法是《食品安全国家标准 食品中铅的测定》(GB 5009.12—2023)中的第一法,适用于各类食品中铅的测定。

(2)可根据仪器的灵敏度及样品中铅的实际含量确定标准系列溶液中铅的质量浓度。

(3)当称样量为 0.5 g、定容体积为 10 mL 时,方法的检出限为 0.02 mg/kg,定量限为 0.04 mg/kg。

(4)测定金属离子,通常情况下用酸定容,使要测定的金属以离子状态存在于溶液中。

(5)微量元素分析的样品制备过程中应特别注意防止各种污染。所用设备如电磨、绞肉

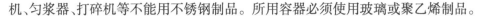

机、匀浆器、打碎机等不能用不锈钢制品。所用容器必须使用玻璃或聚乙烯制品。

(6)蔬菜、水果、鲜鱼、鲜肉等含水量高的样品用水冲洗干净后，再用去离子水充分洗净。含水量小的样品(如米、面、豆类、奶粉等)取样后立即装容器密封保存，防止空气中的灰尘和水分污染。

(7)制备空白液时应尽可能地避免分析元素的污染。

(8)测量不同的样品时要防止污染。

【任务实施】

子任务一　茶叶中铅的测定(火焰原子吸收光谱法)

◆任务描述

学生分小组完成以下任务：

1. 查阅铅测定的检验标准，设计铅的测定检测方案。
2. 准备铅测定所需的试剂材料及仪器设备。
3. 正确对样品进行预处理。
4. 正确进行样品中铅的含量测定。
5. 结果记录及分析处理。
6. 依据《食品安全国家标准 食品中污染物限量》(GB 2762—2022)，判定样品中铅含量是否合格。
7. 出具检验报告。

一、工作准备

(1)查阅《茶叶卫生标准的分析方法》(GB/T 5009.57—2003)和检验标准《食品安全国家标准 食品中铅的测定》(GB 5009.12—2023)，设计火焰原子吸收光谱法测定茶叶中铅含量的方案。

(2)准备铅测定所需的试剂材料及仪器设备。

二、实施步骤

1. 试样制备

将茶叶研碎成均匀的样品。

2. 试样湿法消解

称取研碎的茶叶试样 0.2 ~ 3 g(精确至 0.001 g)于带刻度消化管中，加入 10 mL 硝酸和 0.5 mL 高氯酸，在可调式电热炉上消解(参考条件：120 ℃/0.5 ~ 1 h；升至 180 ℃/2 ~ 4 h、升至 200 ~ 220 ℃)。待消化液呈无色透明或略带黄色，取出消化管，冷却后用水定容至 10 mL，混匀备用。同时做试剂空白试验。

3. 萃取分离

(1)试样萃取分离　将试样消化液及试剂空白溶液分别置于 125 mL 分液漏斗中，补加水至 60 mL。加 2 mL 柠檬酸铵溶液(250 g/L)，溴百里酚蓝水溶液(1 g/L)3 ~ 5 滴，用氨水溶液(1+1)调 pH 值至溶液由黄变蓝，加硫酸铵溶液(300 g/L)10 mL，DDTC 溶液(1 g/L)10 mL，摇匀。放置 5 min 左右，加入 10 mL MIBK，剧烈振摇提取 1 min，静置分层后，弃去水层，将 MIBK

层放入 10 mL 带塞刻度管中，得到试样溶液和空白溶液。

(2)标准溶液萃取分离　分别吸取铅标准使用液 0 mL、0.250 mL、0.500 mL、1.00 mL、1.50 mL 和 2.00 mL(相当 0 μg、2.50 μg、5.00 μg、10.0 μg、15.0 μg 和 20.0 μg 的铅)于 125 mL 分液漏斗中，补加水至 60 mL。用试样相同的方法进行萃取。

4. 仪器参数设置

根据所用仪器型号将仪器调至最佳状态。

5. 标准曲线制作

将标准系列溶液按质量由低到高的顺序分别导入火焰原子化器，原子化后测其吸光度值，以铅的质量为横坐标、吸光度值为纵坐标，制作标准曲线。

6. 样品测定

将试样溶液和空白溶液分别导入火焰原子化器，原子化后测其吸光度值，与标准系列比较定量。

三、数据记录与处理

将茶叶中铅的测定原始数据填入表 6-5 中，并填写检验报告单，见表 6-6。

表 6-5　茶叶中铅的测定原始记录表

工作任务				样品名称			
接样日期				检验日期			
检验依据							
标准曲线制作	铅标准使用液浓度/(mg·L^{-1})						
	编号	1	2	3	4	5	6
	取标液体积/mL						
	相当于铅的量/μg						
	283.3 nm 测定吸光度						
标准曲线方程及相关系数							
样品质量 m/g							
试样溶液中铅的质量 m_1/μg							
空白溶液中铅的质量 m_0/μg							
计算公式							
试样中铅的含量 X/(mg·kg^{-1})							
试样中铅的含量平均值/(mg·kg^{-1})							
标准规定分析结果的精密度							
本次实验分析结果的精密度							

表 6-6　茶叶中铅的测定检验报告单

<table>
<tr><td>样品名称</td><td colspan="10"></td></tr>
<tr><td>产品批号</td><td colspan="2"></td><td colspan="3">样品数量</td><td colspan="2"></td><td colspan="2">代表数量</td><td></td></tr>
<tr><td>生产日期</td><td colspan="2"></td><td colspan="3">检验日期</td><td colspan="2"></td><td colspan="2">报告日期</td><td></td></tr>
<tr><td>检测依据</td><td colspan="10"></td></tr>
<tr><td>判定依据</td><td colspan="10"></td></tr>
<tr><td colspan="2">检验项目</td><td colspan="3">单位</td><td colspan="4">检测结果</td><td colspan="2">茶叶中铅的限量标准要求</td></tr>
<tr><td colspan="2"></td><td colspan="3"></td><td colspan="4"></td><td colspan="2"></td></tr>
<tr><td>检验结论</td><td colspan="10"></td></tr>
<tr><td>检验员</td><td colspan="3"></td><td colspan="3">复核人</td><td colspan="4"></td></tr>
<tr><td>备注</td><td colspan="10"></td></tr>
</table>

四、任务考核

按照表 6-7 评价学生工作任务的完成情况。

表 6-7　任务考核评价指标

序号	工作任务	评价指标	分值比例/%
1	制订检测方案	(1)正确选用检测标准及检测方法 (2)检测方案制订合理规范	15
2	试样称取	正确使用电子天平进行称重	5
3	试样湿法消解	(1)能正确进行湿法消解 (2)正确使容量瓶进行定容	5
4	标准系列溶液制备	(1)正确使用移液管 (2)正确配制标准系列溶液,不得污染标液	10
5	萃取分离	(1)正确使用分液漏斗 (2)正确进行振摇,并放气,操作过程中不得污染试剂	5
6	标准曲线制作	(1)正确绘制标准曲线 (2)正确求出吸光度值与铅的质量关系的一元线性回归方程	5
7	样品测定(上机测量)	(1)能正确操作仪器 (2)正确开关气体和点火 (3)正确测量标样、样品液和空白液	10
8	数据处理	(1)原始记录及时、规范、整洁 (2)有效数字保留准确 (3)标准曲线相关系数高 (4)计算正确,测定结果准确,平行测定偏差≤20%	15

续表

序号	工作任务	评价指标	分值比例/%
9	其他操作	(1)工作服整洁、能够正确进行标识 (2)操作时间控制在规定时间内 (3)及时收拾、回收玻璃器皿及仪器设备 (4)注意操作文明和操作安全	10
10	综合素养	(1)积极主动地参与工作,能吃苦耐劳,崇尚劳动光荣 (2)服从安排,顾全大局,积极与小组成员合作,共同完成工作任务 (3)能有效利用网络、图书资源、工作手册等快速查阅获取所需信息 (4)能发现问题、提出问题、分析问题、解决问题、创新问题	20
合计			100

子任务二　大米中镉的测定(石墨炉原子吸收光谱法)

◆任务描述

学生分小组完成以下任务:

1. 查阅镉的测定检验标准,设计镉的测定检测方案。
2. 准备镉的测定所需的试剂材料及仪器设备。
3. 正确对样品进行预处理。
4. 正确进行样品中镉的含量测定。
5. 结果记录及分析处理。
6. 依据《食品安全国家标准 食品中污染物限量》(GB 2762—2022),判定样品中镉含量是否合格。
7. 出具检验报告。

一、工作准备

(1)查阅检验标准《食品安全国家标准 食品中镉的测定》(GB 5009.15—2023),设计石墨炉原子吸收光谱法测定大米中镉含量的方案。

(2)准备镉的测定所需的试剂材料及仪器设备。

二、实施步骤

1. 试样制备

大米去除杂质,磨碎成均匀的样品,颗粒度不大于0.425 mm。

2. 试样湿法消解

称取磨碎的大米试样0.3~0.5 g(精确至0.000 1 g)于锥形瓶中,放数粒玻璃珠,加10 mL硝酸-高氯酸混合溶液(9+1),加一小漏斗在电热板上消化,若变棕黑色,再加硝酸,直至冒白烟,消化液呈无色透明或略带微黄色,放冷后将消化液洗入10 mL或25 mL容量瓶中,用少量硝酸溶液(1%)洗涤锥形瓶3次,洗液合并于容量瓶中并用硝酸溶液(1%)定容至刻度,混匀备用;同时做试剂空白试验。

3. 标准系列溶液制备

准确吸取镉标准使用液 0 mL、0.5 mL、1.0 mL、1.5 mL、2.0 mL、3.0 mL 于 100 mL 容量瓶中，用硝酸溶液（1%）定容至刻度，即得到含镉量分别为 0 ng/mL、0.5 ng/mL、1.0 ng/mL、1.5 ng/mL、2.0 ng/mL、3.0 ng/mL 的标准系列溶液。

4. 仪器参数设置

根据所用仪器型号将仪器调至最佳状态。

5. 标准曲线制作

将标准曲线工作液按浓度由低到高的顺序各吸取 20 μL 注入石墨炉，测其吸光度值，以标准曲线工作液的浓度为横坐标、相应的吸光度值为纵坐标，绘制标准曲线并求出吸光度值与浓度关系的一元线性回归方程。

6. 样品测定

在测定标准曲线工作液相同的实验条件下，吸取样品消化液 20 μL，注入石墨炉，测其吸光度值。代入标准系列的一元线性回归方程中求样品消化液中镉的含量，平行测定次数不少于两次。

三、数据记录与处理

将大米中镉的测定原始数据填入表 6-8 中，并填写检验报告单，见表 6-9。

表 6-8　大米中镉的测定原始记录表

工作任务				样品名称			
接样日期				检验日期			
检验依据							
标准曲线制作	镉标准使用液浓度/$(\mathrm{mg\cdot L^{-1}})$						
	编号	1	2	3	4	5	6
	取标液体积/mL						
	相当于镉的量/μg						
	520 nm 测定吸光度						
标准曲线方程及相关系数							
样品质量 m/g							
试样消化液的总体积 V/mL							
试样消解液中镉的浓度 $C_1/(\mathrm{ng\cdot mL^{-1}})$							
空白消解液中镉的浓度 $C_0/(\mathrm{ng\cdot mL^{-1}})$							
计算公式							
试样中镉的含量 $X/(\mathrm{\mu g\cdot kg^{-1}})$							
试样中镉含量的平均值/$(\mathrm{\mu g\cdot kg^{-1}})$							
标准规定分析结果的精密度							
本次实验分析结果的精密度							

表 6-9　大米中镉的测定检验报告单

样品名称						
产品批号		样品数量		代表数量		
生产日期		检验日期		报告日期		
检测依据						
判定依据						
检验项目		单位		检测结果	大米中镉的限量标准要求	
检验结论						
检验员			复核人			
备注						

四、任务考核

按照表 6-10 评价学生工作任务的完成情况。

表 6-10　任务考核评价指标

序号	工作任务	评价指标	分值比例/%
1	制订检测方案	(1)正确选用检测标准及检测方法 (2)检测方案制订合理规范	15
2	试样称取	正确使用电子天平进行称重	5
3	试样湿法消解	(1)能正确进行湿法消解 (2)正确使用容量瓶进行定容	10
4	标准系列溶液制备	(1)正确使用移液管 (2)正确配制标准系列溶液,不得污染标液	10
5	标准曲线制作	(1)正确绘制标准曲线 (2)正确求出吸光度值与浓度关系的一元线性回归方程	10
6	样品测定(上机测量)	(1)能正确操作仪器 (2)正确测量标样、样品液和空白对照	10
7	数据处理	(1)原始记录及时、规范、整洁 (2)有效数字保留准确 (3)标准曲线相关系数高 (4)计算正确,测定结果准确,平行测定相对偏差≤20%	10
8	其他操作	(1)工作服整洁、能正确进行标识 (2)操作时间控制在规定时间内 (3)及时收拾、回收玻璃器皿及仪器设备 (4)注意操作文明和操作安全	10

续表

序号	工作任务	评价指标	分值比例/%
9	综合素养	(1)积极主动地参与工作,能吃苦耐劳,崇尚劳动光荣 (2)服从安排,顾全大局,积极与小组成员合作,共同完成工作任务 (3)能有效利用网络、图书资源、工作手册等快速查阅获取所需信息 (4)能发现问题、提出问题、分析问题、解决问题、创新问题	20
合计			100

子任务三　海带中总砷的测定(氢化物发生原子荧光光谱法)

◆任务描述

学生分小组完成以下任务:

1. 查阅砷的测定检验标准,设计砷的测定检测方案。

2. 准备砷的测定所需的试剂材料及仪器设备。

3. 正确对样品进行预处理。

4. 正确进行样品中砷的含量测定。

5. 结果记录及分析处理。

6. 依据《食品安全国家标准 食品中污染物限量》(GB 2762—2022),判定样品中砷的含量是否合格。

7. 出具检验报告。

一、工作准备

(1)查阅检验标准《食品安全国家标准 食品中总砷及无机砷的测定》(GB 5009.11—2024),设计原子荧光光谱法测定海带中总砷的含量方案。

(2)准备砷的测定所需的试剂材料及仪器设备。

二、实施步骤

1. 试样制备

将鲜海带搅碎成均匀的样品。

2. 试样湿法消解

称取 1.0~2.5 g 鲜海带(精确至 0.001 g),置于 50~100 mL 锥形瓶中,同时做两份试剂空白。加硝酸 20 mL,高氯酸 4 mL,硫酸 1.25 mL,放置过夜。次日置于电热板上加热消解。消解完全后,再持续蒸发至高氯酸的白烟散尽,硫酸的白烟开始冒出。冷却,加水 25 mL,再蒸发至冒硫酸白烟。冷却,用水将内溶物转入 25 mL 容量瓶或比色管中,加入硫脲+抗坏血酸溶液 2 mL,补加水至刻度,混匀,放置 30 min,待测,按照同一操作方法做空白试验。

3. 仪器参数设置

根据所用仪器型号将仪器调至最佳状态。

4. 标准曲线制作

取 25 mL 容量瓶或比色管 6 支,依次准确加入 1.00 mg/L 砷标准使用液 0.00 mL、0.10 mL、

0.25 mL、0.50 mL、1.5 mL 和 3.0 mL(分别相当于砷浓度 0.0 ng/mL、4.0 ng/mL、10 ng/mL、20 ng/mL、60 ng/mL、120 ng/mL),各加硫酸溶液(1+9)12.5 mL,硫脲+抗坏血酸 2 mL,补加水至刻度,混匀备后放置 30 min 后测定。仪器预热稳定后,将实际空白、标准系列溶液依次引入仪器进行原子荧光强度的测定。以原子荧光强度为纵坐标、砷浓度为横坐标绘制标准曲线,得到回归方程。

5. 样品测定

相同条件下,将试样溶液和空白溶液分别引入仪器进行测定。根据回归方程计算出样品中砷元素的浓度。

三、数据记录与处理

将海带中砷的测定原始数据填入表 6-11 中,并填写检验报告单,见表 6-12。

表 6-11　海带中砷的测定原始记录表

工作任务				样品名称			
接样日期				检验日期			
检验依据							
标准曲线制作	砷标准使用液浓度/($mg \cdot L^{-1}$)						
	编号	1	2	3	4	5	6
	取标液体积/mL						
	相当于砷浓度/($ng \cdot mL^{-1}$)						
	228.8 nm 测定吸光度						
标准曲线方程及相关系数							
样品质量 m/g							
试样消化液的总体积 V/mL							
试样消解液中砷的浓度 C_1/($ng \cdot mL^{-1}$)							
空白消解液中砷的浓度 C_0/($ng \cdot mL^{-1}$)							
计算公式							
试样中砷的含量 X/($mg \cdot kg^{-1}$)							
试样中砷含量的平均值/($mg \cdot kg^{-1}$)							
标准规定分析结果的精密度							
本次实验分析结果的精密度							

表 6-12　海带中砷的测定检验报告单

样品名称					
产品批号		样品数量		代表数量	
生产日期		检验日期		报告日期	
检测依据					

续表

判定依据			
检验项目	单位	检测结果	海带中砷的限量标准要求
检验结论			
检验员		复核人	
备注			

四、任务考核

按照表6-13评价学生工作任务的完成情况。

表6-13　任务考核评价指标

序号	工作任务	评价指标	分值比例/%
1	制订检测方案	(1)正确选用检测标准及检测方法 (2)检测方案制订合理规范	15
2	试样称取	正确使用电子天平进行称重	5
3	试样湿法消解	(1)能正确进行湿法消解 (2)能正确使用容量瓶进行定容	10
4	标准系列溶液制备	(1)正确使用移液管 (2)正确配制标准系列溶液,不得污染标液	10
5	标准曲线制作	(1)正确绘制标准曲线 (2)正确求出吸光度值与浓度关系的一元线性回归方程	10
6	样品测定（上机测量）	(1)能正确操作仪器 (2)正确测量标样、样品液和空白	10
7	数据处理	(1)原始记录及时、规范、整洁 (2)有效数字保留准确 (3)标准曲线相关系数高 (4)计算正确,测定结果准确,平行测定相对偏差≤20%	10
8	其他操作	(1)工作服整洁、能正确进行标识 (2)操作时间控制在规定时间内 (3)及时收拾、回收玻璃器皿及仪器设备 (4)注意操作文明和操作安全	10
9	综合素养	(1)积极主动地参与工作,能吃苦耐劳,崇尚劳动光荣 (2)服从安排,顾全大局,积极与小组成员合作,共同完成工作任务 (3)能有效利用网络、图书资源、工作手册等快速查阅获取所需的信息 (4)能发现问题、提出问题、分析问题、解决问题、创新问题	20
合计			100

思政小课堂　课外巩固　相关标准

任务二　食品中农药残留的测定

【学习目标】

◆知识目标

1. 了解食品中农药及农药残留的概念、种类、危害及其在食品中的限量指标。
2. 掌握食品中农药残留的测定方法及气相色谱法测定有机磷农药残留量的流程和操作注意事项。
3. 熟悉气相色谱仪的组成部分及工作原理。

◆技能目标

1. 会进行样品预处理,并能正确配制有机磷农药标准使用液。
2. 会正确使用氮吹仪、气相色谱仪。
3. 会用气相色谱法测定食品中有机磷农药的残留量。

【知识准备】

微课视频

一、概述

(一)农药与农药残留

农药在我国是指在农作物(食物、食品、动物饲料)生产、贮藏、运输、销售以及加工过程中,用于防治有害生物(害虫、害螨、线虫、植物病原菌、杂草及害鼠等)和调节植物生长的药物。在《国际食品法典》中,农药指的是在食品、动物饲料的生产、贮存、运输、销售过程中,为了预防、杀灭、吸引、驱除或控制害虫(包括多余的植物、动物物种)而使用的物质或供动物服用的动物肠道寄生虫抑制剂。农药包括植物生长调节剂、落叶剂、干燥剂、水果变形剂或发芽抑制剂以及食品防腐剂,一般不包括化肥、植物或动物性营养剂、食品添加剂和动物性药品。

在我国,农药残留是指由于实施农药而存留在环境和食品、饲料中的农药及其具有毒性的代谢物、降解转化产物、杂质等。还包括环境背景中存有的农药污染物或持久性农药的残留物,再次在商品中形成的残留。在《国际食品法典》中,农药残留是指任何由于使用农药而在食品、食品和动物饲料中出现的特定物质。也包括所有被认为具有毒性作用的农药衍生物,如农药转化物、代谢物、反应物和杂质。

(二)农药残留的危害与限量

在现代农业中,主要是通过使用人工合成的有机农药进行害虫防治,这对于不断增长的粮食生产发挥着巨大作用。但是,如果使用不当,就会污染环境,杀死天敌,破坏生物群,导致害虫再发生,以及由于抗药性发展而降低药效。人体遭受农药的危害 80% ~90% 是通过进食被农药污染的食品造成的。

在我国，最大残留限量（Maximum Residue Limit，MRL）是指在生产或保护商品的过程中，按照良好的农业生产规范，直接或间接的使用农药后，导致在各种食品和饲料中形成的农药残留物的最大浓度，通常以每千克食品中含有农药残留的量（mg）表示，单位为 mg/kg。其制定根据农药及其残留物的毒性评价，按照国家颁布的良好农业规范和安全合理使用农药规范，适应本国各种病虫害的防治需要，在严密的技术监督下，在有效防治病虫害的前提下，在取得的一系列残留数据中取有代表性的较高数值。它的直接作用是限制食品中农药残留量，保障公民身体健康。

在《国际食品法典》中，最大残留限量是指由食品法典委员会推荐的，允许农药在食品和动物饲料中或其表面残留的最大浓度。最大残留限量以农药使用的良好农业生产规范资料为基础，由符合相应的 MRL 的商品制成的食物应具有毒理学安全性。

农药残留问题是随着农药大量生产和广泛使用而产生的，到目前为止，世界上化学农药年产量近 200 万 t，有 1 000 多种人工合成化合物被用作杀虫剂、杀菌剂、杀藻剂、除虫剂、落叶剂等类农药。随着农业产业化的发展，食品的生产越来越依赖于农药、抗生素和激素等外源物质，我国农药在食品中的用量居高不下，而这些物质的不合理使用必将导致食品中的农药残留超标，长期食用农药残留超标的农副产品，虽然不会导致急性中毒，但可能会引起人和动物的慢性中毒，导致疾病的发生，诱发癌症，甚至影响下一代。农药残留超标也会影响食品的贸易，世界各国高度重视农药残留问题，对各种农副产品中农药残留都规定了越来越严格的限量标准。《食品安全国家标准 食品中农药最大残留限量》（GB 2763—2021）规定了食品中 2,4-滴丁酸等 564 种农药 10 092 项最大残留量。

（三）人工合成农药

人工合成农药即合成的化学制剂农药，种类繁多，结构复杂。目前常用的有机杀虫剂有：有机氯类、有机磷类、氨基甲酸酯类、拟除虫菊酯类等农药。

1. 有机氯农药

有机氯农药是农药的一大类，其特点具有杀菌范围广、高效、急性毒性小，易于大量生产。但由于性质稳定，残留时间长，累积浓度高，很容易污染环境、农作物和畜产品，容易引起人畜的慢性中毒。常用的有机氯农药有六六六、DDT 等。对六六六、DDT 的研究结果表明，认为有机氯农药能够抑制 ATP 酶和单胺氧化酶的活性以及乙酰胆碱酯酶的合成。有机氯农药急性中毒症状表现为听觉和感觉过敏、反射活动增强、兴奋性增高、肌肉震颤。

2. 有机磷农药

有机磷农药是用于防治植物病、虫、害的含磷有机化合物。这一类农药品种多、药效高、用途广、易分解，在人、畜体内一般不积累，在农药中是极为重要的一类化合物。但有不少品种对人、畜的急性毒性很强。有机磷类农药能抑制乙酰胆碱酯酶，使乙酰胆碱积聚，引起烟碱样症状和中枢神经系统症状，严重时可因肺水肿、脑水肿、呼吸麻痹而死亡。重度急性中毒者还会发生迟发性猝死。如果被施用于生长期较短、连续采收的蔬菜，则很难避免因残留量超标而导致人畜中毒。有机磷农药种类繁多，根据其毒性强弱分为剧毒（甲拌磷、内吸磷、对硫磷、保棉丰、氧化乐果）、高毒（甲基对硫磷、二甲硫吸磷、敌敌畏、亚胺磷）、低毒（敌百虫、乐果、氯硫磷、乙基稻丰散）三类。

3. 氨基甲酸酯类农药

氨基甲酸酯类农药用作农药的杀虫剂、除草剂、杀菌剂等，抑制昆虫乙酰胆碱酶（Ache）和羧酸酯酶的活性，造成乙酰胆碱和羧酸酯的积累，影响昆虫正常的神经传导而致死。氨基甲酸酯类杀虫剂主要有萘基氨基甲酸酯类(西维因)、苯基氨基甲酸酯类(叶蝉散)、杂环二甲基氨基甲酸酯类(异索威)、杂环甲基氨基甲酸酯类(呋喃丹)等品种,有选择性强、作用迅速、毒性低等优点。除少数品种如呋喃丹等毒性较高外,大多数属中、低毒性。严重中毒时,可出现昏迷、肺水肿、大小便失禁,也可因呼吸麻痹致死,死亡多发生在中毒发作后的12 h之内。

4. 拟除虫菊酯类农药

拟除虫菊酯类农药一般用作杀虫剂,包括溴氰菊酯(敌杀死)、氯氰菊酯(兴棉宝)、氰戊菊酯(速灭杀丁)等。其氰基影响机体细胞色素及电子传递系统,使脊髓神经膜去极期延长,出现重复动作电位,兴奋脊髓中间神经元和周围神经。它对人畜毒性较小。中毒症状为上腹烧灼感、腹痛、腹泻、恶心、呕吐等消化道症状,继而可出现头晕、头痛、全身不适,面部麻胀。重症中毒者也可使人惊厥、呼吸困难、心悸、血压下降甚至昏迷。

(四)农药残留的测定方法

目前,农药残留最常用的检测方法主要有两类,分别是酶抑制法和色谱法。酶抑制法是根据有机磷和氨基甲酸酯类农药对乙酰胆碱酯酶的活性抑制来检测上述两类农药残留。其优点是方法简单,检测成本低,检测速度快,易于实现现场快速筛查。缺点是检测精度不高,容易受样品基质干扰,从而会出现结果误判的现象。色谱法是利用农药的分子特性不同,通过仪器的固定相或流动相与农药分子的结合力的差异,将各种农药分子与其他分子分离并进行定量。色谱法的最大优势是测定结果准确可靠,但缺点是检测成本高,往往需要配置金额几十甚至几百万的大型检测仪器,而且对于检测人员的技术水平要求高,检测周期较长。

(五)气相色谱仪

气相色谱法是一种新型的分离、分析技术,它可分离和分析复杂的多组分混合物。在工业、农业、国防、建设、科学研究中都得到了广泛应用。

1. 气相色谱仪的工作原理

气相色谱仪是以气体作为流动相(载气)。利用试样中各组分在流动相与固定相之间的分配系数不同,当汽化后的试样被载气带入色谱柱中运行时,组分在两相间进行反复多次分配,由于固定相对各组分的吸附或溶解能力不同,因此各组分在色谱柱中的运行速度也不同,经过一定的柱长后,便彼此分离,按顺序离开色谱柱进入检测器,产生的离子流信号经放大后,在记录器上描绘出各组分的色谱峰。

2. 气相色谱仪的组成

气相色谱仪由气路系统、进样系统、分离系统、检测系统和记录系统5个部分组成,如图6-5所示。

(1)气路系统　气路系统由高压气瓶、减压阀、气流调节阀和有关连接管道组成。其作用是提供载气、推动组分在柱中运行的动力,常用的载气有氮气、氦气、氢气或氩气,一般使用氮气或氦气。要求净化纯度达99.999%。

(2)进样系统　进样系统由样品盘、自动进样器、进样口组成,其作用是将样品定量注入汽化室瞬间汽化为蒸汽并引入色谱柱。要求:进样量(毛细管柱一般允许进样量为1～2 μL),进样时间小于1 s。

(3)分离系统　分离系统由色谱柱、柱箱组成。色谱柱是气相色谱仪的核心部件,柱子一般是用不锈钢或玻璃管制成的U形或螺旋形。色谱柱分为毛细管柱和填充柱,如图6-6、图6-7所示。柱箱为色谱柱提供温度控制。在气相色谱测定中,温度是非常重要的条件参数,直接影响色谱柱的选择分离和组分保留时间。柱箱温度控制方式有恒温和程序升温两种。对于沸点范围很宽的混合物,通常采用程序升温法进行分析。

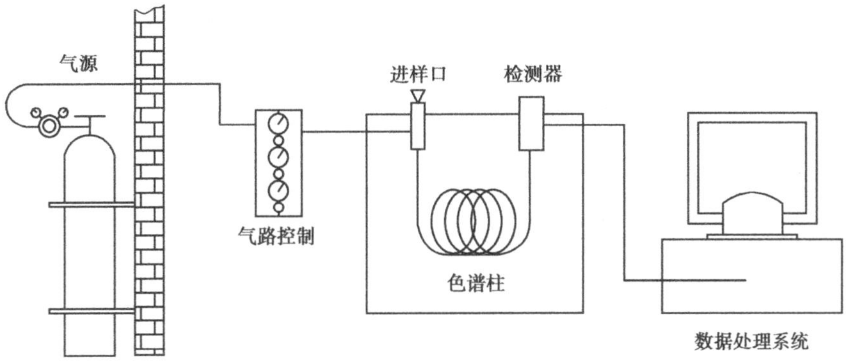

图 6-5　气相色谱仪组成

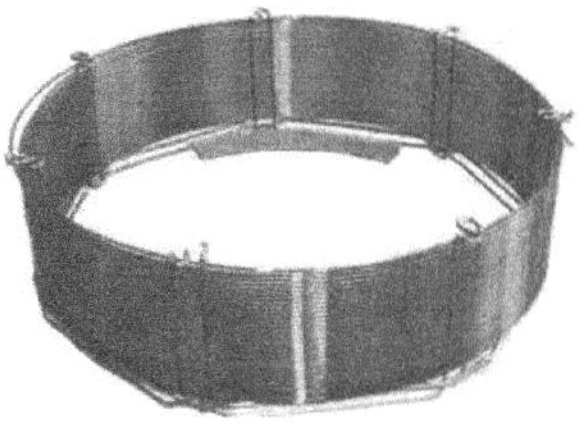

图 6-6　毛细管柱

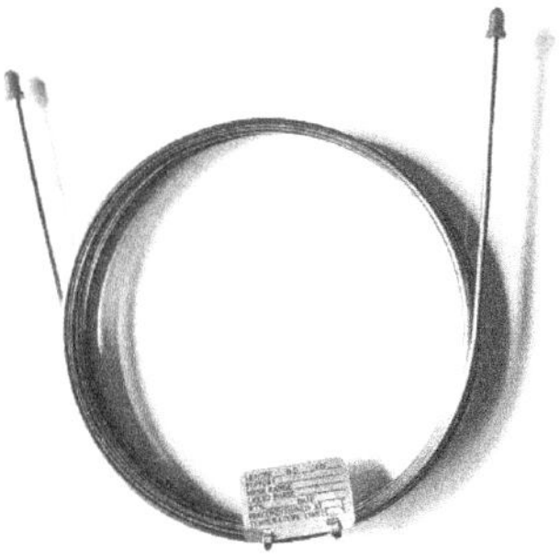

图 6-7　填充柱

(4)检测系统　检测器也是色谱仪的重要部件,是把色谱柱分离的各组分的浓度或质量转换成电信号的装置。

检测器种类如下:

①热导检测器(TCD):是根据不同的物质具有不同的热导系数原理制成的。

②氢火焰离子化检测器(FID):典型的质量型检测器,对有机化合物具有很高的灵敏度。

③电子捕获检测器(ECD):高选择性检测器,仅对具有电负性的物质(如卤素、磷、硫、氮)有很高的灵敏度,检测下限为 10^{-14} g/mL。它是目前分析痕量电负性有机物最有效的检测器。较多应用于农副产品、食品及环境中农药残留量的测定。

④火焰光度检测器(FPD):又称为硫、磷检测器,它是一种对含硫、磷有机化合物具有高选择性和高灵敏度的质量型检测器,检出限可达 10^{-12} g/s(对 P)或 10^{-11} g/s(对 S);这种检测器可用于大气中痕量硫化物以及农副产品、水中的纳克级有机磷和有机硫农药残留量的测定。

(5)记录系统　记录系统也称输出系统,是将检测器转化成的电信号以谱图的形式输出,描绘出各组分的色谱峰。

3. 定性分析和定量分析

根据色谱峰的保留时间、峰面积或峰高,有定性和定量两种分析方法。

(1)定性分析　比较样品中待测组分与标准品的保留时间。

目前各种色谱定性方法都是基于保留值的,但是不同物质在同一色谱条件下,可能具有相似或相同的保留值,即保留值并非专属的。仅根据保留值对一个完全未知的样品定性是非常困难的。因此应该在了解样品的来源、性质、分析目的的基础上，对样品组成作初步的判断，再结合一定的方法确定色谱峰所代表的化合物。

一是用纯物质对照定性在一定的色谱条件下，一个未知物只有一个确定的保留时间。因此将已知纯物质在相同的色谱条件下的保留时间与未知物的保留时间进行比较，就可以定性鉴定未知物。若二者相同，则未知物可能是已知的纯物质；若不同，则未知物就不是该纯物质。

二是利用相对保留值法，即在某一固定相及柱温下，分别测出组分 i 和基准物质 s 的调整保留值，再按上式计算即可。用已求出的相对保留值与文献相应值比较即可定性。

另外，气相色谱与质谱、红外光谱、发射光谱等仪器联用是目前解决复杂样品定性分析最有效的工具之一。图 6-8 是某实验室对某蔬菜汁中有机磷农药含量分析的色谱图，(a)图是总离子流图，(b)图是保留时间 16.759 min 色谱峰对应的质谱图，(c)图是谱库检索结果：气质联用仪(Varian Saturn 2200)；色谱分析条件：DB-1701 色谱柱(30 m×0.25 mm×0.25 μm)，进样口温度：250 ℃；柱温：50 ℃保持 2 min，再以 25 ℃/min 程序升温至 120 ℃；再以 12 ℃/min 升温至 180 ℃，保持 6 min；再以 20 ℃/min 升温至 260 ℃，保持 5 min。质谱条件：离子源 EI：70 eV；离子阱温度：220 ℃；传输线温度：280 ℃；溶剂延迟 4.5 min，自动调谐。下面以保留时间 16.759 min 的色谱峰为例，结合质谱定性。对其进行 NIST 谱库检索，结果为灭线磷(ethoprophos)，匹配度为 870。

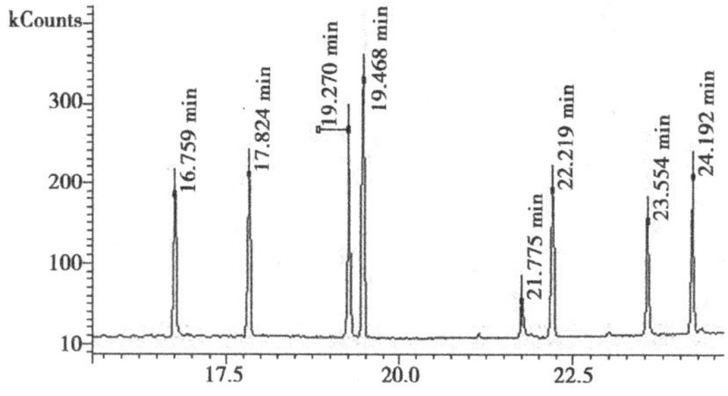

(a)总离子流图

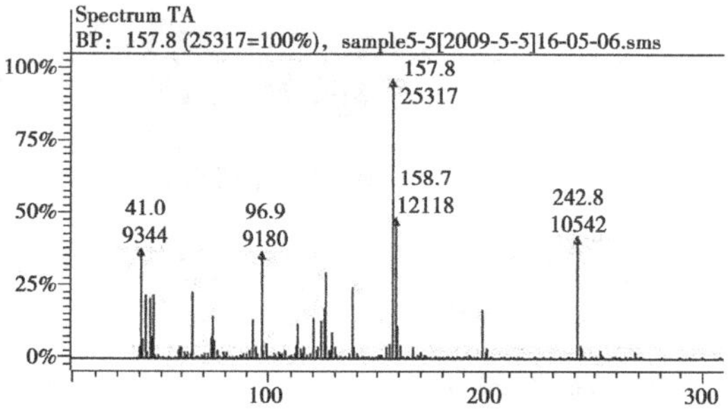

(b)保留时间 16.759 min 色谱峰对应的质谱图

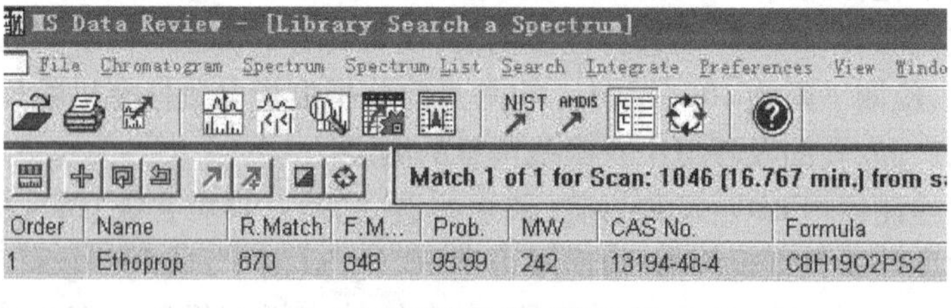

(c)谱库检索结果

图 6-8　有机磷农药的定性

(2)定量分析　常用的定量方法有归一化法、外标法、内标法等。

①归一化法。把所有出峰组分的含量之和按 100% 计的定量方法称为归一化法。归一化法的优点是简单、准确，操作条件变化时对定量结果的影响不大。但此方法在实际工作中仍有一些限制，例如，样品的所有组分必须全部流出且出峰。某些不需要定量的组分也必须测出其峰面积及 f_i' 值。并且必须知道各自组分的校正因子(校正因子需要由已知的标准品来求得)，一般只适用于通用型检测器，如 FID 和 TCD。此外，测量低含量尤其是微量杂质时，误差较大。

②外标法。外标法又称为校正曲线法。在相同分析条件下，比较标准物质与样品的色谱峰面积或峰高。用已知的标准品配成不同浓度的标准系列，在与被测样品相同的色谱条件下，等体积准确进样，测量各种浓度的峰高或峰面积，绘制响应信号与百分含量的关系曲线；测量样品的峰面积或峰高，在校正曲线上查出其对应的百分含量。外标法的特点：样品结果直接在标准工作曲线上读出，非常简单，尤其对大量样品分析时特别适合。但是它要求进样量、色谱分析条件严格不变，定量存在一定误差。

③内标法。当样品各组分不能全部从色谱柱流出，或有些组分在检测器上无信号，或只需对样品中某几个出现色谱峰的组分进行定量时可采用内标法。

所谓内标法，是将一定量的纯物质作为内标物加入准确称量的试样中，根据试样和内标物的质量以及被测组分和内标物的峰面积可求出被测组分的含量。

内标法的关键是选择合适的内标物，它必须符合下列条件：

a. 内标物应是试样中原来不存在的纯物质，性质与被测物相近，能完全溶解于样品中，但不能与样品发生化学反应。

b. 内标物的峰位置应尽量靠近被测组分的峰，或位于几个被测物之峰的中间并与这些色谱峰完全分离。

c. 内标物的质量应与被测物质的质量接近，能保持与色谱峰大小差不多。

内标法的优点：

a. 因为 m_s/m 比值恒定，所以进样量不必准确。

b. 又因为该法是通过测量 A_i/A_s 比值进行计算的，操作条件稍有变化对结果没有什么影响，因此定量结果比较准确。

c. 内标法适宜于低含量组分的分析，且不受归一法使用上的局限。

内标法的主要缺点：

a. 每次分析都要用分析天平准确称出内标物和样品的质量，这对于常规分析来说是比较麻烦的。

b. 在样品中加入一个内标物，显然对分离度的要求比原样品更高。

二、蔬菜和水果中有机磷农药多残留的测定——气相色谱法

食品中有机磷农药残留量的测定方法主要有酶联免疫法、气相色谱法、液相色谱法、气相色谱-质谱联用法、液相色谱-质谱联用法等，其中最广泛的测定方法是气相色谱法。

(一)测定原理

试样中的有机磷农药用乙腈提取，提取溶液经过过滤、浓缩后，用丙酮定溶，注入气相色谱仪，农药组分经毛细管柱分离，用火焰光度检测器(FPD 磷滤光片)检测，保留时间定性、外标法定量。

(二)试剂和材料

除非另有说明，本方法所用试剂均为分析纯，水为《分析实验室用水规格和试验方法》(GB/T 6682—2008)中规定的二级水。

①乙腈(C_2H_3N)：分析纯。

②丙酮(CH_3COCH_3)：重蒸。

③氯化钠(NaCl)：140 ℃烘烤 4 h。

④滤膜:0.2 μm,有机溶剂膜。

⑤铝箔。

⑥有机磷农药标准品:纯度均大于96%,见表6-14。

表6-14　54种有机磷农药标准品

序号	农药名称	英文名称	组别	序号	农药名称	英文名称	组别
1	敌敌畏	dichlorvos	Ⅰ	28	蝇毒磷	coumaphos	Ⅱ
2	乙酰甲胺磷	acephate	Ⅰ	29	甲胺磷	methamidophos	Ⅲ
3	百治磷	dicrotophos	Ⅰ	30	治螟磷	sulfotep	Ⅲ
4	乙拌磷	disulfoton	Ⅰ	31	特丁硫磷	terbufos	Ⅲ
5	乐果	dimethoate	Ⅰ	32	久效磷	monocrotophos	Ⅲ
6	甲基对硫磷	parathion-methyl	Ⅰ	33	除线磷	dichlofenthion	Ⅲ
7	毒死蜱	chlorpyrifos	Ⅰ	34	皮蝇磷	fenchlorphos	Ⅲ
8	嘧啶磷	pirimiphos-ethyl	Ⅰ	35	甲基嘧啶硫磷	pirimiphos-methyl	Ⅲ
9	倍硫磷	fenthion	Ⅰ	36	对硫磷	parathion	Ⅲ
10	辛硫磷	phoxim	Ⅰ	37	异柳磷	isofenphos	Ⅲ
11	灭菌磷	ditalimfos	Ⅰ	38	杀扑磷	methidathion	Ⅲ
12	三唑磷	triazophos	Ⅰ	39	甲基硫环磷	Phosfolan-methyl	Ⅲ
13	亚胺硫磷	phosmet	Ⅰ	40	伐灭磷	famphur	Ⅲ
14	敌百虫	trichlorfon	Ⅱ	41	伏杀硫磷	phosalone	Ⅲ
15	灭线磷	ethoprophos	Ⅱ	42	益棉磷	Azinphos-ethyl	Ⅲ
16	甲拌磷	phorate	Ⅱ	43	二溴磷	naled	Ⅳ
17	氧乐果	omethoate	Ⅱ	44	速灭磷	mevinphos	Ⅳ
18	二嗪磷	diazinon	Ⅱ	45	胺丙畏	propetamphos	Ⅳ
19	地虫硫磷	fonofos	Ⅱ	46	磷胺	phosphamidon	Ⅳ
20	甲基毒死蜱	Chlorpyrifos-methyl	Ⅱ	47	地毒磷	trichloronate	Ⅳ
21	对氧磷	paraoxon	Ⅱ	48	马拉硫磷	malathion	Ⅳ
22	杀螟硫磷	fenitrothion	Ⅱ	49	水胺硫磷	isocarbophos	Ⅳ
23	溴硫磷	bromophos	Ⅱ	50	喹硫磷	quinaphos	Ⅳ
24	乙基溴硫磷	Bromophos-ethyl	Ⅱ	51	杀虫畏	tetrachlorvinphos	Ⅳ
25	丙溴磷	profenofos	Ⅱ	52	硫环磷	phosfolan	Ⅳ
26	乙硫磷	ethion	Ⅱ	53	苯硫磷	EPN	Ⅳ
27	吡菌磷	pyrazophos	Ⅱ	54	保棉磷	Azinphos-methyl	Ⅳ

⑦农药标准溶液的配制。

a.单一农药标准溶液　准确称取一定量(精确至0.1 mg)的某农药标准品,用丙酮做溶

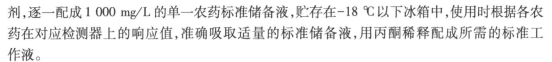

剂，逐一配成1 000 mg/L的单一农药标准储备液，贮存在-18 ℃以下冰箱中，使用时根据各农药在对应检测器上的响应值，准确吸取适量的标准储备液，用丙酮稀释配成所需的标准工作液。

b. 农药混合标准溶液　将54种农药分成4组，按照表6-15中的组别，根据各农药在仪器上的响应值，逐一准确吸取一定体积的同组别的单个农药储备液，分别注入同一容量瓶中，用丙酮稀释至刻度，采用同样的方法配制成4组农药混合标准储备溶液。使用前，用丙酮稀释成所需质量浓度的标准工作液。

（三）仪器和设备

①气相色谱仪：带有火焰光度检测器（FPD），毛细管进样口。

②天平：感量为1 mg。

③食品加工器。

④旋涡混合器。

⑤匀浆机。

⑥氮吹仪。

（四）分析步骤

1. 试样制备

按GB/T 8855抽取蔬菜、水果样品，取可食部分，经缩分后，将其切碎，充分混匀放入食品加工器粉碎，制成待测样，放入分装容器中，于-20～-16 ℃条件下保存，备用。

2. 提取

准确称取25.0 g试样放入匀浆机中，加入50.0 mL乙腈，在匀浆机中高速匀浆2 min后用滤纸过滤，滤液收集到装有5～7 g氯化钠的100 mL具塞量筒中，收集滤液40～50 mL，盖上塞子，剧烈振荡1 min，在室温下静置30 min，使乙腈相和水相分层。

3. 净化

从具塞量筒中吸取10.00 mL乙腈相溶液，放入150 mL烧杯中，将烧杯放在80 ℃的水浴锅上加热，杯内缓缓通入氮气或空气流，蒸发近干，加入2.0 mL丙酮，盖上铝箔，备用。

将上述备用液完全转移至15 mL刻度离心管中，再用约3 mL丙酮分3次冲洗烧杯，并转移至离心管，最后定容至5.0 mL，在旋涡混合器上混匀，分别移入两个2 mL自动进样器样品瓶中，供色谱测定。如定容后的样品溶液过于浑浊，应用0.2 μm滤膜过滤后再进行测定。

4. 气相色谱参考条件

（1）色谱柱　预柱：1.0 m（0.53 mm内径，脱活石英毛细管柱）；色谱柱：50%聚苯基甲基硅氧烷（DB-17或HP-50+）柱，30 m×0.53 mm×1.0 μm。

（2）温度　进样口温度：220 ℃。检测器温度：250 ℃。

柱温：150 ℃保持2 min，8 ℃/min升至250 ℃，保持12 min。

（3）气体及流量　载气：氮气，纯度≥99.999%，流速为10 mL/min。

燃气：氢气，纯度≥99.999%，流速为75 mL/min。助燃气：空气，流速为100 mL/min。

（4）进样方式　不分流进样。

5. 色谱分析

分别吸取1.0 μL标准混合溶液和净化后的样品溶液注入色谱仪中，以保留时间定性，以样品溶液峰面积与标准溶液峰面积比较定量。

（五）分析结果

试样中被测农药残留量以质量分数 w 计，单位以毫克每千克（mg/kg）表示，按下式计算。

$$w(\text{mg/kg}) = \frac{V_1 A V_3}{V_2 A_s m} \times \rho$$

式中 ρ——标准溶液中农药的质量浓度，mg/L；

A——样品溶液中被测农药的峰面积；

A_s——农药标准溶液中被测农药的峰面积；

V_1——提取溶剂总体积，mL；

V_2——吸取出用于检测的提取溶液的体积，mL；

V_3——样品溶液定容体积，mL；

m——试样的质量，g。

计算结果保留两位有效数字，当结果大于 1 mg/kg 时保留三位有效数字。在重复性条件下获得的两次独立测定结果的绝对差值不得超过算术平均值的 15%。

（六）色谱图

有机磷农药标准溶液的色谱图如图 6-9—图 6-12 所示。

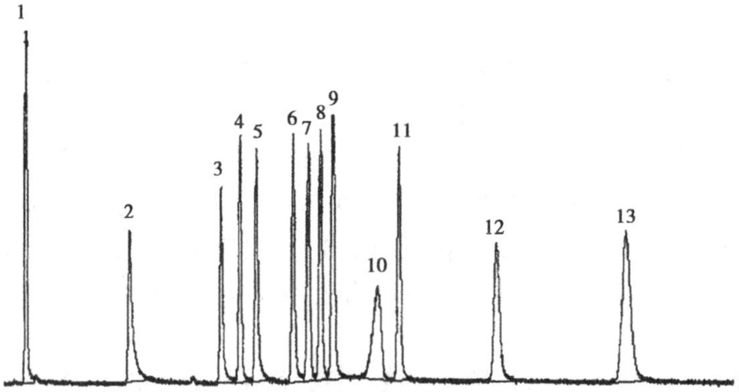

图 6-9　第Ⅰ组有机磷农药标准溶液色谱图

1—敌敌畏；2—乙酰甲胺磷；3—百治磷；4—乙拌磷；5—乐果；6—甲基对硫磷；7—毒死蜱；8—嘧啶磷；9—倍硫磷；10—辛硫磷；11—灭菌磷；12—三唑磷；13—亚胺硫磷

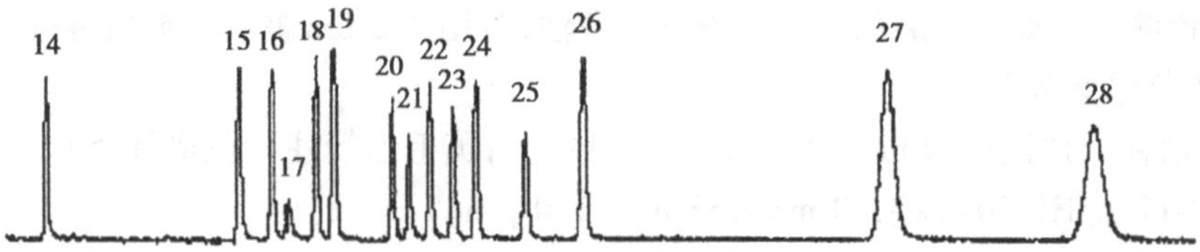

图 6-10　第Ⅱ组有机磷农药标准溶液色谱图

14—敌百虫；15—灭线磷；16—甲拌磷；17—氧乐果；18—二嗪磷；19—地虫硫磷；20—甲基毒死蜱；21—对氧磷；22—杀螟硫磷；23—溴硫磷；24—乙基溴硫磷；25—丙溴磷；26—乙硫磷；27—吡菌磷；28—蝇毒磷

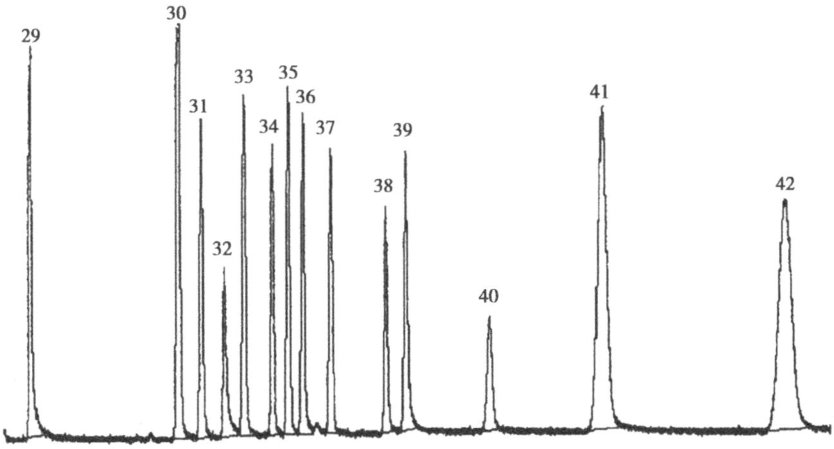

图 6-11　第Ⅲ组有机磷农药标准溶液色谱图

29—甲胺磷;30—治螟磷;31—特丁硫磷;32—久效磷;33—除线磷;34—皮蝇磷;35—甲基嘧啶硫磷;36—对硫磷;37—异柳磷;38—杀扑磷;39—甲基硫环磷;40—伐灭磷;41—伏杀硫磷;42—益棉磷

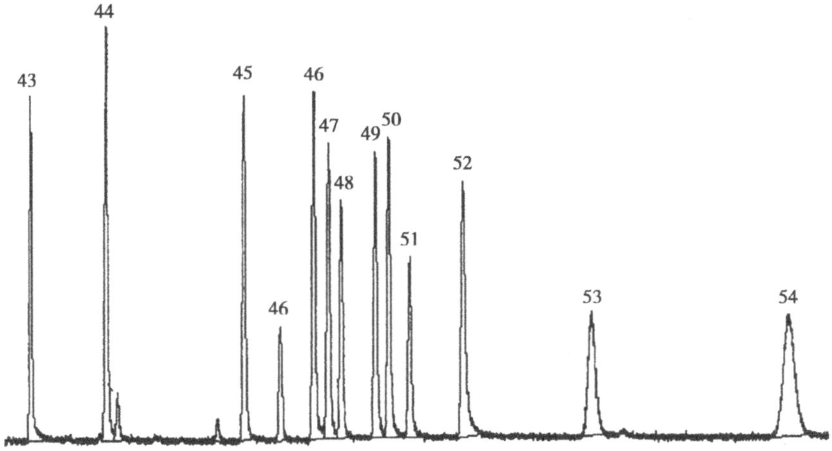

图 6-12　第Ⅳ组有机磷农药标准溶液色谱图

43—二溴磷;44—速灭磷;45—胺丙畏;46—磷胺;47—地毒磷;48—马拉硫磷;49—水胺硫磷;50—喹硫磷;51—杀虫畏;52—硫环磷;53—苯硫磷;54—保棉磷

(七)说明及注意事项

①本法为《蔬菜和水果中有机磷、有机氮、拟除虫菊酯和氨基甲酸酯类农药多残留的测定》(NY/T 761—2008)中的方法二,适用于蔬菜和水果中敌敌畏、乙酰甲胺磷、百治磷、乙拌磷、乐果、甲基对硫磷、毒死蜱、嘧啶磷、倍硫磷、辛硫磷、灭菌磷、三唑磷、亚胺硫磷、甲胺磷、治螟磷、特丁硫磷、久效磷、除线磷、皮蝇磷、甲基嘧啶硫磷、对硫磷、异柳磷、杀扑磷、甲基硫环磷、伐灭磷、伏杀硫磷、益棉磷、二溴磷、速灭磷、胺丙畏、磷胺、地毒磷、马拉硫磷、水胺硫磷、喹硫磷、杀虫畏、硫环磷、苯硫磷、保棉磷等 54 种有机磷农药残留量的检测。

②新色谱柱在通氮气的条件下,在 270 ℃柱温下连续老化 8 ~ 10 h(比检测方法最高使用温度高 20 ℃,比色谱柱最高耐受温度低 30 ℃)。

③样品预处理使用的有机溶剂容易挥发,需注意在通风橱内进行。

④样品在净化振荡过程中要注意，振荡时要开塞放气，以免振荡时大量气体产生而发生冲盖、样液损失；在静置的过程中也要注意开塞放气。

⑤氮吹时要控制好氮气流量，使液体表面呈旋涡状，但无液体飞溅，注意气针不要接触到液体，以免污染样品和气针。

⑥氮吹要求近干，不能吹干，也不要有明显的液体存在。

⑦有机磷农药标准品系列配制时，吸取农药储备液、农药标准中间储备液时一定要准确，否则，会影响标准曲线的线性以及结果的准确性。

【知识拓展】

一、水果、蔬菜、谷类中有机磷农药的多残留测定

（一）测定原理

含有机磷的试样在富氢焰上燃烧，以 HPO 碎片的形式，放射出波长 526 nm 的特性光；这种光通过滤光片选择后，由光电倍增管接收，转换成电信号，经微电流放大器放大后被记录下来。试样的峰面积或峰高与标准品的峰面积或峰高进行比较定量。

（二）试剂和材料

①丙酮（CH_3COCH_3）。

②二氯甲烷（CH_2Cl_2）。

③氯化钠（NaCl）。

④无水硫酸钠（Na_2SO_4）。

⑤助滤剂 Celite 545。

⑥有机磷农药标准品，见表 6-15。

表 6-15　20 种有机磷农药标准品

序号	农药名称	英文名称	纯度	序号	农药名称	英文名称	纯度
1	敌敌畏	DDVP	≥99%	11	水胺硫磷	isocarbophos	≥99%
2	速灭磷	mevinphos	顺式≥60%， 反式≥40%	12	氧化喹硫磷	po-quinalphos	≥99%
3	久效磷	monocrotophos	≥99%	13	稻丰散	phenthoate	≥99.6%
4	甲拌磷	phorate	≥98%	14	甲喹硫磷	methdathion	≥99.6%
5	巴胺磷	propetumphos	≥99%	15	克线磷	phenamiphos	≥99.9%
6	二嗪磷	diazinon	≥98%	16	乙硫磷	ethion	≥95%
7	乙嘧硫磷	etrimfos	≥97%	17	乐果	dimethoate	≥99.0%
8	甲基嘧啶磷	pirimiphos-methyl	≥99%	18	喹硫磷	quinaphos	≥98.2%
9	甲基对硫磷	parathion-methyl	≥99%	19	对硫磷	parathion	≥99.0%
10	稻瘟净	kitazine	≥99%	20	杀螟硫磷	fenitrothion	≥98.5%

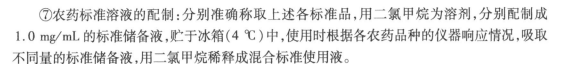

⑦农药标准溶液的配制：分别准确称取上述各标准品，用二氯甲烷为溶剂，分别配制成 1.0 mg/mL 的标准储备液，贮于冰箱（4 ℃）中，使用时根据各农药品种的仪器响应情况，吸取不同量的标准储备液，用二氯甲烷稀释成混合标准使用液。

（三）仪器和设备

①组织捣碎机。

②粉碎机。

③旋转蒸发仪。

④气相色谱仪：附有火焰光度检测器。

（四）分析步骤

1. 试样制备

取粮食试样经粉碎机粉碎，过 20 目筛制成粮食试样；水果、蔬菜试样去掉非可食部分后制成待分析试样。

2. 提取

称取一定量试样（水果、蔬菜 50.00 g，谷物 25.00 g），置于 300 mL 烧杯中，加入 50 mL 水和 100 mL 丙酮（提取液总体积为 150 mL），用组织捣碎机提取 1～2 min。匀浆液经铺有两层滤纸和约 10 g Celite 545 的布氏漏斗减压抽滤。取滤液 100 mL 移至 500 mL 分液漏斗中。

3. 净化

向上述滤液中加入 10～15 g 氯化钠使溶液处于饱和状态。猛烈振摇 2～3 min，静置 10 min，使丙酮与水相分层，水相用 50 mL 二氯甲烷振摇 2 min，再静置分层。

将丙酮与二氯甲烷提取液合并经装有 20～30 g 无水硫酸钠的玻璃漏斗脱水滤入 250 mL 圆底烧瓶中，再以约 40 mL 二氯甲烷分数次洗涤容器和无水硫酸钠。洗涤液也并入烧瓶中，用旋转蒸发器浓缩至约 2 mL，浓缩液定量转移至 5～25 mL 容量瓶中，加二氯甲烷定容至刻度。

4. 气相色谱仪器参考条件

（1）色谱柱　玻璃柱 2.6 m×3 mm（i. d），填装涂有 4.5% DC-200+2.5% OV-17 的 Chromosorb W AW DMCS（80～100 目）的担体。

玻璃柱 2.6 m×3 mm（i. d），填装涂有质量分数为 1.5% 的 QF-1 的 Chromosorb W AW DMCS（60～80 目）。

（2）气体速度　氮气 50 mL/min、氢气 100 mL/min、空气 50 mL/min。

（3）温度　柱箱 240 ℃、汽化室 260 ℃、检测器 270 ℃。

5. 测定

吸取 2～5 μL 混合标准液及试样净化液注入气相色谱仪中，以保留时间定性。以试样的峰高或峰面积与标准比较定量。

（五）分析结果

试样中有机磷农药的含量按下式计算：

$$X_i = \frac{A_i \times V_1 \times V_3 \times E_{si} \times 1\ 000}{A_{si} \times V_2 \times V_4 \times m \times 1\ 000}$$

式中　X_i——i 组分有机磷农药的含量，mg/kg；

A_i——试样中 i 组分的峰面积，积分单位；

A_{si}——混合标准液中 i 组分的峰面积，积分单位；

V_1——试样提取液的总体积，mL；

V_2——净化用提取液的总体积，mL；

V_3——浓缩后的定容体积，mL；

V_4——进样体积，μL；

E_{si}——注入色谱仪中的 i 标准组分的质量，ng；

m——试样的质量，g。计算结果保留两位有效数字。

精密度：在重复性条件下获得的两次独立测定结果的绝对差值不得超过算术平均值的15%。

（六）说明及注意事项

①本方法为《食品中有机磷农药残留量的测定》（GB/T 5009.20—2003）中的第一法，适用于水果、蔬菜、谷类中的敌敌畏、速灭磷、久效磷、甲拌磷、巴胺磷、二嗪磷、乙嘧硫磷、甲基嘧啶磷、甲基对硫磷、稻瘟净、水胺硫磷、氧化喹硫磷、稻丰散、甲喹硫磷、克线磷、乙硫磷、乐果、喹硫磷、对硫磷、杀螟硫磷20种农药制剂的残留量分析。

②16种有机磷农药（标准溶液）的色谱图，如图6-13所示。

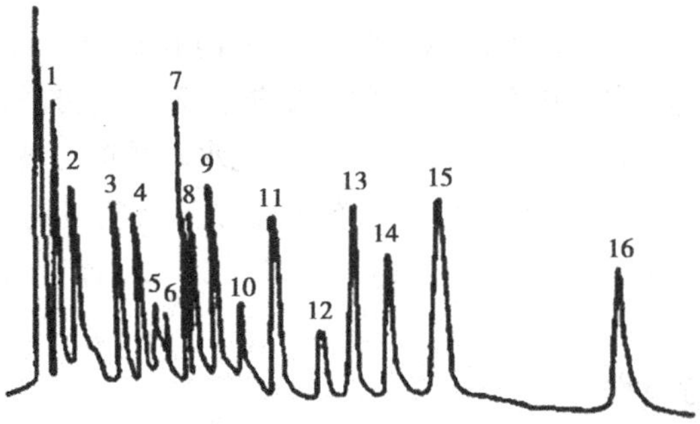

图6-13　16种有机磷农药（标准溶液）的色谱图

1—敌敌畏；2—速灭磷；3—久效磷；4—甲拌磷；5—巴胺磷；6—二嗪磷；
7—乙嘧硫磷；8—甲基嘧啶磷；9—甲基对硫磷；10—稻瘟净；11—水胺硫磷；12—氧化喹硫磷；
13—稻丰散；14—甲喹硫磷；15—克线磷；16—乙硫磷

③13种有机磷农药（标准溶液）的色谱图，如图6-14所示。

二、食品中有机氯农药多组分残留量的测定

（一）测定原理

试样中有机氯农药组分经有机溶剂提取、凝胶色谱层析净化，用毛细管柱气相色谱分离，电子捕获检测器检测，以保留时间定性，外标法定量。

（二）试剂和材料

①丙酮（CH_3COCH_3）：分析纯，重蒸。

②石油醚：沸程30～60 ℃，分析纯，重蒸。

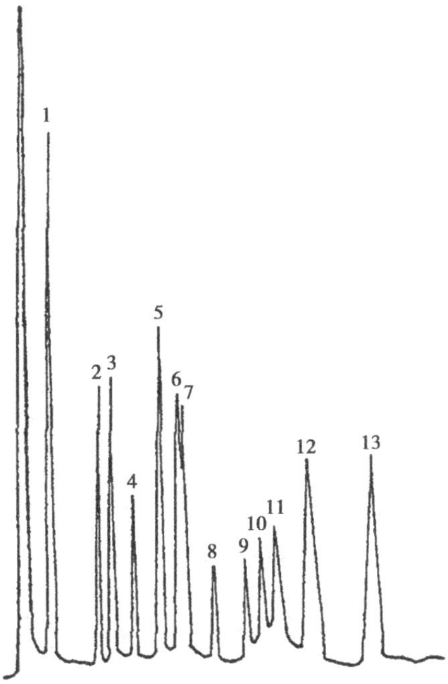

图 6-14　13 种有机磷农药(标准溶液)的色谱图

1—敌敌畏;2—甲拌磷;3—二嗪磷;4—乙嘧硫磷;5—巴胺磷;6—甲基嘧啶磷;
7—异稻瘟净;8—乐果;9—喹硫磷;10—甲基对硫磷;11—杀螟硫磷;12—对硫磷;13—乙硫磷

③乙酸乙酯($CH_3COCC_2H_5$):分析纯,重蒸。

④环己烷(C_6H_{12}):分析纯,重蒸。

⑤正己烷(n-C_6H_{14}):分析纯,重蒸。

⑥氯化钠(NaCl):分析纯。

⑦无水硫酸钠(Na_2SO_4):分析纯,将无水硫酸钠置于干燥箱中,于 120℃ 干燥 4 h,冷却后,密闭保存。

⑧聚苯乙烯凝胶(Bio-Beads S-X3):200～400 目,或同类产品。

⑨农药标准品:α-六六六(α-HCH)、六氯苯(HCB)、β-六六六(β-HCH)、γ-六六六(γ-HCH)、五氯硝基苯(PCNB)、δ-六六六(δ-HCH)、五氯苯胺(PCA)、七氯(Heptachlor)、五氯苯基硫醚(PCPs)、艾氏剂(Aldrin)、氧氯丹(Oxychlordance)、环氧七氯(Heptachlorepoxide)、反氯丹(*trans*-chlordane)、α-硫丹(α-endosulfan)、顺氯丹(*cis*-chlordane)、p,p'-滴滴伊(p,p'-DDE)、狄氏剂(Dieldrin)、异狄氏剂(Endrin)、β-硫丹(β-endosulfan)、p,p'-滴滴滴(p,p'-DDD)、o,p'滴滴涕(o,p'-DDT)、异狄氏剂醛(Endrin aldehyde)、硫丹硫酸盐(Endosulfan sulfate)、p,p'-滴滴涕(p,p'-DDT)、异狄氏剂酮(Endrin ketone)、灭蚁灵(Mirex),纯度均应不低于 98%。

⑩标准溶液的配制:分别准确称取或量取上述农药标准品适量,用少量苯溶解,再用正己烷稀释成一定浓度的标准储备溶液。量取适量标准储备溶液,用正己烷稀释为系列混合标准溶液。

(三)仪器和设备

①气相色谱仪(GC):配有电子捕获检测器(ECD)。

②凝胶净化柱:长 30 cm,内径 2.3～2.5 cm,具活塞玻璃层析柱,柱底垫少许玻璃棉。用

洗脱剂乙酸乙酯-环己烷(1+1)浸泡的凝胶,以湿法装入柱中,柱床高约 26 cm,凝胶始终保持在洗脱剂中。

③全自动凝胶色谱系统:带有固定波长(254 nm)的紫外检测器,供选择使用。

④旋转蒸发仪。

⑤组织匀浆器。

⑥振荡器。

⑦氮气浓缩器。

(四)分析步骤

1. 试样制备

蛋品去壳,制成匀浆;肉品去筋后,切成小块,制成肉糜;乳品混匀待用。

2. 提取与分配

(1)蛋类　称取试样 20 g(精确至 0.01 g)于 200 mL 具塞三角瓶中,加水 5 mL(视试样水分含量加水,使总水量约为 20 g)。通常鲜蛋水分含量约 75%,加水 5 mL 即可,再加入 40 mL 丙酮,振荡 30 min 后,加入氯化钠 6 g,充分摇匀,再加入 30 mL 石油醚,振荡 30 min。静置分层后,将有机相全部转移至 100 mL 具塞三角瓶中经无水硫酸钠干燥,并量取 35 mL 于旋转蒸发器中,浓缩至约 1 mL,加入 2 mL 乙酸乙酯-环己烷(1+1)溶液再浓缩,如此反复 3 次,浓缩至约 1 mL,供凝胶色谱层析净化使用,或将浓缩液转移至全自动凝胶渗透色谱系统配套的进样试管中,用乙酸乙酯-环己烷(1+1)溶液洗涤旋转蒸发瓶数次,将洗涤液合并至试管中,定容至 10 mL。

(2)肉类　称取试样 20 g(精确至 0.01 g),加水 15 mL(视试样水分含量加,使总量约为 20 g)。加 40 mL 丙酮,振摇 30 min,以下按照蛋类试样的提取、分配步骤处理。

(3)乳类　称取试样 20 g(精确至 0.01 g),鲜乳不需加水,直接加丙酮提取,以下按照蛋类试样的提取、分配步骤处理。

(4)大豆油　称取试样 1 g(精确至 0.01 g),直接加入 30 mL 石油醚,振摇 30 min 后,将有机相全部转移至旋转蒸发器中,浓缩至约 1 mL,加入 2 mL 乙酸乙酯-环己烷(1+1)溶液再浓缩,如此重复 3 次,浓缩至约 1 mL,供凝胶色谱层析净化使用,或将浓缩液转移至全自动凝胶渗透色谱系统配套的进样试管中,用乙酸乙酯-环己烷(1+1)溶液洗涤旋转蒸发瓶数次,将洗涤液合并至试管中,定容至 10 mL。

(5)植物类　称取试样匀浆 20 g,加水 5 mL(视其水分含量加水,使总水量约为 20 mL),加入丙酮 40 mL,振荡 30 min 后,加入氯化钠 6 g,充分摇匀,再加入 30 mL 石油醚,振荡 30 min,以下按照蛋类试样的提取、分配步骤处理。

3. 净化

选择手动或全自动净化方法的任何一种进行。

手动凝胶色谱柱净化:将试样浓缩液经凝胶柱以乙酸乙酯-环己烷(1+1)溶液洗脱,弃去 0~35 mL 流分,收集 35~70 mL 流分。将其旋转蒸发浓缩至约 1 mL,再经凝胶柱净化收集 35~70 mL 流分,蒸发浓缩,用氮气吹除溶剂,用正己烷定容至 1 mL,留待 GC 分析。

全自动凝胶渗透色谱系统净化:由 5 mL 试样环注入凝胶渗透色谱(GPC)柱,泵流速 5.0 mL/min,以乙酸乙酯-环己烷(1+1)溶液洗脱,弃去 0~7.5 min 流分,收集 7.5~15 min 流分,15~20 min 冲洗 GPC 柱。将收集的流分旋转蒸发浓缩至约 1 mL,用氮气吹至近干,用正己烷定容至 1 mL,留待 GC 分析。

4. 气相色谱参考条件

(1)色谱柱　DM-5 石英弹性毛细管柱,长 3 m、内径 0.32 mm、膜厚 0.25 μm;或等效柱。

(2)柱温　程序升温 90 ℃,保持 1 min→40 ℃/min 升至 170 ℃→2.3 ℃/min 升至 230 ℃,保持 17 min→40 ℃/min 升至 280 ℃,保持 5 min。

(3)进样口温度　280 ℃。不分流进样,进样量 1 μL。

(4)检测器　电子捕获检测器,温度 300 ℃。

(5)载气流速　氮气(N_2),流速 1 mL/min;尾吹,25 mL/min。

(6)柱前压　0.5 MPa。

(7)进样量　1 ~ 10 μL。

5. 色谱分析

分别吸取 1 μL 混合标准液及试样净化液注入气相色谱仪中,记录色谱图,以保留时间定性,以试样和标准系列的峰面积(或峰高)比较定量。

(五)分析结果

试样中各农药的含量按下式计算。

$$X = \frac{m_1 \times V_1 \times f \times 1\,000}{m \times V_2 \times 1\,000}$$

式中　X——试样中各农药的含量,mg/kg;

m_1——被测样液中各农药的含量,ng;

V_1——样液进样体积,μL;

f——稀释因子;

m——试样质量,g;

V_2——样液最后定容体积, mL。

计算结果保留两位有效数字。

精密度:在重复性条件下获得的两次独立测定结果的绝对差值不得超过算术平均值的 20%。

(六)色谱图

26 种有机氯农药混合标准溶液的色谱图,如图 6-15 所示。

(七)说明及注意事项

①本法为《食品中有机氯农药多组分残留量的测定》(GB/T 5009.19—2008)中的第一法(毛细管柱气相色谱-电子捕获检测器法),规定了食品中六六六(HCH)、滴滴滴(DDD)、六氯苯、灭蚁灵、七氯、氯丹、艾氏剂、狄氏剂、异狄氏剂、硫丹、五氯硝基苯的测定方法。

②本法适用于肉类、蛋类、乳类动物性食品和植物(含油脂)中 α-HCH、六氯苯、β-HCH、γ-HCH、五氯硝基苯、δ-HCH、五氯苯胺、七氯、五氯苯基硫醚、艾氏剂、氧氯丹、环氧七氯、反氯丹、α-硫丹、顺氯丹、p,p′-滴滴伊(DDE)、狄氏剂、异狄氏剂、β-硫丹、p,p′-DDD、o,p′-DDT、异狄氏剂醛、硫丹硫酸盐、p,p′-DDT、异狄氏剂酮、灭蚁灵的分析。

③本法除提供采用凝胶渗透色谱法进行样品提取液的净化方法外,也提供了全自动凝胶渗透色谱系统的净化方法,供选择使用。

④样品预处理使用的有机溶剂容易挥发,需注意在通风橱内进行。

⑤样品在开始振荡前,先用手工振摇数次,开塞放气,以免振荡时大量气体产生而发生冲

盖、样液损失等。

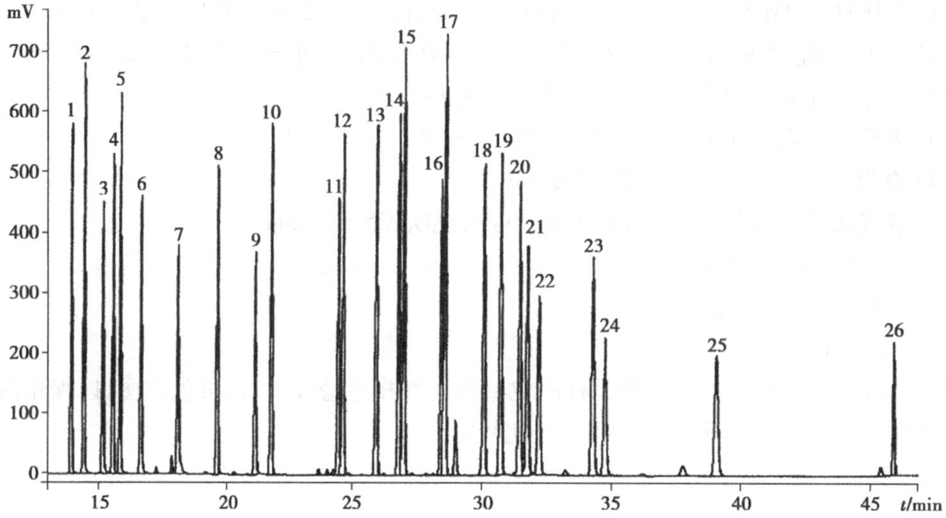

图 6-15　26 种有机氯农药混合标准溶液的色谱图

出峰顺序：1—α-六六六；2—六氯苯；3—β-六六六；4—γ-六六六；5—五氯硝基苯；6—δ-六六六；7—五氯苯胺；8—七氯；9—五氯苯基硫醚；10—艾氏剂；11—氧氯丹；12—环氧七氯；13—反氯丹；14—α-硫丹；15—顺氯丹；16—p,p'-滴滴伊；17—狄氏剂；18—异狄氏剂；19—β-硫丹；20—p,p'-滴滴滴；21—o,p'滴滴涕；22—异狄氏剂醛；23—硫丹硫酸盐；24—p,p'-滴滴涕；25—异狄氏剂酮；26—灭蚁灵

【任务实施】

子任务一　黄瓜中有机磷类农药残留检测

◆任务描述

学生分小组完成以下任务：

1. 查阅有机磷农药的测定检验标准，设计有机磷农药的测定检测方案。
2. 准备黄瓜中有机磷农药的测定所需试剂材料及仪器设备。
3. 正确对黄瓜样品进行预处理。
4. 正确进行黄瓜中有机磷农药的含量测定。
5. 结果记录及分析处理。
6. 依据《食品安全国家标准 食品中农药最大残留限量》(GB 2763—2021)，判定黄瓜样品中有机磷农药的含量是否合格。
7. 出具检验报告。

一、工作准备

(1)查阅检验标准《蔬菜和水果中有机磷、有机氯、拟除虫菊酯和氨基甲酸酯类农药多残留的测定》(NY/T 761—2008 第 1 部分：蔬菜和水果中有机磷农药多残留的测定方法二)，设计气相色谱法测定黄瓜中有机磷农药残留量方案。

(2)准备有机磷农药的测定所需试剂材料及仪器设备。

二、实施步骤

1. 采样

将待测样品匀浆于 50 mL 离心管内，准确称取 3 份黄瓜样品（10.00±0.10）g 于 50 mL 具塞离心管中，见表 6-16。

表 6-16　数据记录表

重复平行	1	2	3
取样量/g			

在样品中加入标准溶液 100 μL（浓度为 0.100 0 μg/mL）。

2. 提取

准确移取 20.00 mL 乙腈溶液于匀浆好的黄瓜样品中，将离心管置于漩涡振荡器上，中速振荡 2 min，过滤，将滤液收集到装有 2～3 g NaCl 的具塞量筒中，收集滤液 20 mL 左右，盖上塞子剧烈震荡 1 min，在室温下静置 30 min，使乙腈相和水相完全分层。

3. 净化

用移液管从具塞量筒中移取 4.0 mL 乙腈相于 10 mL 刻度管中，将其置于氮吹仪中，温度设为 75 ℃，蒸发至近干，用移液管移入 2.0 mL 丙酮于具塞试管中，在漩涡振荡器上混匀，用 1 mL 的一次性注射器吸取混匀液，并将混匀液过 0.2 μm 有机滤膜，直接装在样品瓶中，供色谱测定。

4. 测定

气相色谱条件如下：

①色谱柱：HP-530 mm×0.325 mm×0.25 μm。

②温度：进样口为 200 ℃；检测器为 220 ℃；柱温为 100 ℃（保持 1.0 min），以 15 ℃/min 升至 220 ℃，保持 2 min。

③气体及流量：载气为氮气，流速为 5 mL/min；燃气为氢气，流速为 75 mL/min；助燃气为空气，流速为 100 mL/min。

④进样方式：不分流进样。

⑤测定方法：由自动进样器吸取 1.0 μL 标准混合溶液和净化后的样品溶液注入色谱仪中，以保留时间定性，以获得的样品溶液峰面积与标准溶液峰面积比较定量。

5. 空白试验

除不加标样外，采用完全相同的测定步骤进行平行操作。

6. 结果计算和表述

试样中被测农药质量以质量分数 w 计，单位为 mg/kg，其公式计算如下：

$$w = \frac{AV_1V_3}{A_sV_2m} \times \rho$$

式中　ρ——标准溶液中农药的质量浓度，mg/L；

A——样品溶液中被测农药的峰面积；

A_s——农药标准溶液中被测农药的峰面积；

V_1——提取溶剂总体积，mL；

V_2——吸取出用于检测的提取溶液的体积,mL;

V_3——样品溶液定容体积,mL;

m——试样的质量,g。

注:计算结果需扣除空白值,测定结果用平行测定的算术平均值表示,保留三位有效数字。

三、数据记录与处理

数据记录与处理如图 6-16—图 6-20 所示,各峰值表分别见表 6-17—表 6-24。

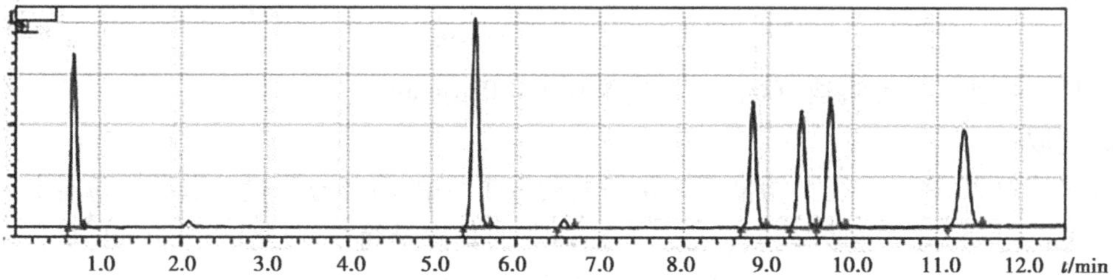

图 6-16　标样谱图(标准溶液谱图)

表 6-17　峰值表(标准溶液中各农药组分浓度均为 0.100 0 μg/mL)

峰号	组分名称	保留时间/min	面积/(mV·s)	面积/%	高度/mV	高度/%	浓度/(μg·mL^{-1})
1	丙酮	0.693	1 779	16.26	388	20.21	
2	乐果	5.511	2 550	23.29	466	24.30	
3	对氧磷	8.815	1 481	13.52	282	14.69	
4	甲拌磷	9.403	1 584	14.47	261	13.62	
5	毒死蜱	9.735	1 776	16.24	289	15.09	
总计			10 949	100	1 917	100	

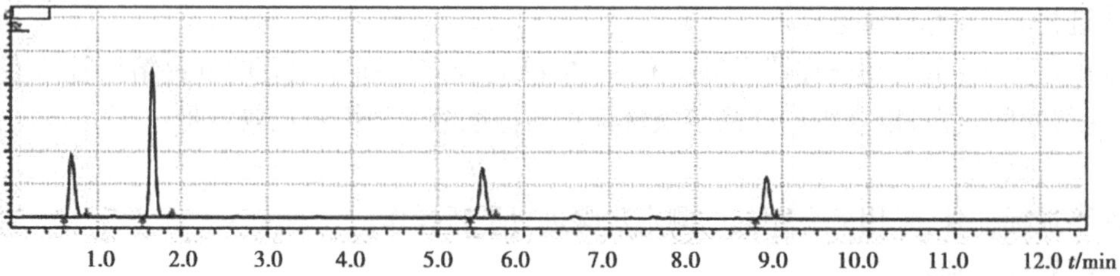

图 6-17　空白样品谱图

表 6-18　峰值表

峰号	组分名称	保留时间/min	面积/(mV·s)	面积/%	高度/mV	高度/%	浓度/(μg·mL^{-1})
1		0.694	385	27.40	44	27.95	
2		1.652	404	28.78	51	31.96	

续表

峰号	组分名称	保留时间/min	面积/(mV·s)	面积/%	高度/mV	高度/%	浓度/(μg·mL^{-1})
3		5.513	345	24.52	35	22.02	
4		8.517	271	19.30	29	18.06	
总计			1 405	100	159	100	

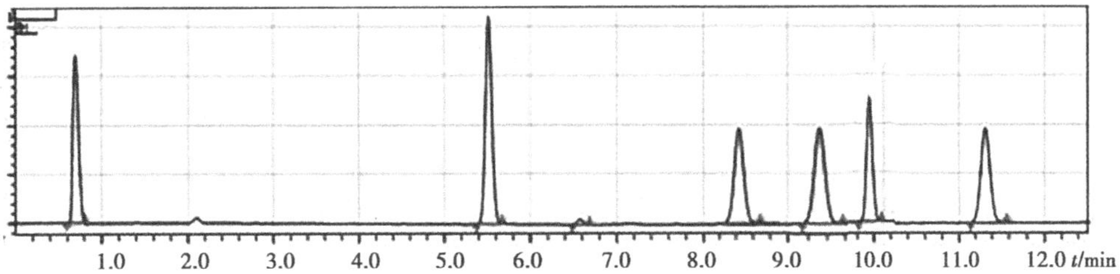

图 6-18　未知样品谱图-1(加标未知样-1)

表 6-19　峰值表

峰号	组分名称	保留时间/min	面积/(mV·s)	面积/%	高度/mV	高度/%	浓度/(μg·mL^{-1})
1		0.697	2 057	16.11	442	19.78	
2		5.486	2 998	23.48	548	24.51	
3		6.575	66	0.52	14	0.65	
4		8.418	1 732	13.56	330	14.78	
5		9.496	1 862	14.58	308	13.78	
6		9.769	1 964	15.38	250	11.21	
7		11.522	2 092	16.38	342	15.30	
总计			12 772	100	2 235	100	

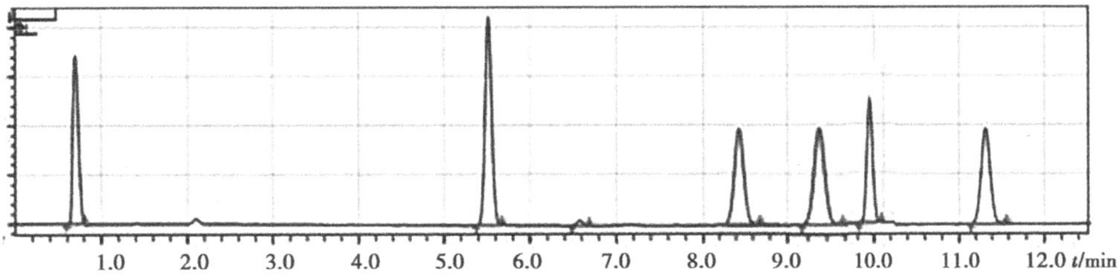

图 6-19　未知样品谱图-2(加标未知样-2)

表 6-20　峰值表

峰号	组分名称	保留时间/min	面积/(mV·s)	面积/%	高度/mV	高度/%	浓度/(μg·mL^{-1})
1		0.691	1 969	15.64	427	19.34	

续表

峰号	组分名称	保留时间/min	面积/(mV·s)	面积/%	高度/mV	高度/%	浓度/(μg·mL⁻¹)
2		5.511	2 960	23.51	544	24.67	
3		6.574	75	0.59	17	0.75	
4		8.408	1 723	13.68	328	14.88	
5		9.496	1 858	14.75	307	13.90	
6		9.741	1 933	15.35	245	11.12	
7		11.323	2 075	16.48	339	15.35	
总计			12 593	100.00	2 206	100.00	

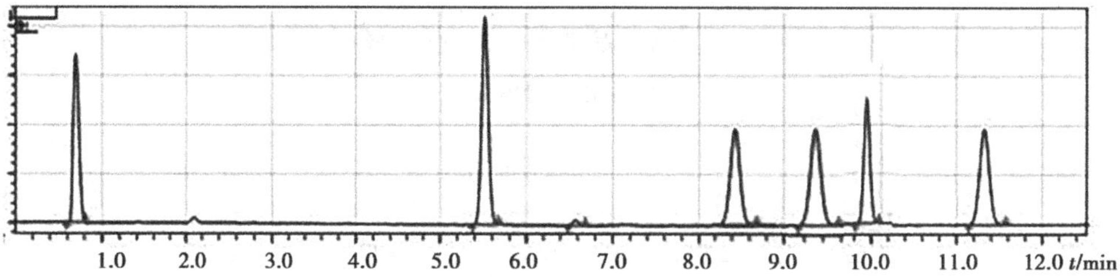

图 6-20　未知样品谱图-3(加标未知样-3)

表 6-21　峰值表

峰号	组分名称	保留时间/min	面积/(mV·s)	面积/%	高度/mV	高度/%	浓度/(mg·mL⁻¹)
1		0.691	2 147	16.21	466	20.07	
2		5.505	3 130	23.63	572	24.62	
3		6.573	77	0.58	17	0.72	
4		8.411	1 785	13.48	341	14.67	
5		9.488	1 918	14.48	316	13.61	
6		9.691	2 040	15.40	260	11.20	
7		11.313	2 148	16.22	351	15.10	
总计			13 244	100	2 324	100	

表 6-22　黄瓜中有机磷类农药残留的检测记录表 1

图谱中加入标准农药名称	样品 1	样品 2	样品 3
蔬菜试样质量 *m*/g	10.0	10.0	10.0
加入标液浓度 *c*/(μg·mL⁻¹)			
加入标液体积 *V*/μL			

续表

图谱中加入标准农药名称	样品1	样品2	样品3
加标农药质量 $M_s/\mu g$			
提取溶剂总体积 V_1/mL			
吸取出用于检测的提取溶液的体积 V_2/mL			
样品溶液定容体积 V_3/mL			

表 6-23　黄瓜中有机磷类农药残留的检测记录表 2

图谱中加入标准农药名称			
标准溶液中的该农药质量浓度 $\rho/(mg \cdot L^{-1})$			
样品溶液中该农药的峰面积 $A/(mV \cdot s)$			
标准溶液中该农药的峰面积 $A_s/(mV \cdot s)$			
样品溶液中该农药的保留时间/min			
样品中该农药质量分数 $w/(mg \cdot kg^{-1})$			
样品中该农药质量 $M/\mu g$			
空白样品中该农药峰面积 $A_0/(mV \cdot s)$			
空白样品中该农药质量 $M_0/\mu g$			
加标回收率/%			
平均加标回收率/%			
RSD 值			

表 6-24　黄瓜中有机磷农药残留量测定检验报告单

样品名称					
产品批号		样品数量		代表数量	
生产日期		检验日期		报告日期	
检测依据					
判定依据					
检验项目	检测单位	检测结果	黄瓜中有机磷农药的限量标准要求		
检验结论					
检验员			复核人		
备注					

四、任务考核

按照表6-25评价学生工作任务完成情况。

表6-25 任务考核评价指标

序号	工作任务	评价指标	分值比例/%
1	检测方案制订	(1)正确选用检测方法 (2)检测方案制订合理规范	15
2	样品准备	(1)样品处理方法正确 (2)正确使用打浆机	10
3	提取	(1)正确使用天平称重 (2)正确使用移液管 (3)正确使用漩涡振荡器	15
4	净化	(1)溶液的正确转移 (2)正确使用氮吹仪 (3)正确使用漩涡振荡器 (4)正确过滤针筒滤膜	15
5	数据处理	(1)原始记录及时、规范、整洁 (2)有效数字保留准确 (3)计算正确,回收率高≥80%,平行测定相对偏差≤15%	15
6	其他操作	(1)工作服整洁、能够正确进行标识 (2)操作时间控制在规定时间内 (3)及时收拾清洁、回收玻璃器皿及仪器设备 (4)注意操作文明和操作安全	10
7	综合素养	(1)能有效利用网络、图书资源、工作手册等快速查阅获取所需信息 (2)服从安排,顾全大局,积极与小组成员合作,共同完成工作任务 (3)能发现问题、提出问题、分析问题、解决问题、创新问题	20
合计			100

子任务二　梨中有机磷农药残留的测定

◆任务描述

学生分小组完成以下任务:

1. 查阅有机磷农药的测定检验标准,设计有机磷农药的测定检测方案。
2. 准备有机磷农药的测定所需试剂材料及仪器设备。
3. 正确对样品进行预处理。
4. 正确进行样品中有机磷农药的含量测定。
5. 记录结果及分析处理。
6. 依据《食品安全国家标准 食品中农药最大残留限量》(GB 2763—2021),判定样品中有机磷农药含量是否合格。

7. 出具检验报告。

一、工作准备

(1)查阅检验标准《蔬菜和水果中有机磷、有机氯、拟除虫菊酯和氨基甲酸酯类农药多残留的测定》(NY/T 761—2008 第1部分:蔬菜和水果中有机磷农药多残留的测定方法二),设计气相色谱法测定梨中有机磷农药残留量方案。

(2)准备有机磷农药的测定所需试剂材料及仪器设备。

二、实施步骤

1. 试样制备

取梨,去掉梨的非可食部分,切成小块放入搅拌机中,打浆。

2. 提取

准确称取(10.00±0.1)g梨匀浆于50 mL离心管中,准确加入20.0 mL乙腈,在旋涡振荡器上混匀2 min,然后用滤纸过滤,将滤液收集到装有2～3 g氯化钠的50 mL具塞量筒中,收集滤液20 mL左右,盖上塞子,剧烈振荡1 min,在室温下静置30 min,使乙腈和水相完全分层。

3. 浓缩

用移液管从具塞量筒中准确移取4.0 mL乙腈相溶液于10 mL刻度试管中,将试管置于氮吹仪中,温度设为75 ℃,缓缓通入氮气,蒸发近干后取出。用移液管准确移取2.0 mL丙酮于试管中,在旋涡振荡器上混匀,用0.2 μm滤膜过滤至进样瓶中,做好标记,供色谱测定。

4. 气相色谱的条件设置

设置色谱柱、进样口温度、检测器温度、柱箱温度、气体及流量、进样方式等气相色谱检测参数。

5. 色谱分析

分别吸取1.0 μL标准混合液和净化后的样品溶液注入色谱仪中,以保留时间定性,以样品溶液峰面积与标准溶液峰面积比较定量。

三、数据记录与处理

将梨中有机磷农药残留量的测定原始数据填入表6-26中,并填写检验报告单,见表6-27。

表6-26　梨中有机磷农药残留量的测定原始记录表

工作任务		样品名称	
接样日期		检验日期	
检验依据			
样品质量 m/g			
试样提取溶剂总体积 V_1/mL			
吸取出用于检测的提取溶液的体积 V_2/mL			
样品溶液定容体积 V_3/mL			

续表

根据图谱判断加入的标准农药名称,打勾, 并填写对应表格	A. 甲拌磷　B. 毒死蜱	
该农药保留时间/min		
标准溶液中农药的质量浓度 ρ/($mg \cdot L^{-1}$)		
农药标准溶液中被测农药的峰面积 A_s		
样品溶液中被测农药的峰面积 A		
试样中有机磷____的含量 w/($mg \cdot kg^{-1}$)		
计算公式		
有机磷____残留量/($mg \cdot kg^{-1}$)		
有机磷____残留量平均值/($mg \cdot kg^{-1}$)		
标准规定分析结果的精密度		
本次实验分析结果的精密度		

表 6-27　梨中有机磷农药残留量测定的检验报告单

样品名称					
产品批号		样品数量		代表数量	
生产日期		检验日期		报告日期	
检测依据					
判定依据					
检验项目	检测单位	检测结果	梨中有机磷农药的限量标准要求		
检验结论					
检验员		复核人			
备注					

四、任务考核

按照表 6-28 评价学生工作任务完成情况。

表 6-28　任务考核评价指标

序号	工作任务	评价指标	分值比例/%
1	检测方案制订	(1)正确选用检测标准及检测方法 (2)检测方案制订合理规范	15
2	样品准备	(1)样品处理方法正确 (2)正确使用打浆机	10

续表

序号	工作任务	评价指标	分值比例/%
3	提取	(1)正确使用天平称重 (2)正确使用移液管 (3)正确使用旋涡振荡器	15
4	净化	(1)溶液的正确转移 (2)正确使用氮吹仪 (3)正确使用旋涡振荡器 (4)正确过滤针筒滤膜	15
5	数据处理	(1)原始记录及时、规范、整洁 (2)有效数字保留准确 (3)计算正确,回收率高≥80%,平行测定相对偏差≤15%	15
6	其他操作	(1)工作服整洁、能够正确进行标识 (2)操作时间控制在规定时间内 (3)及时收拾清洁、回收玻璃器皿及仪器设备 (4)注意操作文明和操作安全	10
7	综合素养	(1)积极主动参与工作,能吃苦耐劳,崇尚劳动光荣 (2)服从安排,顾全大局,积极与小组成员合作,共同完成工作任务 (3)能有效利用网络、图书资源、工作手册等快速查阅获取所需的信息 (4)能发现问题、提出问题、分析问题、解决问题、创新问题	20
合计			100

思政小课堂　课外巩固　相关规定

任务三　食品中兽药残留的测定

【学习目标】

◆知识目标

1. 了解食品中兽药及兽药残留的概念、兽药的种类、兽药残留的危害及其在食品中的限量指标。

2. 掌握食品中兽药残留的测定方法及高效液相色谱法测定食品中兽药残留量的流程及操作注意事项。

3. 熟悉高效液相色谱仪的组成部分及工作原理。

◆技能目标

1. 会进行样品预处理,并能正确配制氟喹诺酮类药物标准使用液。
2. 会正确使用固相萃取仪、高效液相色谱仪。
3. 会用高效液相色谱法测定动物性食品中氟喹诺酮类药物残留量。

【知识准备】

微课视频

一、概述

(一)兽药与兽药残留

兽药是指用于预防、治疗、诊断动物疾病或者有目的地调节动物生理机能的物质(含药物饲料添加剂),主要包括血清制品、疫苗、诊断制品、微生态制品、中药材、中成药、化学药品、抗生素、生化药品、放射性药品及外用杀虫剂、消毒剂等。兽药残留是指对食用动物用药后,动物产品的任何可食用部分中所有与药物有关的物质的残留,包括药物原型或/和其代谢产物。

(二)兽药残留的危害与限量

兽药在防治动物疾病、提高生产效率、改善畜产品质量等方面起着十分重要的作用。然而,由于养殖人员对科学知识的缺乏以及一味地追求经济利益,滥用兽药现象在当前畜牧业中普遍存在。滥用兽药极易造成动物源食品中有害物质的残留,这不仅对人体健康造成直接危害,而且对畜牧业的发展和生态环境也造成极大危害。

长期食用兽药残留超标的食品后,当体内蓄积的药物浓度达到一定量时会对人体产生多种急、慢性中毒。目前,国内外已有多起有关人食用盐酸克仑特罗(俗称瘦肉精)超标的猪肺脏而发生急性中毒事件的报道。此外,人体对氯霉素反应比动物更敏感,特别是婴幼儿的药物代谢功能尚不完善,氯霉素的超标可引起致命的"灰婴综合征"反应,严重时还会造成人的再生障碍性贫血;四环素类药物能够与骨骼中的钙结合,抑制骨骼和牙齿的发育;红霉素等大环内酯类药物可致急性肝毒性;氨基糖苷类的庆大霉素和卡那霉素能损害前庭和耳蜗神经,导致眩晕和听力减退;磺胺类药物能破坏人体造血机能;等等。

随着人们对动物源食品由需求型向质量型的转变,动物源食品中的兽药残留已逐渐成为全世界关注的一个焦点。为加强兽药残留监控工作,保证动物性食品卫生安全,国家标准《食品安全国家标准 食品中兽药最大残留限量》(GB 31650—2019)对一些典型产品的兽药残留量作了专门的规定,见表6-29。

表6-29 食品中兽药残留限量

药物名	动物种类	靶组织	残留限量/($\mu g \cdot kg^{-1}$)
恩诺沙星	牛/羊	肌肉	100
		脂肪	100
		肝	300
		肾	200
		奶	100

续表

药物名	动物种类	靶组织	残留限量/($\mu g \cdot kg^{-1}$)
恩诺沙星	猪/兔	肌肉	100
		脂肪	100
		肝	200
		肾	300
	家禽(产蛋期禁用)	肌肉	100
		皮+脂	100
		肝	200
		肾	300
	其他动物	肌肉	100
		脂肪	100
		肝	200
		肾	200
	鱼	皮+肉	100
阿莫西林	所有食品动物（产蛋期禁用）	肌肉	50
		脂肪	50
		肝	50
		肾	50
		奶	4
	鱼	皮+肉	50
土霉素/金霉素/四环素	牛、羊、猪、家禽	肌肉	200
		肝	600
		肾	1 200
	牛/羊	奶	100
	家禽	蛋	400
	鱼	皮+肉	200
	虾	肌肉	200
磺胺类	所有食品（产蛋期禁用）	肌肉	100
		脂肪	100
		肝	100
		肾	100
	牛/羊	奶	100(除磺胺二甲嘧啶)
	鱼	皮+肉	100

（三）常见兽药种类

在动物源食品中较容易引起兽药残留量超标的兽药主要有抗生素类、磺胺类、呋喃类和激素类药物。

1. 抗生素类药物

抗生素类药又称为抗细菌药，也称为"抗细菌剂"，是一类用于抑制细菌生长或杀死细菌的药物。抗生素类药与抗生素并不是相同的概念，抗生素仅为抗生素类药下的一个分类。抗生素类药除了包括青霉素、四环素等抗生素，还包括抗真菌药以及氟喹诺酮类等药物。而恩诺沙星是属于氟奎诺酮类的化学合成抑菌剂。大量地、频繁地使用抗生素，可使动物机体中的耐药致病菌很容易感染人类，而且抗生素药物残留可使人体中细菌产生耐药性，扰乱人体微生态而产生各种毒副作用。目前，在畜产品中容易造成残留量超标的抗生素主要有氯霉素、四环素、土霉素、金霉素等。

2. 磺胺类药物

磺胺类药物是一种广谱抗菌药，临床上主要用于预防和治疗感染性疾病，在兽医临床和畜牧养殖业中作为饲料添加剂或动物疾病治疗药物广泛应用。但是磺胺药会引起人过敏性反应，且可能有致癌性，随着社会的发展，磺胺类药物的不合理使用，存在动物性食品中残留，引起生态环境污染和人类健康危害的潜在威胁。磺胺类药物包括磺胺异噁唑、磺胺嘧啶、磺胺甲噁唑、柳氮磺吡啶、甲氧苄啶、磺胺脒、酞磺胺噻唑、琥磺噻唑等。

3. 硝基呋喃类药物

硝基呋喃类药物是一种广谱抗生素，广泛应用于畜禽及水产养殖业，以治疗由大肠杆菌或沙门氏菌所引起的肠炎、疥疮、赤鳍病、溃疡病等。由于硝基呋喃类药物及其代谢物对人体有致癌、致畸胎副作用，原中国卫生部于2010年将硝基呋喃类药物呋喃唑酮、呋喃它酮、呋喃妥因、呋喃西林列入可能违法添加的非食用物质黑名单。

4. 激素类药物

在养殖业中，常见的激素和β-兴奋剂类主要有性激素类、皮质激素类和盐酸克仑特罗等。目前，许多研究已经表明盐酸克仑特罗、己烯雌酚等激素类药物在动物源食品中的残留超标可极大危害人类健康。其中，盐酸克仑特罗（瘦肉精）很容易在动物源食品中造成残留，健康人摄入盐酸克仑特罗超过20 μg就会有药理效应，5～10倍的摄入量则会导致中毒。

（四）兽药残留的测定方法

目前，食品中兽药残留量的测定方法有金标检测法、酶联免疫吸附法、高效液相色谱法、气相色谱-质谱联用法、液相色谱-质谱联用法等。

1. 金标检测法（胶体金快速卡）

胶体金是一种常用的标记技术，是以胶体金作为示踪标志物应用于抗原抗体的一种新型的免疫标记技术，有其独特的优点。胶体金快速卡法的特点简单快速，几乎不需要仪器设备，但灵敏度差。

2. 酶联免疫吸附法

酶联免疫吸附法，简称酶联免疫法，或者ELISA法；其中心就是让抗体与酶复合物结合，然后通过显色来检测。采用固相酶联免疫吸附ELISA的原理即酶联免疫法的兽药残留快速检测仪可定量快速检测阿莫西林、磺胺类、恩诺沙星、环丙沙星、红霉素、氯霉素、土霉素、四环素等兽药的残留。酶联免疫法的特点：较快，灵敏度高，但交叉反应较强，检测需要酶标仪。

3. 高效液相色谱法

高效液相色谱是色谱法的一个重要分支。它以液体为流动相，采用高压输液系统，将具有不同极性的单一溶剂或不同比例的混合溶剂、缓冲液等流动相泵入装有固定相的色谱柱，在柱内各成分被分离后，进入检测器进行检测，从而实现对试样的分析。液相色谱法的特点：检测速度慢、灵敏度较高，可以进行定量。

4. 气相色谱-质谱联用法

质谱法（Mass Spectrometry，MS）即用电场和磁场将运动的离子（带电荷的原子、分子或分子碎片，有分子离子、同位素离子、碎片离子、重排离子、多电荷离子、亚稳离子、负离子和离子-分子相互作用产生的离子）按它们的质荷比分离后进行检测的方法。测出离子准确质量即可确定离子的化合物组成。气相色谱法-质谱法联用法（简称"气质联用法"，英文缩写 GC-MS）是一种结合气相色谱和质谱的特性，在试样中鉴别不同物质的方法。气相色谱-质联用法的特点：速度慢、灵敏度较高，可以定量和定性，检测需要气质联用仪。

5. 液相色谱-质谱联用法

液相色谱法-质谱法联用法（简称"液质联用法"，英文缩写 LC-MS）是一种结合液相色谱和质谱的特性，在试样中鉴别不同物质的方法。液-质联用法的特点：速度慢、灵敏度较高，可以定量和定性，检测需要液质联用仪。

（五）高效液相色谱仪

液相色谱法（Liquid Chromatography，LC）初期发展比较慢，到了 20 世纪 60 年代后期，液相色谱得到了迅速的发展。特别是填料制备技术、检测技术和高压输液泵性能的不断改进，使液相色谱分析实现了高效化和高速化。具有这些优良性能的液相色谱仪于 1969 年开始商品化。从此，这种分离效率高、分析速度快的液相色谱法就被称为高效液相色谱法（High Performance Liquid Chromatography，HPLC），也称为高压液相色谱法或高速液相色谱法。

1. 高效液相色谱仪的工作原理

高效液相色谱仪是色谱法的一个重要分支。它以液体为流动相，采用高压输液系统，将具有不同极性的单一溶剂或不同比例的混合溶剂、缓冲液等流动相泵入装有固定相的色谱柱，在柱内各组分被分离后，进入检测器进行检测，从而实现对试样的分析。液相色谱的流程图如图 6-21 所示。

输液泵将储液罐的流动相抽入泵内加压后，从泵头以一定的流速输出，经压力表计量后样品从进样器带入色谱柱，样品在色谱柱内被分离成单一组分后立即进入检测器，利用样品与流动相在电学、光学、热学或电化学性质上的差别，检测器能给出一个表达物质浓度或量的信号，此信号经放大系统放大并记录下来。

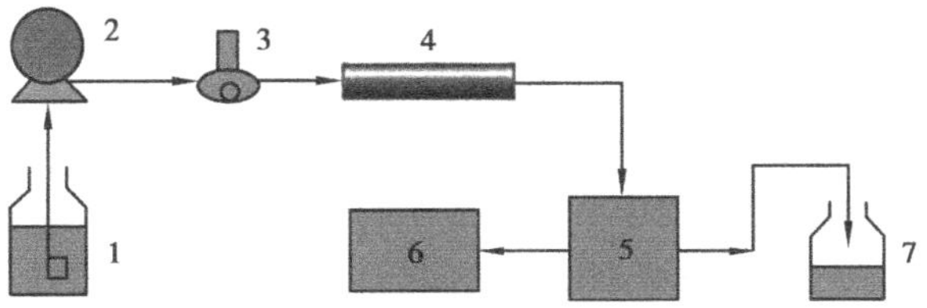

图 6-21　液相色谱流程图

1—储液罐；2—输液泵；3—进样器；4—色谱柱；5—检测器；6—工作站；7—废液灌

2. 液相色谱仪的组成

液相色谱仪由高压输液系统、进样系统、分离系统、检测系统和记录系统 5 个部分组成。

(1)高压输液系统　由储液罐、高压输液泵、过滤器、压力脉动阻力器等组成，高压输液泵是核心部件，作用是输送流动相，由于色谱柱的阻力大，因此高压泵必须能克服阻力以恒定流速输送流动相。按其操作原理可分为恒流泵和恒压泵。

(2)进样系统　常用的进样系统有直接进样、停留进样和六通阀进样 3 种。其中，最常用的是六通阀进样，采用这种方法，耐高压，进样量的可变范围大，而且易于自动化。

(3)分离系统　由柱箱、色谱柱组成。色谱柱是液相色谱的心脏部件，它包括柱管与固定相两个部分。柱管材料有玻璃、不锈钢、铝、铜及内衬光滑的聚合材料的其他金属。玻璃管耐压有限，故金属管用得较多。柱体为直形，内径 1 ~ 6 mm，柱长 5 ~ 40 cm。图 6-22 是不锈钢的液相色谱柱。

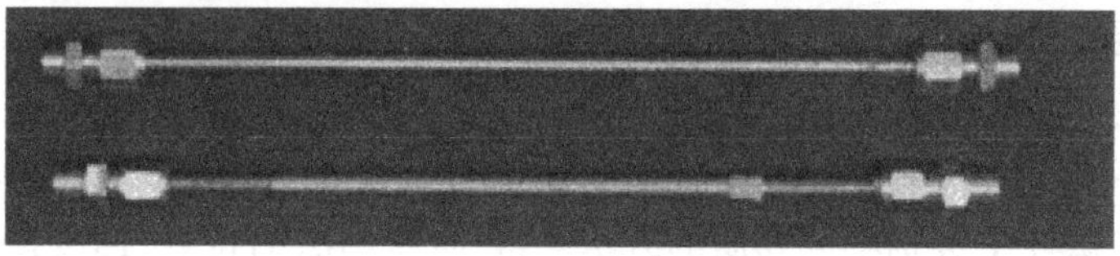

图 6-22　不锈钢的液相色谱柱

(4)检测系统　检测器是色谱仪的重要部件，用来检测分离出的组分。在液相色谱中，有两种基本类型的检测器：一类是溶质型检测器，它仅对被分离组分的物理或化学特性有响应，属于这类检测器的有紫外检测器(UVD)、二极管阵列检测器(DAD)、荧光检测器(FLD)、电化学检测器(ED)等。另一类是总体检测器，它对试样和洗脱液总的物理或化学性质有响应，属于这类检测器的有示差折光检测器(RID)、电导检测器(ELCD)等。

①紫外检测器：根据被分析试样对特定波长的紫外光或可见光的选择性进行吸收，试样的浓度与吸光度的关系来完成检验。紫外检测器应用最广，对大部分有机化合物都有响应。

特点：灵敏度高、线性范围广、对流动相的流速和温度变化不敏感、波长可选，易于操作，只对样品组分有响应，而对流动相基本没有响应。

DAD 检测器可以看作紫外检测器的一个分支，以光电二极管阵列(或 CCD 阵列，硅靶摄像管等)作为检测元件的 UV-VIS 检测器。它可构成多通道并行工作，同时检测由光栅分光，再入射到阵列式接收器上的全部波长的信号，然后，对二极管阵列快速扫描采集数据，得到的是时间、光强度和波长的三维谱图，通过全波长扫描图谱可实现对被测物的定性确证。

②荧光检测器：用紫外光照射某些化合物时它们可受激发而发出荧光，测定发出的荧光能量即可定量。荧光检测器在生物样品痕量分析中非常有用，尤其是用了荧光衍生剂后，可以检测出很微量的氨基酸和肽。

特点：高灵敏度、高选择性；对多环芳烃、维生素 B 族、霉菌毒素、卟啉类化合物、农药、药物、氨基酸、甾类化合物等有响应。

③示差折光检测器：利用样品池中溶液折射率的变化来测定流动相中样品的浓度。溶液的折射率是流动相和样品的折光指数乘以各物质的物质的量浓度之和。因此，溶有样品的流动相和纯流动相之间折射率之差，即反映了流动相中样品的浓度。

示差折光检测器是除紫外检测器之外应用得最多的检测器，是通用型检测器(因为每种物质具有不同的折光指数)。示差折光检测器分为偏转式、反射式和干涉型 3 种。

(5)记录系统　记录系统也称输出系统，是将检测器转化成的电信号以谱图的形式输出，描绘出各组分的色谱峰。

3. 定性和定量

根据色谱峰的保留时间、峰面积或峰高，有定性和定量两种分析方法。

(1)定性　比较样品中待测组分与标准品的保留时间，以及通过 DAD 全扫描三维图谱实现待测组分的定性确证。

(2)定量　常用的定量方法有外标法、内标法等。

二、动物性食品中氟喹诺酮类药物残留检测——高效液相色谱法

(一)测定原理

用磷酸缓冲盐溶液提取试料中的药物，C_{18} 柱净化，流动相洗脱，以磷酸-乙腈为流动相，用高效液相色谱-荧光检测法测定，外标法定量。

(二)试剂和材料

除非另有规定，本方法中所用试剂均为分析纯，水为《分析实验用水规格和试验方法》(GB/T 6682—2008)规定的二级水。

①达氟沙星：含达氟沙星($C_{19}H_{20}FN_3O_3$)不得小于 99.0%。

②恩诺沙星：含恩诺沙星($C_{19}H_{22}FN_3O_3$)不得小于 99.0%。

③环丙沙星：含环丙沙星($C_{17}H_{18}FN_3O_3$)不得小于 99.0%。

④沙拉沙星：含沙拉沙星($C_{20}H_{17}F_2N_2O_3$)不得小于 99.0%。

⑤磷酸。

⑥氢氧化钠。

⑦乙腈：色谱纯。

⑧甲醇。

⑨三乙胺。

⑩磷酸二氢钾。

⑪5.0 mol/L 氢氧化钠溶液：取氢氧化钠饱和溶液 28 mL，加水稀释至 100 mL。

⑫0.03 mol/L 氢氧化钠溶液：取 5.0 mol/L 氢氧化钠溶液 0.6 mL，加水稀释至 100 mL。

⑬0.05 mol/L 磷酸/三乙胺溶液：取浓磷酸 3.4 mL，用水稀释至 1 000 mL，用三乙胺调 pH 值至 2.4。

⑭磷酸盐缓冲溶液(用于肌肉、脂肪组织)：取磷酸二氢钾 6.8 g，加水使其溶解并稀释至 500 mL，用 5.0 mol/L 氢氧化钠溶液调节 pH 值至 7.0。

⑮磷酸盐缓冲溶液(用于肝脏、肾脏组织)：取磷酸二氢钾 6.8 g，加水稀释至 500 mL，pH 值为 4.0 ~ 5.0。

⑯达氟沙星、恩诺沙星、环丙沙星和沙拉沙星标准储备液：分别取达氟沙星对照品约 10 mg，恩诺沙星、环丙沙星和沙拉沙星对照品约 50 mg，精密称定，用 0.03 mol/L 氢氧化钠溶液溶解并稀释成浓度为 0.2 mg/mL(达氟沙星)和 1 mg/mL(恩诺沙星、环丙沙星和沙拉沙星)的标准储备液，置于 2 ~ 8 ℃冰箱中保存，有效期为 3 个月。

⑰达氟沙星、恩诺沙星、环丙沙星和沙拉沙星标准工作液：准确量取适量标准储备液用乙腈稀释至适宜浓度的达氟沙星、恩诺沙星、环丙沙星和沙拉沙星标准工作液，置于 2 ~ 8 ℃冰箱中保存，有效期为 1 周。

（三）仪器和设备

①高效液相色谱仪（配荧光检测器）。

②天平：感量为 0.01 g。

③分析天平：感量为 0.000 01 g。

④振荡器。

⑤组织匀浆机。

⑥离心机。

⑦匀浆杯：30 mL。

⑧离心管：50 mL。

⑨固相萃取柱：C_{18} 柱（100 mg/mL）。

⑩微孔滤膜：0.45 μm。

（四）分析步骤

1. 试样制备与保存

取适量新鲜或冷冻的空白或供试组织，绞碎并使均匀，在−20 ℃以下冰箱中贮存备用。

2. 提取

称取（2±0.05）g 试料，置于 30 mL 匀浆杯中，加磷酸盐缓冲溶液 10.0 mL，10 000 r/min 匀浆 1 min。匀浆液转入离心管中，中速振荡 5 min，离心（肌肉、脂肪 10 000 r/min 5 min；肝、肾 15 000 r/min 10 min），取上清液，待用。用磷酸盐缓冲溶液 10.0 mL 洗刀头及匀浆杯，转入离心管，洗残渣，混匀，中速振荡 5 min，离心（肌肉、脂肪 10 000 r/min 5 min；肝、肾 15 000 r/min 10 min）。合并两次上清液，混匀，备用。

3. 净化

固相萃取柱先依次用甲醇、磷酸盐缓冲溶液各 2 mL 预洗。取上清液 5.0 mL 过柱，用水 1 mL 淋洗，挤干。用流动相 1.0 mL 洗脱，挤干，收集洗脱液。经滤膜过滤后作为试样溶液，供高效液相色谱法测定。

4. 标准曲线的制备

准确量取适量达氟沙星、恩诺沙星、环丙沙星和沙拉沙星标准工作液，用流动相稀释成浓度分别为 0.005 μg/mL、0.01 μg/L、0.05 μg/L、0.1 μg/L、0.3 μg/L、0.5 μg/L 的对照溶液，供高效液相色谱分析。

5. 高效液相色谱参考条件

①色谱柱：C_{18}，250 mm×4.6 mm，粒径 5 μm，或者相当者。

②流动相：0.05 mol/L 磷酸溶液/三乙胺-乙腈（82+18，*V/V*），使用前微孔滤膜过滤。

③流速：0.8 mL/min。

④进样量：20 μL。

⑤柱温：室温。

⑥检测波长：激发波长 280 nm，发射波长 450 nm。

6. 色谱分析

取试样溶液和相应的对照溶液，作单点或多点校准，按外标法以峰面积计算。对照溶液及试样溶液中达氟沙星、恩诺沙星、环丙沙星和沙拉沙星响应值均应在仪器检测的线性范围内。

7. 空白试验

除不加试样外，采用完全相同的测定步骤进行平行操作。

（五）分析结果

样品中的达氟沙星、恩诺沙星、环丙沙星和沙拉沙星的残留量按下式计算：

$$X = \frac{A \times C_s \times V_1 \times V_3}{A_s \times V_2 \times M}$$

式中　X——试样中的达氟沙星、恩诺沙星、环丙沙星和沙拉沙星的残留量，ng/g；

A——试样溶液中相应药物的峰面积；

A_s——对照溶液中相应药物的峰面积；

C_s——对照溶液中相应药物的浓度，ng/mL；

V_1——提取用磷酸盐缓冲溶液的总体积，mL；

V_2——过 C_{18} 固相萃取柱所用备用液体积，mL；

V_3——洗脱用流动相体积，mL；

M——供试试料的质量，g。

注：计算结果需扣除空白值，测定结果用平行测定的算术平均值表示，结果保留三位有效数字。

（六）色谱图

对照溶液和试样溶液的高效液相色谱图，如图 6-23、图 6-24 所示。

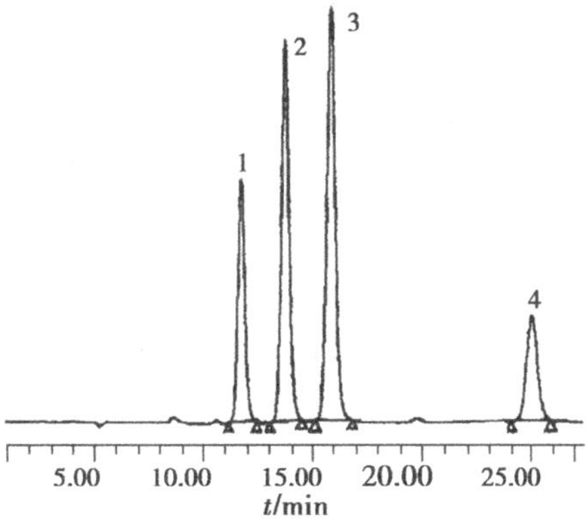

图 6-23　氟喹诺酮类药物对照溶液色谱图

色谱峰：1—环丙沙星；2—达氟沙星；3—恩诺沙星；4—沙拉沙星

（七）说明及注意事项

（1）本方法为我国农业部 1025 号公告-14-2008 的测定方法，适用于猪的肌肉、脂肪、肝脏和肾脏，鸡的肝脏和肾脏组织中达氟沙星、恩诺沙星、环丙沙星和沙拉沙星药物残留检测。

（2）达氟沙星、恩诺沙星、环丙沙星和沙拉沙星在鸡和猪的肌肉、脂肪、肝脏及肾脏组织中的检测限为 20 μg/kg。

（3）本方法在 20 ~ 500 μg/kg 添加浓度的回收率为 60% ~ 100%。

（4）本方法的批内变异系数 ≤15%，批间变异系数 ≤20%。

（5）液相色谱流动相应选用色谱纯试剂、高纯水或双蒸水，酸碱液及缓冲液需经 0.45 μm 滤膜过滤后使用。

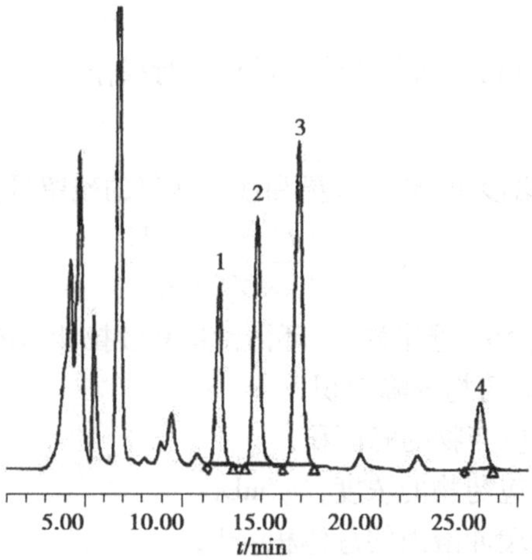

图 6-24　猪肝脏组织中氟喹诺酮类药物色谱图

色谱峰:1—环丙沙星;2—达氟沙星;3—恩诺沙星;4—沙拉沙星

(6)提取时,拧紧离心管塞子,漩涡振荡速度不能太快,防止液体溅出,并且振荡不低于 5 min。

(7)离心时离心管要进行配平。

(8)固相萃取柱活化时注意填充物不能接触到空气,在填充物上还有薄薄一层溶剂时,加另一种试剂或样品;洗脱时尽量将水分抽干;洗脱时控制流速在 1 ~2 mL/min。

(9)采用过滤或离心法处理样品时,要确保样品中不含固体颗粒,进样前用0.45 μm 的针筒式微孔过滤膜过滤,避免堵塞色谱柱和管路。

(10)色谱柱在不使用时,应用甲醇冲洗,取下后紧密封闭两端保存;不要用高压冲洗柱子。

【知识拓展】

一、动物源性食品中四环素类兽药残留量检测方法

(一)测定原理

试样中四环素族抗生素残留用 0.1 mol/L Na_2EDTA-Mellvaine 缓冲液(pH 值为 4.0±0.05)提取,经过滤和离心后,上清液用 HLB 固相萃取柱净化,高效液相色谱仪或液相色谱电喷雾质谱仪测定,外标蜂面积法定量。

(二)试剂和材料

除另有说明外,所用试剂均为分析纯,水为《分析实验用水规格和试验方法》(GB/T 6682—2008)规定的一级水。

(1)甲醇:高效液相色谱纯。

(2)乙腈:高效液相色谱纯。

(3)乙酸乙酯。

(4)乙二胺四乙酸二钠($Na_2EDTA \cdot 2H_2O$)。

(5)三氟乙酸。

(6)柠檬酸($C_6H_8O_7 \cdot H_2O$)。

(7)磷酸氢二钠($Na_2HPO_4 \cdot 12H_2O$)。

(8)柠檬酸溶液:0.1 mol/L。称取21.01 g柠檬酸,用水溶解,定容至1 000 mL。

(9)磷酸氢二钠溶液:0.2 mol/L。称取28.41 g磷酸氢二钠,用水溶解,定容至1 000 mL。

(10)Mellvaine缓冲溶液:将1 000 mL 0.1 mol/L柠檬酸溶液与625 mL 0.2 mol/L磷酸氢二钠溶液混合,必要时用氢氧化钠或盐酸调pH值为4.0±0.05。

(11)Na_2EDTA-Mellvain缓冲溶液:0.1 mol/L,称取60.5 g乙二胺四乙酸二钠放入1 625 mL Mellvaine缓冲溶液中,使其溶解,摇匀。

(12)甲醇+水(1+19):量取5 mL甲醇与95 mL水混合。

(13)甲醇+乙酸乙酯(1+9):量取10 mL甲醇与90 mL乙酸乙酯混合。

(14)Oasis HLB固相萃取柱:60 mg,3 mL,或相当者。使用前分别用5 mL甲醇与5 mL水预处理,保持柱体湿润。

(15)三氟乙酸水溶液(10 mmol/L):准确吸取0.765 mL三氟乙酸于1 000 mL容量瓶中,用水溶解并定容至刻度。

(16)甲醇+三氟乙酸水溶液(1+19):量取50 mL甲醇与950 mL三氟乙酸水溶液混合。

(17)标准物质:纯度均大于等于95%,见表6-30。

表6-30 10种四环素类药物标准品

序号	药物名称	英文名称	CAS号
1	二甲胺四环素	minocycline	10118-90-8
2	土霉素	oxytetracycline	6153-64-6
3	四环素	tetracycline	60-54-8
4	去甲基金霉素	demeclocycline	127-33-3
5	金霉素	chlortetracycline	57-62-5
6	甲烯土霉素	methacycline	914-00-1
7	强力霉素	doxycycline	564-25-0
8	差向四环素	4-epitetracycline	64-75-5
9	差向土霉素	4-epioxytetracycline	35259-39-3
10	差向金霉素	4-epichlortetracycline	14297-93-9

(18)标准溶液

①标准储备溶液:准确称取按其纯度折算为100%质量的二甲胺四环素、土霉素、四环素、去甲基金霉素、金霉素、甲烯土霉素、强力霉素、差向土霉素、差向四环素和差向金霉素各10.0 mg,分别用甲醇溶解并定容至100 mL,浓度相当于100 mg/L,储备液在-18 ℃以下贮存于棕色瓶中,可稳定12个月以上。

②混合标准工作溶液:根据需要,用甲醇+三氟乙酸水溶液将标准储备溶液配制成适当浓度的混合标准工作溶液。混合标准工作溶液应使用前配制。

(三)仪器和设备

(1)液相色谱串联四极杆质谱仪或相当者,配电喷雾离子源。

(2)高效液相色谱仪:配二极管阵列检测器或紫外检测器。

(3)分析天平:感量0.1 mg,0.01 g。

(4)旋涡混合器。

(5)低温离心机:最高转速 5 000 r/min,控温范围为-40 ℃至室温。

(6)吹氮浓缩仪。

(7)固相萃取真空装置。

(8)pH 计:测量精度±0.02。

(9)组织捣碎机。

(10)超声提取仪。

(四)分析步骤

1.样品制备与贮存

制样操作过程中应防止样品受污染或残留物含量发生变化。

(1)动物肌肉、肝脏、肾脏和水产品　从所取全部样品中取出约 500 g,用组织捣碎机充分捣碎均匀,装入洁净容器中,密封,并标明标记,于-18 ℃以下冷冻存放。

(2)牛奶样品　从所取全部样品中取出约 500 g,充分混匀,装入洁净容器中,密封,并标明标记,于-18 ℃以下冷冻存放。

2.提取

(1)动物肌肉、肝脏、肾脏和水产品　称取均质试样 5 g(精确至 0.01 g),置于 50 mL 聚丙烯离心管中,分别用约 20 mL、20 mL、10 mL 0.1 mol/L EDTA-Mellvaine 缓冲溶液,冰水浴超声提取 3 次,每次旋涡混合 1 min,超声提取 10 min,3 000 r/min 离心 5 min(温度低于 15 ℃),合并上清液(注意控制总提取液的体积不超过 50 mL),并定容至 50 mL,混匀,5 000 r/min 离心 10 min(温度低于 15 ℃),用快速滤纸过滤,待净化。

(2)牛奶　称取混匀试样 5 g(精确至 0.01 g),置于 50 mL 比色管中,用 0.1 mol/L EDTA-Mellvaine 缓冲溶液溶解并定容至 50 mL,旋涡混合 1 min,冰水浴超声 10 min,转移至 50 mL 聚丙烯离心管中,冷却至 0～4 ℃,5 000 r/min 离心 10 min(温度低于 15 ℃),用快速滤纸过滤,待净化。

3.净化

准确吸取 10 mL 提取液(相当于 1 g 样品)以 1 滴/s 的速度过 HLB 固相萃取柱,待样液完全流出后,依次用 5 mL 水和 5 mL 甲醇+水淋洗,弃去全部流出液,2.0 kPa 以下减压抽干 5 min,最后用 10 mL 甲醇+乙酸乙酯洗脱。将洗脱液吹氮浓缩至干(温度低于 40 ℃),用 1.0 mL(液相色谱-质谱/质谱法)或 0.5 mL(高效液相色谱法)甲醇+三氟乙酸水溶液溶解残渣,过 0.45 μm 滤膜,待测定。

4.液相色谱-质谱/质谱法测定

(1)液相色谱条件

①色谱柱:Inertsil C8-3,5 μm,150 mm×2.1 mm(内径),或相当者。

②流动相:甲醇+10 mmol/L 三氟乙酸,梯度洗脱(梯度时间表见表 6-31)。

表 6-31　分离 10 种四环素类药物的液相色谱洗脱梯度

时间/min	甲醇/%	10 mmol/L 三氟乙酸/%
0	5.0	95.0
5.0	30.0	70.0

续表

时间/min	甲醇/%	10 mmol/L 三氟乙酸/%
10.0	33.5	66.5
12.0	65.0	35.0
17.0	65.0	35.0
18.0	5.0	95.0
25.0	5.0	95.0

③流速:300 μL/min。

④柱温:30 ℃。

⑤进样量:30 μL。

(2)质谱条件

①离子化模式:电喷雾电离正离子模式(ESI+)。

②质谱扫描方式:多反应监测(MRM)。

③分辨率:单位分辨率;其他参考质谱条件见表 6-32。

表 6-32　四环素类药物的主要参考质谱参数

化合物	母离子(*m/z*)	子离子(*m/z*)	驻留时间/min	碰撞电压/eV
二甲胺四环素	458	352	150	45
		441[a]	50	27
差向土霉素	461	426	50	31
		444[a]	50	25
土霉素	461	426	50	27
		443[a]	50	31
差向四环素	445	410[a]	50	29
		427	50	19
四环素	445	410[a]	50	29
		427	50	19
去甲基金霉素	465	430	50	31
		448[a]	50	25
差向金霉素	479	444	50	31
		462[a]	50	27
金霉素	479	444[a]	50	33
		462	50	27
甲烯土霉素	443	381	150	33
		426[a]	50	25

续表

化合物	母离子(m/z)	子离子(m/z)	驻留时间/min	碰撞电压/eV
强力霉素	445	154	150	37
		428[a]	50	29

注:对于不同质谱仪器,仪器参数可能存在差异,测定前应将质谱参数优化到最佳。a 表示定量离子。

(3)定性测定

①保留时间:待测样品中化合物色谱峰的保留时间与标准溶液相比,其变化范围应在±2.5%内。

②信噪比:待测化合物的定性离子的重构离子色谱峰的信噪比应大于等于3($S/N \geqslant 3$),定量离子的重构离子色谱峰的信噪比应大于等于10($S/N \geqslant 10$)。

③定量离子、定性离子及离子丰度比:每种化合物的质谱定性离子必须出现,至少应包括一个母离子和两个子离子,而且同一检测批次,对同一化合物,样品中目标化合物的两个子离子的相对丰度比与浓度相当的标准溶液相比,其允许偏差不超过表6-33规定的范围。

表6-33　定性时相对离子丰度的最大允许偏差

相对离子丰度	>50%	>20% ~50%	>10% ~20%	≤10%
允许的相对偏差	±20%	±25%	±30%	±50%

(4)定量测定　根据样液中被测四环素类兽药残留的含量情况,选定峰高相近的标准工作溶液。标准工作溶液和样液中四环素类兽药残留的响应值均应在仪器的检测线性范围内。对标准工作溶液和样液等体积参插进样测定。各种四环素类药物的参考保留时间如下:二甲胺四环素9.6 min、差向土霉素11.6 min、土霉素11.8 min、差向四环素10.9 min、四环素11.9 min、去甲基金霉素14.6 min、差向金霉素13.8 min、金霉素15.7 min、甲烯土霉素16.6 min、强力霉素16.7 min。

5.高效液相色谱法测定

(1)液相色谱条件

①色谱柱:Inertsil C8-3,5 μm,250 mm×4.6 mm(内径),或相当者。

②流动相:甲醇+乙腈+10 mmol/L三氟乙酸,洗脱梯度见表6-34(柱平衡时间5 min)。

表6-34　分离7种四环素类药物的液相色谱洗脱梯度

时间/min	甲醇/%	乙腈/%	10 mmol/L三氟乙酸/%
0	1.0	4.0	95.0
5.0	6.0	24.0	70.0
9.0	7.0	28.0	65.0
12.0	0.0	35.0	65.0
15.0	0.0	35.0	65.0

③流速:1.5 mL/min。

④柱温:30 ℃。

⑤进样量:100μL。

⑥检测波长:350 nm。

(2)高效液相色谱测定　根据样液中被测四环素类兽药残留的含量情况,选定峰高相近的标准工作溶液。标准工作溶液和样液中四环素类兽药残留的响应值均应在仪器的检测线性范围内。对标准工作溶液和样液等体积参插进样测定。在上述色谱条件下,各种四环素类药物的参考保留时间为:二甲胺四环素 6.3 min、土霉素 7.5 min、四环素 7.9 min、去甲基金霉素 8.7 min、金霉素 9.8 min、甲烯土霉素 10.4 min、强力霉素 10.8 min。标准溶液的色谱图如图 6-25 所示。

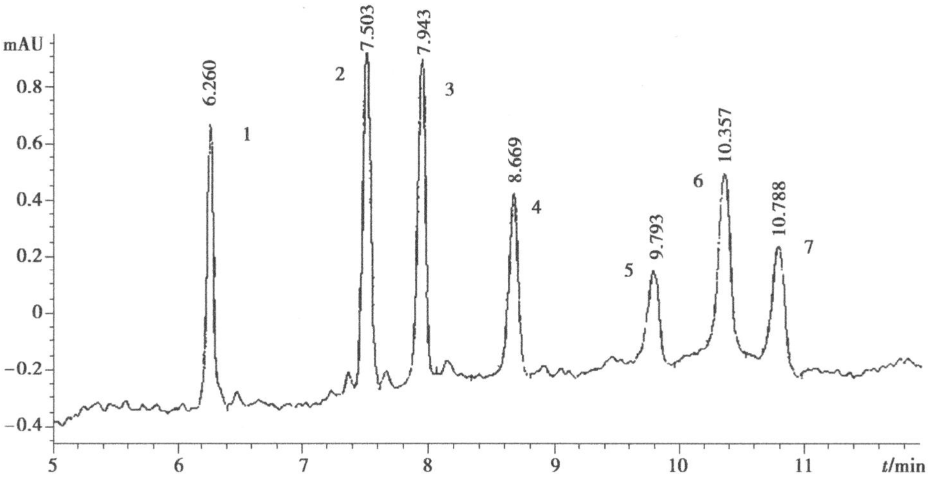

图 6-25　7 种四环素类兽药残留的标准溶液的液相色谱图

1—二甲胺四环素;2—土霉素;3—四环素;4—去甲基金霉素;5—金霉素;6—甲烯土霉素;7—强力霉素

6. 空白试验

除不加试样外,均按上述测定步骤进行。

(五)分析结果

采用外标法定量,四环素类兽药残留量按下式计算:

$$X = \frac{A_x \times C_s \times V}{A_s \times m}$$

式中　X——样品中待测组分的含量,μg/kg;

A_x——测定液中待测组分的峰面积;

C_s——标准液中待测组分的含量,μg/L;

V——定容体积,mL;

A_s——标准液中待测组分的峰面积;

m——最终样液所代表的样品质量,g。

(六)说明及注意事项

①本方法为《动物源性食品中四环素类兽药残留量检测方法 液相色谱-质谱/质谱法与高效液相色谱法》(GB/T 21317—2007),适用于动物肌肉、内脏组织、水产品、牛奶等动物源性食品中二甲胺四环素、土霉素、四环素、去甲基金霉素、金霉素、甲烯土霉素、强力霉素 7 种四环素类兽药残留量的高效液相色谱测定和二甲胺四环素、差向土霉素、土霉素、差向四环素、四环素、去甲基金霉素、差向金霉素、金霉素、甲烯土霉素、强力霉素 10 种四环素类药物残留

量的液相色谱-质谱/质谱测定。

②二甲胺四环素、差向土霉素、土霉素、差向四环素、四环素、去甲基金霉素、差向金霉素、金霉素、甲烯土霉素、强力霉素10种四环素类药物残留量的液相色谱-质谱/质谱测定低限均为50.0 μg/kg。

③二甲胺四环素、土霉素、四环素、去甲基金霉素、金霉素、甲烯土霉素、强力霉素7种四环素类兽药残留量的高效液相色谱测定低限均为50.0 μg/kg。

二、动物性食品中克伦特罗残留量的测定——高效液相色谱法

(一)测定原理

剪碎固体试样,用高氯酸溶液匀浆,液体试样中加入高氯酸溶液,进行超声加热提取后,用异丙醇+乙酸乙酯(40+60)萃取,有机相浓缩,经弱阳离子交换柱进行分离,用乙醇+氨(98+2)溶液洗脱,洗脱液经浓缩,流动相定容后在高效液相色谱仪上进行测定,外标法定量。

(二)试剂和材料

除非另有规定,本方法中所用试剂均为分析纯,水为《分析实验用水规格和试验方法》(GB/T 6682—2008)规定的三级水。

①克伦特罗(clenbuterol hydrochloride),纯度≥99.5%。

②磷酸二氢钠。

③氢氧化钠。

④氯化钠。

⑤高氯酸。

⑥浓氨水。

⑦异丙醇。

⑧乙酸乙酯。

⑨甲醇:HPLC级。

⑩乙醇。

⑪高氯酸溶液(0.1 mol/L)。

⑫氢氧化钠溶液(1 mol/L)。

⑬磷酸二氢钠缓冲溶液(0.1 mol/L,pH值为6.0)。

⑭异丙醇+乙酸乙酯(40+60)。

⑮乙醇+浓氨水(98+2)。

⑯甲醇+水(45+55)。

⑰克伦特罗标准溶液的配制:准确称取克伦特罗标准品用甲醇配成浓度为250 mg/L的标准储备液,贮于冰箱中;使用时用甲醇稀释成0.5 mg/L的克伦特罗标准使用液,进一步用甲醇+水(45+55)适当稀释。

⑱弱阳离子交换柱(LC-WCX)(3 mL)。

(三)仪器和设备

①天平:感量为1 mg。

②水浴超声清洗器。

③磨口玻璃离心管:11.5 cm(长)×3.5 cm(内径),具塞。

④5 mL 玻璃离心管。
⑤酸度计。
⑥离心机。
⑦振荡器。
⑧旋转蒸发器。
⑨涡旋式混合器。
⑩针筒式微孔过滤膜(0.45 μm,水相)。
⑪N_2-蒸发器。
⑫匀浆器。
⑬高效液相色谱仪。

(四)分析步骤

1.提取

(1)肌肉、肝脏、肾脏试样 称取肌肉、肝脏或肾脏试样 10 g(精确至 0.01 g),用 20 mL 0.1 mol/L 高氯酸溶液匀浆,置于磨口玻璃离心管中,放入超声波清洗器中超声 20 min,取出置于 80 ℃水浴中加热 30 min,取出冷却后离心(4 500 r/min)15 min,倒出上清液,用 5 mL 0.1 mol/L 高氯酸溶液洗涤沉淀,再离心,将两次上清液合并。用 1mol/L 氢氧化钠溶液调 pH 值至 9.5±0.1,若有沉淀再离心(4 500 r/min)10 min,将上清液转移至磨口玻璃离心管中,加入 8 g 氯化钠,混匀,加入 25 mL 异丙醇+乙酸乙酯(40+60),置于振荡器上振荡提取 20 min。提取完毕,放置 5 min(若有乳化层稍离心一下)。用吸管小心将上层有机相转移至旋转蒸发瓶中,混匀,加入 20 mL 异丙醇+乙酸乙酯(40+60)再萃取一次,合并有机相,于 60 ℃在旋转蒸发器上浓缩至近干。用 1 mL 0.1 mol/L 磷酸二氢钠缓冲溶液(pH 值为 6.0)充分溶解残留物,经针筒式微孔过滤膜过滤,洗涤 3 次后完全转移至 5 mL 玻璃离心管中,用 0.1 mol/L 磷酸二氢钠缓冲溶液(pH 值为 6.0)定容至刻度。

(2)尿液试样 用移液管量取尿液 5 mL,加入 20 mL 0.1 mol/L 高氯酸溶液,放入超声波清洗器中超声 20 min,混匀,取出置于 80 ℃水浴中加热 30 min。以下按①从"用 1 mol/L 氢氧化钠溶液调 pH 值至 9.5±0.1"起开始操作。

(3)血液试样 将血液于 4 500 r/min 离心,用移液管量取上层血清 1 mL 置于 5 mL 玻璃离心管中,加入 2 mL 0.1 mol/L 高氯酸溶液,混匀,放入超声波清洗器中超声 20 min,取出置于 80 ℃水浴中加热 30 min,取出冷却后离心(4 500 r/min)15 min,倒出上清液,用 1 mL 0.1 mol/L 高氯酸溶液洗涤沉淀,再离心(4 500 r/min)10 min,将两次上清液合并,再重复一遍洗涤步骤,合并上清液。向上清液中加入约 1 g 氯化钠,加入 2 mL 异丙醇+乙酸乙酯(40+60),在旋涡式混合器上振荡萃取 5 min,萃取完毕,放置 5 min(若有乳化层稍离心一下),小心移出有机相于 5 mL 玻璃离心管中,按以上萃取步骤重复萃取两次,合并有机相。将有机相在 N_2-浓缩器上吹干。用 1 mL 0.1 mol/L 磷酸二氢钠缓冲溶液(pH 值为 6.0)充分溶解残留物,经筒式微孔过滤膜过滤,完全转移至 5 mL 玻璃离心管中,并用 0.1 mol/L 磷酸二氢钠缓冲溶液(pH 值为 6.0)定容至刻度。

2.净化

依次用 10 mL 乙醇、3 mL 水、3 mL 0.1 mol/L 磷酸二氢钠缓冲溶液(pH 值为 6.0)、3 mL 水冲洗弱阳离子交换柱,取适量上述提取液至弱阳离子交换柱上,弃去流出液,分别用 4 mL 水和 4 mL 乙醇冲洗柱子,弃去流出液,用 6 mL 乙醇+浓氨水(98+2)冲洗柱子,收集流出液。

将流出液在 N_2-蒸发器上浓缩至干。

3. 试样测定前的准备

于净化、吹干的试样残渣中加入 100～500 μL 流动相，在涡旋式混合器上充分振摇，使残渣溶解，液体浑浊时用 0.45 μm 的针筒式微孔过滤膜过滤，上清液待进行液相色谱测定。

4. 液相色谱参考条件

①色谱柱：BDS 或 ODS 柱，250 mm×4.6 mm，5 μm。

②流动相：甲醇+水（45+55）。

③流速：1 mL/min。

④进样量：20～50 μL。

⑤柱箱温度：25 ℃。

⑥紫外检测器：244 nm。

5. 色谱分析

吸取 20～50 μL 标准校正溶液及试样净化液注入液相色谱仪中，记录色谱峰，以保留时间定性，用外标法单点或多点校准法定量。

（五）分析结果

按外标法计算样品中克伦特罗的残留量，见下式：

$$X = \frac{A \times f}{m}$$

式中　X——试样中克伦特罗残留量，μg/kg或 μg/L；

A——试样色谱峰与标准色谱峰的峰面积比值对应的克伦特罗的质量，ng；

f——试样稀释倍数；

m——试样的取样量，g 或 mL。

计算结果保留到小数点后两位。

在重复性条件下获得的两次独立测定结果的绝对差值不得超过算术平均值的 20%。

（六）色谱图

克伦特罗标准的液相色谱图如图 6-26 所示。

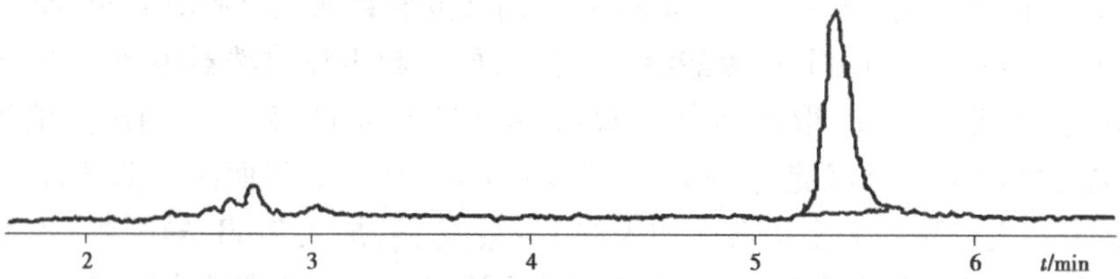

图 6-26　克伦特罗标准（100 μg/L）的高效液相色谱图

（七）说明及注意事项

①本方法为《动物性食品中克伦特罗残留量的测定》（GB/T 5009.192—2003）中的第二法，适用于新鲜或冷冻的畜、禽肉与内脏及其制品中克伦特罗残留的测定；同时也适用于生物材料（人或动物血液、尿液）中克伦特罗的测定。

②本方法检出限为 0.5 μg/kg，线性范围为 0.5～4 ng。

③液相色谱流动相应选用色谱纯试剂、超纯水或双蒸水，酸碱液及缓冲液需经 0.45 μm 滤膜过滤后使用。

④样品处理时先加高氯酸再匀浆，而不是先匀浆再加高氯酸，这样可以使高氯酸与样品充分混匀，提取完全。

⑤合并两次高氯酸提取液后，用 1 mol/L 氢氧化钠溶液调 pH 值至 9.5±0.1，此时若有沉淀再离心 10 min，将上清液转移至磨口玻璃离心管中。

⑥采用过滤或离心法处理样品，要确保样品中不含固体颗粒，进样前用 0.45 μm 的针筒式微孔过滤膜过滤，避免堵塞色谱柱。

⑦色谱柱在不使用时，应用甲醇冲洗，取下后紧密封闭两端保存；不要用高压冲洗柱子。

⑧样品最后最好用流动相来定容。

【任务实施】

猪肉中氟喹诺酮类药物残留的测定

◆任务描述

学生分小组完成以下任务：

1. 查阅氟喹诺酮类药物残留的测定检验标准，设计氟喹诺酮类药物残留的测定检测方案。

2. 准备氟喹诺酮类药物残留的测定所需试剂材料及仪器设备。

3. 正确对样品进行预处理。

4. 正确进行样品中氟喹诺酮类药物残留含量的测定。

5. 结果记录及分析处理。

6. 依据《食品安全国家标准 食品中兽药最大残留限量》（GB 31650—2019），判定样品中氟喹诺酮类药物残留量是否合格。

7. 出具检验报告。

一、工作准备

（1）查阅检验标准《动物性食品中氟喹诺酮类药物残留检测 高效液相色谱法》（农业部 1025 号公告-14-2008），设计高效液相色谱法测定猪肉中氟喹诺酮类药物残留量方案。

（2）准备氟喹诺酮类药物残留量测定所需的试剂材料及仪器设备。

二、实施步骤

1. 试样制备

取适量新鲜猪肉放置在组织捣碎机中绞碎并使其均匀。

2. 提取

准确称取 2 份猪肉样品（2±0.05）g 于 50 mL 具塞离心管中，准确移取 20.0 mL 磷酸盐缓冲液在每份已称量好的样品中；将离心管置于漩涡振荡器上，中速振荡 5 min；用空离心管和纯化水在托盘天平上进行配平，然后高速离心（10 000 r，5 min）；将上清液倒入 50 mL 烧杯中，以备过柱用。

3. 净化

将固相萃取柱在固相萃取仪上安装好，分别先用 2.0 mL 甲醇、再用 2.0 mL 水活化；取离心所得上清液 5.0 mL 过柱；用 2.0 mL 水淋洗，挤干；用 2.0 mL 流动相洗脱，并用 5 mL 试管收集洗脱液，挤干；用 2 mL 的一次性注射器吸取洗脱液，并将收集的洗脱液过 0.45 μm 有机系滤膜，直接装在样品瓶中，做好标记，供液相色谱测定。

4. 高效液相色谱条件设置

设置色谱柱、流动相、流速、进样量、柱箱温度、检测波长等液相色谱检测参数。

5. 色谱分析

分别吸取 20 μL 对照品标准工作溶液及试样净化液注入液相色谱仪中，记录色谱峰，以保留时间定性，以试样和标准系列工作液的峰面积（或峰高）比较定量。

环丙沙星、恩诺沙星的标准液相色谱图，如图 6-27 所示。

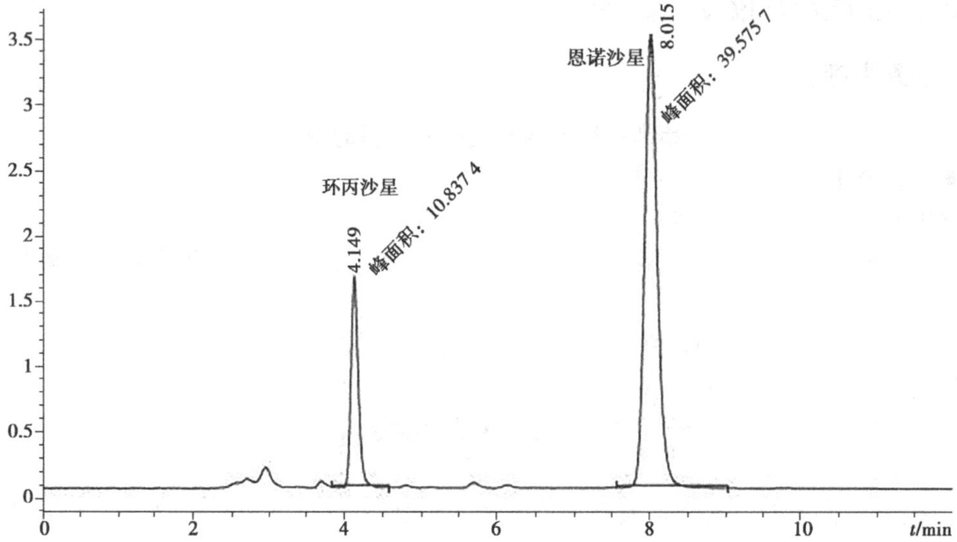

图 6-27　环丙沙星、恩诺沙星标准液相色谱图

三、数据记录与处理

将猪肉中氟喹诺酮类药物残留量的测定原始数据填入表 6-35 中，并填写检验报告单，见表 6-36。

表 6-35　猪肉中氟喹诺酮残留量检测原始记录表（液相色谱法）

工作任务		样品名称	
接样日期		检验日期	
检验依据			
样品质量 M/g			
提取用磷酸盐缓冲溶液的总体积 V_1/mL			
过 C_{18} 固相萃取柱所用备用液体积 V_2/mL			
洗脱用流动相体积 V_3/mL			
样品溶液中相应药物的峰面积 A/(mV · s)			
对照溶液中药物的浓度 C_s/(ng · mL^{-1})			
对照溶液中相应药物的峰面积 A_s/(mV · s)			
计算公式			

续表

试样中氟喹诺酮________的残留量 $X/(\mu g \cdot kg^{-1})$		
试样中氟喹诺酮________残留量平均值/$(\mu g \cdot kg^{-1})$		
标准规定分析结果的精密度		
本次实验分析结果的精密度		

表 6-36 猪肉中氟喹诺酮残留量检验报告单

样品名称					
产品批号		样品数量		代表数量	
生产日期		检验日期		报告日期	
检测依据					
判定依据					
检验项目		单位	检测结果	猪肉中氟喹诺酮类药物的限量标准要求	
检验结论					
检验员			复核人		
备注					

四、任务考核

按照表 6-37 评价学生工作任务的完成情况。

表 6-37 任务考核评价指标

序号	工作任务	评价指标	分值比例/%
1	检测方案制订	(1)正确选用检测标准及检测方法 (2)检测方案制订合理规范	10
2	样品准备	(1)样品处理方法正确 (2)正确使用组织捣碎机	10
3	提取	(1)正确使用分析天平称重 (2)正确使用移液管 (3)正确使用旋涡振荡器 (4)正确使用托盘天平进行配平	15
4	净化	(1)正确使用离心机 (2)正确使用固相萃取仪 (3)使用针筒滤膜正确过滤	15

续表

序号	工作任务	评价指标	分值比例/%
5	数据处理	(1)原始记录及时、规范、整洁 (2)有效数字保留准确 (3)计算正确,回收率≥60%,平行测定相对偏差≤20%	20
6	其他操作	(1)工作服整洁、能正确进行标识 (2)操作时间控制在规定时间内 (3)注意操作文明 (4)注意操作安全	10
7	综合素养	(1)积极主动地参与工作,能吃苦耐劳,崇尚劳动光荣,技能宝贵 (2)服从安排,顾全大局,积极与小组成员合作,共同完成工作任务 (3)能有效利用网络、图书资源、工作手册等快速查阅获取所需信息 (4)能发现问题、提出问题、分析问题、解决问题、创新问题	20
合计			100

思政小课堂　课外巩固　相关标准

附 录

序号	名称	二维码
附录一	糖锤度温度校正表	
附录二	酒精计温度浓度换算表	
附录三	乳稠计温度读数换算表	
附录四	氧化亚铜的质量相当于葡萄糖、果糖、乳糖、转化糖质量表	

参考文献
Reference

[1] 陈晓平,黄广民.食品理化检验[M].北京:中国计量出版社,2008.
[2] 张意静.食品分析技术[M].北京:中国轻工业出版社,2001.
[3] 程云燕,李双石.食品分析与检验[M].北京:化学工业出版社,2007.
[4] 王一凡.食品检验综合技能实训[M].北京:化学工业出版社,2009.
[5] 王燕.食品检验技术(理化部分)[M].北京:中国轻工业出版社,2008.
[6] 康臻.食品分析与检验[M].北京:中国轻工业出版社,2006.
[7] 谢音,屈小英.食品分析[M].北京:科学技术文献出版社,2006.
[8] 张水华.食品分析[M].北京:中国轻工业出版社,2004.
[9] 侯玉泽.食品理化检验[M].北京:中国轻工业出版社,2003.
[10] 侯曼玲.食品分析[M].北京:化学工业出版社,2004.
[11] 章银良.食品检验教程[M].北京:化学工业出版社,2006.
[12] 王叔淳.食品卫生检验技术手册[M].北京:化学工业出版社,2002.
[13] 穆华荣,于淑萍.食品分析[M].3版.北京:化学工业出版社,2004.
[14] 吴谋成.食品分析与感官评定[M].北京:中国农业出版社,2002.
[15] 王晓英,顾宗珠,史先振.食品分析技术[M].武汉:华中科技大学出版社,2010.
[16] 周光理.食品分析与检验技术[M].北京:化学工业出版社,2006.